高等院校计算机教材系列

多媒体技术教程

Fundamentals of Multimedia

第2版

朱洁 等编著

机械工业出版社
China Machine Press

本书是多媒体技术的入门教材，全面介绍多媒体相关技术，主要内容包括：多媒体设备、多媒体软件、计算机图类技术、视频、音频、动画技术、压缩技术、存储技术、数据库技术等，读者可以通过本书比较全面地了解多媒体技术。

本书结构合理，注重基本概念和理论，兼顾实用性，可作为高等院校计算机及相关专业的教材，也可作为技术人员了解多媒体技术的参考书。

封底无防伪标均为盗版
版权所有，侵权必究
本书法律顾问　北京市展达律师事务所

图书在版编目（CIP）数据

多媒体技术教程/朱洁等编著. —2 版 . —北京：机械工业出版社，2011.5
（高等院校计算机教材系列）

ISBN 978-7-111-34077-5

Ⅰ. 多… Ⅱ. 朱… Ⅲ. 多媒体技术－高等学校－教材 Ⅳ. TP37

中国版本图书馆 CIP 数据核字（2011）第 060684 号

机械工业出版社（北京市西城区百万庄大街 22 号　邮政编码　100037）
责任编辑：刘立卿
北京市荣盛彩色印刷有限公司印刷
2011 年 6 月第 2 版第 1 次印刷
185mm×260mm · 18.75 印张
标准书号：ISBN 978-7-111-34077-5
定价：33.00 元

凡购本书，如有缺页、倒页、脱页，由本社发行部调换
客服热线：(010) 88378991；88361066
购书热线：(010) 68326294；88379649；68995259
投稿热线：(010) 88379604
读者信箱：hzjsj@hzbook.com

前　言

进入 21 世纪，以多媒体技术和网络技术为核心的信息技术飞速发展，并以惊人的速度进入社会的各个领域中，推动着各行各业发生深刻变革。虽然"多媒体"这个词来源已久，并在新闻、娱乐等文化领域中发挥着重要的作用，但是，在步入信息化时代的今天，"数字化"、"网络化"与"多媒体"相结合的现代技术，给古老的"多媒体"概念注入了新的含义和活力，使得现代人对"多媒体"津津乐道，并且习惯用新的观念去谈论它。

同时应该看到，随着多媒体应用技术的普及，针对现行的多媒体应用方式，人们常发现一些不便之处，并且期望着多媒体应用方式能够更便捷、更自然，这种愿望极大地促进了对多媒体技术和网络技术的深入研究。为了满足多媒体应用领域的各种变化和需求，计算机和网络专业技术人员必须把握时代脉搏，在多媒体专业领域中进行深入的研究和大胆的创新。

在信息化程度不断提高和科学技术日新月异的今天，我们应当充分认识到大学基础教育和科学教育的重要性。学生是整个社会的新生力量，他们将是未来社会的主人，他们必须具有多媒体应用的能力。在我国的大多数高等院校中，"多媒体应用技术"已经成为各个专业大学生的必修课程，这也充分说明教育界对"多媒体应用技术"重要性的认识已经提升到一定的高度。

实际上，"多媒体"包含"多媒体技术"和"多媒体应用技术"两个部分，前者是后者的支柱，后者是前者的支持，二者相辅相成。

目前，关于"多媒体应用技术"的教材和参考书可谓琳琅满目，尤其是针对大专或高职的学生所写的多媒体类参考书，讨论的内容主要是如何使用多媒体软件，以描写具体操作步骤为中心，强调计算机应用软件的"使用性"。

在高等教育领域中，"多媒体技术"方面的教材本身应该涉及哪些内容确实是一个值得研究的课题。如何组织这类教材应包含的内容，如何表达和展示其内容，这些都是业内人士所要探索的。有人说，在讲授"多媒体技术"这门课的时候，首先要体现多媒体的表现形式和多媒体的感染力。这种说法不无道理，但是我认为，展现多媒体形式和感染力是为了说明学习"多媒体技术"的目标和任务，而分析如何实现多媒体信息的表现形式和感染力的同时，还需要分析与它有关的设备、存储、交互、传输等许多实际问题，这才是学习"多媒体技术"的关键所在。也就是说，"多媒体技术"课程主要是让读者了解实现多媒体的基本原理和方法的。

本着上述目的，我们编写了本书。本书的特点是注重多媒体原理分析和方法实现，强调"如何用数字模拟和实现多媒体"。对于计算机专业的学生来讲，在大学阶段应该系统地学习这方面的知识，为以后的深入研究打下基础。

在开始编写本书时，我们就特别考虑内容的系统性和条理性，将涉及面相当广泛的"多媒体技术"按总系统、关键技术和分系统合理地划分到不同的章节加以讨论，使读者能够更清晰地了解多媒体技术，能从整体的概念出发，逐步细化技术内容。

全书共分 13 章，第 1 章从多媒体系统的整体概念出发，阐述多媒体系统的基本概念，向读者介绍多媒体技术所涉及的技术。

第 2、3 章主要讨论多媒体硬/软件系统，介绍计算机的核心设备、附加设备和存储设备是如何支持多媒体应用的。同时，介绍与多媒体有关的多媒体系统软件、多媒体素材创作软件、多媒体应用系统，让读者掌握各种多媒体软件的作用及其相互之间的关系，为今后参与多媒体系统的开发打下基础。

第 4、5、6 章讨论的是多媒体元素，这几章分别对多媒体表现形式中的图形/图像、音频、动画/视频数字技术进行讨论，让读者在了解与人体有关的视觉、听觉等感觉特性的同时，明确多媒体数字技术的研究目标。这几章从数字计算机的基本原理出发，介绍模拟非数字多媒体的常用技术和方法；从当前实用的多媒体应用系统的具体形式出发，介绍数字多媒体的格式、标准和实现过程。在第 2 版中，增加了对 Photoshop、Fireworks、Cool Edit、Cakewalk、Flash、Premiere 软件的介绍。

第 7、8 章主要讨论支持多媒体数据的压缩和存储技术。压缩数据是为了减少数字文件占有的存储空间。读者可以从第 7 章中了解目前常用的编码原理、方法和标准。第 8 章讨论解决大容量存储的问题，主要从光盘存储基本结构分析光存储的基本原理，进而讨论如何提高光存储的关键技术。

第 9 章以后的各章分别介绍作用在不同环境下的多媒体系统的组成、多媒体有关的系统技术、多媒体系统标准与策略，主要包括多媒体应用系统技术、多媒体数据库技术、多媒体操作系统技术、多媒体网络和通信技术以及分布式多媒体网络技术。

选用本书的教师可以根据教学计划中学时数的不同，自选有关章节作为教学内容。建议将第 1 章～第 11 章作为基本教学内容，第 12 章、第 13 章可以作为附加教学内容。

我们向使用本书的教师提供免费的电子教案，以节省教师的备课时间，需要者可登录华章网站下载。另外，本书使用的素材文件也可从华章网站下载。

本书由朱洁主编，许晨参与了部分章节的编写。另外本书参考了 Ze-NianLi 教授（现任加拿大温哥华的 SimonFraser 大学计算机学院的院长兼该校视觉和媒体实验室的主任）和 Mark S. Drew 副教授编著的《多媒体技术教程（英文版）》的部分内容。由于作者水平有限，难免存在不足之处，敬请各位读者指正。

作者联系信箱：zhujiej@fudan. edu. cn。

朱洁

2011 年 5 月于复旦

教 学 建 议

本课程可以设置为 3 学分，共 54 学时，以下各章节中标出的学时供任课教师教学时参考。

第 1 章　引论（1 学时）

要求了解多媒体的基本含义，了解与数字多媒体技术相关的技术基础，同时必须了解多媒体技术包括哪些技术分类，了解多媒体的关键特征以及更广阔的市场需求，以明确学习的目的。

第 2 章　多媒体设备（2 学时）

认识与多媒体相关的计算机的基本设备、附加设备和网络设备，了解多媒体处理器中重要的指令集，熟悉 IDE、SCSI、USB 和 IEEE 1394 等多媒体接口的主要功能，熟悉多媒体存储中的各种存储设备。

第 3 章　多媒体软件（2 学时）

认识多媒体软件具有一定的服务层次，了解多媒体软件的基本分类，正确理解多媒体计算机的核心服务软件以及主要的任务，熟悉常用的操作系统、驱动程序、实用维护工具，了解"音频/视频"和"图形/图像"创作软件、多媒体集成工具、多媒体编程语言和常用应用软件。

第 4 章　计算机图类技术（8 学时）

认识图的再现必须符合人类的视觉基本特征和视觉心理特性，同时要考虑与实景相符合。

正确认识人类视觉特征，准确理解计算机图形和图像的基本原理、色彩模式，熟悉图类文件的常见分类，了解计算机的图类软件和常规的处理方法，熟练掌握 Photoshop 和 Fireworks 软件的应用。

第 5 章　音频技术（4 学时）

正确认识声音的物理特征和人的听觉心理特性，理解在计算机中所能模拟的声音还必须符合人类的听觉特征和听力范围，了解数字音频中的声波、语音和音乐三种类型。

掌握声音的数字化原理、声音的采样、数字化声音与噪声比、声音的过滤、三维模拟声音的基本理论，了解计算机对语音的主要处理技术，了解 MIDI 标准的内涵、常见的 MIDI 的基本设备。

熟悉常用的音频文件格式，初步了解 Cool Edit 和 Cakewalk 软件的使用。

第 6 章　动画、视频技术（8 学时）

了解动画基本知识和分类，了解动态视频的颜色空间和彩色空间的变换，初步了解数字视频的基本概念和三大制式，了解常见的动画、视频数据文件的分类。

熟练掌握创建网络动画的 Flash 软件的使用，初步了解 Premiere 软件。

第 7 章　多媒体压缩技术（4 学时）

了解数据压缩技术中的统计编码、预测编码、变换编码、分析-合成编码和其他编码，了解数据压缩技术的重要性能指标，包括压缩比、压缩速度、压缩质量和计算量。

了解音频信号中的电话质量的语音、调幅广播质量的音频、高保真立体声信号，了解它们分别对应的频率范围以及压缩时常采用的编码。

正确认识用于图像数据压缩的国际标准，包括 JPEG、MPEG 和 H（H. 261 H. 263）系列三种。

第 8 章　多媒体存储技术（3 学时）

理解光盘存储基本结构、CD 和 DVD 的介质和存储技术，理解与存储相关的重要指标，了解高密、高效、高速的母盘刻录技术以及网络存储技术，了解光存储技术中的光量子数据存储技术、三维体存储技术、近场光学技术、光学集成技术。

第 9 章　多媒体应用系统创作技术（4 学时）

掌握多媒体应用系统创作的基本过程，包括多媒体脚本设计、多媒体的角色设计、多媒体界面设计等工作，最后才是多媒体系统设计。了解使用 VC++、VB 等面向对象语言开发多媒体应用系统的基本思想，了解 Windows 系统提供的 API 函数，了解常用开发工具，掌握 Authorware、PowerPoint 软件的使用。

第 10 章　多媒体数据库技术（2 学时）

正确理解超媒体的基本组织和信息表示方法，正确认识超媒体数据模型中的多媒体数据之间有关时间、空间、位置、内容的关联等问题。

理解后关系型数据库的基本含义，掌握后关系型数据库的基础知识、特征和作用。

认识多媒体和实时流媒体处理中检索的重要性，认识多媒体检索中的必要手段。

正确理解解决基于内容的视频检索的关键是视频结构的模型化或形式化，正确理解基于内容的音频检索需根据音频中的语音、音乐和波形建立不同的分析和检索方法。

第 11 章　多媒体操作系统（2 学时）

正确认识多媒体操作系统应具备的核心功能和支持连续媒体应用的有关策略。

了解分布式应用中操作系统如何解决多媒体资源的远程共享、任务的分配问题，了解实时应用中操作系统如何解决连续媒体的多任务、同步和时限问题，了解实时分布式环境。

正确理解扩充传统操作系统和微内核的基本结构、作用和功能。

正确认识实时服务质量，正确理解在创建任务调度的算法时必须考虑实时任务中的时限性、抢占性、周期性、优先性、重要性、组合性等。

第 12 章　多媒体网络和通信技术（2 学时）

正确理解分布式多媒体网络应用的特征，了解多媒体网络的要求、现有网络和实时支持协议。

认识多媒体网络必须具有的能力，理解多路复用技术和作用，认识光组网技术以及光码分复用技术，了解 QoS 控制的主要作用。

了解常见的局域网的基本特征，理解其在多媒体网络和通信中的作用。

了解常见的广域网，理解 IP 协议和一些传输控制协议的意义和作用。

第 13 章　分布式多媒体网络技术（2 学时）

掌握分布式超媒体系统具有的特性，了解远程协作、多媒体实时控制、多媒体信息检索以及多媒体通信等技术的基本概念。

掌握 WWW 结构中的数据组织结构，学会并使用 HTTP 超文本传输协议，学会并使用 HTML 语言，了解 XML 语言。

了解视频会议系统所遵循的 ITU-T，了解最重要的标准是 H 系列和 T 系列。

认识 VOD 交互式多媒体视频点播和 ITV 交互电视，了解常见的宽带接入网技术。

习题和习题课（10 学时）

本书各章最后都附有习题，任课教师可以根据情况给学生留一些基本习题作为课外作业。建议为第 4、6 章各安排 2 次（每次 2 学时）习题课，为第 5、9 章各安排 1 次（每次 1 学时）习题课。在习题课上可以由教师讲解课外作业中存在的普遍性问题，也可以安排稍难一些的习题让学生做出解答，然后由教师指导进行讨论，最后得出不仅正确而且较好的答案。

如有条件，在讲述第 4、6 章时，可以各安排 3 次上机作业（不算学时），内容可选相关章节的例子，以便学生更深入地了解图类、动画和视频创作软件。

目　录

第1章 引 论

多媒体信息能够充分表达信息的内涵，加快人们接收信息的速度，加深人们对信息内容的理解和记忆，这一点已经在实践中得到了证实。在计算机技术领域中，必然会注入多媒体成分并展开对有关技术的研究。由此产生的多媒体计算机技术和多媒体网络技术已经在实际应用中发挥了巨大的作用，因此了解和掌握多媒体技术是非常必要的。

1.1 多媒体技术的基本概念

在介绍多媒体技术的基本概念以前，我们先了解一下媒体、多媒体和流媒体的知识。

1.1.1 媒体、多媒体和流媒体

1. 媒体

媒体（media），也称媒介或传播媒体，它是信息的载体。载体（Medium）一词来自拉丁文，是指信息传播过程中，携带和传递信息的任何物质。信息的表达、存储和传递必须通过一些中间物质，常见的报刊、杂志、广播、电视、电影、计算机、网络、磁盘、光盘、录音、录像、图片、幻灯片、投影片和印刷材料等都属于媒体。确切地说，媒体是信息得以存储和传播的介质。媒体的作用在于存储信息、表达信息和传送信息，以帮助人们进行沟通和交流。

2. 多媒体

多媒体源自英语"MultiMedia"，意指多种媒体的结合应用。在计算机和网络领域，常见的信息表达形式为文本、音频、视频、图形、图像、动画和影视等。而信息内容的表达首先必须建立在人们可接收的基础上，同时信息的交流必须基于存储设备、显示设备和传输设备的支持。所以，多媒体就是指多种信息载体的表现形式、存储和传递方式的有机集合，这种有机集合体使有用的信息得以充分的表达、传播和利用，从而极大地满足人们对信息的高容量、高质量的需求。

根据ITU（国际电信联盟）建议的定义，媒体可分为下列五大类：

1）感觉媒体（Perception Medium）：指信息能被人类感觉的形式，这与人类的视觉、听觉、触觉、味觉和嗅觉等五种感觉器官有关。

2）表示媒体（Representation Medium）：指信息内容的形式描述，定义了信息的特征。如文本、图形、图像、语音、声音、音乐动画和视频等。

3）显示媒体（Presentation Medium）：指数据的输入和输出设备，如键盘、鼠标、显示器、扬声器、打印机、扫描仪、绘图仪等设备。

4）存储媒体（Storage Medium）：指存储数据的介质，如磁带、磁盘、光盘等。

5）传输媒体（Transmission Medium）：指传输数据所需的物理设备或物质，如电缆、光纤和电磁波。

3. 流媒体

流媒体（Streaming Media）是多媒体网络应用的新概念。用户在网上可以直接点播歌曲或影视节目，而且完全不必要将完整的音频、视频文件下载到本地计算机上，就可以利用多媒体播放软件收听和收看多媒体节目。

从广义上讲，流媒体指的是流媒体系统，也就是使音频和视频数据形成稳定、连续的传输流和回放流的一系列技术、方法和协议的总称。而狭义的流是指相对于传统的下载-播放方式而言的一种媒体格式，它能从Internet上获取音频和视频等连续的多媒体数据流。

所以，目前在网络上传播多媒体信息主要利用下载和流式传输两种方式。传统的下载传输方式，在播放之前，需要先下载多媒体文件至本地，不仅需要较长时间，并且对本地计算机的存储容量也有一定的要求，这将限制存储容量较低的设备对网络多媒体的使用。流式传输是通过服务器向用户实时提供多媒体信息的方式，不必等到整个文件全部下载完毕，在启动软件工具后经过少量延时即可播放，客户端可以边接收数据边播放。流式传输大大地缩短了播放延时，同时也降低了对本地缓存容量的需求，为实现现场直播形式的实时数据传输提供了有效可行的手段。

1.1.2 多媒体技术

信息社会的多媒体需求是多媒体技术产生和发展的最根本的原因，而计算机技术、网络通信技术和数字信息处理技术的实质性进展是多媒体技术产生和发展的基础。

多媒体不是多种媒体的简单汇合，而是指多种媒体的有机集合体。多媒体的产生必定是经过数据获取、整理、编辑、存储、展示和传递等多种处理过程，这些处理过程也必定有一系列的方法和技术的支持。如此看来，我们就可以把多媒体直接看做多媒体技术。当多媒体引入到网络通信领域时，就产生了多媒体网络技术。

本书主要讨论的就是多媒体计算机技术和多媒体网络技术。在这些多媒体技术中，主要包括存储与访问技术、表现与表达技术、实时处理技术、传输和控制技术、接口技术和人机交互技术等。人机交互技术最终要向着更接近于人的自然方式发展，使多媒体系统具有听觉、视觉和触觉等功能，从而以更自然的方式与人类交互。

1. 多媒体计算机技术

多媒体计算机技术（Multimedia Computer Technology）的定义是：计算机综合处理多种媒体信息，在文本、图形、图像、音频和视频等多种信息之间建立逻辑关系，并将多媒体设备集成为一个具有交互性能的应用系统的技术。

早期的计算机只能进行二进制运算，为了方便记忆和使用才发展了字母、数符和简单的符号，即我们称之为 ASCII 码的那些符号。在计算机上使用 ASCII 码，实际上标志着图形技术的开始，因为这些字母、数符和简单符号的显示就是由点组成的图形。根据这种原理，研究人员迅速地开发出扩展的 ASCII 码和中文编码等，使得计算机的功能逐步从单纯的科学计算扩大到数据处理。

我们可以认为，编码是多媒体发展的基础，它不仅在计算机上成功地创造了数字、符号和文字，而且逐步创建了计算机音频、动画和视频。这就是计算机多媒体化的演变过程，也就是多媒体数字化的过程。

多媒体的数字化是一种综合的电子信息技术，它推动了现实世界应用系统的数字化进程，首先影响着传媒系统和娱乐界，逐渐使广播、影视、录像和游戏等多媒体应用朝着数字化方向发展。多媒体计算机技术是从 20 世纪 80 年代中后期开始受到普遍关注的，由于多媒体技术的应用，加快了社会信息化发展的速度，同时应用市场对多媒体数字化技术提出了更高的要求，促进着多媒体技术的发展。随后出现的多媒体存储技术、多媒体输出技术、多媒体网络和通信技术使得我们今天拥有了强大的处理多媒体信息的能力。

多媒体计算机技术的应用，改善了人类信息的交流方式，缩短了人类传递信息的路径，给人们的工作、生活和娱乐带来深刻的变革。

2. 多媒体网络技术

多媒体网络技术（Multimedia Networks Technology）是综合性的技术，它的目标是实现多个多媒体计算机系统的联合应用。而多媒体的网络应用对网络技术提出了相当高的要求，网络不仅要保证多媒体信息的安全传递，而且要保证多媒体及时到达。较为突出的问题是通信的带宽、地址分配、路由控制、实时同步以及分布处理等。

随着信息高速公路（NII 计划，National Internet Infrastructure）的建立，通信的带宽逐渐扩大，宽带使得多媒体信息的传送速率得以提高。同时，由于多媒体通信中以下四项关键技术的改进，多媒体网络应用逐渐走入人们的工作和生活中：

1）网络多媒体数据处理技术，特别是高效的信息压缩与解压缩技术。

2）网络技术，提供更可靠的通信链路，保证实时多媒体的交互。

3）分布处理技术，支持计算机的协同工作。

4）支持更多媒体处理的终端技术。

总的来讲，多媒体网络技术主要涉及多媒体网络管理、多媒体通信、通信介质、异种网络间连接和传输控制、窄带和宽带传输控制、多媒体文件传送、多媒体实时传播、多媒体质量的控制、网络存储等技术。

3. 多媒体计算机技术的特征

应用多媒体计算机技术可将声音、视频、图像、动画等各种信息媒体集于一体。多媒体应用系统应该能够生动、形象、全面地表达信息，即在适当的部分配有美妙的音乐、动听的解说、逼真的动画或视频剪辑，同时可以提供人机的交互方式。

纵观许多比较成功的多媒体应用系统，从多媒体集成的效果来看，具有丰富的信息表达方式的多媒体系统所表示的内容含义比较直观，更富有感染力，能够更加确切地体现信息所包含的真正含义并给人以深刻的印象。特别重要的是，便捷且实用的交互功能体现了多媒体系统开发的真正意义，因而能为信息的处理做出卓越的贡献。

总结多媒体计算机技术的功效，多媒体具有三大关键特征：信息载体的集成性、交互性和实时性。

1）集成性

集成性包含两个方面，一方面是多媒体信息表达的集成，另一方面是多媒体设备的集成。

多媒体信息表达的集成意味着信息的表达可同时使用图、文、声和像等多种形式。与传统的多媒体信息集成体（如模拟电影）相比，内容的表现更加深刻，画面更加清晰，形象更加逼真。

多媒体设备的集成是指显示和表现媒体设备的集成，计算机能和各种输入/输出外设（如打印机、扫描仪、数码相机、音响等设备）联合工作。

2）交互性

交互性是指能为用户提供参与的方式，从而有效地控制和使用信息，提高信息的适用性和针对性。

交互性提供了人机沟通的渠道，是区别于传统媒体的最大特点。传统的多媒体信息集成体（如模拟电影）的传递是单向的，不提供信息接收方面的自主性功能。具有交互功能的多媒体应用系统采用对话方式，可满足用户的自主性要求，用户可以按照自己的意愿去选择信息内容和安排活动的进程，以达到有效获取信息及解决问题的目的。

计算机多媒体应用系统可提供人机交互所需的图形界面和丰富的交互形式。最简单的交互方式是选择，用户可以通过键盘、鼠标、触摸屏等交互设备进行信息内容的选择、控制和使用。实际上，在计算机上可以实现的交互方式还有很多，比如文字输入/输出交互方式、语音传递交互方式以及物理交互方式等。

3）实时性

实时性是指多媒体信息系统所具有的高同步和即时处理特性。这也是实现虚拟现实的关键特性。

实时多媒体的集成必须能高度地同步媒体，才能体现真实感。比如，在展示讲课过程时，演讲者的声音和动作必须同步。任何媒体间的不同步都会影响多媒体应用系统的实用效果。

在网络应用需求迅速发展的情况下，不仅在多媒体计算机（MPC）上体现了高度的实时性，例如我们可以通过计算机照相和摄影、播放各种多媒体节目等。而且在因特网的信息传递方面也体现了高度的实时性，这涉及网络、通信设备和通信介质等多方面的技术，这些技术提供了网络即时处理的可能。许多网络应用，如网络会议、IP 电话、视频点播和网络 OK 等都能使我们感觉到一种即时效果。

1.1.3 多媒体计算机技术的应用

多媒体计算机技术的产生和应用，极大地冲击着传统信息处理的理念，多媒体计算机应用系统逐步进入政治、军事、企业、教育、艺术、家庭、商业、旅游、娱乐等领域，全方位地改变着人类的生活和工作方式。它的应用领域还在扩大，大有涵盖所有领域之势。随着多媒体技术的发展，必定会有更多新的应用领域，具有更加广阔的前景。

下面简单介绍一些多媒体技术的主要应用领域。

1. 多媒体电子文稿和刊物

电子出版物具有集成性、交互性的特点，且种类多、表现力强，信息检索灵活方便。它以数字代码方式将图、文、声、像等信息存储在磁、光、电介质上，是计算机技术与文化、教育等多学科完善结合的产物。

计算机文字处理的应用几乎涵盖了各行各业，例如批文、公函、合同、报刊、广告、书籍、书信、文稿、名片等。这类应用使印刷行业几乎完全告别传统的工作方式，采用全新的无纸化工作方式，进行无纸化的创作、编辑、存档、传递乃至无纸化的输出。

2. 教育培训

教育培训是多媒体计算机最有前途的应用领域之一，计算机多媒体教学已在较大范围内替代了基于黑板的教学方式，从以教师为中心的教学模式，逐步向以学生为中心、学生自主学习的新型教学模式转移。

用于知识演示、训练、复习自测的大量多媒体课件具有生动形象、人机交流、即时反馈等特点，使教学内容的表达更加形象、学习方式更加丰富，能极大地提高教学效果。同时，学生可以根据自己的水平、接受能力进行自学，掌握学习进度自主权，避免了统一教学进度带来的缺点。

3. 多媒体行业应用

多媒体行业应用包括办公自动化、多媒体信息管理系统、多媒体测试和工业控制系统等方面。

办公自动化主要体现在对声音和图像的处理上。采用语音自动识别系统可以将语言转换成相应的文字，同时又可以将文字翻译成语音。通过 OCR 系统可以自动输入手写文字并以文字的格式存储。

管理信息系统（MIS）在引入计算机多媒体技术后，信息的管理、查询、统计和报表更加及时和方便，并且多媒体数据类型的增加使早期的数据库转变为多媒体数据库，能够获得更加生动、丰富的信息资源。

多媒体测试已用于各种检测系统中，如心理测试，健康测试、设备测试、环境测试和系统测试等。

4. 工程设计

计算机辅助设计广泛应用于工程辅助设计、辅助制图、电路设计以及印线布线等工作中。以平面图形、图像设计和处理为主的 Photoshop、CorelDraw、FreeHand 等软件，已是广告和出版界最为青睐和主要的工具，利用它们可轻松制作出上乘的广告、喷绘和刻字等作品。三维图形制图软件 AutoCAD 由于其功效卓越已成为工程辅助设计中的最为重要的工具。同时现在的电子相册、电子画册也比比皆是。

5. 艺术和娱乐

有声信息已经广泛地用于各种应用系统中。通过声音录制可获得各种声音或语音，用于宣传、演讲或语音训练等应用系统中，或作为配音插入电子讲稿、电子广告、动画和影视中。

多媒体计算机技术也为音乐创作提供了便捷的方法，使用 MIDI 音乐标准接口和合成音乐编辑软件（如 Walkcake、乐音软件等），可以直接通过计算机进行创作、编辑、调试和播放。以 mid、rmi 为扩展名的 MIDI 文件不能保存歌词、特殊音乐符号等信息。而以 tri 为扩展名的合成音乐格式文件可以词曲共存，还可以记录特殊音乐符号。利用专门的 MIDI 合成音乐的芯片，可以得到几百种乐器的声音，并组合出大型乐队的演奏效果，声音非常优美。

许多数字影视和娱乐工具已进入了我们的生活，如 Windows Media Player、RealOne Player 等具有音/视频节目的搜索、管理和播放功能。大部分存放光盘上的音/视频节目也已随手可得，使我们能自主选择和播放音/视频节目。另一方面，目前的电子游戏软件，无论是在色彩、图像、动画、音频的创作表现，还是在游戏内容的精彩程度上都是空前的。

6. 多媒体通信

多媒体技术的发展和网络宽带的普及，缩短了人与人之间的距离，多媒体通信涉及多媒体文件传递、网络音视频会议、多媒体实时对话、多媒体信息检索、交互式电视等多个方面，多媒体网络应用已经融入人们的日常工作和生活中。

1）多媒体文件传递是指使用包含多媒体信息的文件的通信方式。不要求具有实时和交互功能。如万维网、电子邮件、新闻组、文件的上传和下载等。

2）网络音视频会议是指结合了文本、听觉、视觉多种媒体形式，提供实时交互的功能，可用于双方或多方参与的多媒体通信方式。如远程会议、远程培训、远程医疗、远程贸易、远程监控和协同工作等。

在网络视频会议中，声音、图像、文本等多种信息可以从一个地方传送到另一个地方，使分布在各地的与会者有身临其境的感觉。与会者既能了解各个分会场的会议情况，看到各会场、发言者、实物和资料，听到同步传递过来的声音，也能通过多媒体通信方式发表演说、出示资料、传真文件或者使用网络的共享电子白板。

3）多媒体实时对话是指利用 TCP/IP 协议，在实时连接基础上进行语音通信的 IP 电话。

早期的 IP 电话是指利用因特网（IP 网）实现 PC 机与 PC 机之间的通话。随着 IP 网和公共电话网的结合，IP 电话已经发展成能实现 PC 机到普通电话、普通电话到普通电话之间的通话。

4）多媒体信息检索是多媒体通信中最普遍的应用，通过如搜狐（http://www.sohu.com）、雅虎（http://cn.yahoo.com）等搜索引擎来实现因特网中的数据、文档、新闻、图像、影视、音乐等各种信息的检索。

5）交互式电视是由广播电视、计算机网络和通信网络的结合而产生的，从而扩展了多媒体信息检索的途径。

交互式电视（ITV）是利用有线电视网进行传播的。交互式电视具有频道利用率高、清晰度高、能提供交互功能等许多优点。可实现如电视列表（TV Listing）、电影点播（Movies On Demand，MOD）、新闻点播（News On Demand，NOD）、卡拉 OK 服务（Karaoke On Demand）、游戏（Games）、远程购物（Tele Shopping）、家庭银行服务（Home Banking）、因特网访问（Internet Access）等多媒体信息的检索。

多媒体通信的应用在很大程度上改变了人们的工作和生活方式，人们不仅能提高工作效率、降低费用开支，并能尽情享受虚拟现实的无限乐趣。更重要的是，多媒体通信的应用进一步促进了社会的飞速发展。

通信技术与计算机技术的结合产生了计算机网络技术，随着网络的发展完善，多媒体计算机技术也在通信工程中发挥着重要的作用。

1.1.4　多媒体技术的发展和前景

1. 多媒体技术的发展史

多媒体技术的飞速发展确实给计算机应用领域带来了一场革命，把信息社会推向了一个新的历史时期，对人类社会将产生深远的影响。

1984 年，美国 Apple 公司推出了 Macintosh 机，改善了人机之间的界面，引入位映射的概念来对图进行处理，并使用窗口和图符作为用户接口，用鼠标器和菜单取代了键盘操作。

1985 年，美国 Commodore 个人计算机公司率先推出世界上第一台多媒体计算机 Amiga，后来不断完善，形成一个完整的多媒体计算机系列。

1986 年 3 月，荷兰 Philips 公司和日本 Sony 公司联合研制并推出了交互式紧凑光盘系统 CD-I (Compact Disc Interactive)，同时还公布了 CD-ROM 文件格式，并成为 ISO 国际标准。该系统把高质量的声音、文字、图形、图像进行数字化，并可存入 650MB 的只读光盘，用户可以连接到电视机上显示。后来 CD-I 随着 Motorola 微处理器的发展也不断改进，并广泛用于教育、培训和娱乐。

1987 年 3 月，美国 RCA 公司推出交互式数字视频系统 DVI。该系统以 PC 技术为基础，用标准光盘存储和检索静态、动态图像、声音及其他数据。后来，Intel 公司取得了这项技术转让，于 1989 年初把 DVI 开发成一种可普及的商品，将 DVI 芯片安装在 IBMPS/2PC 机的主板上。

1991 年，第六届国际多媒体技术和 CD-ROM 大会宣布了 CD-ROM/XA 扩充结构标准的审定版本。

1992 年，Microsoft 公司推出了 Windows 3.1 操作系统。它不仅综合了原有操作系统的多媒体扩展技术，还增加了多个多媒体功能软件（媒体播放器、录音机等），同时加入了一系列支持多媒体的驱动程序、动态链接库和对象链接嵌入（OLE）等技术。同年，在美国拉斯维加斯举行的 COMDEX 博览会上出现了两大热点：笔记本电脑和多媒体计算机。

1990 年，Microsoft 公司联合 IBM、Intel、DELL 等十家生产厂商组成了 MPC 市场协会，制定了多媒体个人计算机系统硬件的最低标准。1991 年 11 月，MPC 市场协会制定了 MPC Level-I 标准。1993 年 5 月，MPC 市场协会又公布了 MPC Level-II 标准。1993 年 8 月在美国洛杉矶召开的首届多媒体国际会议上，专家就多媒体工具、媒体同步、超媒体、视频处理、视频应用、压缩与编码、通信协议等专题做了广泛的讨论。1995 年 6 月，MPC Level-III 推出。

1993 年 3 月，Intel 发布了 Pentium 处理器，该处理器集成了 300 多万个晶体管，早期版本的核心频率为 60MHz～66MHz，每秒可执行 1 亿条指令。至 1996 年 1 月，Pentium 处理器的速度已达到 150MHz～166MHz，集成了 310～330 万个晶体管。在 1995 年 11 月 Intel 发布的 Pentium Pro，主频可达 200MHz，每秒可执行 4.4 亿条指令，其中集成了 550 万个晶体管。由于处理器功能的强化，其数字游戏功能和效果逐步得到了发展，例如，1993 年经典游戏 Doom 的发布，1994 年即时战略游戏 Command&Conquer（命令与征服）的发布。1997 年 HeftAuto、Quake2 和 Blade Runner 等著名游戏软件发布，也带动了 3D 图形加速卡迅速崛起。

1997 年，Intel 发布 Pentium MMX CPU，处理器的游戏和多媒体功能得到增强，该处理器的速度在当年 6 月已达到 233MHz。1997 年 5 月，Pentium II 发布，增加了更多的指令和 Cache。到 1998 年年初，Pentium II 处理器的速度已达到 333MHz。

1999 年 7 月，Pentium III 发布，最初时钟频率在 450MHz 以下，总线速度在 100MHz 以上，支持 SSE 多媒体指令集，集成有 512KB 以上的二级缓存。1999 年 10 月，又发布了内核更小的 Pentium III 处理器，内部集成了 256KB 全速 On-Die L2 Cache，并内置有 2800 万个晶体管。2000 年 3 月，Intel 发布代号为"Coppermine 128"的新一代的 Celeron 处理器，同时支持 SSE 多媒体扩展指令集。2000 年 7 月，Intel 发布了 Pentium 4 处理器，其芯片内部集成了 256KB 二级缓存，外频为 400MHz，使用 SSE2 指令集，并整合了散热器，其主频从 1.4GHz 起步。2001 年 8 月，主频高达 2GHz 的 Pentium4 处理器发布。

同时，还有一些公司也推出了颇具特色的多媒体处理器，例如 AMD 公司于 1999 年 2 月发布了 K6-3 400MHz 处理器，于 2000 年正式推出 Duron 廉价处理器和面向高端的 ThunderBird 处理器。同年，AMD 还相继发布了 1GHz 和 1.2GMHz Athlon 处理器。2001 年 5 月，VIA 发布 C3 处理器。该处理器采用 0.15 微米工艺制造，包括 192KB 缓存（128KB 的一级缓存和 64KB 的二级缓存），并采用 Socket 370 接口，支持 133MHz 前端总线频率和 3DNow!、MMX 多媒体指令集。

　　2. 多媒体技术的发展趋势

　　21世纪将是多媒体技术飞速发展的世纪，也是多媒体应用不断拓展的世纪。不久的将来，多媒体技术会进一步深入到社会的各个领域中。视频压缩传输、模式识别、虚拟实现、多媒体通信等尖端技术的发展会改变整个人类的生活方式。

　　更广阔的市场需求将要求多媒体朝着高速化、综合化和智能化方向发展。目前，多媒体技术面临以下几个新的课题：

　　（1）进一步完善计算机支持的协同工作环境

　　目前，多媒体计算机在硬件体系结构、多媒体的音频/视频接口以及多媒体计算机的性能指标方面不断提高。但要满足计算机支持的协同工作环境的要求，增强多媒体实时处理能力，还需要进一步研究多媒体应用系统的组合方法等问题。

　　例如，多媒体技术与点播电视、智能化家电、识别网络通信等技术相互结合，使多媒体技术能更好地进入教育、咨询、娱乐、企业管理和办公自动化等领域。

　　又如，多媒体与控制技术相互渗透，以便进入工业自动化及测控等领域。

　　（2）增强计算机的智能

　　多媒体计算机充分利用了计算机的快速运算能力，综合处理图、文、声信息，用交互式来弥补计算机智能的不足。但还需要进一步增强计算机的智能，如文字语音的识别和输入、汉语的理解和翻译、图形的识别和理解、机器人的"视觉"以及解决知识工程和人工智能中的一些课题。

　　（3）把多媒体和通信技术融合到CPU芯片中

　　随着多媒体技术、网络计算机技术的发展，计算机芯片和结构设计需要考虑增加多媒体和通信功能。

　　综上所述，多媒体技术的研究将向着以下六个方向发展：

　　1）高分辨率，提高显示质量。

　　2）高速度化，缩短处理时间。

　　3）简单化，便于操作。

　　4）高维化，三维、四维或更高维。

　　5）智能化，提高信息识别能力。

　　6）标准化，便于信息交换和资源共享。

1.2　多媒体技术的研究内容

　　目前，多媒体信息处理主要依靠多媒体计算机技术和多媒体网络技术。多媒体计算机技术研究的是如何利用计算机技术模拟表达和处理多媒体信息，多媒体网络技术研究的则是网络设备如何实现多媒体信息的接收、存储、转发、传递和输出等问题。多媒体技术的研究领域涉及计算机软硬件技术、计算机体系结构、数值处理技术、编辑技术、声音信号处理、图形学及图像处理、动态技术、人工智能、计算机网络和高速通信技术等很多方面。

1.2.1　多媒体硬件支持技术

　　多媒体硬件是计算机应用的基础，多媒体硬件技术要解决的是如何建立能够支持软件的设备。这些设备主要涉及多媒体基本处理设备、多媒体输入/输出设备、多媒体转换设备和多媒体通信设备。

　　1）多媒体基本处理设备。其中大规模集成电路（VLSI）制造技术中在对多媒体的处理方面加强了设计，例如总线的设计必须适合于多媒体数据。为了提高数据处理能力，提高处理速度，在CPU芯片设计中应用了MMX技术。为了使计算机能与其他多媒体设备联合工作，必须考虑设计便于连接的各种必要的硬件接口。例如已经成功开发的USB接口，它允许在不断电的情况下直接接插打印机、移动硬盘、扫描仪、摄像机等多种设备。

2) 多媒体输入/输出设备。根据多媒体数据所表现的丰富形式，目前多媒体数据的输入和输出设备涉及键盘、鼠标、图形板、扫描仪、磁/光存储设备、照相机、摄像机、屏幕、打印机、电视机等多种设备。

其中，大容量的磁/光存储技术是解决多媒体应用的关键问题之一。目前主要的存储设备有磁存储设备、光存储设备、网络存储设备。随着多媒体数据量的高速膨胀，数据存储仍然是科学家们关注的一个重要的技术领域。

同时，多媒体输入/输出设备在仿真技术方面的研究也更加趋于人性化。目前，已经推出更加符合人体视觉的，并且能够显示全真色彩的射线屏幕、液晶屏、离子屏幕，还有更加适合人体触觉的生理键盘、触摸屏、头盔显示器、数据手套等三维交互设备。为了实现真正的虚拟现实，仿真技术的研究还将进一步深入，创造出符合人体多感觉的综合设备。例如，对于人的触觉来说，不仅仅能感受到力的作用，同时也能感觉到热的作用，由此可以设想创造具有力感和热感的综合设备。

3) 多媒体转换设备。在多媒体模拟信号和数字信号并存的时代，根据多媒体信号存在的不同模式，多媒体设备分为模拟设备和数字设备。要使数字设备和模拟设备协同工作，必须要进行多媒体信号模式的转换。也就是说，当将模拟信号输入计算机时，必须要先进行模/数转换，而当信号从计算机输出模拟设备时，必须先进行数/模转换。能够实现数/模或模/数转换的设备就是多媒体转换设备，如图形显示卡、音频卡、视频卡、调制解调器等，它们不仅能使数据在数字和模拟形式之间转换，而且许多设备的处理芯片还具有多媒体数据压缩、格式转换和特效处理功能。这种具有多媒体特色的芯片技术大大地减轻了 CPU 的计算负担。

4) 多媒体通信设备。在网络应用中，通信子网的构成需要传递介质和控制设备。例如，在有线连接中使用的双绞线、同轴电缆和光纤，在网络的节点处使用的交换器、路由器、网关等控制设备。传递介质和网络控制设备性能的提高以及新型介质和设备的研究将会使网络应用进入一个崭新的阶段。

1.2.2　多媒体操作系统技术

多媒体操作系统技术建立在多媒体设备的基础上，研究的是如何组织管理设备、如何调度多媒体设备，如何帮助用户使用计算机。所以，多媒体操作系统技术主要涉及计算机系统硬件资源管理、软件资源管理、计算机语言环境的支持、操作环境的设置、提供基本的操作工具以及支持多种多媒体软件的运行，从而使用户能够方便地调用多媒体设备和数据资源，达到应用计算机多媒体的目的。

在硬件资源管理方面，操作系统要能够标识设备，并支持对设备进行初始化，还能启用和关闭设备。多媒体操作系统将常用的多媒体设备驱动程序作为组成的一个部分，同时包含能够改变多媒体设备工作状态和控制其工作的程序。在 Windows 操作系统中，这些程序都放置在"控制面板"中。随着计算机技术的不断发展和新型设备的出现，控制的内容和方法也在不断更新。

软件资源管理主要完成计算机文件的命名、属性、类型、组织和存取等重要的软件基层工作。例如"资源管理器"、"文件夹"、"搜索"等工具分别承担着具体的管理任务。

任何一个操作系统都支持一定的计算机语言环境。一方面，随着计算机编码技术的发展，符号语言和高级语言更符合人们的使用习惯。许多面向过程和面向对象的编程工具的应用，使人们越来越远离机器语言。另一方面，操作系统的研究发展使用户可以采用符合本国语言的系统，如英文操作系统、中文操作系统和日文操作系统等，但这些语言并非机器可执行性语言。从计算机的构成上看，计算机所能执行的算法语言只能是机器语言。

许多操作系统都提供可视化的图形界面以及个性化操作环境设置功能，用户可以根据个人喜好设置背景图案或音乐，选择自己所需要的工具。

操作系统提供了一些必要的操作工具，如磁盘的清理、文件的注册、文件碎片的整理、系统的诊断以及故障的排除等工具，用户可以使用它们来维护操作系统的正常功能。

多媒体操作系统应能支持多种多媒体软件的运行。由于多媒体具有多格式、多流、同步以及实时等特点，因此多媒体操作系统不仅要支持多媒体数据格式，还要实现对多媒体数据的同步功能。

许多多媒体操作系统都是在一般操作系统的基础上继续开发而成的。

1.2.3　多媒体数据处理技术

多媒体数据处理技术研究的是多媒体数据的编码、媒体的创作、多媒体集成、数据的管理、信息的产出和多媒体使用等技术。

1）编码技术：研究的是如何对多媒体数据进行编码，这些编码是多媒体数据得以输入、保存和输出的基础。比如，文字编码有输入码、存储码和输出码，对于数据量特别大的音频、图像和视频类数据还需要建立压缩码。编码的性能直接关系到处理和使用多媒体数据的效果。

2）媒体创作技术：研究的是如何开发媒体素材的创作工具，以便用户利用这些工具制造音频、视频、动画等各种表示媒体。比如 Sound Recorder、WaveEdit 可用来创作音频文件，Photoshop 可用来创作图像，Flash 可以用来创作动画。许多多媒体创作工具都提供了丰富的创作功能和便捷的操作方法。

3）多媒体集成技术：研究如何合理地组织多媒体素材，使合成后的信息的效果表达更清楚、吸引力更强，并给人留下更深刻的印象。利用这种技术开发的多媒体集成工具（如 Authorware），用户可以创作多媒体应用系统。

4）数据管理技术：要解决的是数据的组织、维护和检索问题。数据管理常常建立在数据库的基础上，数据库的类型就是组织数据的一种方式。例如关系数据库就是以二维表的形式组织数据，更适合多媒体数据的是面向对象的数据库，而超文本、超媒体式的数据组织形式是网状链接模式的。多媒体数据管理中最大的难点就是实现基于多媒体数据内容的检索。

5）信息产出技术：属于数据分析方法的设计，就是在计算机上通过科学计算的过程获得具有指导意义的分析结果。比如在市场营销领域，根据一段时间的产品销售量数据，通过计算可预测今后一段时间的可能销售量。

6）多媒体使用技术：研究的是如何调用和展示多媒体信息。媒体播放器就是使用技术下的一个实例，它能提取 CD 音乐、DVD 数字影片和 Internet 上的广播，能自行编排节目单、控制播放等。

1.2.4　多媒体网络技术

多媒体网络技术包括网络构建技术、网络通信技术和网络应用技术，涉及互联网络的组建技术、多媒体中间件技术、多媒体交换技术、超媒体技术、多媒体通信中的 QoS 管理技术、多媒体会议系统技术、多媒体视频点播与交互电视技术以及 IP 电话技术等。

目前的多媒体网络分为电话网、电视网和计算机网三种，并且在业务上已经互相渗透。随着数字化技术的不断进步，这三种网络将在数字化的前提下逐步统一起来。所以多媒体网络技术研究的主要是如何组织多媒体设备和网络设备实现跨地区的实时应用，具体的任务是能有效地控制网间多媒体信息的接收、存储、转发、传递和输出等实际过程。

1）网络构建技术：网络可分为局域网、企业网和广域网。网络构建技术要解决的问题包括软/硬件两个方面，在网络硬件的构建方面主要研究的是网络的结构、布线和实际连接。在软件方面研究的是如何提供支持网络多媒体应用的多媒体网络操作系统。

2）网络通信技术：解决如何实现网络之间的高速、高效和高质量的多媒体通信问题。其中能够解决在不同设备之间进行信息传递的技术称为多媒体中间件技术。例如，实现计算机应用程序和电话之间信息传递、实现两个或多个交换机之间互相交换数据、回复接收的电子邮件信息、回应 Web 站点上访问者的申请表格或文字信息等。而网络通信中多媒体数据包的传递需要多媒体交换技术的支持，从而使所传递多媒体数据的组合能够在物理介质上得到高效的传递，例如 ATM 技术就是以信元方式进行传递的一种交换技术。由于多媒体数据具有依赖于时间的特性，如何保证即时性多媒体网络应用的质量是 QoS 管理技术所研究的中心课题。

3）网络应用技术：网络应用的特点主要体现在分布式的多机应用，例如以超媒体技术为基础的万维网应用、以多媒体会议系统技术为基础的即时应用、以多媒体视频点播与交互电视技术为基础的流媒体应用等。

也有人建议将多媒体网络技术分为媒体处理与编码技术、多媒体系统技术、多媒体信息组织与管理技术、多媒体通信网络技术、多媒体人机接口与虚拟现实技术，以及多媒体应用技术六个方面。

1.3 多媒体技术的应用系统组成

1.3.1 MPC 多媒体应用系统的组成

一般来说，多媒体系统由计算机硬件和软件两大部分组成。

1. 多媒体计算机硬件组成

多媒体计算机的硬件部分包括计算机多媒体基本处理部件、多媒体输入/输出设备、多媒体附加设备、信号转换装置、通信传输设备及接口装置等。

计算机多媒体基本处理部件是指计算机主板、CPU、内存等部件，其中最重要的是根据多媒体技术标准而研制生成的多媒体信息处理芯片和板卡。CPU 芯片中集成了 MMX 技术，使得 CPU 芯片具有高速缓冲、多媒体和通信功能。内存的进一步使数据的存储量得以提高。主板在标准接口上的扩展增强且方便了其他设备的接入能力，使计算机能协同其他专用多媒体微处理器一起工作，并支持 DVD、TV 及网络等功能。

多媒体输入/输出设备包括键盘、鼠标、磁盘存储系统、光盘存储系统、显示屏、扬声器、打印机、扫描仪等多种设备，为多媒体数据的输入/输出提供了多种使用方式。

多媒体附加设备是能与计算机连接并具有专用处理能力的适配器，如音频/视频卡、图形卡、压缩/解压缩卡、网卡、MIDI 卡以及调制解调卡，许多适配器具有数/模（D/A）和模/数（A/D）转换功能，以便其他模拟设备能与多媒体计算机联合工作。

图 1-1 给出了多媒体计算机部件的基本配置实例，其中包含磁存储设备、光存储设备、声卡、显示器、鼠标、键盘、话筒和耳机，还可以接入计算机的图形写入板、扫描仪、音箱、摄像头、打印机和 U 盘。

图 1-1　MPC 基本设备及 U 盘、手写板、扫描仪、打印机等附加设备

2. 多媒体计算机的技术规格

1990 年，Microsoft 等公司筹建了 PC 市场协会，并在 1991 年 10 月发表了第一代多媒体个人

计算机（MPC）的规格。随着计算机技术的提高，PC市场协会相继发表了一系列的技术规格，见表1-1。

表 1-1　MPC 技术规格

MPC 标准系列	1993 年 5 月 MPC 2.0	1995 年 6 月 MPC 3.0	1996 年 MPC 4.0
CPU	80486	Pentium 75	Pentium133
内存容量	4MB	8MB	16MB
硬盘容量	160MB	850MB	1.6GB
CD-ROM	(300KB/s)2x	(600KB/s)4x	10x
声卡	16 位	16 位	16 位
图像色彩	16 位彩色	24 位彩色	32 位真彩色
分辨率	640×480	800×600	1280×1024
视频播放		352×240 30fps	
软驱	1.44MB	1.44MB	1.44MB
操作系统	Windows 3.x	Windows 95	Windows 95

由表1-1可见，MPC技术标准只是阶段性标准，这种标准肯定会随着计算机技术的发展而不断更新。实际上，在MPC 3.0之后，微软与英特尔的Wintel联盟就开始制定更全面的、更具有指导意义的PC系统设计指南，先后推出了PC 97、PC 98、PC 99、PC 2001和PC 2003等版本的规范。

3. 多媒体计算机的软件

计算机多媒体软件主要分为四类：系统软件、多媒体素材创作软件、多媒体应用系统开发软件和多媒体应用软件。

系统软件包含多媒体操作系统、设备驱动程序、系统维护软件和多媒体程序设计语言。这类软件主要负责搭建计算机基本工作平台，负责计算机软/硬件设备的安装、驱动和管理、提供计算机语言的编译和执行服务。此外，系统软件还包括一些实用工具，如多媒体压缩、播放和传输工具。在MPC机上常用的多媒体操作系统至少应是Windows 95以上的版本，包括Windows 98/2000/XP等。

多媒体素材创作软件包括声音录制编辑、图像扫描输入与处理、视频采集与压缩编码、动画制作与生成等软件。例如，Windows环境下的Creative Wave Studio可以用来录制、播放和编辑波形文件，Windows的MIDI可以用来对音乐进行合成。Adobe公司的Photoshop可用来创作和编辑图像。

多媒体应用系统开发软件，也称为多媒体开发平台，是集成文本、图形、声音、图像、视频和动画等多种媒体信息的编辑和著作工具，可以用来生成各种多媒体应用软件。多媒体开发平台可分为基于时间、卡片、流程或语言等多种类型。

例如，当已经具备各种多媒体元素的数据文件之后，就可以利用多媒体应用程序开发工具Authorware Professional对多媒体数据进行集成、调试并生成应用系统。而计算机专业设计者更愿意使用可视化编程工具Visual Basic和Visual C++进行开发。

多媒体应用软件是利用多媒体工具软件设计开发的应用系统，包含多媒体辅助软件、多媒体数据管理软件和网络应用软件，如CAI辅助教学软件、CAT辅助测试软件等。

4. 多媒体计算机系统工作模式

多媒体计算机系统的工作模式是有层次结构的。由图1-2可知，系统由下而上提供逐级支持，最底层支持计算机硬件设备，次底层负责多媒体设备的输入/输出控制，随后需要取得多媒体系统软件的支持，在这个基础上才可以利用多媒体工具软件开发多媒体应用系统。

| 多媒体应用软件 |
| 多媒体开发工具 |
| 多媒体系统软件 |
| 多媒体设备控制 |
| 多媒体计算机硬件设备 |

图 1-2   多媒体计算机系统的工作模式

1.3.2 多媒体网络应用系统的组成

网络环境下的多媒体应用不受地理位置的限制。一般情况下，加入网络的 MPC 可通过互联网上的服务器和网中的其他 MPC 组成多媒体网络应用系统，如图 1-3 所示。

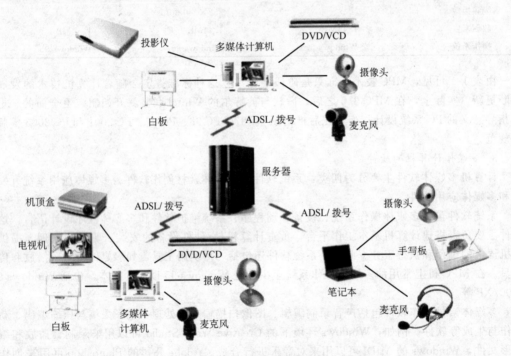

图 1-3   多媒体网络应用系统

这样，对于网络应用系统所包含的硬件类型和数量，理论上是无限制的。也就是说，可以包含 MPC 的任何组成设备。多媒体网络应用系统能够正常运转的前提条件是：

1）必须有良好的网络环境，包括网络服务器、通信设备、通信介质和接口。
2）必须具有满足一定技术指标的 MPC 以及附件。
3）必须按照一定标准的协议。

本章小结

多媒体是多种信息载体的表现形式、存储和传递方式的有机集合。多媒体技术是在计算机技术、网络通信技术和数字信息处理技术的基础上产生和发展起来的。多媒体的关键特征是信息载体的集成性、交互性和实时性，这些特性为人类对信息的利用提供了实用、方便、有效的手段。

多媒体信息处理依靠多媒体计算机技术和多媒体网络技术。多媒体计算机技术研究的是如何利用计算机技术模拟表达和处理多媒体信息，多媒体网络技术研究的是网络设备如何实现多媒体信息的接收、存储、转发、传递和输出等问题。

　　多媒体技术包括存储与访问技术、表现与表达技术、实时处理技术、接口技术和人机交互技术等。

　　多媒体技术的研究领域涉及计算机软硬件技术、计算机体系结构、数值处理技术、编辑技术、声音信号处理、图形学及图像处理、动态技术、人工智能、计算机网络和高速通信技术等很多方面。

　　更广阔的市场需求将要求多媒体朝着高速化、综合化和智能化方向发展。

思考题

1. 多媒体不是多种媒体的简单汇合，那么究竟应该怎样来理解"多媒体"呢？多媒体技术又指的是哪些技术？

2. 多媒体集成性具有综合的意思，而集成的具体内容又是什么？集成所要达到的目标是什么？有什么作用？

3. 多媒体区别于传统媒体的最大特点是什么性质？它提供了人机沟通的渠道，这种性质可满足用户的什么要求？

4. 多媒体技术的发展和网络宽带的兴起和普及，缩短了人与人之间的距离，多媒体网络应用已经融入人们的日常工作和生活中，具体体现在哪些方面？

5. 流媒体是多媒体网络应用的新概念，用户可以利用流媒体在网上直接点播歌曲或影视节目。从技术上讲，流媒体指的是什么？

6. 多媒体的市场应用对多媒体技术提出了更高的要求，要求进一步完善计算机支持的协同工作环境、增强计算机的智能、把多媒体和通信技术融合到 CPU 芯片中。你认为这些更高的要求具体应该包含哪些内容？

7. 多媒体数据处理技术研究的是多媒体数据的编码、媒体的创作、多媒体集成、数据的管理、信息的产出和使用等技术。其中媒体创作技术和多媒体集成技术有什么区别？而信息产出技术又有什么作用？

8. 目前，多媒体网络存在的形式有几种？将来它们的发展趋势如何？多媒体网络技术主要研究的是什么？具体涉及哪些技术？

9. 多媒体技术的研究将朝着什么方向发展？

第2章 多媒体设备

多媒体设备是信息处理的基本支柱，多媒体设备的发展也日新月异。一方面，对传统的标准设备进行了多媒体化的技术改革，包括计算机核心部件CPU处理器的基本结构、总线结构、设备接口等。同时对于多媒体附加设备的开发研制取得了瞩目的成果，例如更加便捷的I/O设备、音/视频设备、图形/图像加速处理设备等，都从应用的角度出发，全方位地提高了多媒体数据处理的MPC的基本功能。由于网络的发展和多媒体网络应用的需求，多媒体设备的开发延伸到了网络设备。

2.1 多媒体计算机核心设备

多媒体计算机核心设备所具有的多媒体处理能力，主要体现在多媒体的处理器、总线和多媒体接口等方面。

2.1.1 多媒体处理器

CPU处理器是PC机的核心部件，要使CPU能具备多媒体和网络的功能，必须重新考虑CPU体系结构的设计。但是，CPU原有的基本功能决定了它是不可偏废的。为了在原有CPU处理器的基础上将其扩展为多媒体核心处理器，改革设计的方案应采用以下几个原则：

1) 多媒体处理器的设计应采用国际标准。

2) 在原有基本指令集的基础上扩展。

3) 设计开发应综合考虑多媒体和网络的功能。

4) 在CPU芯片中，应集成多媒体和网络的技术。

1. 多媒体指令集

处理器依靠指令来执行计算和控制系统，CPU的设计规定了一系列与其硬件电路相配合的指令系统。指令集是提高微处理器效率的最有效工具之一。CPU的基本指令集可分为CISC（复杂指令集）和RISC（精简指令集）两部分。CISC指令系统因为其指令种类太多、指令格式不规范、寻址方式太多而显得较复杂，RISC体系结构通过减少指令种类、规范指令格式和简化寻址方式，方便了处理器内部的并行处理，提高了VLSI器件的使用效率，从而使处理器性能得到大幅度提高。

多媒体处理器主要是在多媒体和网络功能上对指令集加以扩展，扩展的指令集定义了新的数据和指令，如Intel的MMX、SSE、SSE2和AMD的3DNow!等都是CPU的扩展指令集，它们能够极大地提高某方面数据处理能力，增强了CPU的多媒体、图形图像和Internet等的处理能力。

2. MMX指令集

MMX（Multi Media eXtension）指令集是Intel公司于1996年推出的一项多媒体指令增强技术。Intel提供的资料表明，应用MMX技术之后，多媒体及通信应用的表现和品质得到了大幅度的提高。MMX技术不仅能提高图像、视频和音频的质量和性能，还支持更多的同步操作，使多个音频频道、高质视频、动画和互联网通信同时运行。

MMX技术的特点如下：

1) 定义了4种新的数据类型。新数据类型包括紧缩字节型、紧缩字型、紧缩双字型和4字类型这4种包装字类型。

2）增加了 57 条新指令。MMX 指令集中包括 57 条多媒体指令，涉及算术运算、比较运算、转换运算、逻辑运算、移位运算、数据转移、MMXTM 状态置空等 7 组指令。

3）采用单指令多数据（SIMD）技术。具有 SIMD 结构的一条 MMX 指令能够同时处理 8 个、4 个或 2 个数据单元，在需要处理的数据超过实际处理能力的时候也能进行正常处理，这种可提供平行操作的指令比一般的指令具有更高的性能。

4）使用 8 个 64 位宽的 MMX 寄存器。使用多个 64 位宽的 MMX 寄存器，执行一条 MMX 指令可将包装字的多个数据同时取出运算，实现并行处理。

3. SSE 指令集

SSE（Streaming SIMD Extensions）指令集是 Intel 在 Pentium Ⅲ 处理器中率先推出的。最终推出的 SSE 指令集包括 70 条指令，其中包含提高 3D 图形运算效率的 50 条 SIMD 浮点运算指令、12 条 MMX 整数运算增强指令、8 条优化内存中连续数据块传输指令。理论上，这些指令对目前流行的图像处理、浮点运算、3D 运算、视频处理、音频处理等诸多多媒体应用起到全面强化的作用。

SSE 与 MMX 指令相兼容，它可以通过 SIMD 和单时钟周期并行处理多个浮点数据来有效地提高浮点运算速度。

为了应对 AMD 的 3DNow! 指令集，Intel 又在 SSE 的基础上开发了 SSE2，SSE2 指令集包括 144 条新建指令，使得 P4 处理器性能获得大幅度提高。和最早的 SIMD 扩展指令集一样，SSE2 涉及在多重数据目标上立刻执行单个的指令，最重要的是 SSE2 能处理 128 位和双精度浮点数运算。这种更精确地处理浮点数的能力使 SSE2 成为加快多媒体程序、3D 处理工程以及工作站类型任务处理速度的基础配置。

4. 3DNow! 指令集

3DNow! 指令集是由 AMD 公司提出的，它实际上是包含了 21 条机器码的扩展指令集。3DNow! 指令集主要针对三维建模、坐标变换和效果渲染等三维应用场合，在软件的配合下，3DNow! 指令集可以大幅度提高 3D 处理性能。

与 Intel 公司的 MMX 技术相比，3DNow! 指令集在整数运算的侧重上有所不同。在推出 3DNow! 指令后，Intel 公司又推出了 SSE 指令，虽然 SSE 包含了 3DNow! 技术的绝大部分功能，但是其实现的方法不相同，且彼此互不兼容。

后来，在 Athlon 上开发出增强型 3DNow! 指令集。这个指令集在原有指令的基础上，将指令个数增加至 52 个。这些 AMD 标准的 SIMD 指令包含一些 SSE 码，和 Intel 的 SSE 具有相同功能，但没有比 SSE2 具有更大的优势。

2.1.2 多媒体总线

随着多媒体技术的发展和广泛应用，原来负责计算机内部各部件之间通信的 ISA（16 位/8MHz）、EISA（32 位/16MHz）已远远不能适应数据传输的需要了。20 世纪 90 年代初推出的 Pentium 将数据精度扩大到 64 位，处理速度从 60MHz 提高到 200MHz，同时许多外设的处理速度也有了大幅度的提高。

1. PCI 局部总线

1992 年，视频电子标准协会按局部总线（Local Bus）标准设计了一种开放性总线，称为 VESA 总线。VESA 总线的总线宽度是 32 位，最高总线频率为 33MHz。局部总线技术从根本上改变了 PC 的体系结构，使得局部总线独立于 CPU 系统总线。

PCI（Peripheral Component Interconnect）是一种先进的局部总线，而且已成为局部总线的一个标准。PCI 首先由 Intel 公司提出，并由 PCISIG（Peripheral Component Interconnect Special Interest Group）研制开发。

PCI 总线独立于 CPU 系统总线，它是在 CPU 和原来的系统总线之间插入的一级总线，通过一个桥接电路实现对这一层的管理，并实现上下之间的接口以协调数据的传送。PCI 总线采用了独特的中间缓冲器设计，使得显示卡、声卡、网卡、硬盘控制器等高速的外围设备可以直接连接到 CPU 总线上，并能在高时钟频率下保持高性能。PCI 总线也支持总线主控技术，允许智能设备在需要时取得总线控制权，以加速数据传送。

PCI 总线能够支持 10 台外设，总线时钟频率为 33.3MHz/66MHz，最大数据传输速率为 133Mbps，支持时钟同步方式，与 CPU 及时钟频率无关，总线宽度为 32 位（5V）/64 位（3.3V），能自动识别外设，特别适合与 Intel 的 CPU 协同工作。

2. AGP 总线

PCI 总线技术无法满足要求越来越高的 3D 图形的显示问题，因为 3D 图形处理的所有数据都要通过 PCI 总线在系统和显示卡之间直接进行交换，其中的纹理数据需要占用相当多的带宽，所以继续应用 PCI 总线必将制约图形子系统乃至整个系统。

AGP（Accelerated Graphics Port，加速图形接口）是 Intel 于 1996 年 7 月正式推出的，它也被称为图形显示卡专用总线。AGP 总线只负责控制芯片和 AGP 显卡之间的指令、数据和地址的传输，并可以和 PCI 总线共同存在。

如图 2-1 所示，AGP 总线是通过直接连接控制芯片和 AGP 显示卡的，这种传输方式使得 3D 图形数据的处理和输出不需要通过 PCI 总线，这样就大幅度地提高了 3D 图形在计算机上的显示能力。

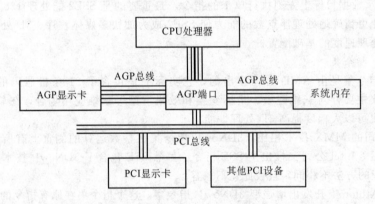

图 2-1   AGP 总线工作原理

3. PCI-X 局部总线

近年来，Intel 架构服务器开始在网络中应用，这种服务器性能可靠、价格低廉，为整个服务器市场增添了新的动力。

采用 Intel 处理器的服务器称为 IA（Intel Architecture）架构服务器，它主要包括五方面的内容，即"采用 Intel CPU"、"采用 Intel 的服务器主板"、"采用 Intel 的 RAID 技术"、"采用 Intel 认证过的软硬件"、"（免费的）服务器管理 ISM"。

为解决 Intel 架构服务器中 PCI 总线的瓶颈问题，Compaq、IBM 和 HP 公司将 PCI 芯片组的时钟速率和数据传输速率分别提高到 133MHz 和 1Gbps。

利用对等 PCI 技术和 Intel 公司的快速芯片作为智能 I/O 电路的协处理器来构建系统，这种新的总线称为 PCI-X。PCI-X 技术能通过增加计算机 CPU 与网卡、打印机、硬盘存储器等各种外围设备之间的数据流量来提高服务器的性能。

4. NGIO 总线

NGIO（Next Generation Input/Output）总线是 Intel 公司推出的下一代 I/O 总线结构。NGIO 总线结构改变了 CPU 传输数据的方式，在 CPU 和外部设备之间不进行同步数据传输，而是将信息打成数据包在目标通道适配器和主通道适配器间发送。这是一种异步通信方式，使 CPU

在处理时不必等待速度相对较慢的外围设备数据的处理。

NGIO 有一个多级交换器，它一端连接两个目标通道适配器和 PCI 控制器，PCI 总线另一端连接主通道适配器，通过主通道适配器连接芯片组，芯片组再连接 CPU 和内存。NGIO 有四条连线，两条用于输入，两条用于输出，数据传输率为 2.5Gbps。

NGIO 具有较好的性能、较高的可靠性和可伸缩性。工作时，NGIO 将处理器与 I/O 分离，由连接到服务器内存上的 I/O 引擎与外设进行通信。NGIO 还可以创建多条 I/O 通道，允许通道上的信号类型变化，其交换器集合采用允许数据选择多条路径的"交换结构"方式。

2.1.3 多媒体硬件接口

多媒体接口解决计算机与外设之间的通信，由于多媒体外部设备品种多，物理性能相差大，且数据交换的方式不同，因此在 PC 的主板上设置了不同的设备接口，较重要的多媒体接口主要是 IDE、SCSI 和 USB。

1. IDE 接口

IDE（Integrated Drive Electronics，集成驱动电子接口）接口，如图 2-2 所示，也称为 ATA（Advanced Technology Attachment）接口，主要用来连接硬盘或光驱并实现数据的传输。以后又推出了 EIDE（Enhanced IDE）规格，EIDE 还制定了连接光盘等非硬盘产品的标准。这个可连接非硬盘类的 IDE 标准，又称为 ATAPI 接口。

IDE接口

图 2-2　IDE 集成驱动电子接口

从 Intel 的 430TX 芯片组开始，就提供了对 Ultra DMA 33 的支持，能提供最大 33Mbps 的数据传输率，以后又很快发展到了 ATA 66、ATA 100 和 ATA 133 标准，它们分别提供 66Mbps、100Mbps 以及 133Mbps 的最大数据传输率。

2. SCSI 接口

SCSI（Small Computer System Interface）接口又称为小型计算机系统接口，用来连接主机和外围设备。它由 SCSI 控制器进行数据操作，SCSI 控制器相当于一块小型 CPU，有自己的命令集和缓存。

SCSI 经过了 SCSI-1、SCSI-2、SCSI-3、Ultra2 SCSI、Ultra3 SCSI 和 Ultra320 SCSI 几个发展阶段，它们主要的区别在于 SCSI 标准中使用的命令集，以及带宽、设备的最大可能速度，传输速度已从 SCSI-1 的 5Mbps 发展到 LVD 的 160Mbps、320Mbps。

Ultra3 SCSI 采用双缘传输频率，传输率是 160Mbps。其性能进一步提高，可保证数据的完整性和可靠性，能够进行 CRC（循环冗余校验）和范围确认。CRC 保证在连接状态不好或在热交换时将新硬盘连入系统的情况下数据不会丢失。范围确认保证了数据以尽可能快的速度进行传输。

Ultra160 SCSI 将一个 64 位的 PCI 界面和一个 Ultra 160 SCSI 通道结合起来，最大数据传输速度为 160Mbps，支持的缆线长度为 12 米，可连接 Ultra 160 SCSI（LVD）、遗留硬盘（即使用 USB 端口技术来连接的硬盘）以及流行的 SCSI 设备。PCI 双通道的 Ultra 160 SCSI 主适配器，支持混合数据传输速度达到 320Mbps，最多连接 30 个设备。

Ultra320 SCSI 的全称为"Ultra320 SCSI SPI-4"技术规范。Ultra320 SCSI 单通道的数据传输速率最大可达 320Mbps，如果采用双通道 SCSI 控制器可以达到 640Mbps。

SCSI 接口的特点如下：

1）可同时连接多达 30 个外设。

2）总线配置为并行 8 位、16 位、32 位或 64 位。

3）支持的高速硬盘空间有些已高达 146.8GB，如 146GB 的 Maxtor 硬盘。

4）支持更高的数据传输速率，IDE 的数据传输速率为 2Mbps，最早的 SCSI 就可以达到 5Mbps，SCSI-2 能达到 10Mbps，SCSI-3 能够达到 40Mbps、80Mbps。Ultra160 SCSI 的最大数据传输速度为 160Mbps，支持混合数据传输速度达到 320Mbps 。

5）成本较高，SCSI 接口在速度、性能和稳定性方面都比 IDE 和 EIDE 接口好，但是造价较高，而且与 SCSI 接口硬盘配合使用的 SCSI 接口卡也比较昂贵。

6）智能化的接口，SCSI 设备在数据传输过程中无须通过 CPU，而是通过 SCSI 总线内部的命令描述块的传送去启动、连接目标设备并执行具体任务，完成后才通知 CPU。

3. USB 接口

USB（Universal Serial Bus，通用串行总线）是一种新型的 PC 接口技术。USB 使用一个四针插头作为标准（采用菊花链形）插头，可以将外部设备连接到计算机主板上。

（1）USB 1.1 标准

USB 1.1 标准的传输速度为 12Mbps，理论上可以支持 127 个使用 USB 接口的外设，通过 USB 集线器可连接多个周边设备，连接线缆的最大长度为 5 米。

USB 标准将 USB 分为五个部分：控制器、控制器驱动程序、USB 芯片驱动程序、USB 设备以及针对不同 USB 设备的客户驱动程序。

同时，USB 标准中定义了以下四种不同的数据传输方式。

1）等时传输方式（Isochronous）：USB 并不会处理传输时的错误，适用于对时间极敏感、需要连续传输数据而对数据正确性要求不高的 USB 设备（麦克风、音箱等）。

2）中断传输方式（Interrupt）：传输时可以实时处理错误。可以用于传送数据量小但需要实时处理数据的 USB 设备（键盘、鼠标等）。

3）控制传输方式（Control）：USB 设备接收到这些数据后，会以先进先出的原则处理数据。可以用于处理系统到 USB 设备的数据传送。

4）批传输方式（Bulk）：当传输发生错误时，USB 会重新发送正确的数据。可以用于传输数据时要求正确无误的 USB 设备（打印机、扫描仪等）。

（2）USB 2.0 标准

USB 2.0 接口标准由 COMPAQ、Hewlett Packard、Intel、Lucent、Microsoft、NEC 和 PHILIPS 等 7 家厂商联合制定。目的是提高设备之间的数据传输速度，以便可以使用具有各种速度的且更加高效的外部设备。如图 2-3 所示的是 BELKIN USB 2.0 传输线标准版 1.8 米的线缆和接头。

USB 2.0 标准的主要特点如下：

1）速度快：接口传输速度高达 480Mbps，和串口 115200bps 的速度相比，相当于串口速度的 4000 多倍，完全能满足需要大量数据交换的外设的要求。

2）连接简单快捷：所有的 USB 外设可通过机箱外的 USB 接口直接连入计算机。

3）无须外接电源：USB 电源能向低压设备提供 5V 的电源。

4）有不同的带宽和连接距离：USB 提供低速与全速两种数据传送速度。全速传送时，结点间连接距离为 5m，连接使用 4 芯电缆（电源线 2 条，信号线 2 条）。该速率比标准串行端口的传输速度快 100 倍左右，比标准的并行端口的传输速度快近 10 倍。USB 能支持高速接口（例如 ISDN、PRI、T1 等），使用户拥有足够的带宽供新的数字外设使用。

图 2-3　USB 2.0 标准使用
的线缆和接头

5）多设备连接：利用菊花链的形式扩展端口，从而减少了 PC 机 I/O 接口数量。

6）提供了对电话的两路数据支持：USB 可支持异步以及等时数据传输，使电话可与 PC 集成，共享语音邮件及其他特性。

7）具有高保真音频：由于 USB 音频信息生成于计算机外，因此减少了电子噪音干扰声音质量的机会。

8）兼容性好：USB 2.0 标准使用的线缆和接头，具有良好的向下兼容性。若检测到 1.1 版本的接口类型，会自动按以前的 12Mbps 的速度进行传输。

（3）USB 3.0 工作原理

USB 3.0 标准由英特尔等大公司发起，于 2008 年 11 月 17 日正式完成并公开发布。USB 3.0 采用了对偶单纯形四线制差分信号线，故而支持双向并发数据流传输。USB 3.0 可应用于外置硬盘、高分辨率的网络摄像头、视频监视器、视频显示器、USB 接口的数码相机和数码摄像机、蓝光光驱等设备。USB 3.0 标准接口与线缆样品如图 2-4 所示。

USB 3.0 简要规范如下：

1）提供了更高的每秒 4.8Gb 的传输速度。

2）对需要更大电力支持的设备提供了更好的支撑，使总线的电力供应最大化。

3）增加了新的电源管理职能，支持待机、休眠和暂停等状态。

4）全双工数据通信，提供了更快的传输速度。

5）向下兼容 USB 2.0 设备。

4. IEEE 1394 接口

图 2-4   USB 3.0 标准接口与线缆样品

IEEE 1394 接口也是一种通用外接设备接口，它类似于 USB 接口，可以快速传输大量数据、能连接多个不同设备、支持热插拔、不用外部电源。将摄像机连接到计算机最合适的方法是使用 1394 接口，这样能获得最佳的影像质量。

IEEE 1394 的网络共有三层，分别是物理层、链接层及传输层。物理层定义了传输信息的电子信号及机械的接口，主要的功能为数据的编码、译码与总线的判断，而其连接器分为四接脚及六接脚两种规格，其最大输出电压规格为直流 40 伏特，最大输出电流为 1.5 安培。链接层主要功能为封包接收、封包传送与周期控制。传输层则是定义请求及响应协议，并用以实现读取、写入及封锁三个基本的传输动作。

IEEE 1394 标准定义了两种总线数据传输模式，即 Backplane（背板）模式和 Cable（电缆）模式。其中 Backplane 模式支持 12.5、25、50Mbps 的传输速率；Cable 模式支持 100、200、400Mbps 的速率。

IEEE 1394 可同时提供同步和异步数据传输方式。同步传输的数据是连续性的，主要应用于实时性的任务，而异步传输则是将数据传送到特定的地址。可以在同一传输介质上可靠地传输音频、视频和计算机数据。

IEEE 1394 的总线周期为 $125\mu s$，每个传输周期中，会优先处理同步性的传输通道，当处理完 64 个同步性传输信道后再进行异步传输封包处理。而传输的寻址方式采用 64 位，最前面的 10 位为总线的编号，故可以供 1024 个设备（1023 个连接区段）使用，当此 10 位全部为 1 时，表示广播到总线上所有的设备。接下来的 6 位用于寻址区段上的节点号码，当此 6 个位全部为 1 时，表示广播到区段上所有的节点，剩余的 48 位则是各节点的缓存区及私有数据区。

IEEE 1394 卡既支持台式机也支持笔记本电脑，台式机插入 PCI 插槽，笔记本电脑插入 PC-MICA 接口。常见的 IEEE 1394 的连接方式如图 2-5 所示，可以是菊花链或结点分支方式。内置了 IEEE 1394 控制芯片组的计算机主板上带有 IEEE 1394 接口。

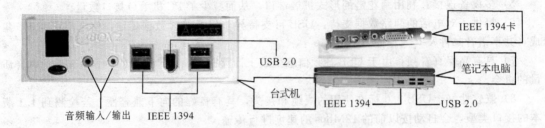

图 2-5　IEEE 1394 卡的连接方式

IEEE 1394 支持宽带传输、支持高速传输、连接设备多、接插设备无需断电、支持即插即用、具有智能化设置功能，但资源占用较高。

2.2　多媒体输入/输出设备

在数字信号处理和模拟信号处理并存的情况下，大量的多媒体信息源都存在于计算机的外部设备中，当需要对它们进行数字化处理的时候，必须借助于多媒体输入设备，将信号输入计算机中进行处理。本节将介绍扫描设备、数码照相和摄像设备、触摸屏和三维交互工具的基本原理和特性。

2.2.1　扫描仪

扫描仪有二维和三维之分。使用二维扫描仪可以直接输入图片、照片、胶片及各种图文的平面资料，配上文字识别软件（如 OCR），还可以将图形符号转换成 ASCII 码的符号，将图形汉字转换成汉字内码。而使用三维扫描仪则可以获得复杂物体的多角度信息。扫描仪的性能指标主要涉及分辨率、色彩位数、灰度、扫描速度、外形尺寸、连接接口等。

1. 二维扫描仪

二维扫描仪由光学成像部分、机械传动部分和转换电路部分组成。光学成像部分主要包括光源、光路和镜头以及光电转换部件。大多数扫描仪采用的光电转换部件是电荷耦合器件（Charge Coupled Device，CCD），它可以将照射在其上的光信号转换为对应的电信号。

机械传动部分主要有机械传动机构的步进电机、扫描头及导轨等。转换电路部分有 A/D 转换处理电路及控制机械部分运动的控制电路。

（1）二维扫描仪的工作原理

扫描仪工作的过程就是光机电部件联合的工作过程。在控制电路的控制下，机械传动机构带动装有光学系统和 CCD 的扫描头对图像进行相对运动。当光源发出的光线照在图稿上，便会产生表示图像特征的反射光，这些采集而得的光线经

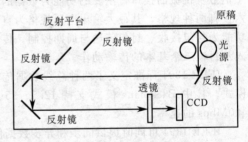

图 2-6　扫描仪的工作原理图

组合光路的导向聚集在 CCD 上，就可由 CCD 将光信号转换为电信号传入电路部分。接着经过 A/D 转换器将电信号转换成对应的数字信号，最后传送给计算机。

如图 2-6 所示，将被扫描的原稿放在扫描仪的反射平台上，扫描仪工作时，光源照射到原稿后，经原稿反射的光线经反射后照到 CCD 上，分光镜将光线分成 RGB 三色，照到各自的 CCD 上，CCD 将此 RGB 光信号转换成模拟电信号。

（2）二维扫描仪类型

二维扫描仪按扫描原理可分为平板式、手持式、胶片专用和滚筒式扫描仪；按操作方式可分为手持式、台式和滚筒式扫描仪；按色彩方式可分为灰度和彩色扫描仪；按扫描图稿的介质可分为反射式、透射式和多用途扫描仪。

a)手持式扫描仪

b)平板式扫描仪

图 2-7 不同的扫描仪

如图 2-7 所示,手持式扫描仪属于反射式扫描仪。捕获图像的精确度较差。

平板式扫描仪扫描区域为一块透明的平板玻璃,将原图放在静止不动玻璃平板上,而光源系统通过一个传动机构作水平移动,发射出的光线照射在原图上,经反射或透射后,由接收系统接收并生成模拟信号,再通过 A/D 转换成数字信号,直接传送到电脑,再由电脑进行相应处理。

图 2-8 滚筒式扫描仪

滚筒式扫描仪如图 2-8 所示,它由有机玻璃滚筒、光电系统和感光器件组成,使用光电倍增管作为感光器件。其工作过程是把原图贴放在滚筒上,让滚筒以一定的速率围绕一个光电系统旋转,探头中的亮光源发射出的光线通过细小的锥形光圈照射在原图上,来逐个采样每一个像素。这类扫描仪的性能高、效果好。

2. 三维扫描仪

三维扫描仪如图 2-9 所示,采用的是一种结合结构光技术、相位测量技术、计算机视觉技术的复合三维非接触式测量技术。通过对所测量物体进行照相测量,获得物体的三维信息。

三维激光扫描技术的核心包括:激光发射器、激光反射镜、激光自适应聚焦控制单元、CCD 技术、光机电自动传感装置。其工作原理为:在三维激光扫描仪内,有一个激光脉冲发射体,两个反光镜快速而有序地旋转,将发射出的窄束激光脉冲依次扫过被测区域,通过测量每个激光脉冲从发出到被测物表面再返回仪器所经过的时间来计算距离,同时编码器测量每个脉冲的角度,可以得到被测物体的三维真实坐标。利用两个连续转

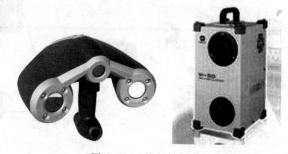

图 2-9 三维扫描仪

动用来发射脉冲激光的镜子的角度值可以得到激光束的水平方向和竖直方向值;通过脉冲激光传播的时间计算得到仪器到扫描点的距离值。以此就可以得到扫描的三维坐标值;而扫描点的反射强度则用来给反射点匹配颜色。

2.2.2 数码照相和摄像设备

1. 数码照相机

数码照相机采用了新的成像系统 CCD 以及高速大容量存储媒体,如图 2-10 所示,它具有明锐度调控选择、高速扫描自动对焦/微距自动对焦及曝光调控选择、手动白色平衡、自动微距拍摄功能,还包括数码影像档案复制功能、日期/时间标示选择、视频及音频输出、多种影像存储模式、多种影像存储拍摄模式、多种程式自动曝光和多种画面特技效果,有的数码照相机还具有

短时间录像的功能。

图 2-10   数码照相机的构成和工作原理

镜头、取景器及光圈等都是照相机的主要构成。较好的数码照相机一般都采用"蔡司"镜头（Carl Zeiss Vario-Sonnar）。

（1）成像原理

数码照相机的成像使用 CCD 矩形网格阵列。CCD（Charge Coupled Device）电荷耦合器件是一种特殊半导体器件，CCD 的表面由光敏元件排列成矩阵网格，光敏元件感应不同的影像光从而聚集一定强度的电荷，所以 CCD 也称为影像感应器，每个感光元件感应一个像素。数码照相机首先通过色彩分离器把射入的光线分离成红、绿、蓝三色，采用 CCD 来接收不同颜色的光。这些电子信号通过 A/D 转换器可以转换成数字数据保存到记忆媒体中，同时，影像可以即时显示在液晶显示屏上，而且可以直接进行打印。

（2）存储介质

如图 2-11 所示，数码相机可以通过 3.5 英寸的软盘进行拍照存储，软盘可以直接插入照相机，并可将所拍的照片直接送入计算机。

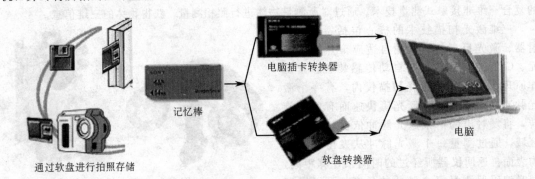

图 2-11   数码照相机的存储

大部分数码照相机使用记忆棒存储数据。记忆棒可以用来存储、传送及再现任何多媒体数码资料，其特点是轻巧、容量大、兼容性高，可用于电脑、电视、电话、数码照相机、摄录放一体机及其他娱乐器材。

（3）接口

数码照相机和计算机之间的数据传递方式有接口传递、软盘和记忆棒转换器。常见的接口有 COM、SCSI 和 USB 接口，记忆棒可以通过软盘转换器或 PCMCIA 电脑插卡转换器转接到计算机上。

2. 数码摄像机

数码摄像机的主要部件包括取景器、CCD、LCD 显示器、记忆棒、数字信号处理和镜头。数码摄像机配备多项数码照相机功能，可拍摄静止画面或 MPEG1 动态影片。数码摄像机如图 2-12a所示。

a)

b)

图 2-12 摄像机和摄像头

数码摄像机采用 "HAD" (Advanced Hole Accumulation Diode) 电子画质提升技术,用 HAD CCD 影像感应器和 3CCD 影像感应器作为成像元件,配有逐行素描快门系统和内置 MemoryStick 记忆棒插槽,可直接将摄取的数码静像或 MPEG1 动态影片存储至 MemoryStick 记忆棒,并且设计了能与计算机连接的串行接口和 USB 端口。

较先进的数码摄像机一般采用智慧型锂离子电池系统,摄录时间长达十几个小时,还拥有超级光学防抖、时基校正器、减噪系统、先进资料代码记录系统、信号转换,数码录像影像重叠效果、超级红外线夜摄功能、重播局部放大功能、多程式自动曝光、多画面特技效果、多数码特技效果和多淡变器。

3. 摄像头

摄像头如图 2-12b 所示,主要包括镜头、传感器、感光单元三个部分,采用 DSP 负责图像的处理。

目前的数码摄像头可根据感光元器件分为 CCD 和 CMOS 两大类。CCD 原先是应用于数码相机上,它的成像效果较好,但价格高。而 CMOS 是互补金属氧化物半导体,由很多带有集成电路的计算机记忆芯片构成,具有寿命长、价格低、反应速度快、耗能低的特点。

2.2.3 触摸设备

触摸屏是用于人机交互的一种定位装置,一般安装在显示屏的表面,通过触摸屏上的触摸控制器可以检测触摸信号并精确地计算出触摸位置,然后通过串接口或其他接口传送到 CPU。触摸屏按安装方式分可分为外挂式、内置式、整体式和投影仪式。按照使用技术可分为电阻触摸屏、电容触摸屏、红外触摸屏、表面声波触摸屏和电磁感应触摸屏。

1. 电阻触摸屏

电阻触摸屏的核心是显示器和与其表面密切配合的电阻薄膜屏。电阻薄膜屏是一种多层的复合薄膜,它的基本层是一层玻璃或硬塑料平板,表面涂有一层透明氧化金属导电层,上面再盖有一层外表面硬化处理、光滑防刮的塑料层。它的内表面也涂有 ITO 涂层 (ITO,氧化铟,弱导电体),在基本层和防刮层之间有许多小于 1/1000 英寸的透明隔离点,其作用是把这两层导电层隔开并绝缘。

电阻触摸屏的基本原理如图 2-13 所示,当手指触摸屏幕时,两层导电层有了接触,使得电阻发生变化,在触摸点的 X 和 Y 两个方向上产生信号,并传送至触摸屏控制器,由控制器检测并计算出触摸点 (X,Y) 的位置。

电阻触摸屏主要特点是解析度高,传输反应速度快。因为其表面经过硬度处理,可以减少擦伤、刮伤并可防止化学侵蚀。它还具有光面及雾面处理,一次校正,稳定性高。但因为复合薄膜的外层采用塑胶材料,因此用力过度或使用锐器触摸可能会损坏触摸屏。

2. 电容触摸屏

电容触摸屏是一块四层复合玻璃屏,玻璃屏的内表面和夹层分别涂有一层 ITO,内层 ITO

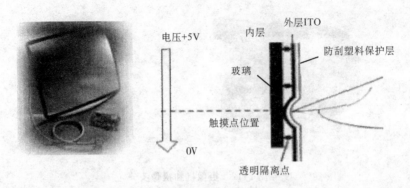

图 2-13   电阻触摸屏及工作原理

作为屏蔽层，夹层 ITO 涂层作为工作面并在四个角上引出四个电极，最外层是一薄层矽土玻璃保护层以防刮伤。

电容触摸屏利用人体的电流感应进行工作。如图 2-14 所示，当手指触摸在金属层上时，人体的电场和触摸屏表面形成一个耦合电容，手指将从接触点引走一个很小的电流，使四边角上电极产生电流并流向触点，流经这四个电极的电流与手指到四角的距离成正比，控制器通过对这四个电流比例的精确计算，测得触摸点的确切位置。

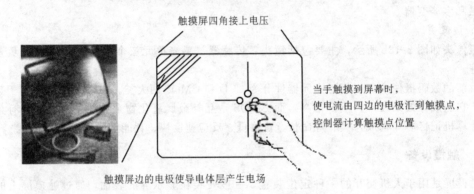

图 2-14   电容触摸屏及工作原理

电容触摸屏的透光率和清晰度较四线电阻屏好，但不如表面声波屏和五线电阻屏。电容屏反光严重，对各波长光的透光率不均匀，存在色彩失真的问题。

当有导体靠近，与夹层 ITO 工作面之间耦合出足够量的电容时，流走的电流就足够引起电容屏的误动作。例如手扶住显示器、手掌或身体靠近显示器一定的距离以内就能引起电容屏的误动作。不能戴手套或用不导电的物体进行正常的电容屏触摸操作。

当环境温度、湿度改变时，环境电场因发生改变可引起电容屏的漂移，造成信号不准确。

3. 红外线触摸屏

红外触摸屏是指在显示器的前面安装一个电路板外框，电路板在屏幕四边排列红外发射管和红外接收管，对应形成横竖交叉的红外线矩阵。

如图 2-15 所示，红外触摸屏是利用 X、Y 方向上密布的红外线矩阵来检测并定位用户的触摸。用户在触摸屏幕时，手指就会挡住经过该位置的横竖两条红外线，因而可以判断出触摸点在屏幕的位置。任何触摸物体都可改变触点上的红外线而实现触摸屏操作。

红外触摸屏存在分辨率低、触摸方式受限制和易受环境干扰而误动作等缺点。由于红外触摸屏的分辨率由框架中的红外对管数目决定，因此分辨率较低。

4. 表面声波触摸屏

表面声波属于超声波，这种超声波是在介质表面浅层传播的机械能量波。表面声波触摸屏的

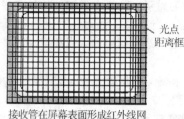

光点距离框四边排列了红外线发射管

光点
距离框

接收管在屏幕表面形成红外线网

图 2-15 红外线式触摸屏

核心是一块玻璃板，其形状可以是平面、球面或柱面的，玻璃板安装在显示器屏幕的前面。在玻璃板的左上角和右下角各固定了竖直和水平方向的超声波发射换能器，右上角则固定了两个相应的超声波接收换能器。玻璃屏表面布满超声波，而四个周边由疏到密间隔排列 45°角的反射条文。

表面声波触摸屏工作原理如图 2-16 所示，表面声波触摸屏信号传递是通过触摸屏电缆将电信号传给控制器，触摸屏右下角的 X 轴发射换能器可将控制器的这种电信号转化为声波能量向左方表面传递，玻璃板下边的一组精密反射条纹将声波能量反射成向上的均匀面传递，使得声波能量经过屏体表面到达上边，然后由上边的反射条纹聚成向右的信号线传播给 X 轴的接收换能器，再由接收换能器将返回的表面声波能量变为电信号。

当用手指去触摸屏幕时，X 轴沿途经触摸部位向上走的声波能量被部分吸收，接收波形对应触摸部位的信号衰减，控制器通过信号衰减位置可计算出触摸的 X 坐标。利用同样的方式可以计算出触摸点的 Y 坐标。根据触摸压力的大小，控制器通过接收信号衰减处的衰减量能计算出 Z 轴坐标。最后控制器将空间的一个确定坐标值传给主机。

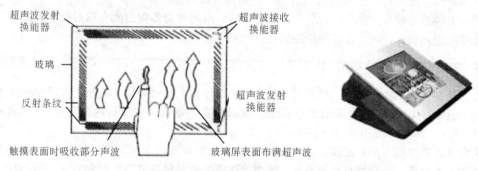

图 2-16 表面声波触摸屏及工作原理

表面声波触摸屏的特点是清晰度较高，透光率高（92%），高度耐用，抗刮伤性良好，并且反应灵敏，不受温度、湿度等环境因素影响，分辨率高，因而能保持清晰透亮的图像质量。

5. 电磁感应触摸屏

电磁感应触摸屏如图 2-17 右图所示，它通过使用电磁感应笔直接写屏输入，笔尖上安装有一个电容/频率转换装置，有与电脑连接的显示接口和 USB 接口。可以进行输入、绘图、设计制作等多种操作。具有智能型输入功能，且识别范围广。手写设备具有能进行笔迹自动学习、提高辨识能力，再现个人真迹的签名功能。有许多手写系统将 OCR（Optical Character Recognition，光学字符识别）软件和语音识别软件结合起来，实现了语音录入与手写录入的综合功能。

图 2-17 电磁式感应手写笔和手写板、
电磁感应触摸屏

电磁式感应板的表面层下有一块电路板,当电路通电之后便会在手写板的上方产生一定范围内的磁场。同时,手写笔的笔尖也有一相应的磁场,由于电磁波的传导非接触性,即使笔尖没接触到手写板也可借助磁场的相互感应来定位,当笔尖接触到手写板的表面时,手写板上的控制芯片将电磁量和接触位置转换为数据,再通过连线连到电脑,以相应的软件进行自动识别,从而达到手写输入的效果。

电磁式感应板分为"有压感"和"无压感"两种,无压感的手写板只能用来将手写输入的文字转换成印刷体文字。有压感的手写笔和手写板如图 2-17 所示,当在屏幕上书写时,笔能感应到笔尖上所施加的压力,并将压力值传给 CPU,屏幕上就能显示出笔迹的粗细或着色的浓淡等。目前常见的有256 级电磁压感及 512 级电磁压感笔,通过各种层次的压力感应从而实现位移等动作。

压感式电磁式感应板的性能主要涉及压感级、传送速度、分辨率、精确度、尺寸、连接接口。其中压感级数越高,笔画的轻重、浓淡区别就越明显。

电磁式感应板的缺点是对电压要求高,如果使用电压达不到要求,就会出现工作不稳定或不能使用的情况。同时,其抗电磁干扰性能较差,易与其他电磁设备发生干扰。此外,手写笔笔尖是活动部件,使用寿命短,而且必须用手写笔才能工作,不能用手指直接操作。

另一种产品称为电子白板,如图 2-18 所示,它汇集了尖端电子技术、软件技术等多种高科技手段。其工作原理分为压感原理和激光跟踪原理两种。使用压感原理的触摸式白板相当于计算机的一个触摸屏,是一种用手指或笔触及屏幕上所显示的选项来完成指定的工作的人机互动式输入设备。这种电子白板内部有两层感压膜,当白板表面某一点受到压力时,两层膜在这点上造成短路,电子白板的控制器检测出受压点的坐标值,经 RS232 接口送入计算机。使用激光跟踪原

图 2-18 电子白板

理的白板上端两侧各有一激光发射器,白板启动后,激光发射器发出激光扫射白板表面,特制的笔具有感应激光功能,从而反馈出笔的位置。

2.2.4 三维交互工具

虚拟现实(Virtual Reality, VR)技术就是采用以计算机技术为核心的现代高科技生成逼真的视、听、触觉一体化的特定范围的虚拟环境。虚拟现实必须符合三项指标:实时性(real time)、沉浸性(immersion)和交互性(interactivity)。

实时性是指虚拟现实系统能按用户当前的视点位置和视线方向,实时地改变呈现在用户眼前的虚拟环境画面,并在用户耳边和手上实时产生符合当前情景的听、视和触觉/力觉响应。

沉浸性是指用户所感知的虚拟环境是三维的、立体的,其感知的信息是多通道的。

交互性是指用户可采取现实生活中习以为常的方式来操纵模拟场景中的物体,并改变其方位、属性或当前的运动状态。使用如图 2-19 所示的特定装备(如头盔、数据衣、数据手套等),就可自然地和虚拟环境中的客体进行交互。

图 2-19 虚拟 3D 交互设备

1.3D 数字化设备

3D 数字化设备包括 3D 数字手套、电子手套、功能手套、手控装置、指套、操纵盒、浮动鼠

标器、力矩球、手持操纵器和三维探针等。这些设备的最基本特点是：都具有 6 个自由度，即可以用宽度、高度、深度、俯仰、转动（横滚）和偏转（偏航）来描述物体的位置。下面介绍其中的部分设备。

（1）3D 数字手套

3D 数字手套即传感式手套（Sensor Glove），是在虚拟现实系统中使用的一个类似手套的接口设备，用于操纵或移动虚拟现实环境中的虚拟物体。它能将用户手的姿势转化成计算机可读的数据。

目前，VPL DataGlove 是用得最多的数据手套，数据手套把光导纤维和一个 Polhemus Isotrack 三维位置传感器缠绕在一个轻的、有弹性的 Lyera 手套上，如图 2-20 所示。

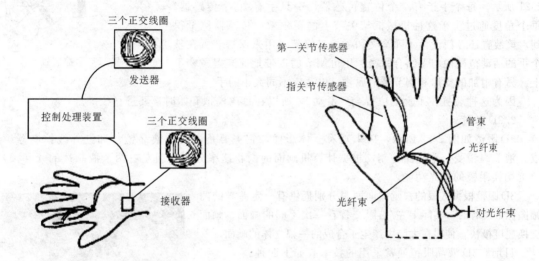

图 2-20　VPL 公司采用三维定位装置 Polhemus 的数据手套示意图

光导纤维传感器安装在手套背面，用来监视手指的弯曲。每个手指的每个关节处都有一圈纤维，用以测量关节位置。纤维是通过与塑料附属物贴在一起缠绕在手套上的，由于手指屈伸允许小小的偏移，按照一定的标准，在每个手指的背部只连有两个传感器。

数据手套内包括一个 6 个自由度的探测器，以监测用户手的位置和方向。它能提供用户所有手指关节的角度变化，用于捕捉手指、大拇指和手腕的相对运动。

通过应用程序可以判断出用户在 VR 中进行操作时手的姿势，同时也为 VR 系统提供了可以在虚拟环境中使用的各种信号。例如，允许用手去抓取或推动虚拟物体，或者由虚拟物体反作用于手等操作。

由于系统无法判断先前用户戴的手套是紧还是松，所以开始时要进行校准，而且每次把数据手套都置于一个新的初始状态。又因为数据手套是装有传感器最多的交互设备，所以在使用中必须不断给予校准。

（2）电子手套

电子手套使用线性传感器，是 Jim Kramer 于 1990 年发明制造的。电子手套把纤细的电子拉伸传感器装在弹力尼龙混合材料上，允许正常的手势动作，比如打印、书写等。每个关节弯曲角度用一对拉伸传感器中电阻的变化间接测得。在手指运动过程中，其中一个传感器处于压缩状态，而另一个处于拉伸状态。它们的电阻变化造成了 Wheatstone 桥的电压变化，手套上有多少个传感器就有多少个 Wheatstone 桥。电压改变由模拟放大器放大，并由一个 A/D 转换器将其数字化。

（3）功率手套

功率手套在腕部位置的传感器是一个超声波传感器，其超声源放在 PC 监视器上，微型麦克风装在手套的腕部里。弯曲伸展传感器是一种导电墨水传感器。这种传感器由一支撑物上的双层导电墨水组成。这种墨水里面有碳分子，当基层物（支撑物）弯曲时，墨水就在弯曲的外部，墨水的拉伸引起导电碳粒子之间距离增大，就引起了传感器电阻率的增加。反过来，当墨水受到挤压时，碳粒子之间距离减小，传感器的电阻率就下降。然后通过简单校准，电阻率值就转化为关节角度数据。功率手套通过 PC 机并行口将从手套传感器输出的取样读数，传送到主机，最后在监视器上看到更新的图像。

（4）手控装置

手控装置（The Dextrons Hand Master，DHM）1990 年由 Exos 公司生产，它是一种戴在用户手背上的金属外骨骼结构装置，如图 2-21 所示。每个手指有 4 个位置传感器，一只手有 20 个传感器。每个角度通过位于这种机械框架关节上的霍尔效应传感器测量得到。该装置还专门设计了弹簧夹和手指支撑架，用来保持装置在整个手的活动范围内与手结合紧密。用可调节的皮带把此装置戴在手上。另有附加的支撑和调节带附属物，以适应不同大小的手。

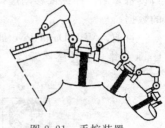

图 2-21　手控装置

因为这种装置在手上的位置会"滑动"，所以在每次模拟开始时都要进行校准。

2. 3D 眼镜

3D 眼镜如图 2-22 所示，用来观看立体影像，它主要是由两片液晶镜片和红外线控制器组成。液晶眼镜受一个电路控制，根据计算机画面的刷新速率分别控制左右两个液晶片的开和关，负责切换眼镜的透光功能。

3D 眼镜根据人眼的视觉差向两眼分别提供有一定差异的两幅图像，观看时，实际上左/右眼交替看一次不同的画面。画面交换速度极快，使得在大脑中产生了合成的一幅立体的画面。

目前，3D 液晶眼镜通常采用的技术有如下四种：

1）隔行模式：CRT 的画面是由扫描线组成的，一幅画面可分为奇数场和偶数场。如果把立体画面的左右两幅画面分别放在奇数场和偶数场，然后用场同步信号去控制液晶眼镜的左右开关，左/右眼就可分别看到不同的画面。这种模式画面解析度差，但对显示器刷新率没有要求。

图 2-22　3D 眼镜

2）同步信号倍频模式：通过驱动程序将画面在垂直方向压缩至原来的一半，然后将左右眼的两幅画面纵向置于一幅画面上，当这种形式通过显示卡输出到一个硬件电路时，由电路在每幅画面之间增加一个场同步信号，使原来的一幅画面在两场中分别显示。最后用加倍后的场同步信号去控制液晶眼镜的开关。

3）线遮没模式：把画面处理成类似抽线方式，也就是以一定的场扫描频率提供图像，同时外加一个电路，其作用是加倍提高场同步信号的频率，用倍频后的同步信号控制显示器和液晶眼镜，这样图像刷新率可以达到很高，就不会感到闪烁了。但是，在这种模式下，垂直解析度差只有原画面一半，画质比较差，而且要求显示器的刷新率高于 100Hz。

4）页交换模式：通过显卡的驱动程序让左右眼画面交替显示，然后以特定的同步信号控制液晶眼镜，显卡刷新率的高低决定了显示器和液晶眼镜的刷新率。

为了降低闪烁感，通常的刷新频率需要调整到 100Hz 以上。高档的 3D 眼镜可接受高达 180Hz 的垂直频率，且完全无闪烁感。此外，还有超广角的红外线功能和长距离无线操作功能，无线的立体眼镜需要红外线发射控制器。

3. 头盔显示器

头盔显示器（Head Mounted Display，HMD）如图 2-23 所示，它是虚拟现实系统中重要的视觉设备，它的核心部件是两个显示器和一个位置跟踪器。头盔显示器可屏蔽来自真实世界的干扰光线，佩戴了头盔显示器之后，能感觉到真实的视觉效果。

图 2-23　头盔显示器

头盔显示器内置了两个能与计算机相连的 LCD 或 CRT 小型彩色液晶显示器，由计算机程序控制输出不同的图像。根据人眼的视差原理，组合成可在人脑中产生的三维立体图像。实际到达观察者眼睛的图像是经过光学系统放大处理的。小型显示器所发射的光线经过凸透镜（Lens）使影像因折射产生类似远方效果，利用此效果将近处物体放大至远处观赏而实现所谓的全像视觉。

小型显示器的影像通过一个偏心自由曲面透镜，使影像变成类似大银幕画面。偏心自由曲面透镜为一倾斜状凹面透镜，已成为自由面棱镜（prism）。当 LCD 产生的影像穿透 A 面进入偏心自由曲面棱镜 C 面，再全反射至观察者眼睛对向侧的凹面镜 B 面。通过 B 面的涂层反射，同时反射光线再次被放大反射至 C 面，并在 C 面补正光线倾斜，到达观察者眼睛，人脑就感知为三维立体图像。

头盔显示器中的位置跟踪器能够跟踪头部移动，获得头部 6 个自由度的移动信号，并将这些动态信号输入计算机。计算机根据头部位置和移动方向的变化能及时匹配并输出相应的图像。从而使头盔显示器能模拟不同观察角度的真实景象。

头盔显示器的分辨率有 640×480、800×600 和 1024×768 几种。若配上耳机，能听到同步变化的声音，可进一步实现头、眼、耳的同步反应效果。

4.3D 显示器

3D 显示器是较新技术的视觉设备，如图 2-24 所示，无需戴上任何附属设备如头盔或立体眼镜，即可从 3D 显示器上欣赏到 3D 影视。

由于人的左眼和右眼观看物体的角度不同，两眼睛所看到的物体图像存在着细微的差异，通过感知物体的不同深度而识别出立体图像。只要能为右眼和左眼分别提供拍摄位置稍微错开的两组图像，观看时便可以得到具有立体感的画面。基本方法就是通过把两组图像和镜头分别设为不同的颜色，限制其中不同组的影像只进入左眼或右眼。

因此，可在显示器中精确配置一定角度的视差屏障（Barrier）。视差屏障通过准确控制每一个像素遮住透过液晶的光线，只让右眼或左眼看到。

较新的 3D 显示器带有"头部跟踪系统"，可以检测用户头部位置，重新配置遮挡光线，以扩大立体可视范围，使得用户在移动后的位置上也能获得立体视觉效果。

图 2-24　3D 显示器

2.3　音频、视频转换卡

音频卡和视频卡工作在计算机与模拟设备之间，实现模拟设备和计算机联合工作。

2.3.1　音频卡

音频卡可对声音的构成模式进行转换，并且可对声音文件进行编辑、合成，实现特技效果和播放。

音频卡由声音控制/处理芯片、功放芯片、声音输入/输出端口等部分组成。声音控制/处理芯片由音频处理单元和多媒体数字信号编/解码器组成。音频处理单元只处理数字信号，多媒体数字信号编/解码器主要用来实现模/数和数/模转换。

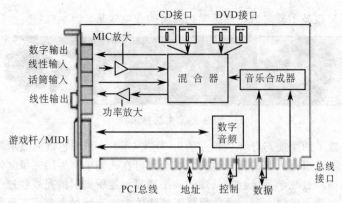

图 2-25　音频卡连接示意图

　　功放芯片可使声音功率放大以推动喇叭发声工作。内置的输入/输出端口主要是 CD、DVD 音频接口，如图 2-25 所示是 Sound Blaster Live! 音频卡示意图。卡上有多种接口，可用来连接外部数字接收器、盒式录音机、CD 播放器、话筒、合成器音箱、游戏操纵盘等多媒体设备。

　　SPDIF（Sony/Philips Digital Interface）是一种新的音频传输规范。SPDIF 规范是通过光纤连接进行数字信号传输，其特点是减少信号转化的损失，获得高质量的音质。这种规范已经应用于音频卡，通过音频卡的 SPDIF 接口可以连接数字音箱或 MD 等相应设备。

　　音频卡的性能决定了声音采集的质量，这主要取决于采样分辨率（采样位数）、采样速率、信噪比 SNR、3D 音效和声道数、功能接口、总谐波失真度（THD＋N）等指标。

2.3.2　图形加速卡

　　在 CPU 和显示器之间需要一个接口，这种接口称为显示卡。根据显示卡所使用的总线，显示卡可分成 PCI（Peripheral Circuits Interface，周边总线接口）和 AGP（Accelerate Graphic Port，加速图形接口）两种。AGP 接口卡也就是常说的图形加速卡或图形显示卡，它能够充分满足快速显示复杂图像的要求。

　　图形加速卡主要由图形处理芯片、显示内存和 BIOS 芯片等组成。如图 2-26 所示，当 CPU 有运算结果或图形要显示的时候，图形加速卡的图形处理芯片把它们转换成显示器能显示的数据格式，并传递给显示器。

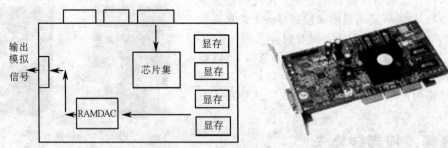

图 2-26　图形加速卡的基本结构

　　其中，RAMDAC（Random Access Memory Digital-to-Analog Converter，随机数模转换记忆体）的作用是把显存中的数字图像数据转换成计算机显示需要的模拟信号，它的工作频率（数据带宽）将直接影响显卡的性能。

　　RAMDAC 的数据带宽＝显示分辨率×显示刷新频率×带宽系数。

　　图形加速卡性能主要涉及数据传输带宽、分辨率、颜色深度、刷新频率和显存容量。

1. 图形处理芯片
　　图形处理芯片是核心部件，它拥有图形函数加速器。完整的三维图像处理过程包括物理运算、几何转换、剪切及光效、三角形设定和像素渲染四个阶段，其中需要进行大量的浮点运算和整数运算。通过图形函数的快速计算可以提高显示速度。

2. 显示内存

图形加速卡拥有缓冲存储，也被称为显存，用来存储显示芯片所处理的数据信息。数据通过显示芯片处理后输送到显存中，再由数字模拟转换器从显存中读取数据，经过数/模转换为模拟信号输出到显示屏。

3. BIOS 芯片

BIOS 芯片支持光标、参数控制以及存储器和 I/O 接口的增强特性。

2.3.3 视频卡

视频卡工作在模拟视频和数字视频之间，能实现动态影像在计算机和模拟视频设备之间的信号转换和联合工作。按其工作原理可分为视频叠加卡、电视编码卡、JPEG/MPEG 卡、TV 卡和视频采集卡。

视频采集卡如图 2-27 所示，它能捕获视频图像和伴音，可动态捕获或静态捕获来自电视机、录像机、激光视盘的模拟视频信号，并将模拟视频、音频信号数字化，同时还能提供如冻结、淡出、旋转、镜像以及透明色等许多特效处理。一般采用帧内压缩的算法把数字化的视频存储成 AVI 文件。

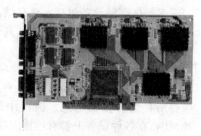

图 2-27　视频采集卡

新型的视频卡采用 PCI 结构，并集电视卡、FM 调谐器、视频采集卡于一身。高档的视频采集卡还能直接把采集到的数字视频数据进行实时的 MPEG 压缩，集影像捕获、文件压缩、重放 MPEG-1 和 AVI 文件等功能于一身。

下面以 MPEG 视频卡为例介绍视频卡的基本结构和工作原理。MPEG 视频卡主要由视频/音频采集芯片、音频/视频的 A/D 和 D/A 转换芯片、视频卡存储器和接口组成。

1. 视频/音频采集芯片和转换芯片

音、视频信号经音频处理芯片及视频处理芯片进行 A/D 转换，将模拟信号转换成 8 位的 PCM 格式的数字信号，传入音视频压缩采集芯片进行处理，将编码压缩成数字视频序列，最后经视频接口芯片送给计算机作进一步的处理。

2. 视频卡的缓冲存储和接口

视频卡也拥有缓冲存储，用来存储通过采集芯片所处理的数据信息。缓冲存储越大，采集功能越强。视频卡一般插在计算机的主板上，并拥有连接电视机、摄像机等模拟设备的接口，包括视频与 PC 机的 I/O 接口和与模拟视频设备的视频输入、音频输入接口。如图 2-28 所示是具有 USB 接口的 MPEG 视频卡。

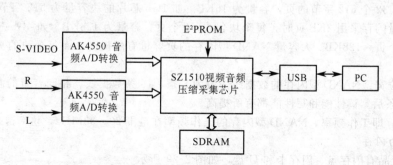

图 2-28　USB 接口的 MPEG 视频卡

3. 多功能视频卡的主要性能指标

多功能视频卡主要的性能指标包括采集分辨率和采集速度、接口和压缩比。

1）采集分辨率和采集速度：这两个指标决定采集的图像的质量，一般的视频采集卡都支持 PAL 和 NTSC 两种电视制式。

2）接口：广播级视频捕捉卡具备输入输出复合视频接口和 S-Video 接口。可以直接连接摄、录像机进行输入/输出，适用于电视台制作节目。专业级视频捕捉卡也具有 AV 复合视频与 S 端的输入/输出接口，适用于制作多媒体节目和软件。民用级视频捕捉卡多数通常只有输入 AV （Video In）与 S 接口，而不具有视频输出功能。

3）压缩比：广播级和专业级视频捕捉卡的最小压缩比一般分别在 4∶1 和 6∶1 以内。VCD 制作卡采用的是 MPEG1 压缩算法，能生成尺寸较小的 MPEG 视频格式文件，但视频技术指标低于 AVI 文件。

2.4　多媒体存储设备

多媒体存储设备包括：磁存储、闪存储、光存储和网络存储，为了适应多媒体应用的需要，存储设备的性能正朝着大容量和高速响应的方向发展。

2.4.1　闪存设备

闪存（Flash Memory）是一种半导体存储芯片，也称为"快闪存储器"，在断电情况下仍能保持所存储的数据信息。闪存中的数据是以固定的区块为单位，区块大小一般为 256KB 到 20MB，在各种设备上都有连接闪存的接口。

1. 闪存分类

闪存主要分为 AND、NAND、NOR、DiNOR 等，其中 NAND 和 NOR 最为常见。

NOR 型闪存的基本存储单元是位。其有独立的地址线和数据线，存储容量小，价格贵，速度较高。NOR 型闪存适用于如手机等随机读写比较频繁的设备。

NAND 型闪存的基本存储单元是页。地址线和数据线共用 I/O 线，存储容量大，成本低，读取速度比较慢。NAND 型闪存适合保存大容量的数据。

决定 NAND 型闪存的因素主要有：

1）页数量：越大容量闪存的页越多、页越大，寻址时间越长。

2）页容量：每一页的容量决定了一次可以传输的数据量，页容量的提高不但易于提高容量，更可以提高传输性能。每一页的有效容量是 512 字节的倍数，实际上还要加上 16 字节的校验信息。例如：2Gb 以下容量的闪存，其页面容量多数是（512＋16）字节，2Gb 以上容量的闪存，其页容量可以是（2048＋64）字节。

3）块容量：若干页组成块，块是擦除操作的基本单位，块的容量将直接决定擦除性能。一般每个块包含 32 个 512 字节的页，容量为 16KB。如 1Gb 芯片的块容量为 512 字节×32 个页＝ 16KB。大容量闪存采用 2KB 页时，每个块包含 64 个页，容量为 128KB。如 4Gb 芯片的块容量为 2KB×64 个页＝128KB。大容量 NAND 型闪存的页容量有所提高，而每个块的页数量也相应提高。

4）I/O 位宽：NAND 型闪存的数据线一般为 8 条、16 条数据线。相同容量的芯片，将数据线增加到 16 条后，读性能和写性能都有所提高。

5）频率：即工作频率。NAND 型闪存的工作频率在范围 20～33MHz，频率越高性能越好。

2. 常见的闪存

常见的产品有闪存盘、闪存卡和 U 盘，如图 2-29 所示。

闪存盘包括闪存存储介质、控制芯片和外壳，具有可多次擦写、速度快而且防磁、防震、防潮的优点。闪存盘采用 USB 接口，无需外接电源，即插即用。

图 2-29   闪存盘、闪存卡、U 盘

闪存卡体积较小，一般用在数码相机、掌上电脑、MP3 等小型数码产品中。闪存卡包括 SmartMedia（SM 卡）、Compact Flash（CF 卡）、MultiMediaCard（MMC 卡）、Secure Digital（SD 卡）、Memory Stick（记忆棒）、XD-Picture Card（XD 卡）和微硬盘（MICRODRIVE）等多种形式。

2.4.2   光存储设备

光存储设备由光存储介质和光盘驱动器组成。光存储介质主要是光盘，在光盘上定义了激光刻出的凹坑代表二进制的"1"，而空白处则代表二进制的"0"。借助于激光，可以把电脑转换后的二进制数据刻在盘片上。

光盘驱动器主要的部分是激光发生器和光监测器。激光发生器可以产生对应波长的激光光束，经过一系列的处理后射到光盘上，进行刻写或读取。光监测器可以捕捉反射回来的信号，如果光盘不反射激光则代表那里有一个凹坑，电脑识别为信号"1"；如果激光被反射回来，电脑识别为信号"0"。然后由电脑程序处理这些信号。实际工作时，光盘在光驱中做高速转动，激光头在电机的控制下前后移动，就可以连续不断的读取数据。

1. CD-ROM

CD-ROM（Compact Disk Read Only Memory）即只读光盘及其驱动器，主要用来读取光盘上的数据。

2. CD-RW

CD-RW（CD-ReWriteable）即可擦写式光盘和光盘驱动器，或称为刻录机。

CD-RW 主要功能是读取、刻录和改写 CD 光盘数据，因而其驱动器具有三个不同的速度指标：读取（CD-ROM、CD-R/CD-RW 光盘）速度、刻录 CD-R 光盘速度、擦写 CD-RW 光盘速度。较好的 CD-RW 还具有自排挡技术和智能变速功能，能确保最佳的读盘效果，其智能定位系统使播放影片时进退自如、反应灵敏，并且具有与各类 MPEG2 卡和软件 MPEG 相兼容的压缩和解压技术。

缓存的大小是衡量光盘刻录机性能的重要技术指标之一，刻录时数据必须先写入缓存，刻录软件再从缓存区调用要刻录的数据，在刻录的同时把后续的数据写入缓存中，以保持将要写入的数据得以良好的组织和连续的传输。如果后续数据没有及时写入缓冲区，传输的中断将导致刻录失败。因而缓冲的容量越大，刻录的成功率就越高。

CD-RW 的盘片分为 CD-R（CD-Recordable）和 CD-RW（CD-ReWritable）两种。CD-R 光盘可以一次性写入，多次读出。CD-R 的数据格式和 CD-ROM 相同，CD-RW 盘片可以重复写入，由于 CD-RW 盘片的反射率较低，因此需要有大功率才能读取，20 速以上的 CD-ROM 驱动器都能读取 CD-RW 盘片。

3. DVD-ROM

DVD-ROM（Digital Versatile Disc）从性能上取代了 CD-ROM，由读盘能力很强的大容量高速光盘驱动器和大容量多格式的光盘组成。DVD-ROM 集计算机技术、光学记录技术和影视技术等为一体，采用了影视 MPEG-2 压缩技术，可提供高清晰和高质量的画面，还运用了 AC-3 杜比数字环绕立体声技术，主要用于播放多媒体软件和影视节目。

DVD-ROM 可以读取多种光盘，支持每一张光盘上放置多个节目、支持多声轨光盘、支持多种文字字幕、支持父母锁定控制、多角度观赏选择、版权保护，提供 4:3 或 16:9 的高品质视频图像，并能配以多通道伴音。

4. DVD-RW

DVD-RW（DVD-ReWritable）指可擦写式 DVD 光盘驱动器和光盘，可供用户记录高画质影音资料。DVD-RW 的优点是兼容性好，而且能以 DVD 视频格式来保存数据。DVD-RW 提供了两种记录模式：一种称为视频录制模式；另一种称为 DVD 视频模式。

近期的许多产品可支持 DVD-R、DVD-RW、DVD＋RW、DVD＋R、CD＋RW 及 CD-R 等六种刻录格式。

5. 光存储设备的主要技术指标

光存储设备的性能主要取决于数据传输率、标称速度、缓存容量、平均寻道时间、突发传输速率和光盘的规格。

（1）数据传输率

CD-ROM 数据传输率为 150Kbps。CD-RW 的数据传输率较 CD-ROM 有较大幅度的提高，可达 7 800Kbps。DVD-ROM 和 DVD-RW 都包括 CD 和 DVD-ROM 两种数据传输率。例如，DVD-ROM 的数据传输率为 21 600Kbps（16 倍 DVD）和 7 200Kbps（48 倍 CD）。

（2）标称速度

标称速度是通过数据传输率计算而得到的，例如，CD-ROM 数据传输率为 150Kbps，那么就有 1X（倍速）＝150Kbps、48X（倍速）＝48×150Kbps。

CD-RW、DVD-ROM、DVD-RW 设备由于兼容多种光盘格式而具有不同的 CD 和 DVD 数据传输速率，因而有多个标称速度。在计算标称速度时，应按不同类型的数据传输率来计算。当涉及 CD 光盘的读写操作时，按照 CD-ROM 的标准计算，例如，CD-RW 有刻写速度、擦写速度和读取速度三个标称速度（如产品标称表示为 48X CD-ROM/48X CD-R/24X CD-RW）。

DVD-RWZ 支持 DVD＋RW、DVD＋R、DVD-RW、DVD-R、CD＋RW 及 CD-R 等六种刻录格式，因此有多种标称速度，包括不同的写速度和读速度。

（3）缓存容量

缓存容量能够体现连续读取数据的能力，缓存越大连续读取数据的性能越好，在播放视频影响时的效果越明显。对于刻录设备来说，足够的缓存是保证成功刻录的重要因素。

（4）平均寻道时间

寻道时间是光驱中激光头从开始到寻找到所需数据花费的时间。寻道时间的值越小越好。CD-ROM、CD-RW 常见的寻道时间有 85ms、90ms 和 111ms。DVD-ROM 包括 CD-ROM 寻道时间（90ms）和 DVD-ROM 寻道时间（120ms）。DVD-RW 包括 CD-ROM 寻道时间（120ms）、DVD-ROM 寻道时间（140ms）以及 DVD-RAM 寻道时间（140ms）。

（5）突发传输速率

突发传输速率是指当主机再次需要取得与上次相同内容的数据时，直接将光盘驱动器缓冲存储器中的数据传送至主机时的数据传输率。常见的突发传输速率有 1Mbps、2Mbps 等。

2.4.3　网络存储设备

为了发挥企业信息网络的作用，需要建立大型的信息数据库，而大量的信息是需要大容量的存储设备来存储的。现有主流的网络存储设备有磁带库、磁盘阵列和光盘库。

1. 磁带库

磁带库是近线存储系统（区别于远程存储）中的关键设备之一。磁带库外形像一个机柜，内部包含数台磁带机、机械手和数盒磁带。通过将这些设备整合到一个封闭系统中，磁带库可实现磁带的自动拆卸和装填，其容量可达数百 TB。在存储管理软件的控制下，不仅可以实现智能恢复、实时监控和统计等功能，而且能够满足高速度、高效率、高存储容量的要求，同时具有强大的系统扩展能力。

磁带库不仅数据存储量大得多，而且在自动、高速备份和恢复方面拥有无可比拟的优势。在网络系统中，磁带库通过存储局域网络（SAN）系统可形成网络存储系统，不仅有力保障了海量多媒体数据的存储，而且极容易进行远程数据访问、数据存储备份，或通过磁带镜像技术实现多磁带库备份。

2. 磁盘阵列

磁盘阵列如图2-30所示，它的基本部件是磁盘阵列卡（NetRAID）和硬盘（常用SCSI磁盘）。磁盘阵列有效地提供了数据存储的安全和可靠性，提高了存储空间的利用率，实现了存储空间的无缝扩展，简化了存储管理的要求，并且满足了应用程序对事务进行I/O处理时能以MB的数据传输速率进行数据传递的要求。

磁盘阵列是通过虚拟磁盘阵列技术对所组成的基本部件整合而成的。也就是说，虚拟磁盘阵列技术解决了如何通过硬件或管理软件将两个或更多的物理硬盘结合在一起的问题，并可以将总的容量重新分配成一个或多个逻辑硬盘。计算机使用这个磁盘阵列时，所能看到的就是总的存储空间和剩余的可用空间。

图2-30 各种磁盘阵列设备

磁盘阵列卡是实现逻辑磁盘阵列的核心，通过使用磁盘阵列卡，可以配置出各种RAID盘，也可以使用部分网络操作系统实现阵列的配置。高性能的磁盘阵列卡可以实现几十个硬盘的读写，同时可以配置几百MB的高速缓存，还能在硬盘损坏时自动进行数据恢复。磁盘阵列卡允许在线扩充容量，可以在网络操作系统运行的状态下直接接入新的硬盘，并将其动态添加到原有的磁盘阵列当中。

通过虚拟磁盘阵列技术可以将数据以镜像或校验的方式存储起来，若磁盘阵列中的任何硬盘出现故障，都可以从其他硬盘恢复出所保存的数据。

3. 网络光盘镜像服务器

网络光盘镜像服务器（Network CD Server）是继SCSI光盘塔和网络光盘塔之后开发的第三代产品，主要采用大容量IDE/SCSI高速硬盘或磁盘阵列镜像光盘数据技术，内置CPU和专用操作系统，可直接连接FDDI、ATM、以太网和令牌网。较新的产品是超级多功能网络光盘镜像服务器（FISC CDH），是集超大容量、光盘存储、文件存储、光盘刻录、RAID容错、备份、快速安装管理等功能于一体的新一代光盘存储服务器。

4. 光盘库

光盘库（Optical Jukebox）是光盘集中存储设备，体积庞大，价格昂贵。它主要配备了Pentium级的CPU及SIMM记忆插槽，内部可配置多个光驱，可存放数千张光盘。它采用10/100M标准网络接口，网络净数据输出超过7Mbps，同时采用廉价的大容量IDE硬盘作为光盘存储介质，具有多媒体支持、易维护、多格式等特点。

CD/DVD光盘库（CD/DVD Jukebox）的内部构造如图2-31所示。光盘库一般由放置光盘的光盘架、自动换盘机构（机械手）和驱动器三部分组成。光盘库内配置的驱动器可以是CD/DVD-ROM、CD-R/DVD-R或DVD-RAM，光盘库通过高速SCSI端口与网络服务器相连，光盘驱动器通过自身接口与主机交换数据。用户访问光盘库时，自动换盘机构首先将驱动器中的光盘取出并放置到盘架上的指定位置，然后再从盘架中取出所需的光盘并送入驱动器中。自动换盘机构的换盘时间通常在秒级。

DVD光盘库的特点是高容量、高可靠性、高性能/价格比、灵活的设计、与各系统无缝连接、安装简便、使用方便、易于管理、可靠性高、对环境要求低、检索速度快并支持跨盘检索，缺点在于并发响应能力不及磁盘阵列。

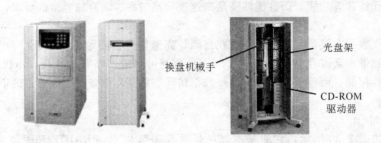

换盘机械手

光盘架

CD-ROM
驱动器

图 2-31　CD/DVD 光盘库内部结构

本章小结

多媒体设备中的多媒体处理器依靠多媒体指令集来执行计算和控制系统，指令集是提高微处理器效率的最有效工具之一。多媒体处理器主要是在多媒体和网络功能上扩大了指令集，多媒体总线负责计算机内部各部件之间的通信。由于应用环境的要求不断提高，一些新型总线相继推出，如 AGP 总线、PCI-X 局部总线。

通过 IDE、SCSI、USB 和 IEEE1394 等多媒体接口，可以连接多媒体输入、输出设备，从而实现多媒体的处理。

多媒体存储设备中，光存储设备具有很重要的地位。从 CD-ROM 发展到纳米级的 DVD-ROM，不仅存储容量越来越大，而且速度也越来越高。在光存储设备的基础上建立起的大型存储设备，如磁带库、磁盘阵列和光盘库等，都已成为主流的网络存储设备。

思考题

1. 多媒体处理器的设计分为哪两类？

2. 什么是多媒体指令集？MMX 指令集可提供哪些多媒体处理功能？

3. 多媒体总线主要负责计算机内部各部件之间通信，其中 AGP 总线和 PCI-X 局部总线分别是什么总线？主要解决什么问题？

4. USB 是什么接口？它有几个标准？各标准之间的主要区别是什么？

5. IEEE1394 接口的主要作用是什么？简要说明它的主要特点。

6. 扫描仪是计算机应用中重要的图像和文字的输入设备。可以利用它直接输入各种图文资料，与它有关的 OCR 指的是什么？

7. 触摸屏按照使用技术可分为哪几类？

8. 虚拟现实必须符合哪三项指标？

9. 头盔显示器是虚拟现实系统中重要的视觉设备，它的核心部件是什么？

10. 音频卡上有多种接口，可以使计算机连接哪些设备联合工作？

11. 简述图形加速卡和视频卡的主要作用和主要性能指标。

12. 决定 NAND 型闪存的因素有哪些？

13. DVD-ROM 主要采用了哪些多媒体技术？

14. CD-RW 有几种标称速度？

15. 光盘库由哪些部分组成？

第3章 多媒体软件

如果说多媒体硬件是实现多媒体应用的基本支柱，那么多媒体软件不仅可以使多媒体硬件的功能得到充分的体现，而且可以使多媒体应用的具体形式更加人性化，更加符合现实。多媒体软件的主要任务是有机地组织和控制硬件设备，并在硬件的支持下实现多媒体数据处理。

多媒体软件通常与所处理的多媒体内容有关，不同的处理对象需要采用不同的多媒体技术。本章主要涉及常见的多媒体系统和工具软件，根据多媒体处理技术的服务层面，多媒体软件主要可分成多媒体系统软件、多媒体素材创作软件、多媒体应用系统开发软件、多媒体应用软件等几个方面。通过学习多媒体软件体系结构、作用、功能以及相应的技术，有利于读者进一步学习和研究。

3.1 多媒体软件概述

与多媒体计算机紧密结合的多媒体软件可以分成四类：多媒体系统软件、多媒体素材创作软件、多媒体应用系统开发软件和多媒体应用软件。

如图 3-1 所示，多媒体系统软件提供硬件层上的基础服务，拥有一系列的服务软件，包括对多种硬件设备的连接、控制，对用户使用的语言环境的支持和解释。系统软件不仅要向用户提供一个易于操作的环境，同时要维护这个环境以保证运行正常。

多媒体系统软件的核心是多媒体操作系统，它提供了用户与计算机进行交互的界面、算法语言的处理和基本设备支持，同时还提供了对多媒体设备的支持。在多媒体操作系统中，可以安装一些扩充的系统维护软件（如 Norton、Skill），用来协助维护操作系统的环境功能。如果需要添加多媒体附加设备，可以安装多媒体附加设备驱动程序来进行设备的初始化，以便操作系统能管理和调用这些设备。

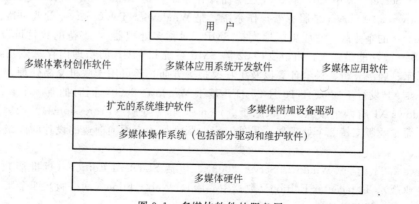

图 3-1 多媒体软件的服务层

只有在多媒体操作系统正常运行的情况下，才能进行多媒体数据处理。多媒体数据处理包括素材创作、多媒体合成和多媒体应用三个方面，其中多媒体应用是目的，素材内容是基础，合成是关键。为了开发多媒体应用软件，必须准备必要的基本素材。而文、图、音、像、动画、视频等不同的素材，可以通过不同的多媒体素材创作软件去创作。多媒体应用软件的进一步实现，还必须通过多媒体系统集成软件，也就是多媒体应用系统开发软件。

3.2 多媒体系统软件

3.2.1 多媒体操作系统

操作系统是用来管理计算机资源的软件，多媒体操作系统除了具有 CPU 管理、存储管理、设备管理、文件管理、线程管理五大基本功能外，还增加了多媒体功能和通信支持功能。多媒体操作系统都采用图像界面来实现人机交互功能。

Windows 操作系统

Windows 操作系统拥有大量的应用程序，除了面向专业领域的软件外，大部分都能适合一般用户的需要。这就是 Windows 能普遍用于普通家庭、日常办公的主要原因之一。

Windows 操作系统在多媒体方面的功能主要有：

1) 多媒体数据编辑：多媒体操作系统定义了默认的音/视频格式，内含多媒体编辑和播放工具。如 Windows 操作系统在附件中包含了"录音机"、"音量控制"和"Windows Media Player"等软件。

2) 与多媒体设备联合：支持包括数字或模拟多媒体设备的联合工作，例如 CD、VCD、DVD、MIDI、照相机、摄像机、扫描仪等多种设备，可以获取外部多媒体设备的信息和对外输出。

3) 多媒体同步：支持多处理器，支持多媒体实时任务调度，系统不仅支持多媒体数据的多种同步方式，还能进行多媒体设备的同步控制。

4) 网络通信：提供网络和通信系列功能，使得 MPC 可方便地接入局域网或互联网，实现对多媒体数据的网间传输。例如，电子邮件、图文传真、万维网信息的检索以及流媒体的获取等。

Windows 操作系统已经推出了多个版本（Windows 95/98、Windows NT/2000、Windows XP、Windows 2003、Windows 7），在多媒体处理和网络功能上都有较大的改善。

Windows 2000 是 32 位图形操作系统，采用 NTFS 文件系统，允许对磁盘上的所有文件进行加密，增强对硬件的支持。Windows 2000 有四个版本：Professional、Server、Advanced Server 和 Datacenter Server。其中 Professional 是桌面操作系统，是 Windows NT 4.0 Workstation 的改进版。Windows 2000 Server 是服务器操作系统，是 Windows NT 4.0 Server 的改进版。Advanced Server 是 Server 的企业版，它能更好地支持 SMP（对称多处理器），支持的数目可以达到四路。Datacenter Server 功能最强大，可以支持 32 路 SMP 系统和 64GB 的物理内存。该系统不仅可用于大型数据库、经济分析、科学计算以及工程模拟等方面，还可用于联机交易处理。

Windows XP 发行于 2001 年 10 月 25 日，基于 Windows 2000，同时拥有一个新的用户图形界面。Windows XP 有两个版本——家庭版（Home）和专业版（Professional）。家庭版只支持 1 个处理器，而专业版支持 2 个处理器。另外，专业版添加了为面向商业的设计的网络认证、双处理器等特性。

Windows 2003（全称 Windows Server 2003），包括 Standard Edition（标准版）、Enterprise Edition（企业版）、Datacenter Edition（数据中心版）、Web Edition（网络版）四个版本，每个版本均有 32 位和 64 位两种编码。

Windows 2003 大量继承了 Windows XP 的友好操作性和 Windows 2000 的网络特性，具有安装方便、快捷、高效的特点，可以自动完成硬件的检测、安装、配置等工作。但从其提供的各种内置服务以及重新设计的内核程序来说，与 Windows 2000/XP 有着本质的区别。Windows 2003 对硬件的最低要求不高，既适合个人也适合服务器。

Windows 7 包含 6 个版本，分别为 Windows 7 Starter（初级版）、Windows 7 Home Basic（家庭基础版）、Windows 7 Home Premium（家庭高级版）、Windows 7 Professional（专业版）、

Windows 7 Enterprise（企业版）和 Windows 7 Ultimate（旗舰版）。

Windows 7 支持 32 位以及 64 位支持软件，主要的性能改进包括：快速睡眠、快速搜索、快速连接 USB 设备、更省资源以及高效电源管理。Windows 7 可以处理更多的闪存，最多可获取 256GB 的额外内存，同时提供了更为安全有效的 Windows 安全、维护和软件更新功能、更加智能的音频和视频功能。

Windows 7 在日常操作方面的改进更加人性化，例如在辅助功能中，Windows 7 充分利用了语音识别和触控技术的最新进展，包括：语音识别、放大镜、屏幕键盘（触控功能）、讲述人和可视通知、Aero 视觉体验等。同时，Windows 7 还提供了更便捷的使用工具，如小工具（用来查看新闻、了解天气、展示图片和玩游戏）、远程桌面连接、语言包、设备管理、文档库等。Internet Explorer 8 提供了智能功能，包括各种信息的即时搜索、加速器链接其他网站、新闻或各种行情的网页快讯等。在安全方面，除改进了备份和还原功能之外，还新增了 BitLocker 驱动器加密、家长控制、Windows Defender（帮助删除电脑中的间谍软件）、改进的 Windows 防火墙（可以为不同的网络环境提供量身定制的保护）、XPS 查看器（可以对文档进行数字签名以验证其真实性，还可设置权限来限制哪些用户可以对该文档进行查看、复制、打印或签名）等新功能。

3.2.2 多媒体设备驱动软件

设备驱动程序实际上是指一系列控制硬件设备的函数，是操作系统中控制和连接硬件的关键模块。它提供连接到计算机的硬件设备的软件接口。也就是说，安装了对应设备的驱动程序后，设备驱动程序可向操作系统提供一个访问、使用硬件设备的接口，操作系统就可以正确地判断出它是什么设备、如何使用这个设备。

一般设备驱动程序的主要功能如下：

1）开启、关闭、执行内部程序。

2）设置设备 IRQ（中断号）。CPU 为每个设备分配一个 IRQ 号，这样 CPU 就知道是哪个设备需要它处理，从而防止"资源"冲突。对于某些 PCI 接口的设备而言，在某些特殊的情况下也能够共用。

3）提供 I/O 地址。每个设备都有一个专用的 I/O 地址，用来处理自己的输入/输出信息，绝对不能够重复。

为了使 Windows 设备驱动程序的使用更安全、更灵活，并能够跨平台，同时在编制方面更简单，Microsoft 公司推出了一个新的设备驱动程序体系，称为 WDM（Windows Driver Model），目的就是要统一设备体系，给未来的驱动程序开发提供一个简单的平台，从而减轻设备驱动程序的开发难度和周期，逐渐规范设备驱动程序的开发。WDM 也将成为以后设备驱动程序的主流。

WDM 有两种驱动模式：WDM 驱动程序和 WDM 型的 USB 驱动程序。

1. WDM 驱动程序

WDM 驱动程序采用"基于对象"的技术，建立了一个分层的驱动程序结构。它基于 Windows NT 的分层 32 位设备驱动程序模型，能支持即插即用（Plug and Play，PnP）、电源管理（Power Management，PM）、Windows 管理诊断（Windows Management Instrumentation，WMI）和设备接口。WDM 驱动模式首先在 Windows 98 中实现，也符合 Windows 2000/XP 下的内核模式驱动程序的分层体系结构。因此在 Windows 2000 中得到了进一步的完善。事实上，它为 Windows 操作系统的设备驱动程序提供了统一的框架。

WDM 是基于对象的。WDM 引入了功能设备对象（Function Device Object，FDO）与物理设备对象（Physical Device Object，PDO）两个硬件描述，其中一个 PDO 对应一个真实的硬件。一个硬件可以拥有多个 FDO，在驱动程序中直接操作的不是硬件而是相应的 PDO 和 FDO。

WDM 对每一个硬件引入了一些数据结构，如图 3-2 所示，左边是一个设备对象数据结构栈。FDO 的上面或下面有许多过滤设备对象（Filter Device Objects，FiDO），数据结构栈中的每一个对象都属于一个特定的驱动程序，PDO 属于总线驱动程序，FDO 属于功能驱动程序，FiDO 属于过滤驱动程序。

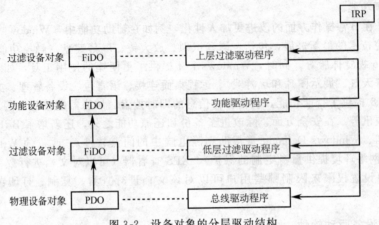

图 3-2 设备对象的分层驱动结构

WDM 通过一个 128 位的全局唯一标识符（GUID）实现驱动程序的识别。应用程序与 WDM 驱动程序通信时，应用程序将用户请求形成 I/O 请求包（IRP）发送到驱动程序。IRP 首先从最上层进入，然后依次往下传送。在每一层，驱动程序识别出 IRP 请求后控制硬件执行相应的操作。

2. WDM 型的 USB 驱动程序

随着微机技术水平的日益提高，通用外设接口标准 USB 应运而生。对于 USB 设备来说，其 WDM 驱动程序分为 USB 底层（总线）驱动程序和 USB 功能（设备）驱动程序。

USB 底层驱动程序由操作系统提供，负责实现底层通信。USB 功能驱动程序由设备开发者编写，通过向 USB 底层驱动程序发送包含 URB（USB Request Block，请求块）的 IRP，来实现对 USB 设备信息的发送和接收。

当应用程序要对 USB 设备进行 I/O 操作时，首先调用 Windows API 函数，I/O 管理器将此请求构造成一个合适的 I/O 请求包（IRP），并把它传递给 USB 功能驱动程序。USB 功能驱动程序根据这个 IRP 构造出相应 USB 请求块（URB），作为新的 IRP 传递给 USB 底层驱动程序。USB 底层驱动程序根据 IRP 中所含的 URB 执行相应的操作，并将操作结果返回给 USB 功能驱动程序。USB 功能驱动程序通过返回的 IRP 将操作结果返回给 I/O 管理器，最后 I/O 管理器将此 IRP 操作结果返回给应用程序。

3.2.3 多媒体系统维护软件

多媒体的应用对环境要求比较高，需要功能强、效率高的系统维护软件。最常用的多媒体系统维护软件可分为以下几类：

1）系统设置软件：用来实现系统注册表的修改，例如，完成清理注册表、修改显示方式、禁止程序的自动运行等工作。较流行的系统设置软件有超级兔子、Windows 优化大师、WinXP 总管和 Windows 超级设置等工具。

2）防毒杀毒软件：能防止计算机功能遭受破坏。较流行的防毒杀毒软件有瑞星杀毒软件、Norton AntiVirus 病毒库、iparmor 木马克星、XFILTER 个人防火墙等工具。

3）系统备份和恢复软件：用来保存计算机系统环境和数据，必要时可恢复系统。例如，工作在 Windows 9X / NT /XP 下的 Norton Ghost、工作在 Windows XP 下的 Back4WinXP 等。

3.3　多媒体素材创作软件

　　获取多媒体素材的途径通常有三种，即使用计算机软件创作、通过网络或外接设备获取以及通过现有的电子多媒体素材库获取。

　　多媒体素材创作软件主要包括音频创作软件、图形和图像创作软件以及动画和影像视频创作软件。

3.3.1　音频创作软件

　　音频（Audio）包括声音、语音和音乐三种类型。声音和语音是用波形（WAV）格式保存在文件中的，波形文件中记载着声音或语音的采样数据。音乐是用音序（MID）格式保存在文件中的，音序文件中保存的是模拟乐器的命令符号。波形文件和音序文件在空间占有量上有较大的差别，一般波形文件占有的空间量较大，而音序文件的空间占有量较小。

　　根据不同的用途，在处理音频时通常会用到波形处理软件、MIDI 音序处理软件以及 CD 抓轨和转换软件。

　　1. 波形处理软件

　　常用的波形处理软件有 Sound Recorder 、WaveEdit、CoolEdit、Dexster 等。适合在网上播放、记录和保存到 MP3 文件的软件有 AV VCS Gold，在网上能够戏剧性地改变用户声音的软件代表有 AV Voice Changer Diamond Edition。

　　波形处理软件的主要功能包括：

　　1）录制声波：可以通过话筒或其他设备录制声音、语音和音乐，保存为波形文件。

　　2）播放控制：可以用顺序、随机或循环等多种方式播放音频，可以调节音频的强度、频率、均衡以及多声道的混合器。

　　3）文件编辑：可以对文件的声波段进行插入、剪切、复制和粘贴等编辑，也可以与其他声波文件的声波段相混合，还可插入和修改有关标记信息。

　　4）特效处理：对声波文件作静音处理、加/减速度、变频以及应用不同的过滤器。

　　5）多格式支持：软件可以以多种格式存储，包括压缩音频格式，以便在多种播放器以及在网上使用，同时支持不同音频格式的文件转换。

　　2. MIDI 音序处理软件

　　MIDI 音序处理软件提供了多音轨的创作、编辑、播放和音效等许多功能，可以创建音乐协奏曲，并获得大型交响乐团的演示效果。常用的 MIDI 音序处理软件有 Cakewalk、作曲大师等，这两种软件具有比较完善的 MIDI 作曲和编辑、音频处理和格式转换功能。

　　音序软件主要的功能包括：

　　1）播放控制：MIDI 播放器也具有多功能播放形式，可以自动搜索、部分播放、顺序播放和循环播放等，还可组建用户自己的乐曲列表。

　　2）五线谱创作：提供五线谱格式本，提供创作所需的五线谱符号、歌词、表情等一整套的可选工具。所创作的作品可以直接转换成供播放的 MIDI 乐曲。

　　3）可弹奏的电子琴：提供电子琴界面，在界面上点击弹奏乐曲后，可直接记录音符、生成乐谱，转变为 MIDI 音乐，可进行播放、保存，也可以调节音色进行伴奏等。

　　4）文件编辑：可以对 MIDI 文件的音轨进行插入、剪切、复制和粘贴等编辑，也可以加入声波文件。

　　3. CD 抓轨和转换软件

　　许多音乐作品都以一种特定的方式保存在 CD 光盘中，如果想要从 CD 盘上获取这些作品，以便利用计算机进行再编辑处理，那么就需要使用 CD 抓轨软件。

　　CD 抓轨软件采用了 MP3 压缩方法，并使用了 LAME 技术。常用的且较简单的软件如 AltoMP3 Maker，其主要功能包括音乐文件格式的转变、编辑和播放功能，可以将 CD 原声轨迹转换成 MP3 或者 WAV 格式、将 WAV 文件编码为 MP3 文件、解码 MP3 文件为 WAV 文件、从 CD 唱片和 wave 文件中制作 Ogg Vorbis 文件。

3.3.2　图形和图像创作软件

计算机所处理的图可分为矢量图（Vector Graphic）和位图（Bitmap）两种，即图形和图像。

矢量图文件保存的是一组描述点、线、面等几何图形的大小、形状及其位置、维数以及其他属性的指令集合，通过读取指令可将其转换为输出设备上显示的图形。矢量图文件的特点是数据量比较小，图形清晰度与显示分辨率无关。

位图文件保存的是图像的像素。组成位图图像的像素越多，表示每个像素的位数越多，则图像分辨率越高、质量越好，但需要存储的数据量也就越大。位图图像文件的数据量比较大，且图像质量与显示分辨率有关。

矢量图和位图的绘制分别具有空间和时间上的优势，而实际上，两种绘图格式是可以相互转换的。了解矢量图和位图的基本概念，有助于更好地利用矢量图和位图软件的各种优势去完成制图作业。

下面我们先来了解一下主流矢量图和位图软件的主要功能，部分软件的进一步介绍请参见第 4 章有关内容。

1. 矢量图处理软件

常用的矢量制作软件有 CorelDRAW、FreeHand 以及 AutoCAD 等。由于图形的基本数据单位是几何图形，如直线、曲线、圆或曲面等，所以这些几何图形是通过算法得到的。

图形处理软件的功能主要包括：

1）图形制作：主要通过软件提供的图形工具，如直线、矩形、椭圆和圆形、多边形、徒手画等来完成制作工作。

2）图形形变：图形作为一个可编辑的整体对象，软件提供了对象修改工具，可以对图形进行缩放、旋转、倾斜、对称处理、图形路径切断等操作。

3）图形填色：通过透镜效果对图形进行填色。

4）形状编辑：形状是指图形的轮廓，也称为路径，软件对路径的修改提供了丰富的编辑工具，比如选择路径、切割路径、闭合路径、组合路径、复制和剪切路径等。

5）特效处理：目前，较先进的图形软件都提供了 Xtras Tools 工具来进行图形的特效处理，如可以制作螺旋线、旋转的文字、鱼眼效果等。

6）多文件格式支持：图形软件支持多种文件，如 DxF、PIF、SLD、DRW、PHIGS、GKS、IGS 等。

2. 位图处理软件

位图的基本数据单位是像素，所以位图图像是由在空间上离散而且具有不同颜色和亮度的像素组成的，像素就是位图软件处理的主要对象。最常用的位图制作软件就是 Photoshop 和 PhotoDraw。

位图处理软件主要的功能包括：

1）分辨率调节：因为图像要应用于屏幕、报纸、挂网印刷、周刊杂志、商业印刷、艺术书籍及高档彩印等不同的场合，所以位图处理软件可以提供多种分辨率。

2）色彩调节：位图软件可以提供多种色彩模式，包括 RGB 模式、CMYK 模式、HSB 模式、Lab 模式、索引和灰度模式。

3）图像编辑：软件提供了多种编辑图像的工具，包括绘制、修改、轮廓、颜色、文字、形状及效果等处理工具。

4）图像特效：软件提供了多种滤色镜，用来对图像进行特效处理，如艺术效果、柔化、扭曲、渲染、风格化、纹理和视频效果等。

5）多文件格式处理：软件支持多种图像文件的格式，如支持 Windows 下的标准图像格式 BMP 格式，支持 JPEG、GIF 等压缩文件格式，还可以支持 TIFF、PCX、TGA 等可跨平台操作的文件格式。

3.3.3　动画和影像视频创作软件

根据计算机生成动画的方式可将动画分为帧动画和造型动画。根据动画的视觉效果可将动画分为二维动画和三维动画。

帧动画由图形或画像序列构成，序列中的每幅图像称为一个"帧"。帧动画可以是逐帧动画或补间动画。逐帧动画的每个帧都是由设计者编辑的，而补间动画只需要设计者编辑起始关键帧和终止关键帧，然后由动画制作软件通过一定的算法自动生成自然、平滑的中间帧，从而产生细腻的动画效果。

造型动画的主体是对象，通过分别对每个对象进行如大小、样式和位置等特征设计，将多个具有个性化的对象组成一个帧画面。其中每个对象都可以独立地改变自己的位置和形象。这些对象按照一定的要求经过实时转换后形成连续的动画。

动画图像设计只涉及平面时被称为二维动画。当动画图像在造型设计、色彩和视觉上都具有真实感时，称为三维动画。常见的二维动画文件格式有 MOV、SWF 等，三维动画文件格式有 3DS 等。

影像视频（Video）是指每帧图像为实时获取的自然景物图像。影像视频有模拟和数码两种形式，传统的视频信号是模拟形式的，而计算机视频是基于数字信号的。要使得计算机具有实时编辑处理、存储和显示视频图像的功能，必须要安装相匹配的多媒体硬件和软件。常见的视频文件格式有 AVI、RM 等。

常用的动画创作工具如 Flash、Animator Studio、3D Studio MAX 等。较常用的视频非线性编辑软件是 Premiere。

动画和影像视频软件主要的功能包括：

1）外景的导入：导入摄像机拍摄的实景或活动过程。

2）场景设计：包括场景背景图、色彩、亮度以及场景的过渡方式。

3）动画元素的设计：即演员角色的设计，包括基本形状、大小和色彩等的设计。

4）角色动作设计：即演员表现的具体内容。

5）同步设计：各角色顺序、同步或交叉演出方式。

3.4　多媒体应用系统开发软件

多媒体应用系统常常需要采用多种表现媒体，使信息表达更形象、更生动、更易于理解和接受。开发多媒体应用系统可以使用以下两种方法，一种是利用多媒体集成软件工具，另一种是使用多媒体语言。

3.4.1　多媒体集成软件工具

多媒体集成软件工具也称为多媒体应用系统开发平台。使用多媒体集成软件工具可以高效地编排应用系统中的文本、图形、声音、图像、视频图像和动画等多种媒体信息，从而生成多媒体应用软件。

多媒体集成工具的工作重点是集成、调试和生成应用系统，被集成的多媒体对象应该事先用其他多媒体素材制作软件进行创作。

1. 多媒体集成软件工具的功能

1）界面友好。提供集成的工作环境，包括多媒体编辑和演示空间、实用工具、属性界面、调试和发布等环境，使用便捷。

2）面向对象。可对对象进行属性描述，例如对象的形成描述、时间状态、空间状态等。

3）支持编程。提供良好的编程环境，具有处理变量、函数、表达式和基本判断能力，具有顺序、分支、循环等结构化控制方式。

4）支持模块和过程。可以利用过程化形式编制程序，以模块化方式组织系统结构。

5）支持多媒体。具有多媒体插入、简单编辑及播放功能。

6）支持超媒体。可建立媒体和媒体间的超级链接。

7）支持 OLE 对象。可嵌入或动态链接 OLE 对象，实现应用程序之间的关联。

8）可扩充性。如可支持 ActiveX 控件等。

2. 多媒体的集成工具的类型

多媒体集成工具有许多类型，按照它们对多媒体的集成方式来分类，主要可分成以下几种类型：

（1）基于卡式或页式的工具

在这类工具中，多媒体脚本是按页或卡片进行组织和控制的，如图 3-3 所示，可以组织和编排音频、动画和影片。在页和卡上可以设置一些用于交互控制的热标，以便浏览多媒体信息。这种类型典型的软件包括 Macintosh 上的 Hypercard（超卡）、Asymetrix 公司的 Multimedia ToolBook。

（2）基于图标的工具

在这类工具中，多媒体脚本基于由图标排列的流程图，如图 3-4 所示，多媒体元素的相互作用及数据流程控制都安排在一个流程图中，整个设计框架比较直观明了。因此这种编辑方式被称为 Visual Authoring，即可视化创作。这种类型常用的软件有 Icon Author、Authorware Professional。

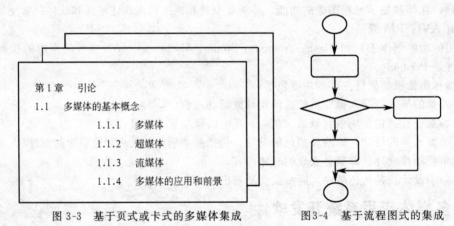

图 3-3 基于页式或卡式的多媒体集成   图 3-4 基于流程图式的集成

（3）基于时间轴的工具

基于时间轴的工具是以时间为标志点去组织多媒体元素的，如图 3-5 所示，在时间序列中定时激活各类多媒体元件，以预定的速度、预定的时间段和位置播放多媒体元件。这种工具典型的代表有 Macromedia 公司的 Action 和 Director。

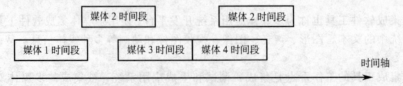

图 3-5 基于时间的多媒体集成

3.4.2 多媒体语言

多媒体集成工具具有环境集成度高、编程技巧容易掌握、操作简便等许多优点，比较适合于非计算机专业的设计人员去实现多媒体系统的创作。而计算机专业的设计者一般更愿意用编程语言去开发应用系统。

面向对象的可视化编程工具就是在编程语言基础上发展起来的，这类工具可以将具有多种属性的有机组元作为设计和控制的基本对象，对象的种类很多，例如，对象可以是变量、表格、图像或其他形式。

目前使用较广泛的面向对象与可视化编程工具有 Visual Basic、Visual C++ 、Delphi 和 Java。

1. Visual Basic

Visual Basic 是微软公司在 1991 年推出的，是以 Basic 语言作为其基本语言的一种可视化编程工具。它的开发环境易掌握，开发效率较高，具有比较完善的帮助系统和基于 COM 和 ActiveX 的组件技术支持，支持 API 函数的调用。

Visual Basic 6.0 在 1998 年推出，它是一个运行在 Windows 98/NT/2000/XP 操作系统下的 32 位应用程序的开发工具。Visual Basic 6.0 是具有良好的图形用户界面的程序设计语言，它以对象为基础，并运用事件驱动机制实现对 Windows 操作系统的事件响应。

Visual Basic 6.0 提供了大量的控件，可用于设计界面和实现各种功能，用户可以通过拖放操作完成界面设计，不仅大大减轻了工作量、简化了界面设计过程，而且有效地提高了应用程序的运行效率和可靠性。Visual Basic 6.0 还提供了计算与绘图、网络通信、数据访问和 Internet 访问等常用功能。

不足的是 VB 面向对象的能力差，在进行系统底层开发的时候显得比较复杂，调用 API 函数需声明，调用不方便，不能进行 DDK（驱动程序开发包）编程，不可能深入 Windows 最核心的 Ring0 层进行编程，不能嵌套汇编，在支持网络功能和数据库功能上比较薄弱，而且不具备跨平台特性。

2. Delphi / C++ Builder

Delphi / C++ Builder 是由 Interprise（Borland）公司推出的两个可视化开发工具。它们基于 VCL 库，具有简单、易学、高效、功能强大等特点，支持组件技术、支持数据库、支持系统底层开发、支持网络开发、面向对象能力强，充分体现了所见即所得的可视化开发方法，开发效率高。

Delphi 拥有功能强大的集成开发环境（IDE）和编译器，兼具 VC++ 的功能强大和 Visual Basic 易学易用的特点，适用于多媒体编程和数据库应用程序设计。Delphi 的可视化组件库（Visual Component Library，VCL）是基于 Object Pascal 语言的一种应用框架，以元件化、视觉化为设计的方向，包括窗体、菜单、对话框、多文档界面等许多常用组件。Delphi 的缺点主要是其语言不够广泛，开发系统软件的功能不足。

C++ Builder 是基于 C++ 语言的快速应用程序开发（Rapid Application Development，RAD）工具，它充分利用了已经发展成熟的 Delphi 的可视化组件库，吸收了 Borland C++ 5.0 编译器的诸多优点。但是 C++ Builder 的帮助系统较差，且在程序的调试和执行上比不上其他编程工具。

3. Visual C++

Visual C++ 是基于 MFC 库的可视化的开发工具，MFC 是 Visual C++ 提供的用来编写 Windows 应用程序的 C++ 类集，其中封装了大部分 Windows API 函数及 Windows 控件。MFC 不仅提供了创建 Windows 应用程序的框架，而且还提供了创建应用程序的基本组件。这就简化了应用程序的开发过程，极大地缩短了开发周期。

目前的 MFC 包含了 100 多个类，最早的 1.0 版发布了用于应用程序中非图形部分的类和图形用户界面（GDI）功能的类。以后逐渐发布了新的类，MFC 的类主要有根类、应用程序体系结构类、窗口、对话框和控件类、绘图和打印类、简单数据类型类、文件和数据库类、Internet 和网络工作类、OLE 类以及调试和异常类。

Visual C++ 是一个功能强大的工具，它在网络开发和多媒体开发上都有不俗的表现。以C++作为基本语言，可以对类的创建和基类的派生方面进行深入的研究，使得面向对象特性进一步完善。

4. Java

Java 是 Sun 公司推出的一种编程语言。它是一种通过解释方式来执行的语言，语法规则和C++ 类似。Java 语言有许多优点，如简单、面向对象、分布式、解释性、可靠、安全、结构中立性、可移植性、高性能、多线程、动态性等。Java 可以运行于任何微处理器，是可跨平台的语言，程序可以在网络上传输，非常适合于企业网络和 Internet 环境。

Java 的缺点是在系统底层开发和多媒体系统开发能力一般，不大适合于开发系统软件和进行大规模的图像处理。

3.5 多媒体应用软件

3.5.1 多媒体压缩和解压工具

文件压缩和解压工具可提高存储空间的利用率，同时也缩短了文件的传递时间。较流行的压缩和解压工具有 WinRAR、WinZip、ChinaZip、QuickZip 等。

1. WinRAR

WinRAR 是 32 位 Windows 版本的 RAR 文件压缩和解压缩软件，软件的工作界面如图 3-6 所示。它具有创建、管理和控制压缩包等功能。RAR 格式的压缩包更适用于大量的文件的压缩，或者大量磁盘空间的压缩任务。

（1）WinRAR 的基本功能

1）创建多种类型的压缩包，如固实压缩包、自解压压缩包、分卷压缩包等。

2）将压缩包释放到指定的文件夹。

3）修复物理受损的压缩包，恢复分卷允许重建多卷压缩中丢失的分卷。

4）其他服务功能，例如文件加密、压缩包注释、错误日志等。

5）支持压缩并发送邮件的功能。

（2）WinRAR 的特性

WinRAR 完全支持 RAR 和 ZIP 压缩包。该软件能提供

图 3-6　WinRAR 软件界面

的压缩率大、速度快。RAR 格式一般要比 WinZIP 的 ZIP 格式的压缩率高 $10\%\sim50\%$。

WinRAR 根据可用内存和文件名的长度，决定能够添加到压缩包中的文件数量。RAR 压缩包每压缩一个文件，大约占用 128 字节的内存。RAR 压缩包以及压缩包内任何一个文件大小，不得超过 8 589 934 591 字节。

WinRAR 具有高度成熟的原创压缩算法，对受损压缩文件具有极强的修复能力。为文本、声音、图像、32 位和 64 位 Intel 可执行程序优化提供特殊压缩算法。

2. Ace Video Workshop

Ace Video Workshop 软件是一个视频数据压缩工具，它的特点是：

1）内置三种面板，简单易用。

2）可对 AVI 视频文件重新编码，并压缩为兼容于 VCD/DVD/SVCD 格式的 MPEG 视频文件，以便直接刻录为 VCD、SVCD 光盘。

3）支持直接将多媒体文件中的音频部分提取出来并单独保存为 WAV 或者 OGG 音频文件，也可以将多媒体文件中的图像截取出来保存为 jpg、bmp、tga、png、tif、pcx 等格式的图片

文件。

    4）内置旋转、柔化、锐化等多种视频特效。

    5）支持 Skin 面板更换技术。

    3. RealCD

    RealCD 是用来压缩 CD 的软件，特别适合专业制作在线音乐主页和网站。它的主要功能是能直接把 CD 音轨压缩成 RA 格式。RealCD 支持多达 39 种 RA 格式，可以压缩出适应不同带宽的高质量音乐。此外，它独有的非单音轨读取模式，可以指定读取点和读取长度。

3.5.2　多媒体播放软件

    多媒体播放工具为多媒体音频、动画和影视文件提供了一个展示舞台。通常情况下，多媒体作品的播放必须有较高的技术支持，例如，要求所播放的多媒体图像要清晰、媒体能同步协调、能满足不同的播放环境等。目前，比较流行且功能卓越的多媒体播放软件有 Microsoft Windows Media Player、RealOne 和豪杰超级解霸等。

    1. Microsoft Windows Media Player

    Microsoft Windows Media Player 是 Windows 系统自带的数字多媒体组织和播放应用程序，具有强大的信息搜索、导入和播放功能，利用它可以组织并导入来自计算机以及附加设备上的多媒体文件。

    Windows Media Player 的主要功能如下：

    1）播放控制：支持常规播放控件功能，可以对播放、停止、快进、快退、音调节量等进行控制。

    2）媒体文件的查找和管理功能：可以建立信息数据库，并自定义节目列表，按节目列表播放音/视频节目。

    3）支持光驱设备：可以播放 CD 音乐，复制 CD 曲目到媒体库，创建个人 CD。

    4）支持连接 Internet：可以直接浏览万维网、查找 Internet 上的广播电台、收听 Internet 上广播电台的节目和将广播电台添加到预置列表。

    5）支持多种文件类型：包括 Windows Media、ASF、MPEG-1、MPEG-2、WAV、AVI、MIDI、VOD、AU、MP3 和 QuickTime 文件。

    2. RealOne

    RealOne 2.0 软件界面包括媒体播放器和媒体浏览器两个部分。媒体播放器主要提供了多媒体文件的管理、编辑、视觉、播放和收藏等功能。媒体浏览器根据用户所指定的范围显示相关的多媒体信息。RealOne 支持多种区域的多媒体信息检索和多种媒体形式的播放。

    RealOne 的主要功能如下：

    1）网络功能：可使用户得到超媒体文本的信息，如同使用 IE 浏览器一样。在浏览器的地址栏中输入协议和站点地址，就能连接并显示网站内容。

    2）CD 功能：可以检索和播放 CD-ROM 或 DVD-ROM 中光盘上的音视频文件。当在 CD-ROM 中插入了 VCD 影片光碟后，浏览器将显示曲目列表供播放选择。

    3）媒体库功能："我的媒体库"可帮助用户管理所有的媒体文件，以便快速和简单的播放。

    4）设备功能．可以用来烧录 CD，即可创建用户自己的多媒体 CD，或将媒体转录到一个便携式设备。

    5）电台功能：允许用户访问超过 2000 个 Internet 的电台。

    6）频道功能：可查看新闻体育或其他内容。

    7）搜索功能：可搜索 Internet 上的媒体。

    3. 豪杰超级解霸

    豪杰超级解霸 3000 英雄版软件的主要特点包括：

1) 格式全面兼容：支持 DVD、VCD、RM、ASF、WMA、WMV、MOV 等上百种格式。

2) 在线播放流式媒体：支持网络流媒体的在线播放，并具有各种流媒体文件的播放和转换功能。

3) 超强纠错能力：采用 "Direct CD/DVD-ROM 防读死" 超强纠错技术，可以流畅地播放各种无文件影碟（非文件格式存放的）。同时还提供断点续播、书签设置、多画面点播功能。

4) 图像流畅清晰：采用高清晰画质增强技术和智能逐行扫描技术，设计有使模糊变清晰、颜色调节、亮度调节等按钮，使画面流畅清晰，影像色彩逼真。画面还可局部放大。

5) 超强立体环绕：采用 SDTS 音频环绕数字影院处理技术，具有 Pro Logic 环绕、前后环绕等 26 种环绕音响效果。支持双声道环绕，也支持高达 8 声道环绕、AC-3 硬件解码音响系统，并具有音效频带均衡调节功能。

6) 个性化影音空间：独特的字幕处理、多种语言显示、影音格式转换等技术可实现 CD 抓轨、AC3、WAV、MP3 多种音频格式相互转换，实现 MPEG 与 AVI 格式相互转换。可以随意设置个性化数字家庭影院。

3.5.3 多媒体辅助软件

多媒体辅助软件作为辅助角色可用于不同的领域。最有代表性的有 CAI（Computer Assisted Instruction，计算机辅助教学）、CAT（Computer Assisted Test，计算机辅助测试）、CAD（Computer Assisted Desine，计算机辅助设计）、CAM（Computer Assisted Manufacture，计算机辅助制造）等。这些软件都是利用多媒体集成工具开发而成的应用软件。

CAI 软件提供基本的教学内容、例题、问题、解答、训练和自测功能，采用多媒体表现和交互方式，通过教师、学生与计算机进行交互而达到教学目的。这种现代化的教学手段可以扩大教学信息量，缩短教学时间，提高教学质量。

CAT 软件提供采集数据、分析数据、评估被测的基本功能，通过被测者提供的系列数据，根据程序分析给出被测结果。这方面的应用有心理测试、病理测试、材料测试等等。

CAD 软件广泛用于工程制图工作中。CAD 软件提供的是基本图块、与命令宏关联的按钮、LISP 语句、CAD 参数化图库及其他工具开发的命令，通过命令或工具达到高效的图形设计目标。

CAM 软件提供的是一定标准下的产品属性指标，可实现对尺寸公差与形位公差的查询、工程图打印和零件与装配体属性设置等功能。

3.5.4 多媒体数据库管理软件

多媒体数据库管理软件主要面向大量的数据管理，替代了传统的档案管理和账务管理，比如人事档案管理、财政管理、情报资料管理等等。

多媒体数据库管理软件的主要功能如下：

1) 多媒体数据的录入：输入文字、插入图像和声音。

2) 数据编辑：包括浏览、修改、增加、插入、删除、校对更正。

3) 多媒体数据的检索：包括关键字检索、全文检索、图像检索。

4) 数据排序：可根据数据类型排序。

5) 自动统计：可进行记录数、均值、总和、最高值、最低值、方差等基本运算。

6) 报表生成：可生成多种类型的报表，如原始记录表、分类表、统计表、汇总表等。

7) 数据导入：可导入多种软件格式的表格数据。

8) 数据导出：可导出数据生成其他格式的表格文件。

9) 数据打印：可以打印满足条件和范围的多媒体数据记录。

10) 可直接运行其他应用程序。

3.5.5 网络应用软件

多媒体软件可以在教育、商业、电子出版、娱乐、游戏以及通信工程中的多媒体终端和多媒体通信系统上应用。多媒体系统正改变着人类的生活和工作的方式，描绘着一个绚丽多彩的多媒体世界。

随着计算机网络技术和计算机多媒体技术的深入发展，可视电话、视频会议系统将以更方便的形式为人类提供更全面的信息服务。可视电话可使在旅途中通过电视传真，身临其境地参加各种会议，也可以实现分布式地安排工作人员。例如，71BASE-OFFICE 网络办公系统 2.0 是基于 WEB（B/S 构架）并且适合于中小企业的网络办公软件。其后台包括新闻发布、用户权限配置、系统管理、部门设置、BBS 发帖、BBS 用户管理、公文邮件流转、企业内部共享发布、共享数据类型分档、个人文档收藏、问卷投票系统、个人提醒记事、办公助理、个人通讯录、员工信息等 15 个数据库表，还包括 20 多项针对不同权限的管理项目，结构严谨，界面清晰，功能强大，使用方便，是企业内部信息流通的理想办公平台。

本章小结

公用的多媒体软件具有一定的服务层次，多媒体系统软件提供硬件层上的基础服务，其核心是多媒体操作系统。正常的操作环境和丰富的多媒体支持功能，是成功进行多媒体数据处理的前提。为了开发实用的多媒体应用软件，必须准备必要的多媒体基本素材，然后使用多媒体系统集成软件进行开发。本章从服务层次的角度阐述了多媒体软件的构成、作用和原理，并简单介绍了服务于各层上的流行软件以及主要功能，包括常用的操作系统、驱动程序、实用维护工具、音/视频和图形/图像创作软件、多媒体集成工具、多媒体编程语言和常用应用软件。

思考题

1. 多媒体系统软件包括哪些软件？在多媒体软件服务层次上起什么作用？
2. WDM 模式为 Windows 操作系统的设备驱动程序提供了统一的框架，它是怎样描写和调用硬件设备的？能支持设备的哪些功能？
3. 对于 USB 设备来说，其 WDM 驱动程序分为哪两层？当应用程序要对 USB 设备进行 I/O 操作时，USB 驱动程序是怎么工作的？
4. 获取多媒体素材通常有几种途径？
5. 音频包括三种类型，它们分别用什么格式保存在文件中？音序文件中实际上保存的是什么？有哪些软件可以创作或编辑音乐软件？
6. 抓轨软件的主要作用是什么？主要采用了什么技术？
7. 试说明图形和图像的基本组成，以及图形、图像和显示分辨率的关系。
8. 帧动画由图形或图像序列构成，逐帧动画和补间动画分别是指什么？
9. 创作造型动画主要包括哪些过程？
10. 多媒体集成软件是生成多媒体应用软件的重要工具，其工作重点是什么？有哪些创作方式以及相应的软件？它们各自的特点是什么？
11. 目前比较实用的多媒体编程语言有哪些？简要叙述它们的特点。
12. Visual C++ 是基于 MFC 类库的可视化的开发工具。试说明什么是 MFC 类库？类库中包含什么内容？

第 4 章　计算机图类技术

计算机图类数据是多媒体应用的重要组成部分，图的再现必须符合人类的视觉基本特性和视觉心理特性，同时又要考虑尽可能与实物和实景相符合。在计算机图类处理中，数据可以有不同的来源、不同的组成模式以及面向 2D 和 3D 的不同应用。

本章在分析人类视觉特性的基础上，介绍计算机图类的基本数据原理、色彩模式，并结合常见的计算机图类软件介绍一些常规的处理方法。

虽然计算机动画和视频与图类直接相关，但由于它们的建立和处理还可与其他多媒体元素结合，同时还必须加上同步理论，所以我们将单独用一章来介绍这个主题。

4.1　视觉特性

视觉特性是研究计算机图类技术中必须考虑的重要参考因素。本节将从视觉的基本特性和视觉的心理特性两个方面进行介绍。视觉的基本特性是由客观因素决定的，而视觉的心理特性则与主观因素有关，而且是因人而异、因环境的变化而变化的。

4.1.1　视觉的基本特性

在讨论视觉的基本特性时，我们应该从光源和感光体两个方面来分析。了解光源的自然特性，有利于我们进行光源的数字模拟。了解感光体的感光特性，有利于我们模拟出符合实际应用的光源。

1. 光的自然特性

太阳光线是由许多不同波长的电磁波组成。电磁波的波长相差很大，交流电的波长较长，最长的波长可达数千千米，最短的宇宙射线波长仅有千兆兆分之几米。例如，可见光的波长范围在 380～780nm，紫外线的波长范围在 40～400nm，X 射线的波长范围在 $10～10^{-3}$nm，γ 射线的波长在 0.3nm 以下。

经太阳光线折射而成的光谱（spectrum）由红、橙、黄、绿、青、蓝、紫七种颜色组成，与这七种颜色对应的波长和频率见表 4-1。

表 4-1　各颜色的波长与频率表

颜色	波长（nm）	频率（Hz）
红色	625～740	480～405
橙色	590～625	510～480
黄色	565～570	530～510
绿色	500～565	600～530
青色	485～500	620～600
蓝色	440～485	680～620
紫色	380～440	790～680

在光谱中，两个相邻的波长范围的中间带称为中间色。例如，橙红介于红色和橙色之间，绿黄介于绿色与黄色之间。

2. 三原色理论

1765 年，俄罗斯学者提出白色光和其他色光都可由红、黄、青三种色光合成的猜想。1807

年，英国的 Young 提出，适当混合红、绿、紫三种光线，可合成白光及其他各色的光。1860 年，德国的 Helmholtz 加以补充和证实，最终形成 Young-Helmholtz 理论。该理论认为一切颜色和白光都能由光谱中的红、绿、紫（或红、绿、蓝）三原色混合而成。

许多实验证明，这三种原色不一定是红、绿、蓝三色，也可用其他三种颜色，不过这三种原色中的任何一种都不能由其他两种色混合而成。由红、绿、蓝三原色相加产生其他颜色最为方便。实验还证明，白色不一定要由三原色配合而成，若两种颜色能混合成白色，则这两种颜色叫互补色。例如红是绿的补色，绿是红的补色。

大多数光源的光谱是由不同的强度和波长的光混合组成的，如橙色、黑色、灰色、白色、粉红色或绛紫色等都不是单色的，人眼无法区分这些混合光中的单色光，而是将许多这样的混合光看成是单色光。

3. 人眼的感光特性

人眼中的感光体是一些锥状细胞，锥状细胞根据对光的不同敏感点分为三种，第一种主要感受红色，它的最敏感点在 565nm 左右；第二种主要感受绿色，它的最敏感点在 535nm 左右；第三种主要感受蓝色，其最敏感点在 445nm 左右。

人眼一共约能区分 1000 万种颜色。就可见光的波长而言，大约在 380～780nm 之间，即人眼可以看见紫色和红色光之间的各色波长，但不能辨别红色和紫色光线以外的光谱。实际上，这个可视光谱会因每个人的视觉差异而稍有不同，单色光的强度也会影响人对一个波长的光的颜色的感受，比如暗的橙黄被感受为褐色，而暗的黄绿被感受为橄榄绿。

人眼对亮度光强变化的响应是非线性的，通常把人眼主观上刚刚可辨别亮度差别所需的最小光强差值称为亮度的可见度阈值，也称为对比灵敏度。因此，在恢复一幅由采样而得到的图像时，如果图像恢复的误差低于人眼的对比灵敏度，就不会被人眼察觉。

人眼对于运动图像的对比灵敏度与时间轴上信息的变化速度也有关，事实上，随着时间轴变化频率的增加，人眼所能感受到的图像信息的误差阈值呈上升趋势，视觉上的这种动态对比灵敏度特性表现为图像序列之间相互掩盖效应。

可见度阈值和掩盖效应对图像编码量化器（图像编码数字化器）的设计有重要作用，利用这一视觉特性，对图像边缘量化的误差值可以放得更宽大一些，对于那些有差别的但又不易被人眼所察觉的图像可以使用相同的值去进行编码。这样可使量化级减少，从而降低数字比特率。

人眼分辨景物细节的能力是有限的。研究表明，当光照太强、太弱时或当背景亮度太强时，人眼的分辨率会降低。当视觉目标运动速度加快时，人眼的分辨率也会降低。人眼对彩色细节的分辨率比对亮度细节的分辨率要差。

奥地利物理学家、心理学家、科学哲学家马赫发现，当亮度发生跃变时，会有一种边缘增强的感觉，视觉上会感到亮侧更亮，暗侧更暗。因此，这种视觉效应也被称之为马赫效应。马赫效应会导致一种局部阈值效应，也就是说，在物景边缘的亮侧，靠近边缘像素的误差感知阈值比远离边缘阈值高 3～4 倍，可以认为，这时的边缘掩盖了其邻近像素，因此，在对靠近边缘的像素进行数字编码的时候，误差可以增大一些。

此外，人眼的感光还与视野有关，视野分为静视野和动视野。静视野就是当人的眼睛注视前方，视线固定时所能看到的范围。而动视野则是仅将头部固定，眼球自由转动时能够看到的全部范围。

4.1.2　视觉的心理特性

颜色是通过眼、脑和我们的生活经验所产生的一种对光的视觉效应。人对颜色的感觉不仅仅由光的物理性质所决定，比如人类对颜色的感觉往往受到周围颜色的影响。

1. 颜色的心理作用

不同的颜色可以产生不同的心理作用。虽然这些感受可能是因人而异的，但总的来说，多数人往往有同样的感受。例如红色让人激动，蓝色使人安静。对艺术家、建筑师、服装设计师和广告制作者等来说，颜色的心理作用是非常重要的。

此外，人对颜色的感受还有许多特别的效应。例如我们的眼睛会试图将灰色或其他中立的颜色看成是缺乏的颜色。假如一幅画中只有红黄黑和白色，那么我们就会把黄和黑的混合色看成一种绿色，把红和黑的混合色看成一种紫色，而灰色会显得有点蓝。

2. 亮度

亮度的感觉与光本身的强度、光的波长和眼睛的适应程度有关。同一种颜色在不同的亮度中会产生不同的颜色感。因为人眼中还有可以感光的杆状细胞。一般认为杆状细胞只能分辨黑白，但它们对不同的颜色的灵敏度稍有不同。

目标物体的亮度与环境的亮度和背景有关。在一定的范围内，环境照明度的增加可提高物体的亮度。较亮的物体在较暗的背景下，会产生特别明亮的感觉，但当背景亮度增加后，目标物体就不会显得那么亮了，这就是一种相对的特性，或者称为对比度。

3. 色彩

根据人眼的视觉特征，对色彩的感知程度可以用色调、饱和度和明亮度来描述。色调主要取决于波长和所包含的光谱成分，饱和度是指颜色的强度或纯度，亮度是指颜色的相对明暗程度。但人眼对色彩的感知程度又与周围光的强度有关，在不同的光环境下，人对色彩的感觉存在一定差异。

4.2 数字图类原理

数字图类技术就是指用数字代码记录和表现出模拟图形或图像的技术，其主要研究的是计算机图类中颜色的编码、图形或图像编码的基本方式、计算机图像获取技术、图像的 3D 视觉效果等技术。

计算机图类中所采用的颜色编码与色彩模式和颜色深度有关，这关系到我们试图要模拟出怎样的色彩，如单色或彩色的图，也关系到我们试图要模拟的颜色层次有多丰富。而在计算机中，图类可以有多种编码方式。

4.2.1 数字图类的基本概念

我们首先应了解一下计算机中的图类有哪些表现形式和与颜色表示有关的术语，以便以后对数字图类技术作进一步的讨论。

1. 图类媒体的类型

图类媒体按照它们在计算机中的描述和处理方式，可分为符号、图表、图形、图像等几种类型：

1）符号：如英文字母、拼音或汉字。符号是人类对信息进行抽象的结果，对于符号的理解取决于人的理解程度。

2）图表类：如乐谱、直方图、曲线图，这些图或表所表示的信息，也取决于人们的文化程度和对行业规范的了解程度。例如，一张乐谱中的音符、音节等信息，只有具有基本乐理知识的人才能知道它们的确切含义。

3）图像或位图：即 Bitmap，它是由空间离散的像素点组合而成的，也就是说，我们可以理解为有许许多多离散的图像点拼凑成一幅完整的画，这些点就被称为像素点。每个像素点可以表现为单色的或者彩色的，因此，在图像的颜色处理中，对像素点的描述又分为单色、灰度、彩色和真彩形，其中真彩形就是接近于自然色彩的描述形式。

4）图形或矢量图：即 Vector Graphic，它是通过指令构造出来的抽象化的图像。也就是说，图形不是通过一个一个像素点来表示的，是通过一条计算机语言的命令来记载和表达的。例如，一条直线可以用 Line（1，15，5）表示，其中 Line 表示图形的几何形状，（1，15，5）是参数，表示绘制直线的具体位置。

图类媒体按照它们的显示与时间的关系，可以分为静态图和动态图：

1）静态图类的显示不随着时间的变化而变化，在一段时间内所显示的是同一幅图。

2）动态图类的显示与时间紧密相关，在一段时间内所显示的图可能是多幅不同的图。可以说，对静态图进行连续播放就形成了动态图。

2. 色彩空间

计算机图类在屏幕上的显示是由彩色像素组合而成的。那么计算机如何描述图的颜色？又是如何来模拟表现图类颜色的呢？

在数字化的处理过程中，任何内容的表示都需要建立一种数学模型。因此，我们同样可以为表示图的颜色而建立一组抽象的数学模型，这种数学模型被称之为色彩模型。色彩模型就是用于描述和重现色彩的方法。

同时，对于某种色彩模型所组成的色彩的集合被称为"色彩空间"或"色域"，实际上就是颜色范围。也就是说，色彩空间中包括了基于某种色彩模型的所有可以用来描述图像的颜色。例如，采用 RGB 模型的 RGB 模式可以用三个字节分别表示 R、G、B 三种颜色，由三个字节混合产生一种颜色，只要每个字节的值不同，R、G、B 混合后将会产生许多不同的颜色。

所以，采用不同的色彩模型就可以建立不同的色彩模式。目前，已经建立好的，并且常见的彩色模式包括：位图模式、灰度模式、索引颜色模式、HSB 模式、RGB 模式、CMYK 模式、Lab 模式等。由于色彩模式不同，所产生的色彩总数也是不相同的，因此由各个色彩模式所产生的色彩总数构成的"色彩空间"也就不相同了。

实际上，计算机的硬件或软件都使用某种特定的色彩模式，在进行图形和图像处理时，所使用的颜色就是取自于某种特定的色彩模式所形成的"色彩空间"或"色域"中的某些颜色值。

3. 色彩深度

色彩深度是指构成图像颜色的总数目，常用"位"来表示。如果我们采用 1 位（即一个二进制位）来描述颜色深度，那么就只能描述黑、白两种颜色。而 4 位就可以表示 16 种颜色的位图图像，8 位就可以表示 256 种颜色（即 $2^8 = 256$），16 位就可表示 65536 种颜色。24 位位图图像就可显示 1600 多万种颜色，尽管 24 位位图还不能表达自然界所有的色彩，但是足以代表真彩色了。

以 RGB 模式为例，R、G、B 每个通道的颜色分别用一个字节来描述，每个字节的取值范围是 $0 \sim 255$，那么，这三种颜色通道混合以后所组成的色彩总数就是 RGB 模式的色彩深度。

显示器的色彩深度取决于计算机与显示相关硬件的支持性，具体的讲，就是计算机和显示适配器（显卡）可以决定显示器的色彩深度。在 Windows 操作环境下，通过控制面板的显示属性就可以设置显示的色彩深度。当设置为 24 位以上近似真彩色时，才能较精确地显示每个像素的色彩。但是，文件的色彩深度取决于存储图形的文件格式。

所谓真彩色，就是前面所说的用 24 位表示的颜色的数量，实际上远远地超过了我们肉眼可以分辨的颜色数量。而显示器能够显示的颜色也是有限的，有些不同的颜色值可能在显示器中表现为相同的显示效果。

大多数显示系统提供了 16 位色彩深度。与真彩色相比，选择色彩深度为 16 位时，可以提高视频的表现性能。但是，大多数应用程序仍然使用 24 位以上的色彩深度，这种以高色彩深度运行的方式不会影响图形的数据。

4.2.2　图像的色彩模式

目前的色彩模式有许多种，每一种模式都有其特点和适用范围，我们可以按照制作要求来选择色彩模式，并且可以根据需要在不同的色彩模式之间转换。

下面来了解几种常见的色彩模式。

1. 位图色彩模式

位图模式的图像是由一个个黑色和白色的像素点组成的，也就是说，每一个像素用 1 位来表示，其实 1 位只能表示有点和无点两种状态。位图模式主要用于早期不能识别颜色和灰度的设备。

如果需要表示灰度图像，则需要通过点的抖动来模拟实现，即可以通过黑点的大小与疏密排列在视觉上形成灰度，如图 4-1 所示，左边就是抖动实现的灰度图，右边则是放大的灰度图。

位图模式通常用于文字识别，如果扫描需要使用 OCR（光学文字识别）技术识别的图像文件，必须先将图像转化为位图模式。

图 4-1　抖动实现的灰度图

2. 索引色彩模式

索引色彩模式用 8 位描述，最多可以表示 256 种颜色。当将一个其他色彩的图像转换为索引色彩模式时，软件通常会构建一个调色板存放索引图像中的颜色。如果原图像中的一种颜色没有出现在调色板中，程序会在这个调色板上选取已有颜色中最相近的颜色或使用已有颜色模拟这种颜色。

在索引色彩模式下，由于限制了调色板中颜色的数目，因而可以减小文件的大小，同时基本上不影响视觉效果。

3. 灰度色彩模式

灰度模式最多使用 256 级灰度来表现图像，图像中的每个像素都有一个 0（黑色）到 255（白色）之间的亮度值。灰度值也可以用黑色油墨覆盖的百分比来表示（0％表示白色，100％表示黑色）。使用灰度模式能够较好地表现出单色图的图像层次。

当将彩色图像转换为灰度模式的图像时，会舍去原图像中所有的色彩信息。尽管一些图像处理软件允许用户将一个灰度模式的图像重新转换为彩色模式的图像，但转换后不可能恢复原先丢失的颜色。所以，在将彩色模式的图像转换为灰度模式的图像时，应尽可能保留备份文件。

4. HSB 色彩模式

HSB 色彩模式以 HSB 模型为基础，是根据人眼的视觉特性而制定的一套色彩模式，最接近于人类对色彩辨认的思考方式，描述了颜色的 3 种基本特性。HSB 色彩模式将自然界的颜色看做由色相（Hue）、饱和度（Saturation）和亮度（Brightness）组成。

色相（H）是指组成可见光谱的单色，可安排在 0°～360°的标准色轮上。在标准色轮上的色相是按位置计量的，例如，红色在 0°，绿色在 120°，蓝色在 240°。但是在通常的使用中，色相是由颜色名称来标识的，如红、橙或绿色。

饱和度（S）是指颜色的强度或纯度，它决定颜色的深浅，也就是单个色素的相对纯度，如红色可以分为深红、洋红、浅红等。饱和度通常用色相中灰色成分所占的比例来表示，如 0％为纯灰色，100％为完全饱和，完全饱和是指每一色相具有最纯的色光。在标准色轮上，从中心位置到边缘位置的饱和度是递增的。

亮度（B）是指颜色的相对明暗程度，它描述的是物体反射光线的数量与吸收光线数量的比值。通常将 0％定义为黑色，100％定义为白色。最大亮度是色彩最鲜明的状态。

HSB 色彩模式比前面介绍的两种色彩模式更容易理解。但是 HSB 模式的使用在一定程度上受到了设备的限制。例如，要在计算机屏幕上显示时，应将该模式表示的图像转换为 RGB 模式；若要打印输出，还需转换为 CMYK 模式。

5. RGB 色彩模式

RGB 色彩模式使用 RGB 模型，是众多"颜色空间"或"色域"中最常见的一种。RGB 分别代表着 3 种颜色：R 代表红色，G 代表绿色、B 代表蓝色。由于该模型的混合色是通过 R、G、B

三种颜色叠加组合而成的，所以，RGB 模型也称为加色模型。

RGB 色彩模式中，记录及显示彩色图像时，每种颜色都可用红、绿、蓝三种颜色的不同强度来表示，每种颜色有 0～255 级强度值。这样的 RGB 颜色组称为一个混合颜色通道，只要调节这三种颜色强度值，就可以使它们按照不同的比例混合，可以产生 16581375 种不同的颜色。

部分纯色的组合值如表 4－2 所示。例如，纯红色的 R 值为 255，G 值和 B 值均为 0；纯绿色的 G 值为 255，R 值和 B 值均为 0；纯蓝色的 B 值为 255，R 值和 G 值均为 0。等量的红绿混合生成黄色，等量的绿蓝混合生成青色，等量的蓝红混合生成紫色。而灰色的 R、G、B 三个值相等（除了 0 和 255）。

表 4-2　纯色的组合值

	红	黄	绿	蓝绿	蓝	紫	白色	黑色
R	255	255	0	0	0	255	255	0
G	0	255	255	255	0	0	255	0
B	0	0	0	255	255	255	255	0

RGB 值全为 0 时产生黑色，RGB 值全为 255 时产生白色。而使用从 0 到 255 之间等值的通道产生的是一些中性色彩，中性色彩可以是 R、G、B 三个颜色值都采用相同的值所形成的色彩，例如 R、G、B 的值分别都是 100、100、100。这时，当 R、G、B 三个颜色数值同时增加时，色彩就朝白色方向变化，产生淡化效果。当三个数值同时减少时，色彩就朝黑色方向变化，产生深化效果。中性色彩也可以是 R、G、B 中两个颜色值都采用相同的值所形成的色彩，例如，粉红的通道色为 255、128、128，褐紫红通道色为 128、0、0。

自然界中绝大部分的可见光谱都可以用红、绿和蓝三色光按不同比例和强度的混合来表示。使用 RGB 模式，可以最大限度地模拟人眼所能感觉到的色彩空间。因此，RGB 模型通常用于光照、视频和屏幕图像编辑。然而在各种显示屏上显示同样的图像时，在颜色上确实存在着一些差异，这是因为不同的仪器可能使用了不同的波长造成的。

对于图像编辑而言，RGB 色彩模式也是最佳的色彩模式。

6. CMYK 色彩模式

CMYK 色彩模式是基于 CMYK 模型的颜色表示模式。CMYK 模型以打印在纸上的油墨的光线吸收特性为基础。当白光照射到半透明油墨上时，色谱中的一部分被吸收，而另一部分被反射回眼睛。也就是说，某些可见光波长被吸收，而其他波长则被反射回眼睛。反射的光线就是我们所看见的物体颜色，这些颜色被称之为减色。所以，CMYK 模式是一种减色色彩模式。

由于印刷机采用青色（Cyan）、洋红（Magenta）、黄（Yellow）、黑（Black）四种油墨来组合出一幅彩色图像，因此 CMYK 模式就由这四种用于打印分色的颜色组成。

为了构成某种图像像素的颜色，每一种印刷油墨要分配一个百分比值，例如，为了构成明亮的红色，可以指定使用 1% 青色、90% 洋红、90% 黄色和 0% 黑色。因为这是一种减色色彩模式，所以如果要产生较亮的颜色，就应该分配较低的印刷油墨颜色百分比值，而如果要产生较暗的颜色，那么就应该分配较高的百分比值。所以，当 CMYK 的四种分量的值都是 0% 时，就会产生纯白色。

CMYK 模式是最佳的打印模式。当制作用于印刷色打印的图像时，应选择使用 CMYK 色彩模式。因为 RGB 模式尽管色彩多，但不能完全打印出来。由于 RGB 色彩模式的图像转换成 CMYK 色彩模式的图像会产生分色，所以如果使用的图像素材为 RGB 色彩模式，最好在编辑完成后再转换为 CMYK 色彩模式。

7. Lab 色彩模式

L＊a＊b 颜色模型是在 1931 年国际照明委员会（CIE）制定的颜色度量国际标准模型的基础上建立的。1976 年，该模型经过重新修订并命名为 CIE L＊a＊b。

　　L＊a＊b 颜色模型所生成的颜色与所使用的设备无关，即无论使用显示器、打印机、计算机或扫描仪等哪种设备去创建或输出图像，图像的颜色都是一致的。

　　L＊a＊b 颜色模型也是由三个通道组成，即一个通道是亮度 L（Lightness），另外两个是色彩通道，用 a 和 b 来表示。亮度分量（L）的范围是 0～100。a 通道包括的颜色是从深绿色到灰色再到亮粉红色，b 通道则是从亮蓝色到灰色再到黄色。这种色彩混合后将产生明亮的色彩。

　　Lab 模式就是基于 L＊a＊b 颜色模型的颜色表示模式，Lab 模式既不依赖光线，也不依赖于颜料。实际上，它是 CIE 组织确定的一个理论上包括了人眼可以看见的所有色彩的色彩模式。Lab 模式弥补了 RGB 和 CMYK 两种色彩模式的不足。在常用的图像处理软件中，一般都提供一个颜色选择器和一个颜色混合器。颜色选择器常被称为"拾色器"，在"拾色器"中的 a 通道和 b 通道的范围为 ＋128～－128。而在颜色混合器中的 a 通道和 b 通道的范围为 ＋120～－120。

　　与其他色彩模式相比，Lab 模式所定义的色彩最多，而且与光线及设备无关，所以在一些图像处理软件如 Photoshop 中，Lab 模式可以作为在不同颜色模式之间转换时使用的中间颜色模式。

　　在处理速度上，Lab 色彩模式与 RGB 模式同样快，比 CMYK 模式快很多。Lab 色彩模式通常用于处理 Photo CD 图像、单独编辑图像中的亮度和颜色值、在不同系统间转移图像以及打印输出。

　　由于 Lab 模式的图像在转换成 CMYK 模式时其色彩不会丢失或被替换。因此，避免色彩损失的最佳方法是应用 Lab 模式编辑图像，再转换为 CMYK 模式打印输出。

4.2.3　位图图像的原理

　　计算机位图图像的基本数据单位是像素。也就是说，位图图像是由在空间上离散的像素组成的，每个像素具有不同的颜色和亮度。图像可以通过相关软件制作，也可以通过输入设备导入计算机。影响位图质量的重要因素就是分辨率。

　　1. 与图像有关的分辨率

　　与图像有关的分辨率包括：图像分辨率、显示分辨率、打印分辨率、扫描分辨率、像素分辨率。

　　图像分辨率是指构成图像的像素总数，以水平和垂直的像素表示。从图 4-2 中可见，图像由空间离散的点组成，这个点阵由横向 64 个像素和纵向 64 个像素构成，即 64×64 图像，图像的边缘明显地呈锯齿状。如果将这个空间点阵用 300×300 像素显示，图像的边缘的锯齿状将变得很小，画面的质量也将有所提高。

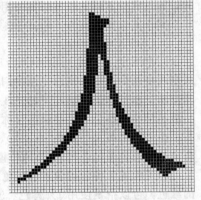

图 4-2　图像的组成

　　所以，显示组成位图图像的像素越多或表示每个像素的位数越多，则分辨率越高，图像质量就越好。但所需要存储的数据量也就越大。

　　显示分辨率是指在某种显示方式下，在屏幕上最大的显示区域中，可显示的像素总数。同样以水平和垂直的像素表示，像素越多，分辨率越高。当图像分辨率大于显示器分辨率时，在显示器上只能显示图像的一部分。反之，图像只占显示器一部分。

　　打印分辨率、扫描分辨率分别是打印机和扫描仪的性能指标，它们决定着打印或扫描图像的图像细节。这些分辨率的大小通常用 DPI 来描述，表示每英寸可表示的像素点数。

　　像素分辨率是指像素本身的尺寸。不同的图像显示设备，其像素的尺寸可能不同。所以，在像素分辨率不同的图像设备上，所显示的同一幅图像可能得到不同的效果，有时甚至还可能发生变形。

　　2. 色彩深度与文件数据量

　　真实图像的模拟与色彩深度密切相关，大部分图像处理软件都支持真彩色（24 位）。实际的文件保存取决于文件的存储格式，但是只有真彩图形文件才能精确地记录下这个范围里的全部色彩。

彩色图像文件的数据量不仅与图像分辨率有关，还与图像的色彩深度有密切的关系。可通过如下公式计算得到：

$$B = (h \times w \times c)/8$$

其中，B（字节）代表数据量，h 为垂直像素数，w 为水平像素数，c 为色彩深度。

对于一幅 600×800 像素的图像，若每个像素用 8 个二进制位表示色彩深度，那么这个图像文件的数据量是 600×800×8 位，即需要占有的存储空间将近 500KB。

从以上的知识可知，位图图像文件的数据量比较大，且图像质量与图像分辨率有关。图像显示的清晰度还取决于图像分辨率和设备分辨率，其真实程度取决于像素的色彩深度。图像分解比较困难，各成分的边界较模糊。

4.2.4　矢量图的原理

图形又称矢量图（Vector Graphic），是一种抽象化的图像。矢量图的基本单位是直线、圆、圆弧、矩形等几何图形，这些几何图形是用指令的方法来描写的。使用多个简单的图形可合成一个复杂的图形，由此可知，复杂图形实际上是用一个指令的集合描述的，其中每条指令分别描述组合图形中的直线、圆、圆弧、矩形等元素。反过来，也可以很容易地将复杂图形分解成不同的成分单元，分解后有明显的界线。

利用图形支持软件可以绘制各种图形。例如，在 AutoCAD 中，使用 line 命令，并给出一个直线的参数，包括起始点、终止点、颜色等，就可以画出一条直线，若使用 circle 命令，并给出一个圆的参数，包括圆心坐标、半径、颜色等，就可以画出一个圆。

现在我们已经知道，矢量图文件记录的是一组描述点、线、面等几何图形的大小、形状及其位置、维数以及其他属性的指令集合，如果要将矢量图文件中记录的图形显示在显示器上，需要对这些图形指令进行解释或者说要进行运算，将这些图形形状转换成位图。所以，在显示器上，所有几何图形都是通过算法得到的。

矢量图的特点是文件的数据量比较小，容易修饰和处理，因为它的组件可以单独处理。例如，我们可以对作为组件的某一个图形进行移动、改变大小、旋转或删除操作。但是，矢量图的处理方式是不便于描述人物、风景等实物和实景的。另外，由于图形的显示是通过计算得到的，这就说明了图形的清晰度与显示器的分辨率无关。同时也要注意到，图形的计算需要花费一定的时间，尤其是对于复杂的矢量图，可能需要相当长的计算时间，当然这段计算时间的长度与计算机硬件的性能是直接相关的。

支持矢量图的文件格式很多。例如，PostScript 是一种流行的打印矢量格式，Macromedia Fireworks 是与网上的标准矢量格式最为接近的一种格式。

4.2.5　OCR 技术

OCR（Optical Character Recognition，光学字符识别）技术出现于 20 世纪 50 年代中期，70 年代后期，由于 LSI 及 CCD 器件的出现使其进入了一个崭新的实用阶段。

1. OCR 技术的识别内容

OCR 技术是随着模式识别和人工智能研究的发展而产生的文字识别技术，在国际上，文字识别目前主要指光学字符识别（OCR）。所谓光学字符识别，就是用电子计算机从扫描所得的文字图像中自动辨别出文字。

实际上，OCR 识别的内容不仅包含西文和汉字字符集，还包含单体印刷体、多体印刷体、手写印刷体和自然手写体的识别。此外，如票据识别、笔迹鉴别、印章鉴定等均属于 OCR 技术范畴。

2. OCR 技术的工作原理

OCR 技术是通过扫描仪或数码相机等光学输入设备获取纸张上的文字图片信息，利用各种模式识别算法分析文字形态特征，判断出字母、符号或汉字的标准编码，并按通用格式存储在文本文件中。

常用的识别方法有三类：相关匹配识别、概率判定准则及句法模式识别。

1）相关匹配识别法：根据字符的直观形象提取特征，用相关匹配进行识别。这种匹配既可在空间区域内及时间区域内进行，同时也可在频率区域内进行，相关匹配又可细分为图形匹配法、笔画分析法、几何特征提取法等。

2）概率判定准则法：利用文字的统计特性中的概率分布，用概率判定准则进行识别，如利用字符可能出现的先验概率，结合一些其他条件，计算出输入字符属于某类的概率，通过概率进行判别。

3）句法模式识别法：是指根据字符的结构，用有限状态文法结构，构成形式语句，用语言的文法推理来识别文字的方法。近年来，人工神经网络和模糊数学理论的发展，对 OCR 技术起到了进一步的推动作用。

衡量一个 OCR 系统性能好坏的主要指标有：拒识率、误识率、识别速度等。

OCR 工作过程如图 4-3 所示。

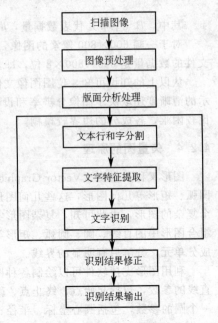

图 4-3   OCR 工作过程

4.2.6 三维视图的基本原理

三维立体画是利用人眼立体视觉现象制作的绘画作品。普通绘画、摄影作品以及计算机三维动画只利用人眼对光影、明暗、虚实的感觉得到立体的感觉，并没有利用双眼的视觉差别。利用双眼立体视觉构成的立体画，可以得到更精彩的效果。

1. 双目视觉原理

人眼观察景物时，根据不同的视线角度，可以区分近景和远景。对于看到的某一物体来讲，不仅能看到物体的宽度和高度，而且能知道它们的深度，能判断物体之间或观看者与物体之间的距离。研究还表明，由于人类的两眼之间存在距离（约 65mm），左眼和右眼在观察一定距离的一个三维物体时，所得到的物体图像是不同的，即人眼的左、右眼各得到一幅图像，这就是视差效应。大脑通过眼球的运动、调整，综合了这两幅图像的信息，从而感知到具有深度变化的三维空间，即产生了立体感。这就是所谓的立体视觉原理。

如图 4-4 所示，视差可分为四种类型：零视差、正视差、负视差和发散视差。

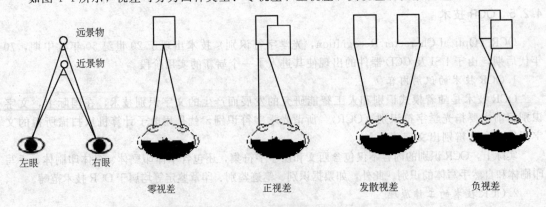

图 4-4   人眼的视差

1）零视差：物体在两眼中的成像点之间没有距离，为零视差。在这种情况下，即使是立体的图像，人眼也不能感觉立体的效果。

2）正视差：物体在两眼中的成像点之间的差距大于0，但小于或等于两眼之间的距离。人脑会合并两眼的图像而产生立体感，且物体对象所呈现的距离随着视差的值而增大。

3）发散视差：物体成像点之间的差距大于两眼的间距，这种现象实际是不存在的。在模拟3D视觉空间时要注意避免。

4）负视差：两眼的目光发生了交叉。交叉目光可通过立体视觉技术而产生，其效果是所观察的物体对象会浮现在人眼和显示器之间的空间。当所显示的物体对象超过显示器的范围时，部分显示的内容可能会出现在显示器的背后，这将会破坏显示的真实性。负视差的显示结果与视差距离、对象的动静状态以及对象本身都有着一定的关系。

2. 立体成像的原理

根据双目立体视觉的基本原理，就可以根据视差模拟出三维立体信息。假设我们将两个完全相同的摄像机平行放置，且空间中的一点 P（X，Y，Z）在这两个摄像机中的像点分别是（x_1，y_1）和（x_2，y_2），那么在已知两个摄像机相距基线长度 b 和透镜焦距 f 的情况下，就可以计算出深度。

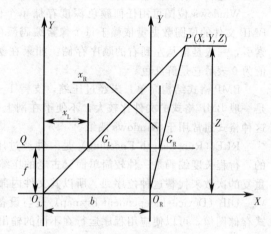

图4-5 立体成像的原理

如图4-5所示，在立体坐标系的 X 轴上，平行放置两个完全相同的摄像机 O_L 和 O_R，设坐标系原点在左透镜中心，而且两机在 X 方向间距为基线 b，假如对应于摄像机的两个图像平面位于同一平面 Q。那么，空间的一点 P 在两个图像平面中的投影点 G_L、G_R 称为共轭对。当两幅图重叠之后，共轭对之间位置差 $x_L - x_R$ 就是视差。

根据相似三角形关系有：

$$x/z = x_L/f \text{ 和 } (x-b)/z = (x_R-b)/f$$

进一步可计算出深度：

$$z = bf / (x_L - x_R + b)$$

由此可见，物体的深度信息就是通过视差来恢复的，视差越大说明物体离透镜的距离越近；反之则越远。

在实际应用中，例如，立体摄影的风景照片就是由人的双眼从不同的角度上观察到某物体时左右眼各自看到的图像组成。左眼看到的是某物体向右错动了一些的图像，右眼看到的是某物体向左错动了一些的图像。

所以，立体摄影/摄像一般都采用双镜头同步拍摄，如同人的双眼观看景物，产生左眼与右眼两个具有一定视差的平面影像。立体电影则由一系列的图像组成，播放立体电影时，需要将来自两个镜头的影像进行同步合成播放。而观众观看时，又需要用立体眼镜来对那些合成的画面进行同步分解，使人的两眼可以分别看到不同的图像，最后通过大脑来合成三维立体视觉。

在计算机上，也可以根据左/右视差合成三维立体视觉。

4.2.7 图类数据的文件类型

图类文件格式通常可分为位图格式和矢量图格式两种类型。位图格式适用于照片，而矢量图格式则适用于图表。选择图类格式时应考虑输出介质、图类格式的特点以及工作流程。需要注意的是，所选择的图类格式必须是设备支持下的格式。

1. 位图格式

位图的用途非常广泛，大多数图类软件都支持位图格式。通常情况下，在网页中使用图片，应该选用那些被绝大多数浏览器支持的图片格式，如 GIF、JPEG 和 PNG。

（1）Windows 的位图格式

Windows 默认的位图格式有三种，即 BMP、RLE 和 DIB。BMP 是一种非压缩的文件，RLE 是一种经过压缩的文件，而 DIB 是与设备无关的文件。

BMP（bit map）文件格式是 Windows 系统下的标准位图格式。位图文件结构包含四个主要的部分：位图文件头、位图信息头、色表和位图数据。位图文件头包含关于这个文件的信息，如位图数据的开始定位信息。位图信息头包含关于这幅图像的信息，例如以像素为单位的宽度和高度。色表中有图像颜色的 RGB 值。

Windows 位图可用任何颜色深度存储单个像素，即每像素可用 1～24 位来编码颜色信息。BMP 文件的位图数据量依赖于每个像素编码颜色所用的位数。像素的值是文件中颜色表的一个索引，一般是按从左到右的顺序存储。如果在颜色表中第一个 R/G/B 值是 255/0/0，那么像素值为 0 表示它是鲜红色。

BMP 格式结构简单，未经过压缩，支持 1～24 位色彩，文件能较好地保存原图像质量，但是一般 BMP 格式的文件比较大，不便于在网上传输，而且 Web 浏览器不支持 bmp 文件，因此这种格式通常用于 Windows 墙纸。

RLE（Run Length Encoding）是一种经过压缩的文件。它是采用行程长度编码来进行压缩的，行程长度编码是一种较简单而又古老的压缩技术，它的基本思想是检测重复的位序列，并用重复的次数来代替这种位序列。所以其文件内部存储格式是可以变化的。

DIB（Device-Independent Bitmap）是与设备无关的文件存储格式，也就是说，利用 DIB 格式存储图像，可以使应用程序运行在不同的输出设备环境中，例如显示器、打印机就是两种不同的输出设备。由于 DIB 的颜色模式与设备无关。所以一个 256 色的 DIB 不仅可以在 24 位真彩色模式下使用，也可以在 16 色模式下使用。256 色以及以下的 DIB 拥有自己的颜色表，像素的颜色是独立于系统调色板的。DIB 格式文件一般是不压缩的，但是也可以用一种 RLE 算法来压缩图像数据。RLE 算法是一种简单有效的方法，能够将水平方向连续的颜色进行压缩。

（2）TIF、TIFF 格式

TIF 和 TIFF 两种格式广泛用于传统图像印刷，但不适用于在 Web 浏览器中查看。

TIFF（Tagged Image File Format）是压缩图像格式，主要用来描述图像的资料，其单个像素可以存储为任何颜色深度，并可跨平台使用。

TIFF 图像文件由三个数据结构组成，它们分别是文件头、一个或多个称为 IFD 的包含标记（Tag）指针的目录以及数据本身。文件头是一个文件中唯一的、有固定位置的部分；IFD 图像文件目录是一个字节长度可变的信息块，其中的标记 Tag 是 TIFF 文件的核心部分，在这个图像文件目录中定义了要使用的所有图像参数，目录中的每一个目录条目就包含图像的一个参数。

所以，TIFF 格式文件完全由它的标记集所决定，通过定义这些标记，可以用来存放如图像宽度、高度、颜色表、位图等这样的数据。TIFF 格式中已定义了 70 多种不同类型的标记，而且它的标记集是可扩展的。

TIFF 是最佳的打印图片格式。一方面它支持多种不同的色彩模式，包括 RGB 模式、8 位灰度模式或 32 位 CYMK 模式。另一方面 TIFF 还支持多种编码，其中包括 RGB 无压缩、RLE 压缩、JPEG 可选压缩，也支持包括梯级透明度、多图像层的处理。所以一个完备的 TIFF 阅读程序应该有 RLE 解压缩程序，LZW 解压缩程序和其他一些算法的解压缩程序。

TIF（Tag Image File Format）格式是 TIFF 文件格式的一种，常用来存储大幅图片。TIF 格式文件小，传送快，是可跨平台的位图格式，它同时支持 PC 与苹果机。这种格式可选择压缩或不压缩，不压缩 TIF 文件可支持 24 个颜色通道。

在 TIF 文件的图像文件头（IFH）中，有一个指向图像文件目录（IFD）数据结构的指针。IFD 是一个用于区分若干个可变长度数据块的表，表中用标记（TAG）记载关于图像的信息。

大部分的软件都支持 TIF 格式，较新的版本已经对这种格式提供了全面的支持。而且，7.0 以上版本的图类处理软件，都可以把图形文件存储成 RGB 或 CMYK 的 TIFF 格式，以便其他软件使用。

（3）GIF 格式

GIF（Graphic Information Format）是一种图像交换格式。主要用来记录一些重要的图像资料，如尺寸、颜色和缩码等。GIF 格式适用于多种操作系统，并广泛支持 Internet 标准。

GIF 颜色数较少，最多只支持 256 种颜色，所形成的文件较小。GIF 文件以一个长 13 字节的文件头开始，文件头中包含判定此文件是 GIF 文件的标记、版本号和其他的一些信息。

GIF 图片支持透明度，但不支持 α 通道透明度，不支持半透明或褪色效果。

GIF 格式支持无损压缩，主要采用了高效率的 LZW 压缩，基本无误差。但对于真彩图片的压缩还是有损的。多数情况下，对非真彩图像的无损耗压缩效果，不如 JPEG 格式或 PNG 格式的文件。

GIF 允许图像进行交错处理。GIF 默认的图像存储顺序是从上到下，从左到右的。交错处理主要用于图像显示时，隔行显示图像的数据。在 Internet 环境中，下载一个尺寸较大的图像时，交错处理方法将每隔八行显示一次图像数据，并逐渐填补其间的空隙。在浏览器中，我们可以先看到整个图像的粗线条，然后逐渐显得越来越清晰。

在 GIF 文件规范的 GIF89a 版本中支持动画 GIF，这种动画是一种基于帧的动画，实际上 GIF 是将多幅图像保存为一个图像文件，形成可连续播放的动画。

许多图像处理软件都可以生成 GIF 格式的文件。常见的有 Ulead GIF Animator、Advanced GIF Optimizer、Photoshop、Fireworks 等。在 Photoshop 中，可以把对颜色数要求不高的图片变为索引色，再以 GIF 格式保存，使文件缩小以便快速在网上传输。

（4）JPEG 格式

JPEG（Join PhotoGraphic Experts Group）是 Apple 公司推出的一种高度压缩的全彩色图像格式，常用来压缩存储批量图片。所有流行的 Web 浏览器和数码相机都支持这种格式。

JPEG 是与应用平台无关的图像格式，它支持无损压缩编码，也支持有损压缩编码。它的无损压缩编码是基于预测算法的编码，对于中等复杂程度的彩色图像，压缩比可达到 2∶1。而如果使用有损压缩的编码，可以采用基于离散余弦（DCT）变换算法，并且可以提高或降低 JPEG 文件压缩的级别。有损压缩的 JPEG 文件压缩比率可以是 10∶1 到 20∶1，最高可达 100∶1。但是，在高压缩比下的图像质量会下降。

当我们在相应程序中选择"jpg"格式进行存储时，可以选择压缩后图像文件的质量，分别有高、中、低及最高（high、medium、low、maximum）四种选项，选项 high 表示颜色质量最好，但其文件数据的占用的空间比较大，如果选择 low，那么压缩比为最大，而文件数据占用的空间是最小的。JPEG 格式的文件在图处理软件中打开时会自动解压。

假设有一幅原图为大小 560KB 的"psd"格式图像文件，表 4-3 显示了同一幅图像在不同的压缩比下，图像质量和压缩文件大小方面的区别。

表 4-3　不同压缩方式的区别

压缩方式	压缩比	图像质量	文件大小
最高（max）	小	很好	93KB
高（high）	较小	非常好，细节损失不易察觉	53KB
中等（medium）	中等	细节损失明显，但还可接受	31KB
底（low）	高	细节损失大	23KB

从表中可以看出，在兼顾图像质量和大小的情况下，以中等（medium）方式对自然色彩的图像进行 JPEG 压缩最为适宜。

JPEG 压缩方案可以较好地压缩类似的色调，比较适合对具有连续色调或连续灰阶的 24 位图像进行压缩。但是 JPEG 压缩方案不能很好地处理亮度的强烈差异或处理纯色区域，所以不适合颜色较少、对比级别强烈、实心边框或纯色区域大的图像压缩。

大多数软件都支持 JPEG 格式的图形文件，如 Photoshop、Illustrator 6.0、Illustrator 7.0 及 FreeHand 7.0 均可输出 JPEG 格式。

需要指出的是：

1）JPEG 格式采用的是有损压缩算法，因此它会降低图像质量。每保存一次 JPEG 文件时都会再次降低图像质量。

2）GIF 和 JPEG 格式对质量都有一定的影响，在处理这两类图像时应先将其备份。

3）在 GIF 与 JPEG 格式之间选择时，要考虑质量问题，通常包含单调区域的可以使用 GIF 压缩。而当文件内包含许多色彩的缓和变化时，可以使用 JPEG。

4）JPEG 文件具有较高的压缩率，而且具有渐近式支持交错功能。所谓渐近式支持交错功能是在网上传输图像的一种方式，就是在接收方接收图像时，图像可以先以粗线条的形式显示轮廓，然后逐渐地完善图像细节的显示。这种方式非常有利于在网络上快速传输。但是，如果要输出高质量的图像，还是应该选择 EPS 格式或 TIF 格式。

（5）PNG 格式

PNG（Portable Network Graphic）是网景公司开发的支持新一代 WWW 标准的可移植网络图形格式，它是一种与应用平台无关的格式。建立这种文件格式的目的是替代 GIF 和 TIFF 文件格式。PNG 格式综合了 JPG 和 GIF 格式的优点，PNG 可以同时支持基于调色板和全真彩色的图像，还提供了无损压缩模式、α 通道透明度，支持伽马校正和交错。在压缩比方面，PNG 的压缩比高于 GIF，但与 JPEG 的有损耗压缩相比，PNG 提供的压缩量较少。

PNG 文件格式中增加了下列 GIF 文件格式所没有的特性：

1）每个像素为 48 位的真彩色图像。

2）每个像素为 16 位的灰度图像。

3）可为灰度图和真彩色图添加 α 通道。

4）添加图像的 γ 信息。

5）使用循环冗余码（Cyclic Redundancy Code，CRC）检测损害的文件。

6）加快图像显示的逐次逼近显示方式。

7）标准的读/写工具包。

8）可在一个文件中存储多幅图像。

需要指出的是，GIF 格式支持多图像文件和动画文件，而 PNG 不支持多图像文件或动画文件。

在文件组成方面，PNG 图像格式文件由一个 8 字节的 PNG 文件署名域和按照特定结构组织的 3 个以上的数据块组成。

PNG 文件署名用来识别该文件是不是 PNG 文件。该域的值是：

十进制数	137	80	78	71	13	10	26	10
十六进制数	89	50	4e	47	0d	0a	1a	0a

PNG 定义了两种类型的数据块，一种是关键数据块，这是标准的数据块；另一种是可选的辅助数据块。关键数据块中又定义了 4 个标准数据块，每个 PNG 文件都必须包含这些标准数据块，PNG 读写软件也必须支持这些数据块。

每个数据块都由 4 个域组成，包括文件数据块的 Length（长度）、Chunk Type Code（数据块类型码）、Chunk Data（数据块数据）和 CRC（循环冗余检测）。

关键数据块中的 4 个标准数据块是：

1）文件头数据块 IHDR（header chunk）：它包含 PNG 文件中存储的图像数据的基本信息，并要作为第一个数据块出现在 PNG 数据流中，而且一个 PNG 数据流中只能有一个文件头数据块。

文件头数据块由 13 字节组成，包括图像的宽度、高度、图像深度、颜色类型、压缩方法（LZ77 派生算法）、滤波器方法和扫描方法。

2）调色板数据块 PLTE（palette chunk）：它包含与索引彩色图像（indexed-color image）相关的彩色变换数据，它仅与索引彩色图像有关，而且要放在图像数据块（image data chunk）之前。真彩色的 PNG 数据流也可以有调色板数据块，目的是便于非真彩色显示程序用它来量化图像数据，从而显示该图像。

3）图像数据块 IDAT（image data chunk）：它存储实际的数据，在数据流中可包含多个连续顺序的图像数据块。

4）图像结束数据 IEND（image trailer chunk）：它用来标记 PNG 文件或者数据流已经结束，并且必须要放在文件的尾部。

除了表示数据块开始的 IHDR 必须放在最前面，表示 PNG 文件结束的 IEND 数据块放在最后面之外，其他数据块的存放顺序没有限制。

PNG 文件格式规范制定的 10 个辅助数据块是：背景颜色数据块、基色和白色度数据块、图像 γ 数据块、图像直方图数据块、物理像素尺寸数据块、样本有效位数据块、文本信息数据块、图像最后修改时间数据块、图像透明数据块、压缩文本数据块。

近来的大部分应用程序能够支持 PNG 图片格式，PNG 格式利用 α 通道来调节图像的透明度。这种梯级透明度使 PNG 格式可以较好地与网页中的其他元素相结合，因而 PNG 也适用于 Web 网页。

（6）常见的位图文件格式

表 4-4 中列出了常见的位图文件格式。

表 4-4　常见的位图格式

文件扩展名	文件格式	描述
.bmp	bit map	Windows 默认图像格式。可以使用无损的数据压缩，但是有些程序只能使用不进行压缩的文件
.tiff、.tif	Tagged Image File Format、Tag Image File Format	标签图像。用于传统图像印刷，可进行有损或无损压缩，但是很多程序只支持一部分功能可选项目
.png	Portable Network Graphics	可移植的网络图像，无损压缩位图格式。适用于网上传递
.gif	Graphics Interchange Format	图形交换格式。支持动画图像，支持 256 色，对真彩图片进行有损压缩。使用多帧可以提高颜色准确度。用于网络
.jpeg、.jpg	Joint Photographic Experts Group	联合图像专家组。使用有损压缩，质量可以根据压缩的设置而不同。用于网络
.mng	Multiple-Image Network Graphics	多重影像网络图形。使用类似于 PNG 和 JPEG 的数据流的动画格式，起初被设计成 GIF 的替代格式
.xpm	x pixmap format	彩色图像。在 UNIX 平台的 X Windows System 下使用
.psd	Photoshop	Photoshop 文件的标准格式

2. 矢量图文件格式

矢量图格式文件主要存放和几何图形有关的基本命令，可通过 Illustrator、FreeHand、Page-

Maker 及 Quark Press 等软件创建矢量图文件。

（1）PS 格式

PS（PostScript）1985 年由 Adobe 公司推出。PostScript 主要用来描述文字及图形，受到很多激光打印机支持。

设计者除了可以将图形文件交与输出中心之外，也可将其存储为一个 PostScript 的图形文件，当然，只有采用 PostScript 语言的图形文件设备才可支持 PostScript 的图形文件，存储为 PostScript 文档的最大好处是，输出中心不能更改图形文件的内容。但这也可以说是一个缺点，因为如果图形文件输出有问题，输出中心不能检查图形文件，中心只能将图形文件直接下载到输出设备。由于存储成 PS 后的图形文件不能随意改动，所以在国内很少有人会使用 PS 图形文件格式，但在国外使用得较为普遍。

（2）EPS 格式

EPS（Encapsulated PostScript）是 PS 图形文件格式的一种，其中包含了 PostScript 的指令，即以文字描述图像。EPS 格式的稳定程度高，在图形文件格式中具有重要地位。

在图像修改软件及其他绘图、排版软件都可将图形文件存储为 EPS 格式。Photoshop 所存储的是基于像素的，同时加上少量基于文字描述的语言，而绘图及排版软件（如 Illustrator 及 FreeHand）所存储的是基于文字描述的语言。

多数排版软件均支持 EPS，如果要将绘图软件（如 Illustrator 及 FreeHand）所绘制的图画置入排版软件，可将之存储为 EPS 格式。而在排版软件（PageMaker 及 Quark Press）中，因为有些 RIP 只能支持 EPS 档，所以当输出时，可能要将图形文件存储为 EPS 格式。

1）EPS DCS 格式。EPS DCS（Desktop Color Separation）是 EPS 格式的一种，在图像文件内可以存储这种格式。图形文件存储为 DCS 后，会出现 5 个图形文件，包括有 C、M、Y、K 四个色彩文件以及一个预视的 72DPI 影像图形文件，即所谓 "master file"，这样便合成五个图形文件格式。EPS DCS 最大的优点是输出速度快，因为图形文件已分成四色的图形文件，适合于大图形文件分色输出。另一个优点是制作速度快，其实 DCS 格式是 OPI（Open Prepress Interface）工作流程概念的一个重要部分。OPI 是指制作时会置入低解像度的图像，到输出时才连接高分辨率图像，这样便可使制作速度加快。这种工作流程尤其适合一些图像较多的书或大量制作。DCS 格式与 OPI 概念相似，将低解像度图像置入文档，到输出时，输出机便会连接高分辨率图像。由于五个图形文件才能合成一个图像，所以要注意五个图形文件的名称一定要一致，只是在原本名称之后多了 C/M/Y/K，不能改动任何一个的名称。

2）PDF 格式。PDF（Portable Document Format）由 Adobe 公司提出，目的是方便不同平台（如 MAC、PC 及 Umax）的文件沟通。

一般情况下，如果用某种软件生成一个图形文件，而图形文件中使用了某些字体，那么其他人如果要打开该图形文件，就必须要有这个软件及图形文件中所用过的字体。但如果将图形文件存储为 PDF 格式，那么其他人只需有 Adobe Acrobat Reader 软件，便可以打开这种图形文件，无论图形文件是用哪种软件创建的，或使用了哪种字体。

当图形文件存储为 PDF 格式后，其实是将图形文件做了压缩，即将所有的元素放在该图形文件内，然后压缩起来，以便在 Adobe Acrobat 内开启。这种图形文件格式逐渐受到用户的欢迎，在 PostScript Level III 输出设备上可以直接输出 PDF 图形文件。

（3）其他常用矢量图格式

表 4-5 中列出了一些矢量图文件的常用格式，供设计时参考。

表 4-5　常用的矢量图格式

文件扩展名	文件格式	描述
. ps	PostScript	PostScript 是 stack-based（基于栈的）编程语言
. eps	Encapsulated PostScript	描述小型矢量图的 PostScript 文件
. pdf	Portable Document Format	简化的 PostScript 版本，允许包含有多页和链接的文件
. ai	Adobe Illustrator Document	Adobe Illustrator 使用的矢量格式
. fh	Macromedia FreeHand Document	Macromedia FreeHand 使用的矢量格式
. swf	Flash	用来播放包含在 SWF 文件中的矢量动画的浏览器插件
. fla	Flash Source File	Shockwave Flash 源文件，只能用于 Macromedia Flash 软件中
. svg	Scalable Vector Graphics	基于 XML 的矢量图格式，由 World Wide Web Consortium 为浏览器定义的标准
. wmf	Windows MetaFile	作为微软操作系统存储矢量图和光栅图的格式。是 16 位图元文件格式，可以同时包含矢量信息和位图信息
EMF	Eclipse Modeling Framework	32 位图元文件格式，可以同时包含矢量信息和位图信息。此格式是对 . wmf 格式的改进
. dxf	ASCII Drawing Interchange	为 CAD 程序存储矢量图的标准 ASCII 文本文件。是一种绘图交换文件格式
. PICT	PICTURE	描述灰阶（Gray Scale）及黑白图像的图形文件格式

4.3　Photoshop 软件的应用

Photoshop 是目前最流行的平面美术设计软件之一，它提供了功能全面的修饰、绘画、绘图和 Web 工具等工具组，以功能完善、性能稳定和使用方便深受用户欢迎。

4.3.1　Photoshop 使用环境

1. Photoshop 主要工作界面

Photoshop 工作界面在各个版本中有所不同，但都包括菜单栏、选项栏、工具箱、调板和画布，如图 4-6 所示。用户可以自定义 Photoshop 工作环境，存储个性化 Photoshop 工作区，并且每次在这种个性化的环境下工作。用户还可以针对特定任务创建工作区。

图 4-6　Photoshop 工作界面

菜单栏可用来控制文档、工作区、工具、选择项以及调板窗口的打开和关闭。

工具箱中存放着用于创建和编辑图像的工具。当某一种工具被选中时，在选项栏中将提供与该被选工具相关的选项，具体选项所包含的内容因工具的不同而不同。工具预设可以存储和重用工具设置。

选项栏是与工具有关的参数选择栏，它的内容随着所选工具的不同而不同。

面板可以帮助用户在工作区域中组织调板，而调板有助于监视和修改图像。软件提供的调板包括：导航器、信息、颜色、色板、样式、历史记录、动作、工具预设、图层、通道、路径、画笔、字符、段落等。

画布是用户绘制图形和图像的区域，画布的大小可以在新建文档时指定，也可以通过"图像"菜单的"画布大小"命令加以调整。利用绘画工具就可以直接在画布上作画，利用命令或调板上的功能可以进一步改变图形和图像的效果。画布还可以利用"图像"/"转动画布"命令进行转动。

2. Photoshop 的主要功能

Photoshop 软件提供了丰富的绘图工具，并可精确地感应手写画板的压力，它支持文本的文字编辑以及向位图的转换功能。在色彩环境方面，Photoshop 提供了适合多种应用领域的颜色模式。Photoshop 拥有强大的图像编辑和效果处理功能，还包含了上百种特殊效果滤镜。在层控制、层效果和图层样式的支持下，可以快速、方便地分图层处理，并在其中添加暗调、发光、斜面、浮雕效果等三维效果。

在支持网络应用方面，Photoshop 提供创建和处理用于 Web 的静态图像的工具。可以切割图像、添加链接和 HTML 文本、优化切片并将图像存储为 Web 页。可以利用工具创建图像映射，可通过选择一个图像切片并输入一个 URL，直接创建 URL 链接。

Photoshop 支持很多文件存储格式，其中，使用 PSD 格式存储图像，可以保留已编辑图像中所有的 Photoshop 功能（图层、效果、蒙版、样式等），但是 PSD 只能支持最大为 2 GB 的文件。PSB 格式是"大型文档格式"，可以处理文件大小超过 2 GB 的文档。RAW 格式（Photoshop Raw）仅应用于拼合的图像。也可以用 TIFF 格式来存储图像，但容量最大只限于 4GB。

4.3.2　Photoshop 位图创作技术

本节我们介绍位图创作的基本方法。利用 Photoshop 处理图像时，原则上是分层处理的，这样有助于编辑和修改图像上不同的组成部分。

1. 选择工具

选择工具包括选框、套索、裁切、移动、魔棒、切片等工具，如图 4-7 所示。它们的使用可结合选项栏上的选项。

选框工具为用户提供矩形、椭圆、圆角矩形（ImageReady）和 1 像素行和列等多种选择。在选项栏中，可以指定是添加新选区▣、向现有选区中添加▣、从选区中减去▣，还是选择与其他选区交叉的区域▣。在选项栏中还可以指定羽化设置，以及为圆角矩形工具或椭圆选框工具打开或关闭消除锯齿设置。

图 4-7　选择工具

移动工具是用来改变图像的位置的。使用移动工具可以直接拖曳当前层的图像。

使用套索工具🔾和多边形套索工具🔾既可以绘制选框的直边线段，又可以手绘线段。使用磁性套索工具🔾，边框会贴紧图像中定义区域的边缘。磁性套索工具特别适用于快速选择与背景对比强烈且边缘复杂的对象。

使用套索工具时，通过拖移可以绘制手绘的选区边框。如果要绘制直边选区边框，应该按住 Alt 键，并点按线段的起点和终点。如果要抹除刚绘制的线段，可以在所需线段上按住 Delete 键。如果要关闭选框，只要松开鼠标即可。

魔棒工具🖌使用用户可以选择颜色一致的区域。在魔棒工具选区中的"容差"值可以决定包含一定的色彩范围。对于"容差"值，可以输入 0～255 之间的像素值。输入较小的值可选择与所点按的像素非常相似的较少颜色，输入较高的值则可选择更宽的色彩范围。

裁切工具可以从图片中取出一部分。选择裁切工具后，在图片中拖曳出一个想保留的区域，然后按下回车键就可得到裁切以后的图。

切片工具可以用于在图像上建立超级链接。当选择切片工具在图片中拖曳出一个区域时，这个区域就是一个切片。如果用鼠标右击这个切片，在弹出的快捷菜单上选择"编辑切片选项"命令，就可以设置超级链接的 URL 和目标等内容。

例 1　使用选择工具。任务是创建多选区和制作边缘被羽化的图像，如图 4-8 所示。

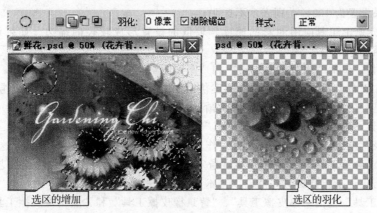

图 4-8　选择工具处理图像

制作方法如下：

1) 打开"鲜花"文件。使用"文件"／"打开"命令，选择"C：\ Program files \ Adobe \ Photoshop CS \ 样本"文件夹，选择"鲜花"文件打开。在图层面板中点击"花卉背景"层。

2) 选择"魔棒工具"，在选项栏中选择■"新选区"，设置"容差"值（容差值是颜色取样时的范围）。然后，在图中某种颜色处点击，立即得到相关颜色的选区。如图 4-8 左图所示的不规则选区。

3) 增加选区。选择"椭圆选框工具"，在选项栏中选择▣"添加到选区"。然后，在图中左上方画出一个椭圆（按住 Shift 键可创建正圆），立即在原有的选区上增加了一个椭圆选区。

4) 制作羽化效果的图片。在图层面板中隐藏除了"花卉背景"层以外的层。使用"椭圆选框工具"，在选项栏中输入"羽化"值为 35，选中"消除锯齿"。在画布上创建一个椭圆选区。使用菜单上的"选择"／"反选"命令将椭圆选区进行反向选择，按下 Delete 键删除所选像素。

2. 绘画工具

要创建位图图像，可以使用绘画工具。绘画是用绘画工具更改像素的颜色。Photoshop 的画图工具包括：修复画笔、画笔、仿制图章、历史画笔、橡皮、填色、模糊或锐化、加深或减淡工具。如图 4-9 所示。

1) 画笔工具。包括画笔和铅笔，使用户可以在图像上绘制当前的前景色。如图 4-10 所示，在选项栏上选择不同的画笔、模式、不透明度和流量等选项，将产生不同的效果。默认情况下，画笔工具创建颜色的柔描边，而铅笔工具创建硬边手画线。通过复位工具的画笔选项可以更改这些默认特性。

图 4-9　绘画工具

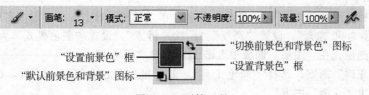

图 4-10　画笔工具

Photoshop 使用前景色绘画、填充和描边选区，使用背景色生成渐变填充并在图像的抹除区域中填充。默认前景色是黑色，默认背景色是白色。可以使用吸管工具、"颜色"调板、"色板"调板或 Adobe 拾色器 ✎ 指定新的前景色或背景色。

在选项中可以指定画笔、混合模式、不透明度和流量。其中的"不透明度"指定画笔、铅笔、仿制图章、图案图章、历史记录画笔、历史记录艺术画笔、渐变和油漆桶工具应用的最大油彩覆盖量。如果设置为 100%，则表示不透明。

"流量"指定画笔工具应用油彩的速度。较低的设置形成较轻的描边。如果设置为 100%，将形成较重的描边。

2）图章工具。包括"仿制图章工具"和"图案图章工具"。"仿制图章工具"是利用某个图层上的图案（在画布上按住 ALT 键选择图案仿制中心），在当前层上或者在其他层上绘画。"图案图章工具"是利用预先定义好的图案来绘画。

3）历史工具。包括"历史记录画笔工具"和"历史记录艺术画笔"。在这些工具使用之前，要在"历史记录"调板上指定历史记录源，作为历史画笔要画出的历史源数据。这两个工具的区别是："历史记录画笔工具"通过重新创建指定的源数据来绘画；而"历史记录艺术画笔工具"在恢复指定的历史记录源数据时，可以以艺术风格设置的选项进行绘画。

4）橡皮擦工具。包括"橡皮擦工具"、"背景橡皮擦工具"和"魔术橡皮擦工具"，可用于将图像的某些区域抹成透明或背景色。背景橡皮擦工具可用于将图层抹成透明。另外，使用铅笔工具，也可以使用"自动抹掉"选项，在绘画时将前景色抹成背景色。

5）填色工具。包括"渐变工具"和"油漆桶工具"。"渐变工具"可以创建多种颜色间的逐渐混合。用户可以从预设渐变填充中选取或创建自己的渐变。要注意的是，"渐变工具"不能用于位图、索引颜色或每通道 16 位模式的图像，而油漆桶工具不能用于位图模式的图像。

6）模糊、锐化和海绵工具。可以用来修饰当前层上的部分图案。其选项栏中的"强度值"可以指定涂抹、模糊、锐化和海绵工具应用的描边强度。

7）加深、减淡和海绵工具。也是可以用来修饰当前层上的部分图案。对于加深或减淡工具，其选项栏中的"曝光度"指定了减淡或加深工具使用的曝光量。对于海绵工具，其选项栏中的"流量"指定了海绵工具使用的饱和度更改速率。

例 2 使用绘画工具。任务是试画出"花瓣"图案，并仿制图案、填充选区、创建颜色渐变层。效果如图 4-11 所示。

图 4-11 绘制位图

制作方法如下：

1）新建文档。使用"文件"/"新建"命令，在"新建"对话框上设置"名称"为"绘画"，设置"宽度"为"300 像素"，设置"高度"为"200 像素"，设置"颜色模式"为"RGB 模式"。

2）创建新图层。在"图层"调板中点击 🔲，新建"图层 1"。

3）画出"花瓣"图案。选择"画笔工具"，并指定前景色为红色。然后，在图层 1 中拖动"画笔工具"画出"花瓣"图案。

4）仿制画出"花瓣"图案。选择"仿制图章工具"，按住 ALT 键并在刚刚画出的"花瓣"处点击以选择图案仿制的中心。在画布的其他位置拖动，得到仿制的"花瓣"图案。

5）填充选区。新建"图层 2"，选择"椭圆选框工具"，在画布的左上方创建圆形选区。设置前景色为红色。选择"油漆桶工具"，点击圆形选区。

6）创建颜色渐变层。新建"图层 3"，将"图层 3"拖到"图层"调板的底部。选择"渐变工具"，在选项栏中选择"线形渐变"，并指定前景色为黄色，指定背景色为白色。然后，在画布中从右下方拖动至左上方。

4.3.3　Photoshop 图形创作技术

本节我们介绍的是图形创作的基本方法。图形或矢量对象是以路径定义形状的。矢量路径的形状由路径上绘制的锚点确定。矢量对象的笔触颜色与路径一致。矢量对象的填充占据路径内的区域。在 Photoshop 中绘图时，所创建的是矢量图形，即用数学方式定义的直线和曲线。使用如图 4-12 所示的绘图工具可以创建形状图层或工作路径。

1. 路径选择工具

路径选择工具用于选择已有的路径，然后进行移动、组合或复合路径的分离。而直接选择工具则可以对已有路径进行逐个锚点的修改。

2. 路径创作工具

路径创作工具包括钢笔和锚点修改等 5 种工具，用于建立某一形状的区域，形状的轮廓就是路径。路径由一个或多个直线段或曲线段组成，每一段都由多个锚点标记。通过编辑路

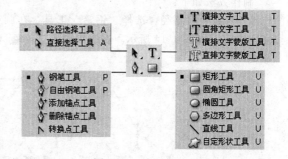

图 4-12　绘画工具

径的锚点，就可以改变路径的形状。路径可以由一个或多个路径组件组成。

钢笔工具包含了多种工具，使用钢笔工具可以创建或编辑直线、曲线或自由线条及形状。在曲线段上，每个选中的锚点显示一条或两条方向线，方向线以方向点结束。方向线和方向点的位置决定曲线段的大小和形状。移动这些图素将改变路径中曲线的形状。钢笔工具与形状工具组合使用可以创建复杂的形状。

当选择了钢笔工具后，首先要在选项工具栏上指定要创建"形状图层"、"路径"还是"填充像素"，如果要在点按线段时添加锚点并在点按锚点时删除锚点，还要选择选项栏中的"自动添加/删除"。

绘制路径的方法如下：

1）将钢笔指针定位在绘图起点处并点按，以定义第一个锚点。

2）点按或拖移，为其他的路径段设置锚点。

3）完成路径。如果要结束的是一个开放路径，可以按住 Ctrl 键。如果要结束的是闭合路径，应该将钢笔指针定位在第一个锚点上。当笔尖旁出现一个小圈时，点击后就可以完成闭合路径。

可用于修改路径的工具包括：

1）路径选择工具：可以改变所选路径的位置。

2）直接选择工具：可以改变所选路径中某一个锚点的位置。

3）添加锚点工具：可以在所选路径中增加锚点。

4）删除锚点工具：可以在所选路径中删除锚点。

5）转换点工具：可以将所选路径中的某个锚点在直角和曲线之间进行转换。

例 3　使用矢量工具绘制复杂图案，如图 4-13 所示。任务是绘制交叉的工作路径，并通过工

作路径在图层中创建填充图案。

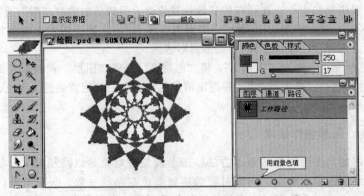

图 4-13　矢量图绘制

制作方法如下：

1）绘制简单路径：选择"钢笔"工具，在画布上点击出闭合路径 1，用"转换点"工具修改成路径 2，如图 4-14 所示。在选项栏上选择▣（重叠形状区域除外）。

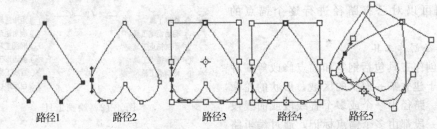

路径1　　　路径2　　　　路径3　　　　路径4　　　　路径5

图 4-14　矢量图绘制

2）变换并复制路径。用"路径选择工具"选择"路径 2"。按住 ALT 键，选择"编辑"／"变换路径"／"旋转"命令，随后释放 ALT 键，形成"路径 3"。将"路径 3"的中心拖到底边成为"路径 4"，在选项栏上输入旋转 30°，再按回车键出现"路径 5"。再按回车键结束本次操作。

3）继续变换并复制路径。按住 ALT 键，选择"编辑"／"变换路径"／"再次"命令，随后释放 ALT 键，将再次出现复制品。如此重复执行"再次"命令，一共产生 10 个复制品。选择所有的路径后，如图 4-15 所示的左图。

4）填充路径。打开"路径"调板，选中"工作路径"，点击◉"用前景色填充路径"按钮。打开"图层"调板，将显示如图 4-15 右边所示的图案。

3．文字工具

Photoshop 中的文字由以数学方式定义的形状组成，这些形状描述的是某种字体的字母、数字和符号。在文字图层上可以创建横排文字或直排文字。根据使用文字工具的不同方法，可以输入点文字或段落文字。Photoshop 和 ImageReady 都保留基于矢量的文字轮廓。

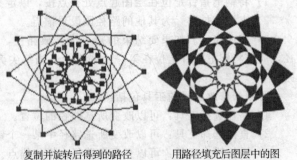

复制并旋转后得到的路径　　用路径填充后图层中的图

文字工具的使用方法如下：

1）选择文字工具和选项：选择文字工具之后，在选项栏中选择有关的字形、字号等参数。

图 4-15　矢量图绘制

2）输入文字：用文字工具在图像中点击或拖曳后，可将文字工具置于编辑模式。此时，"图层"调板中会添加一个新的文字图层。

• 输入"点文字"：直接在画布中点击，即可在随后出现的插入光标处键入文字。

• 输入"段落文字"：在画布中拖曳出一个矩形框，随后在出现的插入光标处键入文字。

3）退出编辑模式：在选项栏中点击"提交"按钮✔，可保留所输入的文字。如果点击"取消"按钮🚫，则取消输入的文字并删除新建的文字层。

修改文字层的方法如下：

1）编辑文字：重新选择文字工具，再次进入编辑模式，修改已经输入的文字。

2）使用图层命令。选择文字层，选择"图层"/"文字"子菜单上的命令，可以更改文字方向、应用消除锯齿、在点文字与段落文字之间转换、基于文字创建工作路径或将文字转换为形状。

3）文字变形：选择文字层，选择"编辑"/"变换"子菜单上的命令。

4）将文字层转变为图层：选择文字层，选择"图层"/"栅格化"/"文字"命令，将文字形状转化为像素图像。需要注意的是：栅格化后的文字不再具有矢量轮廓，并且文字不可以再进行编辑。

例4 使用文字工具，绘制如图 4-16 所示的文字。任务是创建点文字、创建变形的段落文字、创建形状文字。

图 4-16　曲线文字绘制

制作方法如下：

1）创建点文字。选择"文本"工具，在选项栏中，选择字体、字号和填充颜色，接着在画布上点击，输入"点文字"，然后点击"提交"。选择图层调板上的"添加图层样式"按钮 *ⓕ*，设置"投影"和"斜面和浮雕"效果。

2）创建变形的段落文字。选择"文本"工具，在画布上拖出一个矩形区域，接着输入"段落文字：先要拖出一个矩形框"，在选项栏上点击"创建变形文字"按钮，选择"扇形"样式，然后点击"提交"。

3）创建形状文字。选择"文本"工具，在画布上点击，输入"文字转变为形状"，然后点击"提交"。选择"图层"/"文字"/"转变为形状"命令，产生形状图层。

4. 形状工具

形状工具中预先定义了一些形状，包括矩形、圆角矩形、椭圆、线形和自定义形状。在绘图选项栏中，选择"形状图层"、"路径"、"填充像素"按钮，可分别创建不同的图层。通过"几何选项"可以改变所选形状的比例、大小等参数。

例5 使用形状工具绘图，任务是创建形状图层、填充像素图层和路径描边图层。效果如图 4-17 所示。

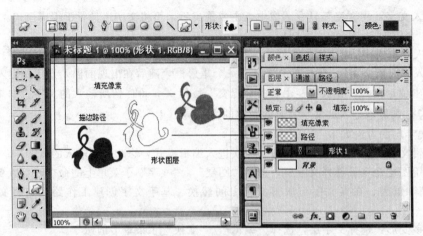

图 4-17 形状图形绘制

制作方法如下：

1）新建文档。使用"文件"／"新建"命令，设置"宽度"为"300 像素"，设置"高度"为"200 像素"，设置"颜色模式"为"RGB 模式"。

2）创建形状图层。选择"自定义形状工具"，在选项栏上选择 ▢ 按钮和"形状" ✿。然后，在画布中拖出形状图案。

3）创建路径描边图层。在选项栏上选择 ▨ 按钮，继续选择"形状" ✿。新建"路径描边"层作为当前层。在画布中拖出形状路径。使用"路径"调板，选择"用画笔描边路径"按钮 ◯。

4）创建填充像素图层。在选项栏上选择 ▢ 按钮，继续选择"形状" ✿。新建"填充像素"层作为当前层。在画布中拖出填充像素图案。

4.3.4 Photoshop 的图层和效果

利用 Photoshop 的分层处理方式，有利于对图中不同的元素进行单独的建立或修改，然后加上软件提供的包括各种层样式、层叠加模式以及各种特殊的滤镜，可以建立具有独特效果的画面。

1. 使用层

层将 Photoshop 文档分成不连续的平面，如图 4-18 所示，一个文档可以包含许多个层，而每一层又可以包含很多对象。用户可以在绘制之前创建层，或者根据需要添加层。画布位于所有层之下，其本身不是层。

使用图层可以在不影响图像中其他图素的情况下处理某一图素。如果图层上没有图像，就可以一直看到底下的图层。通过更改图层的顺序和属性，可以改变图像的合成效果。此外，调整图层、填充图层和图层样式这样的特殊功能可用于创建复杂效果。活动层的名称在"图层"调板中高亮显示。

"图层"调板的功能如下：

1）"图层"调板按钮和菜单：调板底部包含了"添加图层样式"、"添加图层蒙版"、"创建新组"、"创建新的填充或调整图层"、"创建新的图层"和"删除层"功能按钮。更多的命令可以访问"图层"调板上的菜单和

图 4-18 Photoshop 的图层

"图层"菜单上的其他命令和选项。

2）图层的混合模式：混合模式包括正常、溶解、变暗、正片叠底、颜色加深、线形加深、变亮、滤色等模式。它们决定其像素如何与图像中的下层像素进行混合。使用混合模式可以创建各种特殊效果。默认情况下，图层组的混合模式是"穿透"，这表示图层组没有自己的混合属性。注意：图层没有"清除"混合模式。

3）图层的不透明度：决定图层遮蔽或显示其下图层的程度。其中"不透明度"的可调范围为 0~100，设置 0 值为纯透明，而设置透明度为 100％ 的图层显得完全不透明。任何一个层都可分别设置它们的不透明度和混合模式。

4）图层样式：如图 4-19 所示是 Photoshop 提供的"图层样式"对话框，通过它可以对图层内容快速应用效果。用户可以查看各种预定义的图层样式，并且仅通过点按鼠标即可应用样式，也可以通过对图层应用多种效果创建自定义样式。

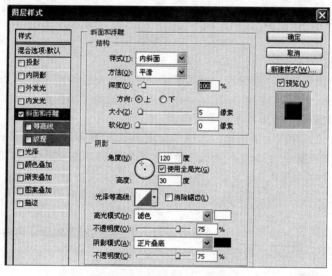

图 4-19   "图层样式"对话框

5）锁定功能：分别可以锁定该图层的透明像素、图像像素、位置或全部锁定，被锁定的部分将不能进行编辑。

6）排列图层：可以重新排列层的顺序和层内对象的顺序。

7）图层的可视性：◉表示显示图层，此时单击◉将隐含该图层。

8）图层链接：当同时选择了多个层后，使用◦◦可以链接多个层，链接的多个图层可以同时进行移动、变形等操作。

2. 使用蒙版遮罩效果

蒙版遮罩图像就是可以用矢量对象或位图对象遮蔽下方图像的一部分。矢量蒙版与分辨率无关，它是由钢笔或形状工具创建的。图层蒙版是位图图像，与分辨率相关，并且由绘画或选择工具创建。通过更改蒙版，可以对图层应用各种特殊效果，而不会实际影响该图层上的像素。

蒙版的使用方法如下：

1）添加蒙版：选择需要遮罩的图层，直接点击"层"面板上的▣，或者使用"图层"菜单上相关的命令来创建蒙版。空蒙版开始时或者完全透明，或者完全不透明。透明（或白色）蒙版显示整个被遮罩的对象，而不透明（或黑色）蒙版则隐藏整个被遮罩的对象。

2）修改蒙版：创建蒙版后，可以使用画笔、橡皮擦、渐变填充等位图工具编辑蒙版。

3）调整被蒙部分：如果去除图像和蒙版之间的链接，可以调整被遮罩图像的位置。点击层中蒙版和被遮罩之间的"链接"按钮，可以改变它们之间的链接关系。当去除了▣之后，蒙版和被遮罩可以独立移动。

4）停用或去除蒙版：停用蒙版是保留蒙版而不显示被蒙效果，去除蒙版或者删除蒙版将不保留蒙版。更多的命令可以使用蒙版上的快捷菜单，也可以选择"图层"菜单。

例 6 创建如图 4-20 所示的蒙版效果。任务是创建位图蒙版和创建矢量蒙版。

图 4-20　蒙版图效果

制作方法如下：

1）创建位图蒙版。导入一幅照片，并创建一个带有填充色的组合路径。选择"图层"调板上的 ▣加入位图蒙版。选择"渐变工具"，并在选项栏上选择"径向渐变"方式，在画布中从中心向边缘拖动后释放鼠标，立即产生遮罩效果。

2）创建矢量蒙版。导入一幅照片，选择"自定形状"工具 ，绘制路径，选择"图层"/"添加矢量蒙版"/"当前路径"，立即生成矢量蒙版，可见在该路径所包围的区域显示图像。

3．使用颜色、色板和样式

Photoshop 提供了"颜色"、"色板"和"样式"调板，使得在图像的色彩处理和效果处理方面更加便捷。

使用"颜色"调板可以通过滑块、颜色数字输入或拾色器 来改变当前所使用的前景色或背景色。还可以在颜色模式之间进行转换，如图 4-21 所示。

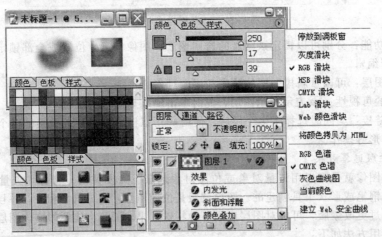

图 4-21　"颜色"、"色板"和"样式"调板

在 Photoshop 中，源文件是以一种色彩模式打开的。可以将图像从原来的模式（源模式）转换为另一种模式（目标模式）。当用户为图像选取另一种颜色模式时，就永久更改了图像中的颜色值。例如，将 RGB 图像转换为 CMYK 模式时，位于 CMYK 色域（由"颜色设置"对话框中的 CMYK 工作空间设置定义）外的 RGB 颜色值将被调整到色域之内。因此，一些图像数据可能会丢失并且无法恢复，因而无法再将图像从 CMYK 转换回 RGB。

"色板"面板包含了一组可以在不同文件格式中使用的一些颜色，用户可以直接使用拾色器来改变当前所使用的前景色或背景色。该面板的菜单提供了变更当前色板的命令。

"样式"面板包含一组预定义的样式，用户可以直接使用所选的样式填充图层或选区。

例 7 使用样式绘制如图 4-21 所示的图案，任务是在选区中使用样式。

制作方法如下：

1) 绘制样式。选择"椭圆选择工具"，在文档上拖出一个圆。

2) 点击"样式"面板上的一个样式。

3) 选择"油漆桶"工具，在圆形选区内点击完成填色。并在"图层"调板中添加了该样式所预定的效果。

4) 如上再制作矩形图案。

4. 使用 Photoshop 滤镜

使用滤镜可以产生特殊的图层效果。要使用滤镜，可以从"滤镜"菜单中选取相应的子菜单命令。Photoshop 的"滤镜"菜单提供了多种使用滤镜的方法，其中主要内容包括：

1) 内置的滤镜：分为许多子菜单。

2) 第三方滤镜：任何已安装的第三方滤镜都将出现在"滤镜"菜单的底部。

3) 抽出：可以使用相关的工具提取图像中的部分图像。

4) 滤镜库：使用"滤镜库"，如图 4-22 所示，可以累积应用滤镜，并应用单个滤镜多次。还可以重新排列滤镜并更改已应用的每个滤镜的设置，以便实现所需的效果。

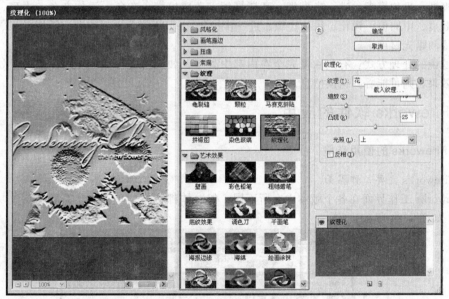

图 4-22 使用"滤镜库"

例 8 使用滤镜绘制如图 4-22 所示的图案，任务是使有色图层出现纹理。

制作方法如下：

- 创建新的有色图层。在"图层"调板上新建一个图层，用油漆桶填上一种纯色。

- 选择"滤镜"/"纹理"/"纹理化"命令。

- 在"纹理化"面板上点击"纹理"项右边的箭头，选择样本画文件"花"，然后确定即完成。

5) 图像生成器：可以从源图中选取一块子图案，去平铺出新的图案。先选择源图中的一个选区，然后选择"滤镜"/"图像生成器"命令，点击"生成"按钮，生成平铺图案，再次使用"再次生成"按钮，可以生成更细的平铺图案。如图 4-23 所示。

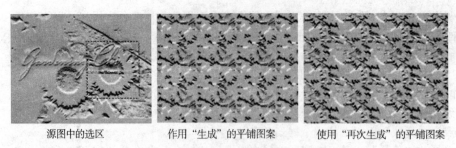

源图中的选区　　　　　　作用"生成"的平铺图案　　　　使用"再次生成"的平铺图案

图 4-23　使用图像生成器和效果

6）液化：可以以液态的形象去使图像变形。

选取滤镜的原则如下：

- 滤镜应用于当前的可视图层或选区：即当某个层或层中某个区域处于被选中状态时，可对其使用滤镜。
- 滤镜可以单独应用：即可以对"图层"调板上的各个层分别使用滤镜。利用"滤镜库"，可以累积应用大多数滤镜。
- 色彩模式对使用滤镜的限制：不能将滤镜应用于位图模式或索引颜色的图像。
- 滤镜的适用性：有些滤镜只对 RGB 图像起作用。
- 滤镜的通用性：所有的滤镜都可应用于 8 位图像。对于 16 位图像，只能应用下列滤镜：模糊、平均模糊、进一步模糊、高斯模糊、动感模糊、杂色、添加杂色、去斑、蒙尘与划痕、中间值、锐化、锐化边缘、进一步锐化、USM 锐化、风格化、浮雕效果、查找边缘和曝光过度。
- 滤镜的处理方式：有些滤镜完全在内存中处理。如果所有可用的 RAM 都用于处理滤镜效果，则可能看到错误信息。

4.4　Fireworks 软件的应用

4.4.1　Fireworks 的使用环境

1. Fireworks 主要工作界面

Fireworks 工作界面在各个版本中有所不同，但总体都包括菜单栏、工具箱、各种功能面板和画布，如图 4-24 所示。

图 4-24　Fireworks 工作界面

菜单栏可用来控制文档、工作区、工具以及功能面板窗口的打开和关闭。

主要栏位于菜单栏下面，包含常用的文件命令按钮。

工具箱中分 4 种类型存放着用于创建和编辑图像的工具。和 Photoshop 相比，其矢量图制作功能更丰富。所以，我们将在下面就矢量图制作方面进行介绍。

面板包括属性面板和"优化"、"层"、"形状"、"样式"、"库"、"URL"、"混色器"、"行为"、"自动形状属性"、"图像编辑"等其他功能面板。通常情况下，属性面板位于下方，其他功能面板位于右边。根据需要可以通过窗口菜单选择打开一些面板。

文档窗口中安排着画布、文件相关的参数以及播放按钮。同时提供了多种显示方式，包括：原始、预览、2 幅、4 幅。可以在不离开工作环境的前提下直接进行预览，这样就可以方便地选择最佳的导出图像。

2. Fireworks 的主要特点

Fireworks 提供了专业化的工作环境，可以用来创建和编辑位图和矢量图形、对其进行动画处理、添加高级交互功能以及优化图像。该软件的主要特点如下：

（1）集成的工作环境

Fireworks 提供了集成的工作环境。包括各种创作命令、编辑工具、功能面板，界面直观而布局灵活。可创建和优化用于网页的图像并进行精确控制。其中，Fireworks 的属性检查器可以对所选对象属性快速进行检查和修改。在工具、对象或层之间可以智能地进行切换。通过"图像编辑"面板可以访问常用的图像编辑工具、滤镜和菜单命令。Fireworks 与多种软件集成在一起，包括 Dreamweaver、Flash、FreeHand、Director、其他图形应用程序及 HTML 编辑器。Fireworks 中提供了 CSS（层叠样式表）弹出菜单、矢量兼容性、更多切片选项、多文件类型保存。

（2）丰富的内置资源

Fireworks 提供丰富的内置资源：25 种新的混合模式、透视阴影、纯色阴影、移动界面组件、示例符号、"自动形状属性"面板、动态选取框和转换选区、自动命名文本、"特殊字符"面板、更改路径上的文本的形状。

（3）便捷的图形功能

Fireworks 以图形设计为主，在矢量图形制作方面，提供了丰富的制作工具、功能命令，可以更为便捷地创建矢量图案的轮廓路径。该软件还提供了丰富的预制图形，可以通过参数的修改，获取不同的图形效果。

Fireworks 支持对文本编辑的基本功能，同时还可以给文字添加路径，将文字转换成矢量路径或位图图像。

（4）网络脚本支持

Fireworks 提供了网页元素的快捷制作途径，方便制作网页中导航、热区、热键、菜单等元素。Fireworks 还提供了可编写脚本的环境，并可执行脚本命令。通过配置 Fireworks 生成符合 XHTML 的代码，也可以编辑 XHTML 的代码。

（5）多文件格式支持

Fireworks 支持导入 QuickTime 图像、MacPaint、SGI 和 JPEG 2000 文件格式。Fireworks 默认的文件存储格式是 PNG，同时支持其他文件格式，包括：HTML、GIF、JPEG、EXE 等格式。

4.4.2 Fireworks 矢量图制作基础

Fireworks 提供了更适合于 Web 环境中矢量图形的制作，本节介绍制作矢量图形的工具和命令。

1. 矢量工具

矢量工具包括：直线、钢笔、图形、文字、路径和刀子。所选工具参数可在属性面板中调整。

直线工具可用来直接画出任意方向的直线，如果配合 Shift 键，可直接拖出水平、垂直或 45

度方向的直线。

　　点击"钢笔"工具右边的下拉按钮可打开"钢笔"工具菜单，其中包括了"钢笔"、"矢量路径"和"重绘路径"工具，如图 4-25 所示。利用"钢笔"工具，可以用鼠标逐点单击，创建构成图形的锚点。如果要创建闭合路径，鼠标最后必须单击起始锚点，这样便可形成图形的轮廓。

如果想绘制一条不闭合的路径，可以在新创建的锚点处双击，以此来结束本次路径的绘制。如果要绘制弧形路径，可以在创建一个锚点时，使用鼠标拖放的方法，而不是单击。"矢量路径"工具如同一个刷子，可以随意刷出路径。"重绘路径"工具可以用刷子的方法修改路径。

图 4-25　钢笔工具

　　"图形"工具包括了许多预先定义好的图形，包括基本图形和扩展图形。点击"图形"工具右边的下拉按钮可打开"图形"工具菜单，如图 4-26 所示。使用同一种图形工具时，只要给定不同的参数，也可绘制出有差异的图形。

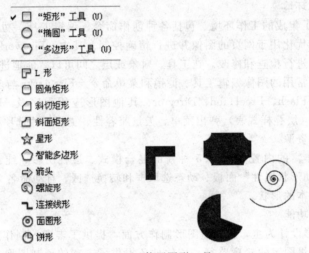

图 4-26　使用图形工具

　　"文字"工具用来输入文字，当选择一定的字体时，可以输入图案文字。如图 4-27 所示即为选择了"Wingdings 2"字体，并输入了 a、b、c、d 所得到的图案。通过"文字"/"将文字转变为路径"命令，可以将文字转换为路径。

图 4-27　使用文字工具

"刀子"工具用来切割矢量图形。如图4-28所示，使用"刀子"工具在"矩形"图形上斜拉了一下，"矩形"便分成了两个图形。

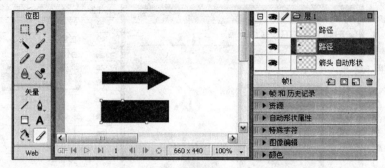

图4-28 使用刀子工具

2. 矢量命令

矢量图主要是由路径形成的。一个复杂的图形可以由多个路径组成，如果将多个路径分别单独存放在各个图层上，则每个路径都可以单独进行修改处理。一个复杂的路径也可以通过多个路径形成。Fireworks为"路径"的组合和改变提供了便捷的途径。如图4-29所示，使用"组合路径"命令可将路径进行"接合"、"拆分"、"联合"、"交集"、"打孔"、"裁剪"。

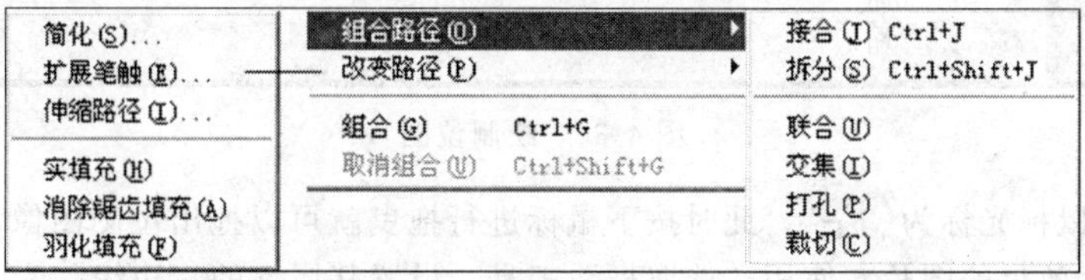

图4-29 路径命令

4.4.3 Fireworks矢量图制作案例

为了帮助读者进一步了解矢量图的制作，本节介绍一些图形制作案例。

1. 选择对象和使对象变形

使用选择工具和变形工具，可以移动、复制、删除、旋转、缩放或倾斜对象。在具有多个对象的文档中，可以通过对对象执行堆叠、组合和对齐操作来组织它们。

2. 使用位图对象

Fireworks把位图对象、矢量对象和文本组织成位于层上的单独对象。要创建位图图像，可以用位图工具绘图和绘画，或者将矢量对象转换成位图图像，也可以直接打开或导入图像。

Fireworks有一套强大的动态滤镜可用于色调和颜色调节，它将照片编辑最常用的工具聚集在了同一个位置。"图像编辑"面板中包含以下工具：红眼消除、裁剪、旋转、模糊、锐化、减淡和加深。"图像编辑"面板中还包含了变形工具、变形命令、调整颜色、滤镜、视图等选项。

需要说明的是：选择"修改"/"平面化所选"可以将矢量图像转换成位图对象，但是矢量到位图的转换是不可逆转的，只有使用"编辑"/"撤销"或撤销"历史记录"面板中的动作才可以取消该操作。

例9 绘制位图，如图4-30所示。

制作方法如下：

1）绘制"矩形填充"位图。选择"刷子"工具，在"属性"检查器中设置工具选项以后，拖动以进行绘制（按住Shift键并拖动可以将路径限制为水平和倾斜线）。

2）导入一幅照片。使用"文件"/"导入"命令，当在"导入"对话框中选择位图文件打开

图 4-30　绘制位图

后，文档区域的鼠标光标为"┏"，此时按下鼠标进行拖曳就可以拖出位图图像。

　　3）制作羽化效果的图片。使用"选取框"工具，设置其属性的"边缘"为"羽化"，羽化值为 25。使用"选择"/"反选"命令进行反向选择，按下 Delete 键删除所选像素。使用"选择"工具将照片与矩形图对齐。

　　4）绘制"瓜"字。用"刷子"或铅笔勾出一个"瓜"字。

　　5）导入 GIF 图案。使用"文件"/"导入"命令，导入类型名为 GIF 的文件。

　　3. 使用矢量对象

　　矢量对象是以路径定义形状的计算机图形。矢量路径的形状由路径上绘制的点确定。矢量对象的笔触颜色与路径一致。矢量对象的填充占据路径内的区域。

　　Fireworks 提供了多种方法对用户所绘制的矢量对象进行编辑：可以使用"矢量路径"和"钢笔"工具绘制自由变形的矢量路径；可以通过移动、添加或删除点来更改对象形状；可以使用点手柄来更改邻近路径段的形状；"自由变形"工具还可以通过直接对路径进行编辑来改变对象的形状。

　　如果有多个不同的路径，还可以使用 Shift 键同时选择多个路径，然后通过如图 4-29 所示的"修改"/"组合路径"中的有关命令，实现多路径的编辑。

　　需要说明的是：位图图像是不能转换成矢量对象的。

　　例 10　试用矢量工具绘制如图 4-31 所示的矢量图。

　　制作方法如下：

　　1）绘制立体"五角星"。选择"星形"矢量工具，在文档窗口中，将十字形指针定位在画布上，并向右下方拖动以创建"星形 1"图层。将"星形 1"拖动到"新建位图图像"按钮后产生复制层，并将复制层改名为"星形 2"，然后调整它的半径 2 和颜色。如图 4-32 所示。

图 4-31　绘制矢量图

2）绘制火炬图形。选择"直线"矢量工具，在文档窗口中画出手柄，选择"矢量路径"工具，刷出火炬外形。

3）制作"文字"路径。选择"文本"工具，输入蓝色、华文楷体文字"队徽"。选择"文本"/"转换为路径"命令，层面板上出现"队"和"徽"两个路径层。然后使用"部分选择"工具拖动"徽"路径上的一个点。

4. 使用文本

Macromedia Fireworks 8 提供了丰富的文本功能。可以用不同的字体和字号创建文本，并

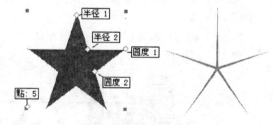

图 4-32　五角星绘制

且可调整其字距、间距、颜色、字顶距和基线等。将 Fireworks 文本编辑功能同大量的笔触、填充、滤镜以及样式相结合，能够使文本成为图形设计中一个生动的元素。

用户可以随时对文本进行编辑，绘制出垂直文本、变形文本、附加到路径的文本以及转换为路径和图像的文本，实现扩展设计。

例 11　绘制如图 4-33 所示的沿着路径排列的文字。

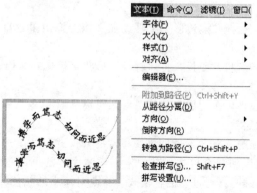

图 4-33　曲线文字绘制

制作方法如下：

1）输入文字。选择"文本"工具，在对应的属性面板上，选择字体、字号和填充颜色。然后用鼠标点击文档区，输入"博学而笃志 切问而近思"。

2）绘制曲线路径。选择"钢笔"工具，在文档区绘制路径。用鼠标点击第 1 个点，点击并拖动出第 2、3 个点，双击第 4 个点以结束路径的绘制。如图 4-34 所示。

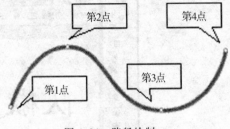

图 4-34　路径绘制

3）依路径旋转显示文字。按住 Shift 键的同时选择文字和路径层，选择"文本"/"附加到路径"命令，文字显示"依路径旋转"状态排列，而且文字和路径层合并为一层。

4）改变文字的方向。复制上面的文字和路径的合并层，选中层面板上的一个层，再使用"指针"工具在文档区向下拖曳以调整图形的位置。选择"文本"/"方向"/"垂直"命令，文本即沿着路径并垂直排列。

5. 使用样式、库、URL 和形状

Macromedia Fireworks 8 提供了可用于存储和重新使用的样式、库、URL 和形状面板。

"样式"面板包含可供选择的预定义 Fireworks 样式。

"库"面板内，除了可以重置、导入和编辑元件外，还可以创建新元件。Fireworks 提供三种类型的元件：图形、动画和按钮。

"URL"是 Internet 上特定页面或文件的地址。如果要多次使用同一 URL，可将它添加到"URL"面板。

"形状"包含一组可以直接使用的形状。

例 12　使用样式和形状绘制如图 4-35 所示的图案。制作方法如下：

图 4-35　使用样式和形状

1）绘制样式星形。选择"星形"工具，在文档上拖出五角星形，点击"样式"面板上的一个样式。

2）绘制样式多边形。选择"多边形"工具，在文档上拖出多边星形，点击"样式"面板上的一个样式。

3）绘制时钟。点击"形状"面板，将"时钟"形状直接拖到文档上。

6. 使用层

Fireworks 文档可以包含许多个层，而每一层又可以包含很多对象。用户可以在绘制之前创建层，或者根据需要添加层。

如图 4-36 所示，层标题下有"不透明度"和"混合模式"两个选项组合框。任何一个层都可分别设置它们的不透明度和混合模式。其中"不透明度"的可调范围为 0～100，设置 0 为纯透明，设置 100 为完全不透明。通过"混合模式"重叠对象中的颜色可以创建独特的效果。Fireworks 中提供了多种混合模式可以供用户获得所需的外观。

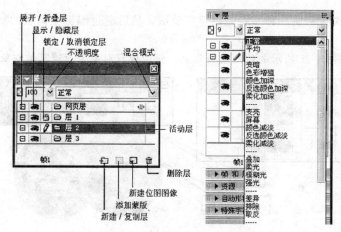

图 4-36　Fireworks 的层功能

Fireworks 根据层创建的顺序堆叠层，将最近创建的层放在最上面。堆叠顺序决定各层上对象之间的重叠方式。可以重新排列层的顺序和层内对象的顺序。每个层都可以选择其左边的按钮被"展开/折叠"、"显示/隐藏"、"锁定/取消锁定"。

活动层的名称在"层"面板中高亮显示。可以展开层查看它上面的所有对象的列表。对象以缩略图的形式显示。

"层"面板底部包含了"新建/复制层"、"添加蒙版"、"新建位图图像"和"删除层"功能按钮。

7. 使用蒙版遮罩图像

蒙版遮罩图像就是可以用矢量对象或位图对象遮蔽下方图像的一部分。用户可以使用"层"面板或"编辑"、"选择"、"修改"菜单来创建蒙版。创建蒙版后，可以调整画布上被遮罩选区的位置，或者通过编辑蒙版对象来修改蒙版的外观。

例 13　创建如图 4-37a 所示的矢量蒙版图。制作方法如下：

1）导入一幅照片。使用"文件"/"导入"命令，当在"导入"对话框中选择位图文件打开后，文档区域的鼠标光标为"┏"，此时按下鼠标进行拖曳就可以拖出位图图像。

2）绘制圆形路径。选择"椭圆"矢量工具，在文档窗口中，将十字形指针定位在画布上，并向右下方拖动以创建"路径 1"图层。将"路径 1"拖动到"新建位图图像"按钮后产生路径复制层，如图 4-37b 所示。

3）联合路径。按住 Shift 键选择两个"路径"层，选择"修改"/"组合路径"/"联合"，将路径联合，如图 4-37c 所示。

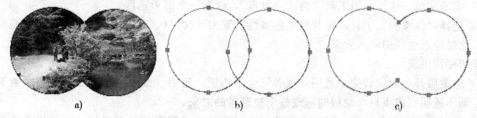

a)　　　　　　　　b)　　　　　　　　c)

图 4-37　使用 Fireworks 的矢量蒙版

4）剪切位图。选择"位图"层，使用"编辑"/"剪切"将位图内容送入剪贴板。

5）将位图粘贴于路径内部。选择联合"路径"层，使用"编辑"/"粘贴于内部"将剪贴板中的位图粘贴到联合路径内部，从而产生如图 4-37a 所示的效果。此时，一个带有钢笔图标的蒙版缩略图会出现在"层"面板中，表示已经创建了矢量蒙版。

位图蒙版是指原始对象和使用灰度外观的应用。位图蒙版有两种使用方法：一种是使用现有对象来遮罩其他对象。另一种是首先创建空蒙版，然后通过编辑空蒙版的灰色程度产生遮罩效果。

例 14　创建如图 4-38 所示的位图蒙版效果，使用现有对象来遮罩其他对象。制作方法如下：

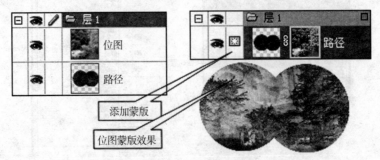

图 4-38　Fireworks 的位图蒙版示例

1）按上例的方法导入一幅照片，并创建一个带有填充色的组合路径。

2）剪切位图。选择"位图"层，使用"编辑"/"剪切"将位图内容送入剪贴板。

3）将位图粘贴于路径内部。选择联合"路径"层，使用"编辑"/"粘贴于内部"将剪贴板中的位图粘贴到联合路径内部，此时即产生位图蒙版效果。

例 15　创建如图 4-39 所示的位图蒙版效果，通过创建和编辑空蒙版来遮罩其他对象。制作方法如下：

图 4-39　Fireworks 的位图蒙版示例

1）按上例的方法导入一幅照片。

2）添加蒙版。单击层面板底部的"添加蒙版按钮"。

3）编辑蒙版。选择位图工具"椭圆选取框"，绘制一个圆形选区。

4）选择"油漆桶"工具，将其填充色属性设置为"放射状"，用鼠标沿着圆形选区直径进行拖曳。此时即产生位图蒙版效果。

蒙版使用说明：

1）空蒙版开始时或者完全透明，或者完全不透明。透明（或白色）蒙版显示整个被遮罩的对象，而不透明（或黑色）蒙版则隐藏整个被遮罩的对象。

2）通过修改蒙版的位置、形状和颜色，可以更改被遮罩对象的可见度。还可以更改蒙版的类型及其应用方式。另外，可以替换、禁用或删除蒙版。

3）蒙版的编辑结果立即可见。

4）可以修改被遮罩的对象。点击层中的被遮罩的对象可直接进行编辑。

5）点击层中蒙版和被遮罩之间的"链接"按钮，可以改变它们之间的链接关系。当去除了 🔗 之后，蒙版和被遮罩可以独立移动。

8. 优化和导出

网页图形设计的最终目标是创建能够尽可能快地下载的精美图像。为此，必须在最大限度地保持图像品质的同时，选择压缩质量最高的文件格式，这种平衡就是优化，即寻找颜色、压缩和品质的最佳组合。通过使用"优化"面板和文档窗口中的预览按钮，设计者可以更好地控制优化过程。

Fireworks 导出步骤如下：

1）准备好要导出的文档或各个切片图形，方法是选择优化设置并对预览结果进行比较，如图 4-40 所示，在品质和文件大小之间确定一个可接受的平衡点。

图 4-40　Fireworks 的文件导出

2）使用适合于它们在网页或其他位置的目标的导出设置，导出文档或各切片图形。如果对优化和导出网页图形不熟悉，可以使用"导出向导"。

"快速导出"按钮如图 4-41 所示，可将 Fireworks 文件导出到一些 Macromedia 应用程序中，包括 Dreamweaver、Flash、Director 和 Macromedia FreeHand MX。另外，用户还可以将文件导出到 Photoshop、FrontPage、Adobe GoLive 和 Illustrator，或者在所选的浏览器中预览文件。

4.4.4　其他矢量图绘图软件

二维矢量绘图软件以 Illustrator、CorelDRAW 和 FreeHand 为主流。FreeHand 的优势在于体积小于 Illustrator、CorelDRAW，运行速度快，与 Macromedia 的其他产品如 Flash、Fireworks 等相容性极好，被广泛应用于出版印刷、插画制作、网页制作、Flash 动画等方面。三维矢量图绘制软件的典型代表就是 AutoCAD。下面对 FreeHand 和 AutoCAD 的基本功能作简单介绍。

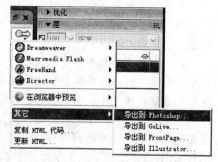

图 4-41　Fireworks 的"快速导出"

1. FreeHand 的主要功能

FreeHand 提供了全面的文本编辑功能，拥有非常丰富的绘图工具，支持图层和动画、支持大量的艺术效果，可以通过 Xtras 外加功能加入 Photoshop 的滤镜，还可以直接引入 Photoshop、PageMaker、Quark Press、CorelDRAW、Illustrator 等的文件来进行直接编辑。

多页面处理是 FreeHand 软件的特色之一，其中主控页如同模板一样，可保存任何对象或图形符号，它可以用来创建对象和页属性，可共用于一个文档的多个页面中，并与该文档一起保存。在需要时还可以导入和导出为符号库项目。主控页的内容可以随时被编辑修改，所编辑的结果将反映在所有子页中。

2. AutoCAD 的主要功能

AutoCAD 是 AutoDesk 公司推出的能实现计算机辅助设计、辅助绘图的实用软件,广泛用于工程图纸的计算机设计中。AutoCAD 主要是根据用户的指令迅速准确地绘制图形,并通过局部的编辑和修饰,最终绘制出清晰而精确的图纸。AutoCAD 新版本具有革命性的创新,那就是在二维设计中首次较为系统的引用了当前流行的三维设计的一些概念,提供了性能更加优秀、使用更加灵活的矢量图形设计和绘制工具。使工程图纸的设计速度更快、效率更高、更容易共享,文档的管理也更加有效。

AutoCAD 具有强大的绘图和编辑功能,可以用来创建 2D 和 3D 图形。它提供了如三维视图、三维动态观察器、消隐、着色、渲染等多种不同的显示效果,以提供对图纸的适应性。同时还可以结合格式、检查、查询、属性提取、对象特性管理器等工具来提高编辑效率。

该软件还提供了共享设计数据功能,可以实现由多人合作共同设计大型的项目,同时可以使用密码保护、数字签名以验证图纸的来源、真实性、修改状态和增强的 DWF 文件格式等,从而安全地共享数字设计数据。

AutoCAD 提供了一个集成化的工作环境,它集菜单、工具、命令行窗口、工具板和绘图区为一体。命令行窗口用来显示用户输入的当前命令、历史命令和系统提示信息。在默认情况下,命令行窗口定位在应用程序窗口下端,窗口大小仅能显示以前的两行命令提示。需要时可以向上拖动窗口的边界以扩大显示多行文本,也可以显示为浮动窗口。当用户打开多个图形时,命令行窗口所显示的命令及信息提示也会随着对图形的切换而更换。

本章小结

大多数光源的光谱是由不同的强度和波长的光混合组成的,人眼可见光的波长大约在 380~780nm 之间,人对颜色的感觉取决于光的物理性质和环境因素的影响。

双目立体视觉的基本原理是:由于人的两眼之间存在着一定的距离,因此在观察物体时就可能产生一定的视差,从而使观察到的事物具有立体感。根据这个原理可以模拟出三维立体信息。

在进行图形和图像处理时,所使用的色彩模式是以建立好的描述和重现色彩的模型为基础的。常见的彩色模式包括位图模式、灰度模式、索引颜色模式、HSB 模式、RGB 模式、CMYK 模式、Lab 模式等。

位图以像素为基本数据单位,每个像素具有不同的颜色和亮度,图像的质量与图像分辨率、显示分辨率、打印分辨率、扫描分辨率、像素分辨率都有关。图形以几何图形为基本单位,图形文件的数据量比较小,而且容易进行修饰和处理。

在图类文件格式中,位图格式适用于照片,而矢量格式则适用于图表。选择图类格式时需要考虑输出介质、图像格式的特点以及工作流程。图类文件可以从扫描仪或摄像机等设备中获取,通过 OCR 技术还可以从文字图像中识别出可编辑的文字。图类文件也可以使用专用软件来创作和编辑,Photoshop、FreeHand 和 AutoCAD 是目前最流行的图形/图像创作和编辑软件。

思考题

1. 位图是由空间离散的像素点组合而成,在像素的色彩描述时可分为哪些色彩?
2. 矢量图的基本元素是什么?矢量图与显示分辨率有无关系?为什么?
3. 色彩深度是指构成图像颜色的总数目,常用什么来表示?怎样的颜色深度被称为真彩色?真彩色大约能描述多少种颜色?
4. 索引色彩模式能表示多少种颜色?根据人眼的视觉特征而制定的一套色彩模式是什么模式?
5. RGB 模式分别代表着 3 种颜色,为什么也称为加色模型?每种颜色的强度值在什么范围?如果要将图像输出去印刷的话,最好采用什么色彩模式?

6. 什么是图像分辨率和像素分辨率？显示分辨率、打印分辨率和扫描分辨率通常用什么来描述？

7. 彩色图像文件的数据量不仅与图像分辨率有关，还与图像的色彩深度有密切的关系。可通过什么样的公式进行计算？

8. 几何图形是用指令的方法来描写的，一个复杂的图形能不能分解？

9. 人眼的视差可分为四种类型：零视差、正视差、负视差和发散视差。其中哪一种视差可以能使人眼感觉到立体的效果？

10. 哪种视差在现实中实际是不存在的，在模拟 3D 视觉空间时要注意避免？

11. Windows 的位图格式有 BMP、RLE 和 DIB 三种。它们的主要区别是什么？

12. GIF、JPEG、PNG 三种文件分别最多支持多少种颜色？它们支持哪些技术？

13. OCR 是一种文字识别技术，OCR 识别的内容包括哪些？

14. Photoshop 的层功能有什么作用？如何为层添加混合效果？

15. Fireworks 的蒙版的作用是什么？如何使用蒙版？

第5章 音频技术

有声信息在实际应用中起着相当关键的作用，所以音频也是多媒体应用的重要组成部分。现实世界的声音来源是相当复杂的，声音不仅与时间和空间有关，还与强度、方向等很多因素有关。在计算机中创建音频时，所模拟的声音还必须要符合人类的听觉特征和听力范围。目前的数字音频主要分为声波、语音和音乐三类。

本章首先讨论音频特征，分析语音、声音和人的听觉心理特性；然后介绍声音的数字化原理、声音的采样、数字化声音与噪声比、声音的过滤、三维模拟声音的基本理论以及合成音乐 MIDI 的基本知识；最后介绍常用的音频文件格式，并推荐几款音频创作软件，以便读者通过实践应用进一步了解数字音频。

5.1 声音

要模拟出符合现实世界的数字声音，我们首先要了解声音的基本特性，包括声音的物理特性和人们在听觉方面的心理特性，以便创建出一定格式的数字声音编码，从而满足人们对模拟声音在采集、处理、质量等各方面的需求。本节将就以上问题进行介绍。

5.1.1 声音的物理特性

声音是纵波，其基本形式是正弦波形，如图 5-1 所示。决定声波的物理特性包括振幅、频率和相位。振幅是声压的大小，即声音的强度，指正弦波形的高度，声压值的单位为帕（Pa）。图 5-1 中所示的两个波谷峰之间的距离称为一个周期，频率是单位时间内声音的变化周期，单位是赫兹（Hz）。相位是声音变化的方向。

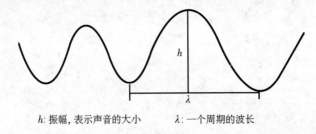

h: 振幅，表示声音的大小　　　λ: 一个周期的波长

图 5-1　声波的基本形式

1. 声音的强度

在 1kHz 频率的正弦波中，能被人耳察觉的最弱声压大约是 2.83×10^{-4} dyn/cm^2（dyn 表示达因），这个最弱音通常作为国际标准的参照声。

在物理学上，描述声音强度的量值是采用分贝来表示的。所谓分贝是指两个相同的物理量（如 A1 和 A0）之比，取以 10 为底的对数并乘以 10（或 20），用公式表示为：$N = 10 \lg(A1/A0)$。分贝的符号为 "dB"，它是无量纲的。式中 A0 是基准量（或参考量），A1 是被量度量。数值 N 就称为被量度量的 "级"，它代表被量度量比基准量高出多少 "级"，这称为声压级。

如果 2.83×10^{-4} dyn/cm^2 被看做 0dB，那么在特别安静的环境中，单独检测的动物的呼吸声大约为 20dB，人们正常的谈话声约为 60dB，大声喊叫声约为 85dB，汽车的喇叭声约为 100dB，飞机起飞的声音约为 120dB。120dB 以上的强度可使人产生不舒服的感觉。

2. 声波的频率

频率是指物体每秒钟振动的次数。我们实际听到的声音都是物体振动后产生的声波，不同的振动频率将会产生不同的声波。

一般人的听力范围是 20Hz～20kHz，这个频率区域称为可闻声段。可闻声段大致可分为低频、中频和高频，低频的频率约在 250～500Hz（如锣鼓声），中频的频率约在 1000～2000Hz，高频的频率约在 3000～4000Hz（如哨子声）。而低于 20Hz 和高于 20kHz 的频率段分别称为次声和超声。

3. 相位

相位是波形的变化方向，如果是多个波形的组合，起始相位可以相同或不同。如图 5-2 的左图所示，在时刻 T，不同波形的相位可以是不同的。而图 5-2 右图所示的是一段多波形混合而成的声音实际播放时所显示的波形。

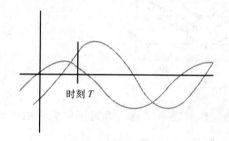

图 5-2　相位和波形

复杂的声波是由多个不同振幅、不同频率和不同相位的正弦波形组成的。例如，双声道、多声道、立体声等都是复杂的声波。

5.1.2　声音的听觉心理特性

对于复杂的人耳听觉系统特性的研究，目前仅限于在心理声学和语言声学范围内。听觉心理的主观感受主要有响度、音高、音色、音量、密度、谐和、噪声、掩蔽效应、高频定位等特性。其中响度、音度、音色可以在主观上用来描述具有振幅、频率和相位三个物理特性的任何复杂的声音，而在有多种音源的场合下，人耳的掩蔽效应等特性会显得尤为重要。

1. 等响曲线

响度表示人们感觉到的声音能量的强弱，主要取决于声波振幅的大小，但是物理上声压级的值一般不等于响度级的值。声音的感知响度可以用"sone"作为基本单位，1 sone 相当于 40 分贝的音调在 1kHz 下的响度。

响度与人耳的可闻程度有关，当超出人耳的可听频率范围时，声音的响度再大，人耳也无法察觉。但在人耳的可听频率范围内，当声音弱或强到一定程度，人耳也无法听到。实验表明，声音的可闻阈和痛感阈是随着频率而变化的。如图 5-3 所示，闻阈和痛感阈随频率变化的等响曲线（即弗莱彻－门逊曲线）之间的区域就是人耳的听觉范围。

图 5-3 中显示了多条等响曲线，其中最低一条等响曲线是可闻阈级，最高一条等响曲线是痛感阈级。就是说，小于 0dB 可闻阈和大于 140dB 痛感阈时为不可听声。从这些等响曲线可以看出，听觉在有些频率下较为灵敏。

所谓"等响"，就是对于 1kHz 以外的可听声，在同一级等响曲线上有无数个等效的声压－频率值，例如，200Hz 的 30dB 的声音和 1kHz 的 10dB 的声音在人耳听起来具有相同的响度。

从图 5-3 中还可以看出，在较低的声压级上，等响曲线上各频率声音的声压级相差很大；在较高的声压级上，等响曲线较为平坦，说明各频率的声压级基本相同。此外还可以看出，高频段的响度变化与声压级变化基本一致，而低频段声压级的微小变化会导致响度的较大变化。这说明在响度级较小时，高、低频声音灵敏度降低较明显，而低频段比高频段灵敏度降低更加剧烈，

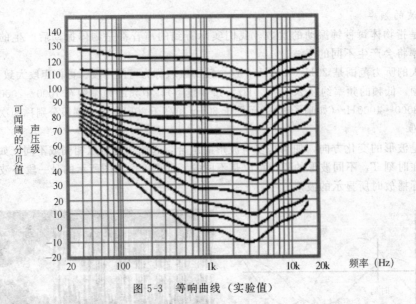

图 5-3 等响曲线（实验值）

一般应特别重视加强低频音量。要指出的是，上面的讨论并没有考虑人耳对不同频率的声音可闻阈和痛感阈的差别以及灵敏度方面的差别。

2. 屏蔽

听觉的掩蔽效应是一个较为复杂的心理和生理现象，包括人耳的频域掩蔽效应和时域掩蔽效应。而且人耳对声音源方向的辨别能力也与频率的高低有关。由于对于 2kHz 以上的高频声音信号，人耳很难判断其方向性，因而在数字处理时，就可以不必重复存储立体声广播的高频部分。

屏蔽是指一个弱声音被另一个强声音所遮盖。当强、弱声音同时存在时，就将发生声音屏蔽现象。例如，说话声会被一列路过的火车声所遮盖。当两个声音在时间和频率上很接近的时候，屏蔽效应就会很强。当强声音的频率与弱声音的频率相同或更高时，屏蔽效应最为明显。

如果同时存在的是两个纯音，实验表明存在两种有效的屏蔽，一种是中等强度的纯音最有效的屏蔽出现在其频率附近，另一种是低频的纯音可以有效地掩蔽高频的纯音。

如果同时存在的是噪声和纯音，则情况较复杂。因为屏蔽纯音的噪声实际上是由多种纯音组成的，具有无限宽的频谱。

表 5-1 离散的临界频带

临界频带	频率（Hz）			临界频带	频率（Hz）		
	低	高	宽度		低	高	宽度
0	0	100	100	13	2000	2320	320
1	100	200	100	14	2320	2700	380
2	200	300	100	15	2700	3150	450
3	300	400	100	16	3150	3700	550
4	400	510	110	17	3700	4400	700
5	510	630	120	18	4400	5300	900
6	630	770	140	19	5300	6400	1100
7	770	920	150	20	6400	7700	1300
8	920	1080	160	21	7700	9500	1800
9	1080	1270	190	22	9500	12000	2500
10	1270	1480	210	23	12000	15500	3500
11	1480	1720	240	24	15500	22050	6550
12	1720	2000	280				

3. 临界频带

当某个纯音被以它为中心频率且具有一定带宽的连续噪声所屏蔽时，如果该纯音刚好能被听到时的功率等于这一频带内噪声的功率，那么这个带宽就称为临界频带宽度。临界频带的单位是 Bark。当频率小于 500Hz 时，1Bark 约等于 freq/100（其中 freq 表示频率），当频率大于 500Hz 时，1Bark 约等于 9+4log（freq/1000）。

临界频带可以说明人类的听觉对声音的感知特性。表 5-1 列出的是在 20Hz～16kHz 范围内，通常可分出的 24 个子临界频带。人耳对同一个临界频带内频率的听觉和感知是较接近的。但在有声音屏蔽的情况下，一个临界频带内的声音感知程度与表中跨越多个临界频带的声音感知程度是不相同的。

5.1.3　声音的数字原理

模拟声音的信号是连续量，可能由许多具有不同振幅和频率的正弦波组成。必须将模拟声音数字化后才能在计算机中进行处理。实际上，计算机获取声音信号的过程就是声音的数字化处理过程。经过数字化之后的声音文件就能够像文字和图形信息一样进行存储、检索、编辑或其他处理。

1. 声音的数/模转换和模/数转换

声音的模/数转换（ADC）就是将模拟的声音信号转化成计算机能识别的数字信号的过程。首先需要对声波采样，用数字方式记录声音，实现这个过程的装置就称为模/数转换器。图 5-4 就是声波数字化的示意图，其中横轴表示时间，纵轴表示振幅，模/数转换器按时间对声波分割从而提取波形的样本。

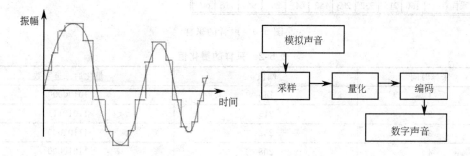

图 5-4　声波的数字化

声音的数/模转换（DAC）即由数字声音变成模拟的波形。音频系统是通过将声波波形转换成的连续的二进制数据来还原声音的，实现这个过程的装置称为数/模转换器。

如果提高采样频率，单位时间内将会得到更多的样本值（振幅值），这对于原声音的模拟将会更精确。以采样的数字样本值去还原模拟声音的技术称为脉冲编码调制技术（PCM），将采样所得的样本值以同样的采样频率转换为电压值去驱动扬声器，就可以重放原来的声音。

在计算机中，最常用的声音转换装置就是声卡。通过声卡的话筒接口可以输入模拟音频信号，经声卡的 ADC 转变为数字信号存储在计算机内，播放时再通过声卡对数字声音的 DAC 转换从音箱中输出。

2. 声音的数字化过程

图 5-4 右图表示了模拟声音数字化的三个步骤：采样、量化和编码。

（1）采样

采样就是每隔一个时间间隔在模拟声音的波形上取一个幅度值，将时间上的连续信号变成时间上的离散信号。采样时间间隔就是采样周期，单位时间内的采样次数就是采样频率。

（2）量化

量化就是将模拟信号的采样值用数字方法读出。读取方法一般采用二进制方法，以适应数字电路的需要。量化的过程如下：将采样后的信号按整个声波的幅值划分为若干个区段，把在某区段范围内的样值归为一类，并赋予相同的量化值。

如图 5-5 所示，将波形的幅值高度用 8 位记录，就可以将高度分成 256 个区间。例如，一个采样点处于 215 区间，该采样点的编码就是 11010111，其他采样点的量化值如表 5-2 所示。采样后的波形将会丢失采样之前的一些细节波形。记录采样点的区间分得越多，细节波形丢失得越少。

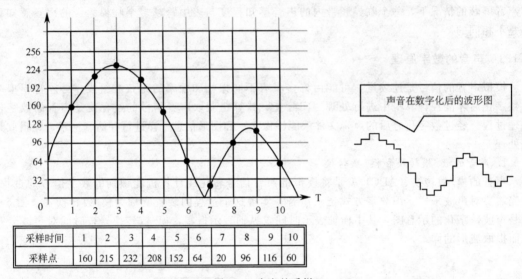

声音在数字化后的波形图

采样时间	1	2	3	4	5	6	7	8	9	10
采样点	160	215	232	208	152	64	20	96	116	60

图 5-5　声音的采样

表 5-2　采样的量化值

采样时间	幅值	量化后二进制数
1	160	10100000
2	215	11010111
3	232	11101000
4	208	11010000
5	152	10011000
6	64	01000000
7	20	00010100
8	96	01100000
9	116	01110100
10	60	00111100

（3）编码

编码是按一定的格式将离散的数字信号记录下来，并在数据的前、后加上同步、纠错等控制信号。音频编码有许多标准，分别用于不同的应用环境。最常用的压缩标准有脉冲编码调制（PCM）和自适应脉冲编码调制（ADPCM）。国际电信联盟远程通信标准化组 ITU－T 制定的国际压缩标准 H.261 常用于 ISDN 环境下的电视会议、可视电话等；H.263 适用于极低的传输码率；H.263C++ 和新的 H.26L 不仅提高了压缩效率，还提高了容错能力，数据率可低到 28～128kbps，主要用于无线通信、互联网视频会议、远程监控等。

5.1.4 影响数字声音质量的主要因素

影响数字声音质量的主要因素有三个，即采样精度、采样频率和通道个数。

1. 声音的采样精度

采样精度即采样位数或采样分辨率，指表示声波采样点幅值的二进制数的位数。换句话说，采样位数可表示采样点的等级数，若用 8 位二进制描述采样点的幅值，则可以将幅值等量分割为 256 个区；若用 16 位二进制分割，则可分为 65536 个区。可见，采样位数越多，可分出的幅度级别越多，则分辨率越高，失真度越小，录制和回放的声音就越真实。但是位数越多，声音质量越高，其所占的空间就越大。

常用的采样精度分别是 8 位、16 位和 32 位。国际标准的语音采用 8 位二进制编码。

根据抽样理论可知，一个数字信源的信噪比大约等于采样精度乘以 6 分贝。因此，8 位的数字系统其信噪比只有 48 分贝，而 16 位的数字系统的信噪比可达 96 分贝。信噪比低会出现背景噪声以及失真，因此采样位数越多，保真度越好。

2. 声音的采样频率

采样频率即采样速率，指每秒钟采样的次数，单位为 Hz（赫兹）。

奈奎斯特采样定理指出：采样频率高于信号最高频率的两倍，就可以从采样中完全恢复原始信号的波形。

对于 11kHz 频率的采样系统，其能够恢复的最高音频是 5.5kHz。如果要把 20Hz～20kHz 范围的模拟音频信号变换为不连续的二进制数字信号，那么脉冲采样频率至少应为 40kHz，其周期为 $T_p = 1/f_p = 1/40\text{kHz} = 25\mu s$。

目前，流行的采样频率主要为 22.05kHz、44.1kHz、48kHz，采样速率越高，采样周期越短，单位时间内得到的数据越多，对声音的表示越精确，音质越真实。所以采样频率决定音质清晰、悦耳、噪声的程度，但是高采样率的数据将占有很大的空间。

3. 声音的通道个数

声音的采样数据还与声道数有关。单声道只有一个数据流，立体声的数据流至少在两个以上。由于立体声声音具有多声道、多方向的特征，因此，声音的播放在时间和空间性能方面都能显示出更好的效果，但相应地数据量也将成倍增加。

5.1.5 采样数据量

从上面的分析中可知，要从模拟声音中获得高质量的数字音频，必须提高采样的分辨率和频率，以采集更多的信号样本。而能够进一步进行处理的首要问题就是大量采样数据文件的存储。采样数据的存储容量计算公式如下：

$$存储容量（字节）= 采样频率 \times 采样精度 / 8 \times 声道数 \times 时间$$

表 5-3 列出了 1 分钟的双声道声音采用不同采样频率和精度所需的存储容量。例如，采用 44.1kHz 采样频率和 16 位采样精度时，数字化后需要的存储容量为：

$$44.1 \times 16/8 \times 2 \times 60 = 10.584 B$$

表 5-3 几种数字化声音的信息

采样频率（kHz）	采样精度（位）	存储容量（MB）	数据速率（Kbps）	常用编码方式	质　　量
44.1	16	10.336	88.2	PCM	激光唱片级质量
22.05	16	5.168	44.1	ADPCM	调频广播级质量，常用于伴音
	8	2.584	22.05	ADPCM	
11.025	16	2.584	22.05	ADPCM	调频广播级质量，常用于伴音或解说
	8	1.292	11.025	ADPCM	

为了减少数据量，采样且量化后的数据常要进行压缩。数字音频的编码必须具有压缩声音信息的能力，最常用的压缩方法为自适应脉冲编码调制（ADPCM）法。ADPCM 压缩编码方案的特点是信噪比高，数据压缩倍率可达 2～5 倍且不会明显失真。例如，Yamaha 公司的 ADPCM 算法可以达到 3∶1 压缩比。有关 ADPCM 压缩技术请参见第 7 章的内容。

5.2 语音

什么是语音？语音就是人们说话的声音。语音是声音的一种，但是这种声音与人类的语言学有关，又与发声器官的发声范围有关，因此，对于语音的本质分析相当重要。在对语音进行数字处理时，是以语音的基本特性为基础的，主要针对语音的成分进行相应的处理，包括语音采样、识别、模拟、合成等技术。

5.2.1 语音的基本特性

在数字处理过程中，语音是音素、音位到句子音段、轻重音到语调等语音手段的统称。语音以语言系统有声单位的形式出现，具有语言学区别功能。

我们知道，人的声带就是一个发出声音的声源，声源振动将引起空气振动而产生声波。由于声波具有振幅、方向、频率等多种物理属性，因此，语音包含了声源和传播过程的自然信息。虽然语音声波的振幅、波长和频率是因人而异的，但是也存在一定的自然规律。一般男性的发音周期在 10ms 左右，发音频率在 100Hz 左右。女性的发音周期较男性短，一般为 6ms 左右，发音频率在 166Hz 左右。成年人的发音频率大约在 60～400Hz 范围内。人类很难发出频率极高或极低的语音，所以，从语音中我们可以分辨说话人、声带变化以及环境干扰声等各项特性。

语音不仅仅是有声信息，它还包含了语音系统按一定方式确认的声音类别，也包含了语音系统赋予的一定功能。也就是说，语音的内容是按一定方式组织的，例如由词、句、调、语气等组成，其含义又是建立在一定的文化基础上的。因此，是否能理解语音的实际内涵，这与接收者对语音的认知能力有关。

5.2.2 语音处理的任务和目标

计算机对语音进行处理的任务主要包括对语音的采样、识别、模拟和合成。数字语音也是通过对模拟语音采样、A/D 转换、并按一定的方式进行编码而形成的，其记录方式同一般声音一样，可以用波形文件保存。

数字语音是多媒体技术中不可缺少的一个组成部分，语音处理的最终目标应该满足计算机发展的需要。而未来的智能化计算机应具有能看、能听、能说以及分析、判断、推理和思考的能力，那么语音就是人与机器之间进行交流最自然的方式。所以，语音技术已成为智能计算机领域的研究热点，其中的语音识别和语音合成技术是实现人机语音通信的两项关键技术。但目前技术的成熟度与应用的广泛性与实际需求还存在较大差距。

5.2.3 语音识别

语音自动识别的最终目标是要将连贯的语音变换成文字符号。而在自然的语音中，每个音素的声学特性与作为语句元素时完全不同，再加上在自然发音时，各语音单位是连贯的，具有协同调音效应，同时还具有语调、重音和抑扬顿挫等韵律方面的差异，这使得实现语音到文字符号的转换非常困难。

目前，语音的自动识别主要采用孤立词的模式匹配识别和有限词汇的连续识别等方式。

孤立词的模式是因人而异进行语音识别的。实验结果表示，一般识别率都在 95％以上。孤立词的模式识别系统的原理如图 5-6 所示，在语音识别前，需要说话人将待识别的词汇逐个读入，计算机经过逐个词汇分析，提取出如频谱包络、共振峰、LPC 系数等特征，组成词汇组标准样板。语音识别时，针对说话人说出的每一个词，计算机还需进行分析并提取特征，同时逐一与样板库中的样板做比较，选择一些近似样板，最后以一组最佳匹配作为转换结果输出。

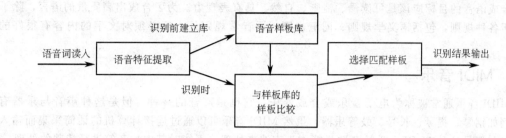

图 5-6　孤立词的模式识别原理示意

实际上，人们更需要计算机在识别语音时能够不因人而异，且能识别由大量词汇组成的连续语句。这就要求计算机语音识别系统以音素为识别单元，具有标准的语句切分规则、音调规则、拼音规则、单词库、语法及语义等规则。即连续识别系统应具有如图 5-7 所示的结构功能，当连续语音流输入后，首先要根据语音流中能量的峰谷、清浊、共振峰变化模式等多项特征进行词、音节和音素等识别单位的切分。

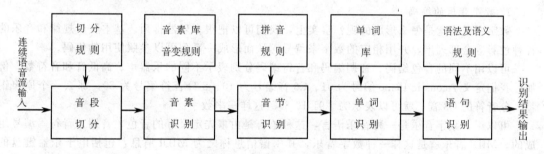

图 5-7　连续语音识别原理

接着要进行模式匹配式的音素识别，从音素库中选出几个候选音素。考虑到语音流中还包含有音变特性，为了提高音素的正确识别率，必须事先分析和归纳出各种音变规律。

然后进入音节识别阶段，计算机将利用拼音规则库对音素识别的结果来组合音节。

单词识别的任务是指通过查询单词库将识别的音节组成词，并判定该词的正确性。目前，计算机的单词库中的单词很少，只能将单词识别限定在某一领域常用的词汇上。

语句识别阶段是要根据事先定好的语法规则、语义信息、上下文关系等语言学知识，分析语句并选择最佳匹配。言语的理解系统不仅与语音学、语言学有极大的关系，还与每一个人的话音特点有关。这就是说，言语的理解系统必须按照语音学、语言学所研究的方式去建立，才能正确地完成识别任务，而不同的人所发出的同一语句在话音方面是有区别的，例如同一语句在音的高、低、调等方面的差别。

5.2.4　语音合成

语音合成可以通过再生预存的语音信号和模拟发声两种途径实现。

再生预存的语音信号方式采用了数字存储技术，预先存入语音信号，然后将预先存入的单音或词组拼接成语音。如果预先存入的语音单元足够多，合成时就可以挑选出比较合适的语音单元，然后拼合产生比较符合实际的语句。

模拟发声方式采用数字信号的处理方法。用周期脉冲序列作为声源，代表声带振动或噪声序列，去激励一个表征声道谐振特性的时变数字滤波器。通过调整滤波器的参数控制不同的发音，通过调整激励源脉冲序列的周期或强度去改变合成语音的音调、重音等。所以模拟发声方式也称为参数合成法。只要正确控制激励源和滤波器参数，就能够合成出各种语句来。

合成语音的目标应该是可读懂、清晰、自然、具有表现力。为了合成出高质量的语言，除了依赖于各种规则，包括语义学规则、词汇规则、语音学规则外，还必须对文字的内容有很好的理解。

5.3 MIDI 音乐

MIDI 音乐通常被称为电子音乐或合成音乐，它也是声音的一种，但是这种声音与乐器有关，例如钢琴、提琴、长号、鼓等乐器。虽然 MIDI 音乐可以通过连接计算机的话筒采集而输入计算机，但是这种 MIDI 音乐的获取只能作为声波来处理，不能对其中的音符进行特殊的处理。

本节将对 MIDI 音乐的原理、MIDI 的组成、MIDI 音乐接口标准、MIDI 音乐的基本设备、合成器等方面进行讨论，使读者对 MIDI 音乐有较系统的了解。

5.3.1 MIDI 音乐的原理

MIDI（Music Instrument Digital Interface）即音乐设备的数字化界面，是人们可以利用多媒体计算机和电子乐器去创作、欣赏和研究音乐的标准协议。

1. 数字音乐的编码

数字音乐究竟是怎么形成的呢？事实上，我们可以把很多乐器排列、基本发声规律和音乐的各种色彩等全部列出，并用相应的数字来编号，从而形成一系列可以参照使用的代码。

可以用不同的音色编码、音调编码和音符编码分别表示不同的乐器声、高低音和音符数。例如，我们定义 Acoustic Piano 编号为 01、C3 音编号为 10、8 分音符编号为 80，那么一个原声钢琴 8 分音符的 C3 音，就可以表示为 "01 10 80" 这样一串数字。

可以说，数字音乐是一种音乐语言，这种语言是由事先定义好的音色、音调、音符等编号组成的。MIDI 音乐就是这样一种数字音乐，其乐谱信息称之为 MIDI 消息，包括电子乐器键盘的弹奏的键名、力度、时值长短等。

2. 计算机上处理 MIDI 音乐的基本过程

计算机中的 MIDI 文件通常来自于音乐创作软件或合成音乐设备。许多播放器都能播放 MIDI 音乐，播放时如图 5-8 所示，需要从相应的 MIDI 文件或设备中读出 MIDI 指令，接着由 MIDI 文件系统解释指令，然后通过 MIDI 播放器输出和转换信号，再经过声音合成器生成对应的声音波形，最后经放大后由扬声器输出。

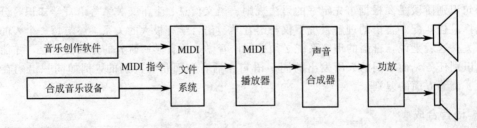

图 5-8 计算机中 MIDI 音乐的处理

3. 多媒体计算机中的 MIDI 与音效

多媒体 PC 机要求音频卡上包含 MIDI 合成器、MIDI 输入/输出端口和音效芯片。MIDI 合成器能演奏多种乐器及复合音，MIDI 输入/输出端口可用来连接合成音乐设备，而音效是指在硬件上实现了回声、混响、和声等效果。

5.3.2　MIDI 的组成

MIDI 由三个部分组成，它们分别是通信协议（Communication Protocol）、连接器（Connector）及其传播格式（称为标准 MIDI 文件）。

1. 通信协议

MIDI 通信协议是二进制形式的音乐描述语言。每个描述乐器演播动作的字都赋予一个特定的二进制代码。当要奏响一个 MIDI 音符时，首先要发出"音符开"消息，然后赋予该音符一个"速度"，用以决定该音符的响度。通信协议中还包括乐器演奏选择、混合和平移声音以及电子乐器控制等 MIDI 消息。

2. 连接器

MIDI 1.0 规范中，使用的 MIDI 接头是一个 5 针 DIN 接头。实际上，也可以通过其他连接器和电缆来传送 MIDI 消息。

如果 MPC 没有设计 5 针 DIN 接头，那么可通过串行口或游戏杆端口来连接 MIDI 乐器。如果 MIDI 乐器配备了一个 8 针的"小型 DIN"串行口，则可以与计算机的串口直接相连。

3. 标准 MIDI 文件

标准 MIDI 文件可以仅仅是一个事件的列表，描述了一个音频卡或其他播放设备要产生某种声音的特定步骤。而且这些事件是可以编辑的，任何音乐片段都可以被重新排列、被多次复用，也可以被任意拆分、组合或重叠。

MIDI 文件也可以携带非标准的乐器样本、音效或人的对话，有些 MIDI 文件中还可记录歌词、表情和音调等特殊文字标记。

5.3.3　MIDI 音乐接口标准

最早的 MIDI 标准就是日本 Roland 的 GS（General Standard）标准。为了有利于音乐家广泛地使用不同的合成器设备和促进 MIDI 文件的交流，国际 MIDI 制造商协会（MMA）在 1991 年制定了通用 MIDI 标准 GM（General MIDI Mode），该标准以 Roland 公司的通用合成器 GS 标准为基础而制定的。而后又出现了 YAMAHA 公司推出的扩展的通用 MIDI 标准 XG（eXtended General）。

1. GS 标准

GS 标准定义了我们最常用的 128 种乐器、音效和控制器的排列。

该标准具有以下五个主要特点：

1）16 个声部。

2）最大复音数为 24 或更多。

3）GS 格式的乐器音色排列（包含有各种不同风格的音乐所使用的乐器音色和打击乐音色）。

4）鼓音色可以通过音色改变信息进行选择。

5）包含两种可以调节的效果，有混响和合唱。

2. GM 标准（通用 MIDI 系统标准 Level 1）

GM 标准为 MIDI 乐器之间的互相兼容定义了一些最基本的规则。

（1）GM 设备特性

键盘、声卡、IC（集成电路）或软件程序等所有能产生 GM 声音的设备或软件，要能够和 GM 相兼容，必须符合通用 MIDI 系统标准 1 的要求。GM 对设备规定了在声音、通道、乐器、通道指令和其他控制指令方面最基本的功能：

1）声音（Voices）：至少有 24 个可同时使用的全动态分配声音，这些声音都能对速度作出反应。其中有 16 个用于旋律演奏的动态分配的声音，8 个用于打击乐器。

2）通道（Channels）：所有 16 个 MIDI 通道都要获得支持，每一个通道可以同时有多个演奏声音道，且数量可变。每一个通道都可以用不同的乐器演奏。MIDI 通道 10 上安排基于键的打击乐器。

3）乐器（Instruments）：最少有 16 个同时存在的且以不同音色演奏的不同的乐器。最少应有 128 种符合 GM Instrument Patch Map 的预设的乐器，有符合 GM Percussion Key Map 的 47 种打击乐器。

4）通道消息（Channel Messages）：能支持连续控制器 1、7、10、11、64、121 和 123；支持打印口 RPN ♯s 0、1、2；支持通道压力（Channel Pressure）和音调扭曲（Pitch Bend）。

5）其他消息（Other Messages）：与通用 MIDI 系统消息类似，能对微调、调音路径、音调扭曲范围、数据入口控制器和 RPN 作出响应。

（2）GM 声音集

GM 声音集也就是预定义的乐器表。GM 标准定义了最常用的 128 种乐器，用不同的 MIDI 程序号为声音进行了命名。

3. XG 标准

XG 继承了 GM 定义的各项基本功能，同时又增加了音色库（音色数量）。在控制方面也做了大量的改进，用多种控制器来控制和调节音色、速度等特性。YAMAHA 公司积极开放产品的系统码，以扩展控制器的控制范围。

XG 标准的定义表称为"MIDI Mapper"（MIDI 映射表），所有的 MIDI 设备都会有相应的 MIDI 映射表，在计算机中也要有相应的 MIDI 映射表。其中有一张表里排列着 MIDI 设备的音色，在这张音色表中，最重要的是这些乐器音色所对应的排列编号，MIDI 设备与计算机只分析音色的排列编号，而不分析音色的排列次序。目前的 MIDI 设备一般都有多个音色库，但音色库最多不会超过 128 个。每个音色库有 128 个乐器音色。

目前，MIDI 设备和计算机基本上都建立在 GM 的基础上。GM 已经成为了工业标准，其基本标号格式已被固定了。所以，完全可以将 MIDI 映射表固定在 Windows 的驱动程序中，由驱动程序去解决音色的调用问题，不需要人为进行参数的设置。

映射表是 MIDI 设备内部解码的依据。要使 MIDI 指令转变为可欣赏的音乐，首先必须通过设备内部对 MIDI 指令的解码，再经过 D/A 转换器、振荡器、滤波器、信号放大器等元件的处理，最后由扬声器输出。

5.3.4 MIDI 音乐的基本设备

MIDI 音乐的基本设备包括音源、音序器、输入设备。

1. 音源

音源是一个音色资源库，其内部包含了很多不同音色的样本波形，例如钢琴的音色样本、吉他的音色样本等等。音源是用来发声音的，但是音源只是一个资源库，本身并不知道在什么时候该用什么音色发出怎样的声音。调用资源的任务是由 MIDI 音序器来完成的。

音源分为软音源和硬音源。软音源实质上是一个软件，软音源必须依靠电脑芯片和内存的工作来发声，常见的有 Yamaha S-YXG100、Roland VSC88 等，它们必须在电脑上安装后才能使用。硬音源是一个实际存在的设备，如图 5-9 所示是 Roland 推出的综合音源 Roland FANTOM XR。将硬音源和音序器连接以后就可以使用了。

图 5-9 Roland FANTOM XR 音源

音源可以做得很小，例如普通声卡上的一块芯片就是一个小小的音源，通过这个音源，我们就能直接用声卡听 MIDI 音乐。在目前的专业 MIDI 领域中，比较有名的硬件音源有 Roland JV1080、Yamaha MU90、MU100、TG500 等。

2. 音序器

音序器是制作音乐的处理器。用它来编辑各种音乐数据，实现同步播放等等。它把组成音乐所需的音色、节奏、音符等按照一定的序列组织起来，以便让音源发声。实际上，音序器以数字的形式记录了音乐的一般要素，如拍子、音高、节奏、音符时值等，MIDI 文件的本质内容就是音序内容。

音序器也有软/硬件音序器之分。软件音序器也是一个电脑程序，很多 MIDI 制作软件实际上就是音序器软件，如 Cakewalk、Encore、Cubase VST 等。软件音序器所使用的电脑显示窗口较大，界面漂亮、实用、操作方便，因而目前软件音序器已成为了市场的主流。硬件音序器和硬件音源一样，一般体积都很小，与音源连接以后就可以控制音源发声了。比较有名的硬件音序器有 YAMAHA QY10、QY700 等。硬件音序器只能靠两只手在面板上按键，显示屏也较小，修改音符参数十分复杂。

3. 输入设备

输入设备就是 MIDI 乐器，通过它告诉音序器需要排列哪些内容。为了符合人们原有的音乐习惯，人们制造了各种基于传统乐器形式上的 MIDI 乐器，如 MIDI 键盘、MIDI 吹管、MIDI 吉他、MIDI 小提琴等。虽然也可以建立虚拟的键盘、钢琴、电子琴等，但是在计算机键盘上弹奏音符总有许多不便之处。

要制作 MIDI 音乐，可以直接使用 MIDI 乐器。但使用 MIDI 乐器必须要具备乐器演奏能力。演奏所产生的信号通过 MIDI 接口被音序器接收并存储为音序内容。

通常制作一段 MIDI 音乐的过程为：首先在音源上选择一个音色，在输入设备上演奏一段音乐，同时让音序器录制这段音乐，演奏就被转化为音序内容存储在音序器里了，然后播放这段音乐，音源就会根据音序内容用选定的音色播放这段音乐。

5.3.5 MIDI 音乐合成器

MIDI 合成器可以将 MIDI 指令转化为实际的声音。利用合成器可以逼真地再现出专业乐队的实时演奏效果，其中可包含有多种管、弦类的乐器同时在演奏。

1. 音乐合成器的类型

MIDI 合成器可以以硬件或软件的形式存在。它能利用一种乐器的数字采样频率来产生声调。多媒体计算机是通过内部合成器或通过外接到计算机 MIDI 端口的外部合成器来播放 MIDI 文件。

MIDI 合成器按照波形合成方法可以分为两种类型，一种是通过频率调制 FM 合成，另一种是通过波形表合成。FM 方式是通过硬件产生正弦信号，再经过处理产生音乐。而波形表的合成方式首先要将各种实际乐器的声音采样存储在 ROM 芯片中，当需要合成某种乐器的乐音时，通过查表方式来调用这种实际乐器的声音采样。比较这两种波形的合成效果，利用波形表方式合成音乐的效果更加逼真一些。

2. MIDI 硬件合成器

现代的合成器是集音源、音序器、MIDI 键盘于一身的设备，它不仅拥有大量真实的采样音色可供演奏使用，还拥有自己的音序器可以录制编辑音乐，且通过拥有 MIDI 接口可以与其他设备交换信息。

MIDI 硬件合成器是可移动的音乐编辑工具，包括内置式扬声器和外部的立体声耳机，可以用于在外部 MIDI 设备上合成和回放音乐。许多产品还嵌入了 MIDI 软件应用。MIDI 软件使编辑功能得到了扩展，用户不仅可以用图表音乐和屏幕乐器来合成乐曲，同时还可以用多种 MIDI 混合工具来合成音乐。

如图 5-10 所示的是 Evolution 生产的 49 键标准力度键盘，适合于 Windows 98/NT/ME/ 2000/XP 操作系统。该键盘带有弯音轮、可分配的推杆和调制轮，提供 USB 接口和标准的 MIDI 接口。

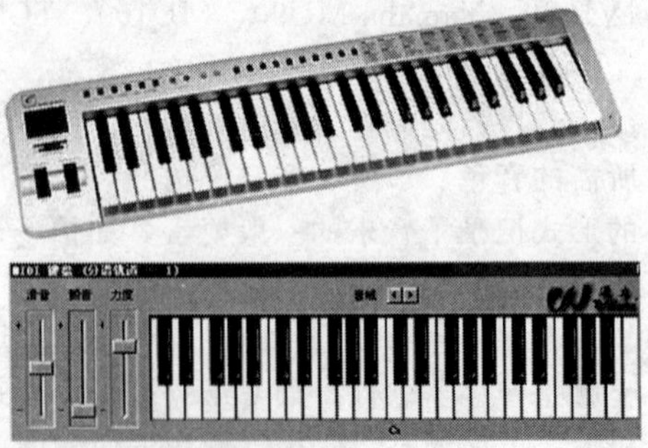

在与计算机配套的合成器中，常常只提供键盘和音色，而不提供音序器。随着独立的硬件音源和采样技术的普及，有些合成器既不带音序器也不带音色，音色由音源提供，音序器由软件提供，但 MIDI 键盘具有较强的控制功能。这类合成器的特点是：只要添加音源或采样器就可以得到更多的音色，更换音序软件就可以使用更强的功能。

3. MIDI 软件合成器

图 5-10　MIDI 硬件合成器

软件合成器是把各种虚拟乐器的演奏声音组合到一起，建立一个全景的多种乐器组合模式。它包括软音源、软音序器和虚拟的 MIDI 设备。

例如，Timidity 就是一款 SF2（SoundFont 2.0 版本）软件合成器，它巧妙地利用了 DirectX，可以在占用很低的 CPU 资源的情况下非常流畅地播放一般的 MIDI 乐曲。它不仅小巧、使用方便，而且自带多种效果器，音质也非常好。

再如，Scala 是强大的软件工具，它支持旋律的创作、编辑、对照、分析、储备，还支持电子乐器的旋律、MIDI 文件的产生和旋律的交流。

为了帮助读者进一步了解软件合成音乐的创作和基本编辑方法，将在 5.5.2 节中以 Cakewalk 为背景，介绍软件合成器的使用。

5.4　音频文件的格式

在计算机中存在很多音频格式，不同格式所提供的音质相差较大，有些格式还具有丰富的附加功能，可以满足不同用户对音频质量的要求。要能够正确地选择出适合自己的音频格式文件，首先要了解不同音频格式文件的特点。下面介绍一些主流的音频文件的格式。

5.4.1　波形格式

WAV 是 Microsoft Windows 提供的一种音频格式，即波形音频文件格式。波形文件中包含了模拟声音的采样数据，以二进制码的形式编排。这种格式的文件一般占有较大的存储空间，具体数据量与采样的精度和频率有关。

WAV 文件存储的内部格式示意如下：

```
"RIFF"
……指明文件大小
"WAVE"
"fmt"
……数据结构大小
……
……数据结构描述
……
"data"
……数据大小
  ：采样数据
```

其中 "RIFF"、"WAVE"、"fmt"、"data" 分别是 WAV 文件中标识数据块的标记，各标记后的 "……" 表示与各数据块部分有关的格式内容，如 "RIFF" 后的 "……" 应指明文件的大小，"data" 后的 "……" 应该指明数据的大小。

可见，WAV 文件由独立标识的数据块数据组成，这些标识标记了其中的数据特点。RIFF（Resource Interchange Format）称为资源交换格式，是 WAV 文件的头部标识块。接着有两个子块"fmt"和"data"。"fmt"块包含 WAV 文件数据结构方面的格式信息，"data"块中包含了具体的采样数据。

WAV 格式通常都是用来保存一些未经过压缩的音频数据，文件内容可以通过一些软件来进行编辑处理。例如 Windows 提供的录音机程序，可通过话筒录制创建 WAV 格式的声音文件，该软件同时提供了播放、编辑、效果处理和文件的管理等功能。

目前几乎所有的音频播放和编辑软件都支持 WAV 格式，功能较强的有 Creative Wave Studio、Sound Forge、Cool Edit Pro、Wave Lab、Media Studio 等，它们可以通过可视化的编辑方式，完成对某一段声音的复制、剪切、粘贴等操作，并且都不同程度地支持如混音、淡入、淡出、静音、声道更换或录音等功能。

在特定软件的支持下，可以在 WAV 格式文件中存放图像，也可以以压缩方式存储。例如，通过 ACM（Audio Compression Manager）结构及相应的驱动程序，就可以在 WAV 文件中存放压缩格式，也就是说，在 WAV 文件中存放的采样数据是经过压缩技术编码之后的数据。

5.4.2 MIDI 格式

当计算机中引入了支持 MIDI 合成的声卡后，MIDI 就正式地成为了一种数字音频格式。但 MIDI 文件所包含的信息完全符合 GS 的标准，所以，不仅在电脑上可以处理和重现 MIDI 音乐，也可以在不同的乐器间（包括电脑、电子琴、电吉他等乐器）传输并且互相控制。例如，一个 MIDI 文件可以通过软件合成器进行处理并直接进行播放，也可以通过电脑向电吉他传输 MIDI 信息并控制其播放；或者通过在电子乐器上的直接弹奏，将 MIDI 信息传输到电脑。

当然，上面所说的可以在不同的乐器间传输并且互相控制 MIDI 信息是有前提的，这个前提就是需要使用 MIDI 电缆在乐器的 MIDI 接口之间进行连接。

MIDI 文件存储着 MIDI 资料和命令，包括音色、音符、时间码、速度、调号、拍号、键号等乐谱指令，能保存多达 16 个通道的音乐信息。按照指令中时间码的顺序，音序器能够精确地按时间合成音乐，再现文件内部的乐谱指令所包含的音乐旋律。

一个 MIDI 文件基本上分成头块和轨道块两个部分，但其中可以有多个轨道块。

1. 头块

头块包括块类型、长度、数据，用来描述文件的格式、轨道块等内容。

头块通常表示如下：

4D 54 68 64 00 00 00 06 ff ff nn nn dd dd

前 4 个字节等同于 ASCII 码"MThd"，它表示头块标记，接着 MThd 之后的 4 个字节是头的大小。ff ff 是文件的格式，可以取 3 种格式之一（0：单轨；1：多轨同步；2：多轨异步）。多轨同步意味着所有轨道都是同时开始的，多轨异步表示不需要同时开始，而且可以完全不同步。nn nn 是 MIDI 文件中的轨道数。dd dd 是每个 4 分音符 delta-time 节奏数。

2. 轨道块

每一个轨道块包含一个轨道头块，并可以包含许多 MIDI 命令。轨道头块与文件头块极其相似，通常表示如下：

4D 54 72 6B xx xx xx xx

前 4 个字节等同于是 ASCII 码的"MTrk"，它表示轨道块标记，MTrk 后的 4 个字节给出了以字节为单位的轨道的长度。这两部分就是一个轨道头。在每一个轨道头之下是 MIDI 事件，这些事件所对应的数据同现行的可以被带有累加的 MIDI 合成器端口接收和发送的数据是相同的。

在 MIDI 文件中，除了基本的 MIDI 事件数据，还可以有其他数据，如 Sysex 事件、Meta 事件、delta-time 等。

所谓 MIDI 事件，就是指当用户进行按下鼠标按钮、键盘或琴键的动作时将激活它所对应的消息数据的传递，这些消息包括声音、通道和模式消息数据。

相对于 MIDI channel 消息，Sysex 事件中对系统高级消息进行了较详细的描述。

Meta 事件用来表示 track 名称、歌词、提示点等，它并不作为 MIDI 消息发送，但它是 MIDI 文件的组成部分。Meta 事件的基本形式为：FF ＜类型＞ ＜长度＞ ＜数据＞。

delta-time 是 MIDI 事件被执行后的节奏数，delta-time 之后就是 MIDI 事件。一个 MIDI 事件先于一个 delta－time。

例如，MIDI 系统实时消息"停止"表示为 F7 01 FC，"继续"表示为 F7 01 FB。假设想停止一个外部设备——鼓，发送一个"停止"，接着 48 个 delta－time 单元后"继续"，则完整的 delta－tem 事件序列如下：

00 F7 01 FC 30 F7 01 FB

其中，"30"就是定义在 MIDI 文件中（一个）单位的 delta-time 数。

实际上，MIDI 本身有 General MIDI 和 General MIDI 2 两个版本。为了提高 MIDI 音乐的合成效果，General MIDI Association 推出了 DLS（Downloadable Sound）技术，允许 MIDI 文件附带真实乐器的录音，但会使文件因此而增大到 4MB 以上。

标准的 MIDI 格式的文件扩展名是 mid，包括格式 0 和格式 1。mid 格式可以用任何 MIDI 软件进行创建、编辑和处理，但不能保存如强弱、其他符号、歌词等信息。

为了控制软件和硬件设备，可以在文件中加入一些信息，并随其他信息一起保存下来，这种文件格式就是非标准的 MIDI 文件，是由软件开发商自己制定的。在这些非标准的 MIDI 文件里可以记录一些".mid"文件无法记录的内容，例如：可以记录强弱、其他符号、歌词的 tri 格式，可以记录歌词、表情等内容的 .wrk（Cakewalk 软件）格式、Band-In-a-box 的".sgu"格式等。自定义格式的文件可以把效果器代码和参数、音场（指器材所再生的乐队所排列的形状）和位向（播放方向）、混响度等信息通过系统码的方式保存在文件中。但当将自定格式的文件转存为标准 MIDI 格式时，系统会忽略这些信息。

有许多播放器都支持标准的 MIDI 文件，如图 5-11 所示的 Roland Virtual SoundCanvas 和 YAMAHA S-YXG 等。这些软件中都安装了软波表，从而可获得较好的效果。但 X-MIDI 格式的文件必须使用 YAMAHA 播放器才能得到良好的播放效果。

图 5-11   Roland Virtual SoundCanvas 和 YAMAHA S-YXG50 软音源播放器

5.4.3   压缩格式

压缩音频文件是将音频文件按一定方式压缩而成的文件，它可降低原有文件的存储空间，更加便于存储和传递。如 MP2、MP3、MP4 音频文件都是压缩方式的文件，但是播放压缩音频文件需要使用有解压功能的播放器。

1. MP3

MP3（MPEG1 Layer 3，即 Moving Picture Experts Group, Audio Layer III）是 Fraunhofer-IIS 研究所的研究成果，由于使用了 MPEG1 Audio Layer 3 技术，可将音频文件以 1：10 至 1：12 的压缩率进行压缩。这种技术主要是利用了知觉音频编码技术，削减了音乐中人耳所听不到的成分，并尽可能保持原有的音质。

MP3 文件的压缩比例通常用比特率（bps）来表示。通常比特率越高，压缩文件就越大，音质就越好。另外一种编码方式是 vbr（Variant Bitrate，可变比特率），其特点是可以根据编码的内容动态地选择合适的比特率。

MP3（Layer 3）编码是 MPEG1 Audio 音频的压缩标准之一。与其他的压缩标准 Layer 1、Layer 2 相比，Layer 3 的文件压缩比率较高，但从表 5-4 所示的文件压缩比率和播放媒体最低位率数据可见，Layer 3 播放媒体最低位率较低，在 128～112Kbps 之间。

表 5-4　MPEG1 Audio 音频文件压缩比率和播放媒体最低位率

Layer	大约压缩比	播放媒体最低位率
1	1：4	348Kbps
2	1：6～1：8	256～192Kbps
3	1：10～1：12	128～112Kbps

MP3 文件的特点是文件存储空间和音质损坏都较小。每分钟 MP3 格式的音乐文件大约占 1MB，便于存储和网上传播。标准的 MP3 压缩比是 10：1，也可以用不同的比率进行压缩。压缩得越多，声音质量下降也将越多。

几乎所有的音频编辑工具都支持打开和保存 MP3 文件。许多新的编码技术都已经能在相同的比特率下提供比 MP3 优越得多的音质。还有许多支持 MP3 的硬件播放器，如 MPMAN、DiscMan、CD/VCD/DVD 机等。

2. mp3PRO

随着网络上收听声音和收看视频的需求不断增加，网络流媒体 Real 和 Windows Media 格式传播的媒体质量不断提高，特别是 Microsoft 推出的 WMA 格式可使相同内容的 MP3 文件缩小至原来的一半大小，极大地冲击着 MP3 格式在流行应用中的地位。

但是由于注入了新技术 mp3PRO 与 LameMP3，MP3 格式的新版本 mp3PRO、交互式 MP3 以及增强型 MP3 的推出，也使人刮目相看。

mp3PRO 是 Fraunhofer -IIS 研究所连同 Coding Technologies 公司、法国的 Thomson Multimedia 公司共同推出的。mp3PRO 采用了 SBR（Spectral Band Replication）技术，它建立在原有的 MP3 技术的基础上，针对原来 MP3 技术中损失了的音频细节进行独立编码处理，并捆绑在原来的 MP3 数据上，在播放的时候通过再合成而达到良好的音质效果。如图 5-12 所示的是 THOMSON mp3PRO 播放器的界面。

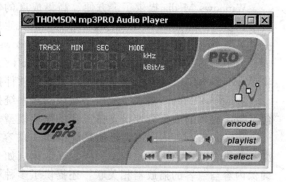

图 5-12　THOMSON mp3PRO 播放器

mp3PRO 的特点是降低了压缩比，并可以在 64Kbps 速率下最大限度地保持压缩前的音质。音乐文件大小只有原 MP3 文件的 1/2。同时，mp3PRO 实现了高低版本的完全兼容，所以它的文件类型也是 MP3。高版本的 mp3PRO 播放器可以播放低版本的 MP3 文件，低版本的播放器也可以播放高版本的 mp3PRO 文件，但用低版本的播放器播放时，只能播放出 MP3 的音质。

许多软件如 RCA mp3PRO Audio Player、Cool Edit Pro 2.0 都支持 mp3PRO 格式，它们既是 MP3 播放器，又都是 MP3 音乐的制作工具。它们都使用了 LAME 压缩技术，采用了先进的 ABR（Average Bit Rate）编码方式，编码时会根据高频或低频部分动态地分配不同的数据量，保证既不浪费数据空间又能防止音质损失，从而最大限度地提高整体音质。

Coding Technologies 最新推出了 MPEG-4 aacPlus，将 SBR 技术应用在 AAC（Advanced Audio Codec）技术中，从而获得了更卓越的音质。

5.4.4　Real Media 格式

Real Media 是网络流媒体文件格式，其中包含的 RA、RMA 这两个音频文件类型是由 Real Networks 公司推出的，特点是可以在低达 28.8kbps 的带宽下提供足够好的音质。

最新的 Real Media 播放器是 RealOne Player，其界面如图 5-13 所示。该软件可以使用户获得许多服务，包括录制音频、播放 CD 或音频文件、管理文件、刻录 CD，并具有在网上搜索和播放流媒体、收听电台、收看节目频道等功能。

在网络传输过程中，流媒体是被分割处理的。首先要将原来的音频分割成多个带有顺序标记的小数据包，经过网络的实时传递后，在接收处重新按顺序组织这些数据包以提供播放。流媒体的播放音质与网络的质量有关，有些数据包可能因收不到或者延

图 5-13　RealOne Player 播放器

缓到达而不能被播放，但是播放器还是能播出已经到达的数据，以保证收听内容上基本连续。但有一点是无法否认的，那就是即使在高传输率的网络环境下，Real Media 的音质也是不如 MP3 的。

随着网络速度的提升和宽带网的普及，用户对质量的要求也不断提高。Real Networks 通过与 SONY 公司合作，利用 SONY 的 ATRAC 技术（MD 的压缩技术）实现了高比特率的高保真压缩。

一些主流软件可以支持 Real Media 的读/写，Real Networks 提供的捆绑在 Real Media Encoder 编码器中的 Real Media Editor 还可以实现直接剪辑，但其功能非常有限。

Microsoft 推出的 Windows Media 也是一种网络流媒体技术，其本质与 Real Media 是相同的。Windows Media 包含了 Windows Media Audio & Video 编解码器、可选集成数字权限管理系统和文件容器，其特点是高质量、高安全性和最全面的数字媒体格式，可用于 PC、机顶盒和便携式设备上的流式处理以及下载、播放等应用程序。

Windows Media 9 新技术包含了大量的新特性，并在 Windows Media Player 的配合下显示出强大的功能。特别在音频方面，Microsoft 提供了全部种类音频压缩技术的解决方案。

Windows Media 提供了最方便、高集成度的使用环境，其服务器端捆绑在 Windows 服务器版中。支持 Windows Media 的软件非常多，几乎所有的基于 Windows 平台的音频编辑工具都对它提供了读/写支持。通过 Microsoft 推出的 Windows Media File Editor 还可以实现简单的直接剪辑。

为了加强 Windows 的娱乐功能，Microsoft 公司在推出的 Windows XP Media Center 版本中，将 Windows Media 9 技术以及相关娱乐媒体软件捆绑在 Windows XP 中。

Windows Media 格式集成数字权限管理系统提供了用于安全分发数字媒体内容的灵活格式，包括数字媒体的安全分发、支持灵活的商业模型、高度可伸缩的平台等。

Windows Media 使用高级的系统格式文件容器，支持高达 1700 万 TB 大小的文件。在一个文件中可存储音频、多比特率视频、元数据（如文件的标题和作者）以及索引和脚本命令。为了确保内容与兼容的播放器相关联，还提供了多种不同的文件扩展名，如表 5-5 所示。

表 5-5　Windows Media 支持的文件扩展名

扩展名	说　　明
. wmv	基于 Windows Media 的文件，同时包含视频和音频
. wma	基于 Windows Media 的文件，只包含音频
. wvx	元文件，指向 Windows Media Video（. WMV）文件
. wax	元文件，指向 Windows Media Audio（. WMA）文件
. asf	ASF 结构的文件，包含利用其他编解码器压缩的音频或视频内容
. asx	元文件，指向 ASF 结构的文件（. ASF）
. wms	Windows Media 外观文件，与 Windows Media Player 7 或更高版本兼容
. wmz	压缩的 Windows Media 文件，与 Windows Media Player 7 或更高版本兼容
. wmd	Windows Media 下载软件包，与 Windows Media Player 7 或更高版本兼容

WMA 用于利用 Windows Media Audio 编解码器压缩的音频文件，WMV 用于同时利用 Windows Media Audio 和 Windows Media Video 编解码器压缩的音频和视频的文件。利用其他编解码器压缩的内容应该存储在使用 ASF 扩展名的文件中。

5.5 音频文件的创作

音频文件的获取途径有以下三种：一种是通过音频软件录音获取声音或语音；二是通过网络或外接设备获取，例如网上下载、电视接入、CD 设备或 CD 光盘抓轨；三是通过现有的电子音频素材库获取。

诸多的音频处理软件各自具有独到之处。如 Cakewalk 软件是专门用于制作 MIDI 音乐的；擅长处理波形的软件有 Sound Recorder、Wave Edit、Cool Edit、Dexster 等；适合在网上播放、记录和保存到 MP3 文件的软件有 AV VCS Gold；在网上能够戏剧性地改变用户声音的软件代表有 AV Voice Changer Diamond Edition 等。下面仅对个别软件作介绍。

5.5.1 Cool Edit

本节通过介绍 Cool Edit Pro V2.1 软件，帮助读者了解声波的录制和编辑的基本方法。

1. Cool Edit Pro V2.1 的功能特点

Cool Edit 提供 32 位音频处理精度，支持 24 位/192kHz 以及更高的精度。支持 SMPTE/MTC Master、视频、CD、MIDI 等设备。支持 US-428 硬件控制器。Cool Edit 能方便地抓取 CD 音轨，也能抽取并编辑视频文件中的音频。

该软件支持单轨或多轨编辑模式，编辑时可互相切换。同时具有强大的音频编辑功能，支持可选的插件、崩溃恢复、自动静音检测和删除、自动节拍查找、录制等。可以创建音调、歌曲、声音、弦乐、颤音、噪音。在单轨和多轨编辑模式下，分别提供了不同的编辑功能。软件还提供了音频分析器和相位分析器。

Cool Edit 为每一轨都提供了实时效果器、实时均衡处理器。提供了超过 40 种音频效果器，使作品增色，如：放大、降低噪音、压缩、扩展、回声、失真、延迟等。

2. Cool Edit 的界面

如图 5-14 所示的是 Cool Edit 的默认界面。其中主要包括主菜单、工具栏、文件管理窗口、音轨编辑区、播放控制按钮、缩放控制按钮、当前时间、和音频属性等。

图 5-14　Cool Edit 的默认界面

3. Cool Edit 主菜单

多轨模式的主菜单有 7 个子菜单，分别是文件、编辑、视图、插入、效果、选项和帮助。单轨模式的主菜单有 10 个子菜单，分别是文件、编辑、视图、效果、产生、分析、爱好、选项、窗口和帮助。

4. Cool Edit 工具条

Cool Edit 有许多工具条，根据需要可在 View/Toolbar 中选择。

多轨模式下包括多轨文件工具、多轨编辑工具、多轨视图工具、多轨选项工具和显示/隐含工具等 5 项。单轨模式下包括文件、编辑、视图、选项、分析、产生、振幅、延迟、DirectX、过滤、降低噪声、特殊、时间/音调和窗口等工具。如图 5-15 所示。

多轨模式下的音轨界面如图 5-16 所示，每个音轨都可以进行音量、均衡和声道控制，其中"R、S、M"控制按钮可分别控制（MUTE）静音、（SOLO）独奏和录音激活（ARM）。

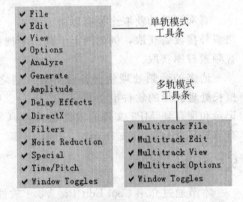

图 5-15   Cool Edit 工具条

图 5-16   多轨模式下的音轨

5. Cool Edit 的编辑实例

数字音频编辑的大致流程为：创建新文件、录制声音或导入音频、设置音频文件必要的参数、对需要处理的各个音频文件进行单轨编辑和效果处理或对多个音轨进行编辑、保存所编辑的音频文件。

例 1   使用 Cool Edit 录制声音文件，对所录制的声音进行加速、降低噪音处理，然后播放收听效果，最后将处理后的录音文件保存为 c:\lx\yp1.wav 文件。操作步骤如下：

1）选择"开始"/"所有程序"/"Cool Edit Pro V2.1"/"Cool Edit Pro V2.1"，打开窗口。

2）把耳机和麦克风调试好。

3）新建工程。点击 ▬▬▸ 按钮，选择"文件"/"新建"，在打开的对话框中选择采样率为"44100"、声道数为"单声道"、采样精度为"16-bit"。

4）单轨 1 录音。点击 ▬▬ 进入多轨窗口。点击音轨 1 右边红色的"R"键 R，点击转换控制工具栏上的红色录音按钮 ●，开始记录声音（自己对着话筒说一段话即可）。

5）单轨 1、2 同时录音。保证音轨 1 和音轨 2 右边红色的"R"键都处于按下状态，点击转换控制工具栏上的红色录音按钮 ●，开始记录声音（可以录下 5 秒左右的噪音）。

6）加速处理。选择"效果"/"噪音消除"/"降噪器"命令，并选择"噪音采样"选项，确定关闭效果设置窗口。

7）降低噪音处理。选择"效果"/"加速"命令。

8）在工具栏中单击"播放"按钮 ▶ 播放收听效果。

9）选择"文件"/"混合另存为"命令，选择保存文件夹为"c:\lx"，在文件名文本框中输入"yp1.wav"后保存文件。

例 2 使用 Cool Edit 合成编辑多个音频文件。利用已有的声音文件"Bird.wav"、"Bird1.wav"和"Lake1.wav"（源文件可从华章网站下载）创作新的合成文件。要求在 Bird1.wav 文件的 1：1.00 秒处，分别插入"Bird.wav"和"Lake1.wav"文件，然后将"Bird.wav"混合在"Lake1.wav"音轨中，将混合声音的后 1/3 音频删除，将结果保存为 c:\lx\yp2.wav 文件。操作步骤如下：

1）选择"开始"/"所有程序"/"Cool Edit Pro V2.1"/"Cool Edit Pro V2.1"，打开窗口。

2）在 Cool Edit 窗口中，选择"文件"/"打开"，在打开的对话框中选择 Bird1.wav 文件。

3）插入文件。在多音轨窗口中，用鼠标单击播放时间在 1：1.00 秒的位置 1:1.00。选择"编辑"/"插入文件"命令，选择插入"Bird.wav"和"Lake1.wav"文件。

4）混合音轨。选择"Bird.wav"音轨，单击 ⟶ 进入单音轨窗口中。用鼠标拖动选择波形段，选择"编辑"/"复制"命令。点击已经导入的"Lake1.wav"音轨，使得播放时间处于开始位置。选择"编辑"/"混合粘贴"命令。

5）删除音段。单击"Lake1.wav"音轨，用鼠标拖动选择后面 1/3 的音频内容，按下 Delete 键删除选中的部分内容。

6）在工具栏中单击"播放"按钮 ▶ 播放收听效果。

7）选择"文件"/"混合另存为"命令，选择保存文件夹为"c:\lx"，在文件名文本框中输入"yp2.wav"后保存文件。

5.5.2 Cakewalk

Cakewalk 是一个音序处理软件，具有比较完善的 MIDI 作曲和编辑、音频处理和格式转换功能。本节将介绍 Cakewalk Pro Audio 9.03 中文版的基本功能和使用方法。

1. Cakewalk 的功能特点

Cakewalk 软件提供了一个快速、高效地创作音乐和声音的集成环境，可用来录制、编辑和播放 MIDI 乐曲。软件为每个音序文件提供多达 256 个同步音轨，每个音轨可创建不同乐器所演奏的乐曲。同时，Cakewalk 支持 MIDI 设备、乐器、音频和视频编辑界面，利用 Cakewalk 软件，不仅能获得优美的音序效果，同时还可输出相对应的具有歌词、表情示意在内的五线乐谱。

Cakewalk 提供了强大的处理功能，能对音轨进行除去小误事件、平移、量化、模板量化、插入替换等多种处理。对其他音频文件可进行合并、常规编辑和特效处理。用户可在音轨上插入音色库/音色改变、拍号/调号改变、速度改变、时间/小节、标记、声波文件、视频文件、系列控制器变化和系列速度变化，并可以任意移动音轨或音节。此外，用户还可以对音轨进行静音、存档、独奏、激活录音特性等处理。

在播放方面，Cakewalk 提供了便捷的播放控制工具与自定义乐曲播放列表。同时，Cakewalk 还允许实时更新音色缓存和选择不同的速度比率。

在录音方面，Cakewalk 提供了采用混合式、替换式或自动替换式三种录音模式，录音时允许进行单步录音、循环及自动往返，录音后可指定所录音的片断应存储的目标位置，或丢弃循环录音废片。

2. Cakewalk Pro Audio 9.03 的界面

Cakewalk 软件界面如图 5-17 所示，主要包括主菜单、工具栏、编辑窗口和状态栏。

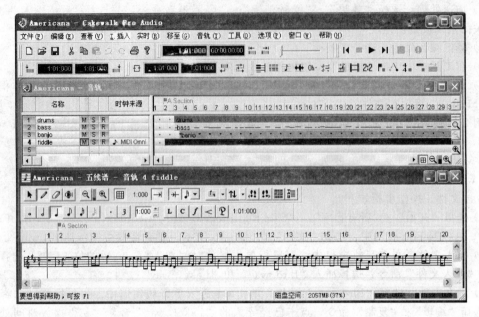

图 5-17　Cakewalk 软件工作环境

Cakewalk 主菜单提供了文件、编辑、查看、插入、实时、移至、音轨、工具、选项、窗口和帮助等 11 个子菜单。软件可提供 13 个工具栏，即标准、循环、标记、节拍器、位置、录音、独奏、选择、系统、速度、走带控制器、走带控制器（大号）和视图。下面介绍与编辑和播放控制关系密切的几个工具栏。

1）"视图"工具栏：提供钢琴卷帘、时间列表、五线谱、音频、歌词和录音室设备控件，还有调音控制台、视频、大号时间显示、编辑、速度、拍号/调号和系统专用信息等窗口。

2）"速度"工具栏：提供速度输入、速度比率选择按钮，如图 5-18 所示。

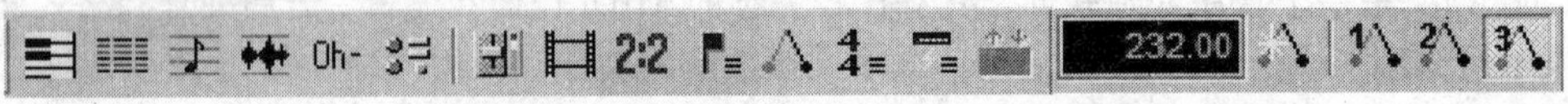

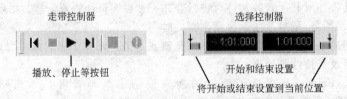

图 5-18　Cakewalk 的"速度"工具栏

3）"走带控制器"工具栏：提供音乐的倒带、停止、播放和去往结尾等操作按钮，如图 5-19 左图所示。

4）"选择"工具栏：可设置播放开始和结束的位置，以便标记所要播放音乐片段的位置。如图 5-19 右图所示。

走带控制器　　　　　　　　　　　　选择控制器

播放、停止等按钮　　　　　　　　　开始和结束设置
　　　　　　　　　　　　　　　将开始或结束设置到当前位置

图 5-19　Cakewalk 的走带控制器和选择控制器

5）"位置"工具栏：可用来随时调整需要播放的位置，并动态显示当前播放的位置，如图 5-20 左图所示。

6)"循环"工具栏：提供了循环开关、循环开始和结束设置、设置循环为选择的部分、循环及自动往返等功能。如图 5-20 右图所示。

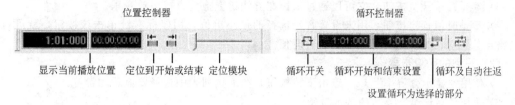

图 5-20   Cakewalk 的位置控制器和循环控制器

3. Cakewalk 的编辑窗口

如图 5-21 所示的是一个音序文件的音轨窗口，其中有多个音轨，每个音轨分为音轨的文件属性和轨迹属性两大部分。从文件属性部分可见有 6 个音轨，名称分别为 Piano、Bass、Sax、Pad 2、Drums 和 Shaker。在轨迹属性部分，显示了具有不同颜色且随着时间而变化的波形。

图 5-21   Cakewalk 的音轨窗口

4. MIDI 作曲

通过 Cakewalk 创作 MIDI 音乐有多种方法。下面以五线谱为例介绍作曲的基本方法。

（1）五线谱的写谱工具

打开五线谱视图，上面提供了一系列的写谱工具，如图 5-22 所示。

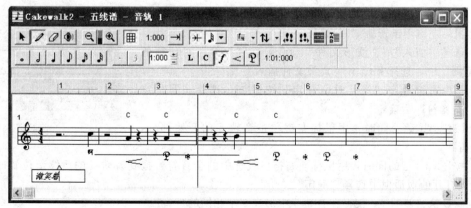

图 5-22   Cakewalk 五线谱视图

1）![音符工具]是基本音符工具，作为写谱笔使用前的选择项目。

2）![工具图标]分别是歌词、和弦、表情记号、渐强渐弱、踏板附加写作工具。

3）![选择工具]是选择工具，用来选择所需要的一条音轨事件，或与 Shift 键配合选择多轨事件。如果按住 ALT 键，同时用鼠标拖曳，可以选择出音轨中的片段。

4）✐是写谱笔，可以直接在五线谱上点击，写出事先选择的音符。

5）✐是橡皮擦，可以直接在五线谱上点击，擦除所点击的音符。

6）▣是音乐预览按钮，它可以通过鼠标在五线谱上拖曳直接播放音乐。

7）▦是时值锁定按钮，用来设置音符选择的最小单位。用鼠标右键单击该按钮，就可打开"网格定位"对话框。选择所需要的音符时值。

（2）写谱的一般步骤

1）使用"显示分辨率"♩▾，点击下拉按钮，在下拉列表中选择要显示的音符。

2）选择"写谱笔"要写的基本音符。

3）按下"写谱笔"按钮，在五线谱上直接点击写出乐谱。

4）选择附加写作工具，在五线谱上下部位分别写上歌词、和弦、表情记号、渐强渐弱、踏板等内容。

5）使用橡皮擦来擦除写错的音符或标记，以便重写。

5．Cakewalk Pro Audio 编辑实例

例 3　单独音轨重复试听。选择"Americana"音乐文件中"fiddle"音轨上 3：00～6：00 时间段之间的音乐，进行重复播放。操作步骤如下：

1）选择"开始"/"所有程序"/"Cakewalk Pro Audio 9.03"/"Cakewalk Pro Audio 9.03"，打开 Cakewalk Pro Audio 9.03 窗口。

2）在 Cakewalk Pro Audio 9.03 窗口中，选择"文件"/"打开"，在打开的对话框的"Cakewalk"目录中选择类型为"全部 Cakewalk"，选择文件名为"Americana"，然后单击"打开"按钮。

3）在打开的音轨窗口中，单击"fiddle"音轨的"S"独奏开关。

4）在工具栏中单击"循环及自动往返"按钮🔃，在"循环/自动往返"对话框上，设置开始时间为"3：01：000"，设置结束时间为 6：01：000。然后单击"确定"按钮。

5）在工具栏中单击"播放"按钮▶进行播放。

例 4　音乐编辑。在"Americana"音乐文件中建立音轨 5，命名为"bird"，插入名为 Bird.wav 的声波文件，并在同一音轨上连续复制 3 段。操作步骤如下：

1）打开文件。打开 Cakewalk Pro Audio 9.03 窗口，选择"Americana"文件。

2）在打开的"Americana"文件音轨中，双击如图 5-23 所示的音轨窗口中音轨 5 的名称格，输入音轨名称为"bird"。

3）鼠标左键单击音轨"5"编号。

4）选择"插入"/"波形文件"命令，在"打开"对话框的"查找范围"中，选择 Bird.wav 声波文件插入。

5）鼠标右键单击"音符时值锁定"按钮▣，选择"网格定位"/"全音符"后确定。

6）按住 Alt 键的同时，用鼠标左键单击音轨 5 的开始部分，选中全音符。

图 5-23　音轨窗口

7）按住 Ctrl 键的同时，用鼠标向右拖曳被选中的全音符，拖到音轨 5 的后续新位置时释放鼠标，在打开的对话框中选择"确定"。

8）重复执行步骤 7，使得在音轨 5 中形成 3 个相同的声音段。

9）在工具栏中单击"播放"按钮▶进行播放。

本章小结

数字音频主要分为声波、语音和音乐三类。声音是纵波，形如正弦形，声音与强度、时空性、方向性取决于声波的振幅、频率和相位等物理特性。复杂的声波就是由多个具有不同特性的

纵波组成的。语音是音素、音位到句子音段、轻重音到语调等语音手段的统称。MIDI 是音乐设备的数字化界面。它是人们可以利用多媒体计算机和电子乐器去创作、欣赏和研究音乐的标准协议。

人耳听觉心理的主观感受主要有响度、音高、音色、音量、密度、谐和、噪声、掩蔽效应、高频定位等特性。我们所创建数字音频必须要符合人类的听觉特征和听力范围。

模拟声音经过采样、量化和编码后才能在计算机中进行处理。而通过脉冲编码调制技术，可以用同样的采样频率转换为电压值去还原声音。

计算机对语音的处理主要包括对语音的采样、识别、模拟和合成。目前，语音的自动识别基本上采用孤立词的模式匹配识别和有限词汇的连续识别。

MIDI 标准文件包括通信协议、连接器和传播格式。MIDI 的基本设备包括音源、音序器、输入设备。目前的 MIDI 设备和计算机合成音乐基本都是建立在 GM 标准的基础上。

思考题

1. 声波的物理特征中，振幅、频率和相位分别表示什么？
2. 物理上，描述声音强度的量值是采用什么来表示的？符号是什么？
3. 一般人的听力范围是多少？什么是低频、中频和高频？
4. 什么是屏蔽？什么情况下屏蔽效应会很强？
5. 什么是模/数转换器和数/模转换器？声音的数字化过程有几个步骤？
6. 什么是采样周期和采样频率？如何量化采样值？编码是按一定的格式将离散的数字信号记录下来，还需要加入哪些信号？
7. 采样位数、采样频率对数字声音的质量影响怎样？常用的采样精度是多少？国际标准的语音采用多少位编码？流行的采样频率主要有哪些？
8. 大量采样数据文件的存储是进一步处理的首要问题。如何计算采样数据的存储容量？
9. 什么是语音？成年人的发音频率大约在什么范围内？
10. 孤立词的模式是一种什么样的识别方式？请简述孤立词的模式识别系统的原理。
11. 语音合成可以通过哪两种途径实现？它们的特点是什么？
12. 数字音乐是如何形成的？
13. GS 标准定义了多少种最常用的乐器？
14. 什么是音序器，它的作用是什么？音序器以数字的形式记录了什么内容？
15. 什么是 MIDI 合成器？MIDI 硬件合成器包括了什么部件？
16. MIDI 文件存储了什么内容？标准的 MIDI 格式的文件扩展名是什么？它能否保存如强弱、其他符号、歌词等信息？
17. MP3 可将音频文件以 1：10～1：12 的压缩率进行压缩。这主要是利用了什么技术？mp3PRO 的特点是降低了压缩比，其音乐文件大小是原 MP3 文件的多少？
18. Real Media 是网络流媒体文件格式。其常用的扩展名是什么？
19. Windows Media 主要包含哪几个重要的组成部分？
20. Windows Media 高级的系统格式文件容器可支持多大的文件？在一个文件中可存储哪些内容？
21. 创作配乐诗朗诵。自己录制一段诗词，寻找一个可作为背景音乐的媒体文件，将录音和背景音乐合成为"配乐诗朗诵"文件。最后将文件格式转换为 MP3。
22. 打开"Cakewalk"目录中的"Downtown"音乐文件，分别试听各个音轨，并查看对应的五线谱。
23. 新建音轨 6，将音轨 5 中的声音以延迟 3 秒的开始时间复制到音轨 6 中。再新建音轨 7，使用五线谱，插入自己弹奏的乐曲。

第6章 动画、视频技术

　　计算机动画和视频源于静态的图类，将静态的图转变为动态的画的关键是画的量变和形变。只要使一系列形态差异的画在人眼中按序经过，人脑中就会产生动态的感觉，所以动画和视频的创建也必须考虑符合人类的视觉基本特征和视觉心理特性。纯动画和视频作品一般还需要考虑加入其他媒体元素，由此带来的问题是如何实现多媒体之间的巧妙配合和超大数据量的存取。而如何显示动画数据，则取决于显示技术，目前的显示方式主要是模拟视频和数字视频。

　　本章在分析动画、视频原理的基础上，介绍模拟视频和数字视频的基本概念、标准和技术，最后结合几个流行的软件介绍计算机动画、视频创作和编辑的基本方法。

6.1 动画基础

　　什么是动画？动画大师诺曼·麦克拉伦（Norman Mclaren）解释说，动画不是"会动的画"的艺术，而是"画出来的运动"的艺术。

6.1.1 动画原理

　　动画是由一系列静态画面按序快速显示而成的。人眼看到的任何物体，即使它马上消失了，也仍然会在人的视觉中停留约 1/24 秒，这就是人眼所产生的视觉暂留现象，如果一幅画还没有完全在视觉中消失前就立即播放下一幅画，两幅画就自然联系起来，给人一种流畅的视觉变化效果，人脑中产生的效果便是物体处于动态。正因为如此，电影标准中规定了每秒 24 帧画面的播放速度。

　　就动画的画面来讲，其所表现的动作并非真实的，而是凭想象设计出来的。从动画的制作来讲，动画画面是逐幅绘制的，动画影像也是用电影胶片或像带以逐幅记录的方式制作的。

　　在动画的制作过程中，重要的是不仅要设计好每张画面，同时要考虑物体运动的各种因素，包括物体运动的轨迹、方向以及所需的时间。为了显示物体连续变化的效果，要求上一幅画面和下一幅画面之间的形态变化不能太大。

　　传统的模拟动画的制作需要一个完整的制作班子，包括原作、脚本、总监督、作画监督、美术监督、摄影监督、音响监督、演出、人物设定、机械设定、设计稿、原画、作监、背景、动画、动检、色指定、描上、总校、拍摄、编集和配音。而数字动画的制作在时间和质量上都是值得称道的。通过计算机的各种多媒体软件可以方便且快速地完成角色的创建，然后利用动画编辑软件实现动画脚本的制作。

6.1.2 动画类型

　　动画有许多种类，按动画制作技术和手段可分为手工绘制和计算机动画；按照计算机动画实现的方式可分为帧动画和造型动画；按动作的表现形式可分为完善动画和简化的局限动画；按空间视觉效果可分为二维动画和三维动画；按播放进行方式可分为顺序动画和交互动画。本节主要讨论计算机实现方法和空间视觉效果。

　　1. 帧动画和造型动画

　　帧（Frame）动画由图形或图像序列构成，序列中的每幅静态图像称为一个"帧"。帧动画可以分为逐帧动画和补间动画。在逐帧动画中，每一个帧上都有可编辑的角色对象，设计者可以分别进行修改。而在补间动画中，设计者只需要在一个表演时间段的两端分别给出两个角色对象，表示运动物体的初始和终结状态画面，动画制作软件就可通过一定的算法计算并生成自然、平滑的中间帧，从而产生细腻的动画效果。

造型动画也被称为对象（Object）动画。造型就是利用三维软件创造三维形体。建立复杂的形体可以采用以下三种造型技术：

1）组合技术：先绘制出基本的几何形体，再将它们变成需要的形状，然后通过不同的方法将它们组合在一起。

2）拓展技术：先创造出二维轮廓，再将其拓展到三维空间。

3）放样技术：先创造出一系列二维轮廓，用来定义形体的骨架，再将几何表面附于其上，从而建立立体图形。

制作造型动画时，首先要分别对动画中的每个对象进行特征设计，然后再由这些具有个性化的对象组成完整的动画画面。经过特征设计的对象，必须按照一定的要求经过实时转换后才能形成连续的动画。在电影特技中，为了得到比较真实的感觉，虚拟角色的造型可以通过基于物理的动画，真实演员可以身带与计算机相连的传感设备（如传感衣、传感手套等）去完成一系列动作，这些动作通过计算机软件接收后可作为虚拟角色的动作造型。

因此，完成一个动画至少需要绘图、造型、动画三个步骤。为了使动画中的各种造型运动起来，制作人员要做的是定义关键帧或对象造型，动画的中间态可以交给计算机去计算完成。

2．二维动画和三维动画

二维（2D）动画的图像设计只局限于平面，缺乏立体感，对诸如光、影、景深、景浅要求不高，所以制作也比较简单。

三维（3D）动画的图像设计强调空间概念，配上真实色彩和 3D 虚拟环境，动画效果显得相当逼真。实质上，3D 动画是基于计算机特殊的 3D 动画软件给出的一个虚拟的三维空间，通过创建物体的模型，把模型放在这个虚拟的三维空间中，配上灯光效果，然后赋予对象以动态效果和质感效果。从某种角度来说，三维动画的创作有点类似于实际工作中的雕刻、摄影、布景设计及舞台灯光等的综合使用，所以在虚拟的三维环境中的工作重点也就是要控制各种组合、光线和三维对象。

比较流行的动画制作软件有：Flash、Director、Animator、3D Studio MAX、LightWave 3D、Alias/WaveFront、Animator Studio、SoftImage 3D 和 Strata Studio Pro。

Flash 支持动画、声音以及交互功能，其多媒体编辑能力很强，并能直接生成网页代码，是制作网络交互动画最好的工具。利用 Flash 也可制作三维动画，但 Flash 本身没有三维建模功能，可以先利用 Adobe Dimensions 创建三维动画，再导入到 Flash 中进行合成，可生成效果较好的三维效果。

Director 是功能较强的二维动画制作软件，可以创建交互功能的动画，利用一些技巧还可以产生三维视觉效果，也可以通过导入三维电影或三维图片组来产生真正的三维动画。使用 Director 的 Xtra 功能，可以在 Director 中嵌入一些制作三维效果的外部程序，如使用 QD3D Xtra 系统扩展，可以在 Director 演员表中加入全交互的三维对象。

3D Studio MAX 创建的物体有非常好的质感，光线反射、折射、阴影、镜像、色彩都非常清楚，广泛运用于三维动画设计、影视广告设计、室内外装饰设计等领域。

6.2 视频基础

6.2.1 动态视频的颜色空间

在视频播放设备、投影机、电视机和其他显示设备中，通常有复合视频、S-Video 和分量视频三种接口，它们都与动态视频的颜色空间有关。常用的色彩系统有 RGB、YIQ 和 YUV。

许多显示设备中都使用了红（R）、绿（G）、蓝（B）三原色图像，利用 RGB 三原色的信号强度来记录和表述图像信息。计算机与显示设备连接通常也使用 RGB 接口，通过 R、G、B 三根信号线分别传输图像信号。

YUV 颜色空间是欧洲电视系统（PAL 制式）所采用的颜色编码方法。与 RGB 视频信号传输相比，YUV 编码只占用极少的带宽（RGB 要求三个独立的视频信号同时传输），可以优化彩色视频信号的传输。由于亮度信号是单独传输的，所以还可兼容黑白电视。

YUV 中的"Y"代表明亮度（Luminance 或 Luma），代表颜色的相对明暗程度，"亮度"是由输入 RGB 信号叠加而成的。"U"和"V"表示的是 C 色度（Chrominance 或 Chroma），分别定义了颜色的色调和饱和度。也就是说 C 色度通过相应电视制式的解码方式解调出 Cr 和 Cb 两路信号。色调 Cr 反映了 RGB 输入信号红色部分与 RGB 信号亮度值之间的差异，饱和度 Cb 指颜色的纯度，它反映的是 RGB 输入信号蓝色部分与 RGB 信号亮度值之间的差异，这一色差信号就是分量信号（Y、R-Y、B-Y）。

北美的 NTSC 电视系统采用的是 YIQ 色彩系统，Y 是亮度，即图像的灰度值，I 和 Q 则是指色调。

分量视频是指按色彩分量如 Y、Cb、Cr 分别输出。复合信号是将亮度信号、彩色信号和同步信号合成的信号。NTSC 和 PAL 彩色视频信号都是有一个基本的黑白视频信号，然后在每个水平同步脉冲之后，加入一个颜色脉冲和一个亮度信号。

S-Video 视频接口取消了信号叠加，将 RGB 三原色和亮度进行分离处理。S-Video 是一种两分量的视频信号，它将两个色差信号 U、V 合并成彩色信号 C，并以 Y/C 格式进行记录。这种信号不仅其亮度和色度都具有较宽的带宽，而且由于亮度和色度是分开传输的，这样就可以减少其互相干扰，再加上水平分解率可达 420 线，所以它的信号质量比较高。

6.2.2 彩色空间变换

许多广播标准，如欧洲的 PAL 和北美的 NTSC 电视系统，都采用亮度和色差视频信号，因此需要一种机制进行不同色彩格式间的转换，这也称为色彩空间变换。为了将彩色图像按亮度和颜色分别处理，就要把 RGB 空间表示的彩色图像变换到其他彩色空间。

目前采用的彩色空间变换方式有三种：YIQ、YUV 和 YCrCb。每种变换使用的参数都是为了适应某种类型的显示设备。例如，YIQ 用于 NTSC 彩色电视制式，YUV 用于 PAL 制式和 SECAM 彩色电视制式，而 YCrCb 用于连接在计算机上的显示器。

在 YUV 模型中，Y 表示亮度，U、V 是构成彩色的两个分量。考虑人的视觉系统和阴极射线管的非线性特性，YUV 和 RGB 的近似换算式如下：

$$Y = 0.299R + 0.587G + 0.114B$$
$$U = -0.147R - 0.289G + 0.436B$$
$$V = 0.615R - 0.515G - 0.100B$$

YIQ 与 RGB 彩色空间变换的对应关系表示如下：

$$Y = 0.299R + 0.587G + 0.114B$$
$$I = 0.596R - 0.275G - 0.321B$$
$$Q = 0.212R - 0.523G + 0.311B$$

用 YUV 或 YIQ 模型来表示彩色图像的优点是亮度信号 Y 和色差信号 UV（或 IQ）是相互独立的，可对 Y、U 和 V 三种图像信号单独进行编辑和编码。

由于彩色模拟视频采用的是加色（三色叠加）信号，所以首先要把彩色图像分解为 R、G、B 三原色。图像的传输信号可以是单色信号和复合信号。单色信号传输即分别传输 R、G、B 三原色信号，同时加上视频同步信号，在接收端合成显示信号。

在采用 8 位颜色的数字电视系统中，亮度定义为 16～235，色度 Cb 和 Cr 信号的取值范围为

16～240，其中 128 与 0 相等。

YCrCb 和 RGB 色彩空间的转换关系如下：

$$R' = 1.164\,(Y-16) + 1.596\,(Cr-128)$$
$$G' = 1.164\,(Y-16) - 0.813\,(Cr-128) - 0.392\,(Cb-128)$$
$$B' = 1.164\,(Y-16) + 1.596\,(Cr-128)$$

其中 R'、G'、B' 是伽马校正 RGB 数值。由于 CRT 显示器在信号幅度和输出强度间是非线性关系，通过伽马校正信号可使它们之间的关系转为线性化。

6.2.3 视频显示和格式

电视机和计算机显示器的阴极射线管（CRT）使用三个电子枪分别产生红、绿和蓝三种波长的光，在彩色显像管上又使用了红、绿、蓝这三种磷光材料发光合成彩色，这样就需要把用 YUV 或 YIQ 表示的图像信号转换成用 RGB 表示的图像信号才能显示。

模拟视频信号通过光栅扫描的方法显示在屏幕上。通过一定的扫描行数和速度，在屏幕上从上到下进行扫描，从而产生图像的集合信号。动态的视频图像就是连续显示的不同扫描图像。获取模拟视频图像的设备可以是模拟或数字的显示设备。所不同的是，使用数字显示设备时，必须要经过模/数转换。

模拟视频的常用格式有专业格式 Betacam SP，家用格式的 VHS、8mm 和 Hi8 等。

1）Betacam SP：专业格式，比其他格式的分辨率更高，且噪声最少，但价格高。

2）VHS：使用 12mm 带宽的录影带，因此也有人称之为 V12。其水平解像度为 280～300 线。

3）8mm：使用 8mm 带宽的录影带，也称为 V8，全名为 Video 8。水平解像度为 270 线。

4）Hi8：Hi8 与 V8 同为使用 8mm 带宽的录影带，但是 Hi8 的水平解像度为 400 线。

6.2.4 模拟视频标准

模拟视频的标准也称为电视制式，目前流行的模拟彩色电视有三大制式，即 PAL 制、NTSC 制和 SECAM 制。美、日、加拿大等国采用是 NTSC 制。德、英、西欧等国采用是 PAL 制，我国也采用 PAL 制。法、俄等国采用的是 SECAM 制。

由于电视频道的带宽是有限的，因此，模拟电视调谐器接收模拟电视信号时，无论是哪一种制式，都要使两个色差信号调制到某个副载波频率上，采用频谱搬移的方法将许多不同频率的高频电视信号变换成一个固定的中频输出，然后与 Y 信号共频带传送。

1. NTSC 视频

NTSC（National Television Standards Committee，美国国家电视标准委员会）是 1952 年定义的彩色电视广播标准，称为正交平衡调幅制式。NTSC 采用的是 YIQ 彩色空间，鉴于人眼具有难以分辨蓝、品红间的颜色细节和容易分辨红、黄间的颜色细节的特点，NTSC 采用蓝、品红间色差信号 Q 和 红、黄间的色差信号 I 代替蓝、红两个色差信号。NTSC 制首先是将 Q 和 I 这两个色差信号（其频率为 3.58MHz、相位分别为 0°及 90°的副载波信号）进行正交平衡调幅，然后将亮度信号 Y 和调制后的色度信号混合，再加上复合同步、复合消隐及色同步等辅助信号，结果产生彩色复合全电视信号 CVBS，CVBS 用于调制发射机，在接收端可利用同步检波的方法恢复这两个色差信号。

NTSC 标准规定视频源每秒钟需要发送 30 幅完整的图像，每个帧的总行数只有 525 行。为了避免出现严重的闪烁现象，NTSC 采用了隔行扫描法，将每一帧均分为两个场，每场的扫描行数为 262.5 行。一部分全是奇数行，另一部分则全是偶数行。显示的时候，先扫描奇数行，再扫描偶数行，就可以有效地改善图像显示的稳定性。其帧频为 30Hz，场扫描频率是 60Hz。

2. PAL 视频

PAL (Phase Alternate Line，逐行倒相) 是 1962 年德国制定的彩色电视广播标准，也称为逐行倒相正交平衡调幅制。PAL 制式采用 YUV 颜色模型，它首先是将 U 和 V 这两个色差信号 (其频率为 4.43MHz、相位分别为 0°及±90°的副载波信号) 进行正交平衡调幅，如色差信号 V 对副载波进行平衡调幅时，一行为 90°，另一行为−90°。PAL 制改善了 NTSC 制对于相位的敏感性，从而减少了由于相位变化所引起的色调失真。

根据不同的参数细节，PAL 制式还可分为 G、I、D 等制式，我国使用 PAL-D 制式，该彩色电视制式规定视频源每秒钟需要发送 25 幅完整的图像，每个帧的总行数为 625，也采用隔行扫描法，每一场的扫描行数为 312.5 行。其帧频为 25Hz，场扫描频率是 50Hz。

3. SECAM 视频

SECAM (SÉquential Couleur À Mémoire，顺序传送彩色与存储) 是法国采用的一种兼容性彩色电视制式，1956 年由法国工程师亨利·弗朗斯提出，并于 1967 年开始使用。

SECAM 制式中，色差信号对副载波信号进行调频，两个色差信号 R-Y 和 B-Y 逐行轮换传送，又称为顺序传送与存储复用调频制。在信号传输过程中，亮度信号每行都传送，而两个色差信号则是逐行依次传送，在接收端可利用延迟线将收到的信号延迟一行，使每一行所传送的色差被使用两次，用来弥补每行中缺少的另一个色差信号。这种利用行来错开传输时间的办法，可以避免同时传输时所产生的串色以及由其造成的彩色失真。

SECAM 制式也采用隔行扫描法，其帧频和场频与 PAL-D 制式相同。

4. 三种电视制式的区别

在这三种制式中，NTSC 制式最早研究成功，PAL 制式和 SECAM 制式是针对 NTSC 制式的缺点提出的改进制式。

三种制式的主要区别在于其帧频不同、分辨率不同、信号的带宽不同、可载频率不同以及色彩空间的转换关系不同。表 6-1 列出了三种电视制式的主要技术指标。

表 6-1   三种电视制式的主要技术指标

技术指标 制 式	帧频 (Hz)	场频 (Hz)	帧的 总行数	亮度带宽 (MHz)	彩色副载波 (MHz)	色度带宽 (MHz)	声音载波 (MHz)
NTSC-M 制式	30	60	525	4.2	3.58	1.3 (I)、0.6 (Q)	4.5
PAL-D 制式	25	50	625	6.0	4.43	1.3 (U)、1.3 (V)	6.5
SECAM 制式	25	50	625	6.0	4.25	>1.0(U)、>1.0(V)	6.5

6.3   数字视频

6.3.1   数字视频概述

1. 什么是数字视频

数字视频 (Digital Video，DV) 是定义压缩图像和声音数据记录及回放过程的标准。数字视频的特点是：影像质量好、音响效果好、设备价格较低，不会导致制作过程的质量损失，不需要视频捕捉卡和帧同步卡，捕捉和录制是实时的。

大部分数码摄像机都能通过 FireWire (IEEE 1394) 接口与计算机相连，可以实时录像并能进行数据快速传输。

模拟视像设备中的视频信号是模拟信号，如果要将模拟视像设备中的模拟视频信号转变为数字视频信号，就需要通过视频卡的处理。模拟摄像机就是最常见的模拟视像设备，当我们要从模拟摄像机中获取数字视频时，一般要先将视频源影像的颜色和亮度信息转变为电信号，再记录到存储介质。然后由视频捕捉设备进行采样、量化和编码，也就是将模拟视频信号通过 A/D 转换器转变为数字的"0"或"1"。计算机的作用是控制视频采集卡的实时工作，并将采集到的数字视频以一定的格式存储在介质上。

数字视频可以通过软件播放器在计算机上直接播放。但如果要在摄像机、电视机上观看数字视频，则需要用 D/A 数模转换器将二进制信息解码成模拟信号，才能进行播放。

2. 数字视频编辑

数字视频编辑包括利用采集卡将数字化的数据转换成 MPEG 或 AVI 文件，还包括可以利用有关软件进行线性编辑或非线性编辑。

MPEG 文件是经过压缩的，一般不适合再编辑，但也可以利用工具进行添加字幕、配音等简单的编辑工作。而 AVI 文件比较适合于再编辑，除了可以进行添加字幕、配音等简单编辑工作外，还能进行图像叠加和增加特技效果。

在数字视频编辑中，与线性编辑相比，非线性编辑更具有特色：

1）在非线性编辑环境中，可以反复对数字视频文件的部分或全部进行编辑和处理。

2）在非线性编辑系统的实际编辑过程中，只编辑点和特技效果的记录。任何对剪辑的剪切、复制和顺序调整都不影响画面的质量。

3）非线性编辑系统可以是硬件，也可以是软件。特点是功能强、集成度高。

3. 数字视频常用格式

有关数字视频（DV）的格式要从两个方面来讨论，一是具有 DV 格式的设备，另一方面是数字视频压缩技术。对于具有 DV 格式的设备来说，相关的录像机系列有 D1、D2、D3、D5 等标准格式，按其记录方式又分数字分量（D1、D5）和数字复合（D2、D3）两类。从数字视频压缩技术方面来讲，数字录像机的记录格式分为非压缩格式和压缩格式两大类。

非压缩记录格式是以原有信号码比特（每秒传递的比特数）直接记录输入信号，所记录的图像质量最高，原信号损失最小。

压缩记录格式是有损的记录格式。这是在编码过程中去除了一些较弱的感知信号后重新对记录编码的格式。由于数字视频的数据量特别大，因而通常采用压缩编码技术。

6.3.2 CCIR 标准

CCIR 标准是和广播电视以及有关的通信设备相关的标准，该标准以国际电信组织下属的国际无线电协商委员会（CCIR）命名。1993 年，CCIR 标准并入国际电信联盟（ITU）标准中，对应于 ITU 标准中的 ITU-R。该标准主要规定数字地面电视广播的业务复用、传送和识别方法以及 HDTV 演播信号系统。

CCIR 标准的具体内容见表 6-2。

表 6-2　CCIR 标准（ITU-R 标准）

序号	标准号	相 关 内 容
1	M. 633-3	406MHz 频段低极地轨道卫星运行的卫星应急位置指示无线电信标（卫星 EPIRB）系统的传输特征
2	M. 541-9	用于海上移动业务的数字选择性呼叫设备的运行程序
3	M. 493-11	海上移动业务使用的数字选择性呼叫系统
4	M. 1678	移动系统的自适应天线
5	M. 1677	国际莫尔斯电码
6	M. 1174-2	用于 450～470 MHz 之间用于船上通信的设备的技术特征
7	BT. 1680	应用于剧院环境的大屏幕数字成像分配的基带成像格式
8	BT. 1368-4	VHF/UHF 波段的陆地数字声音广播的规划标准
9	BT. 1201-1	超高清晰度成像
10	BS. 1679	应用于剧院环境的大屏幕数字成像的音频质量的主观评价

（续）

序号	标准号	相关内容
11	BT.655-7	调幅残余边带陆地电视系统受无用模拟视频信号和相关声音信号干扰射频保护比
12	BT.1675	最小化广播系统回路延迟干扰的系统设计和操作实践
13	BT.1674	广播制作和后期制作的元数据要求
14	BT.1300-2	数字地面电视广播的业务复用、传送和识别方法
15	BT.1210-3	主观评定中要使用的测试材料
16	BT.1120-5	HDTV演播信号的数字干扰
17	BS.1114-5	用于向工作在 30～3000 MHz 频率范围内的车载、便携和固定接收机广播的陆地数字声音广播系统
18	BR.602-5	用于节目内容评估的高清晰度电视记录的交换
19	BR.265-9	用于电视的电影节目国际交换的操作实践
20	S.580-6	用作运行于静止卫星地球站天线的设计目标的辐射图

6.3.3　数字电视

　　数字电视就是采用数字技术的电视。由于数字电视具有能实现双向交互业务、抗干扰能力强、频率资源利用率高等优点，因而能够在交互电视、远程教育、会议电视、电视商务、影视点播等应用中提供优质的电视图像和更多的视频服务。

　　1. 数字电视的基本原理

　　数字电视的含义除了是指数字电视接收机外，还包含了从发送、传输到接收的全过程。由电视台送出的图像及声音信号，经数字压缩和数字调制后，形成数字电视信号，经过无线介质或有线介质传送到数字电视接收机，然后通过数字解调和数字视音频解码处理还原出图像及伴音。

　　与模拟电视系统不同的是，电视节目从摄制、编辑、播送、传输、接收到显示的全过程均采用全数字化的技术处理，信号在整个过程中的损失大大减小，接收到的电视节目质量基本上能再现演播现场的真实状况。

　　数字电视也可以以模拟电视信号为信号源，对模拟电视信号经过抽样、量化和编码转换成二进制数字信号，然后对数字化后的信号进行记录、存储、处理和传输，并可以用计算机进行处理、监测和控制。

　　数字电视中所涉及的关键技术有数字电视广播实现技术、数据压缩技术和传输过程中的多路复用技术。

　　2. 数字电视的主要特点

　　数字电视主要有以下特点：

　　1）图像清晰度好，音频质量高，支持 5.1 声道的数字环绕声节目源。而数字信号可通过精确的再生过程重建原始信号，可避免非线性失真的影响，还可以采用纠错编码技术提高电视机的抗噪声、抗干扰能力。

　　2）传输效率高。通过使用先进的信道编码和调制方法，在一个频带内可实现多路、多套节目的同时传输。

　　3）数字电路成本低、无需调整和调谐，容易维修。

　　4）提供全新的业务方式。数字电视网、电信网和计算机网的结合，将提供更丰富的信息源、共享方式和交互方式，可扩大用户使用和控制信息的自由度。

　　5）便于信号的存储。用户可以存储多帧的电视信号，而且所用的存储时间与信号的特性无关。

　　6）实现高效的控制。与计算机配合不仅可以实现设备的自动控制和调整，而且可以很容易地实现加密/解密和加扰/解扰技术。

3. 数字电视的分类

数字电视可以按以下几种方式分类：

1）按信号传输方式分类：可以分为地面无线传输（地面数字电视）、卫星传输（卫星数字电视）和有线传输（有线数字电视）三类。

2）按产品类型分类：可以分为数字电视显示器、数字电视机顶盒、一体化数字电视接收机。

3）按清晰度分类：可以分为普及型数字电视（PDTV）或者低清晰度数字电视（LDTV）、标准清晰度数字电视（SDTV）和高清晰度数字电视（HDTV）。低清晰度数字电视的图像水平清晰度大于 250 线，VCD 的图像格式属于低清晰度数字电视（LDTV）水平。标准清晰度数字电视的图像水平清晰度大于 500 线，DVD 的图像格式属于标准清晰度数字电视水平。而高清晰度数字电视的图像水平清晰度大于 800 线。

4）按显示屏幕长宽比分类：可以分为 4：3 和 16：9 两种类型。

5）按扫描线数（显示格式）分类：可以分为 HDTV 扫描线数（大于 1000 线）和 SDTV 扫描线数（600～800 线）等。

数字电视广播中的信号要经过制作（编辑）、信号处理、广播（传输）和接收（显示）几个过程。

目前，用于数字节目制作的手段主要有数字摄像机和数字照相机、计算机、数字编辑机、数字字幕机；用于数字信号处理的手段有：数字信号处理技术（DSP）、压缩、解压、缩放等技术；用于传输的手段有：地面广播传输、有线电视（或光缆）传输、卫星广播（DSS）及宽带综合业务网（ISDN）、DVD 等；用于接受显示的方式有：阴极射线管显示器（CRT）、液晶显示器、等离子体显示器、投影显示等。下面主要了解一下实现数据压缩的技术和数字电视的传输途径。

鉴于演播室质量的数字化电视信号的数据率约为 200Mbps，高清晰度电视在 1920×1080 显示格式下的视频传输码率高达 995Mbps，如此高的数据率是无法在模拟电视频道带宽内传输的，因此必须进行数据压缩。

数据压缩可通过压缩信源编解码和信道编码两种技术来实现。

1）压缩信源编解码技术包括视频和音频压缩编解码技术。通过视频编码技术将模拟图声信号变为数字信号源，再进行 MPEG-2 压缩编码。MPEG-2 支持标准分辨率的 16：9 宽屏及高清晰度电视等多种格式，其码率范围为 3～40Mbps。

2）信道编码技术主要采用数字电视信道的编解码及调制解调数字调制技术。目的是提高单位频宽数据传送率。主要的方法是通过纠错编码、网格编码、均衡等技术提高信号的抗干扰能力，通过调制把传输信号放在载波上以便发射。目前各国数字电视所采用的纠错、均衡等技术、带宽、调制方式都是不同的。

数字传输的常用调制方式有：

• 正交振幅调制（QAM）：调制效率高，要求传送途径的信噪比高，适合有线电视电缆传输。

• 正交相移键控调制（QPSK）：调制效率高，要求传送途径的信噪比低，适合卫星广播。

• 残留边带调制（VSB）：抗多径（即重影）传播效应好，适合地面广播。

• 编码正交频分复用调制（COFDM）：抗多径传播效应和同频干扰好，适合地面广播和同频网广播。

数字电视有三种传输途径：数字卫星电视、数字有线电视和数字地面开路电视。这三种数字电视的信源编码都采用 MPEG-2 的复用数据包，但由于它们的传输途径不同，因而在信道编码方面分别采用了不同的调制方式。例如：欧洲 DVB 数字电视系统中，数字卫星电视系统（DVB-S）采用正交相移键控调制；数字有线电视系统（DVB-C）采用正交振幅调制；数字地面开路电视系统（DVB-T）采用更为复杂的编码正交频分复用调制。

数字电视的复用系统是 HDTV 的关键部分之一，其特点是具有可扩展性、分级性、交互性。

发送信息时，复用器将由编码器送来的视/音频等数据比特流分成组，经处理复合成单路串行的比特流，送给信道编码及调制。而接收信息的过程正好相反。

4. 数字电视的标准

目前，国际上的数字电视存在三种标准，第一种是美国的 ATSC 标准，第二种是欧洲的 DVB 标准，第三种是日本的 ISDB 标准。

（1）ATSC 标准

ATSC（Advanced Television System Committee，先进电视制式委员会）是美国高清晰度数字电视联盟制定的包括数字式高清晰度电视（HDTV）在内的先进电视系统的技术标准。

ATSC 数字电视标准由四个分离的层级组成：最高为图像层，该层确定图像的形式，包括像素阵列、长宽比和帧频；次高层是图像压缩层，采用 MPEG-2 压缩标准；第三层是系统复用层，特定的数据被纳入不同的压缩包中，采用 MPEG-2 压缩标准；最底层是传输层，确定数据传输的调制和信道编码方案。

（2）DVB 标准

DVB（Digital Video Broadcasting，数字视频广播）是包括 DVB 数字卫星和有线电视传输系统在内的电视广播系统的统一标准，该标准具有极强的可扩充性和移动通信的优势。目前已经作为世界统一的标准被大多数国家接受，包括中国。

DVB 标准规定数字电视使用统一的 MPEG-2 压缩方法和 MPEG-2 传输流及复用方法，其中音频压缩可以有立体声 MUSICAM、多声道 MUSICAM 及 AC-3 等多种选择。还包括提供广播节目的细节信息、统一的 R-S 纠错码、统一的加扰系统和条件接收公共接口。DVB 标准允许选用不同的接收系统。对于不同的传输媒体，可采用不同的调制方法及通道编码纠错方法。目前，DVB 已包括以下多个标准：

- DVB-S：用于数字电视卫星直播。它采用 QPSK 调制，通过减小传输信号频带来提高信道频带利用率，可以将二进制数据变换为多进制（即 N 进制）数据来传输。同时使用 MPEG-2 格式，接收端达到 CCIR601 演播室质量的码率为 9Mbps，达到 PAL 质量的码率为 5Mbps。一个 54MHz 转发器传送速率可达 68Mbps，并可供多套节目复用。
- DVB-C：用于数字电视有线广播。主要有 16QAM、32QAM、64 QAM 三种调制方式，采用 64QAM 调制时，一个 PAL 通道的传送码率为 41.34Mbps，还可供多套节目复用。
- DVB-T：用于数字地面开路电视。MPEG-2 数字视音频压缩编码仍然是开路传输的核心。采用 COFDM 调制方式，8M 带宽，可分为 2k 和 8k 两种载波模式。

（3）ISDB 标准

ISDB（Integrated Services Digital Broadcasting，综合业务数字广播）是日本的 DIBEG（Digital Broadcasting Experts Group，数字广播专家组）制定的数字广播系统标准。

ISDB 利用一种已经标准化的复用方案在一个普通的传输信道上发送不同种类的信号，对于已经复用的信号还可以通过各种不同的传输信道发送出去。ISDB 具有灵活性、扩展性、共通性，便于灵活地集成和发送多节目的电视和其他数据。

6.3.4　HDTV

1. 什么是 HDTV

HDTV（High Definition TV，高清晰度电视）由美国技术人员首先提出，经过 8 年的技术开发，美国联邦委员会（FCC）于 1995 年正式确定 HDTV 地面广播方式和产品的规格。1998 年，美国已正式开播数字高清晰度电视节目。以后在许多其他国家也逐渐开播了数字电视节目。

HDTV 是数字电视标准中最高级的一种。国际无线电咨询委员会对 HDTV 系统的定义是：“当观看距离约为屏幕高度的 3 倍时，该系统能使显像的实际效果等于或接近于由视力正常的观众观看原始景物或表演时所取得的印象。”

HDTV 建立在数字信号处理、大规模集成电路制造和计算机科学技术的基础上，主要采用抗干扰性能极强的数字信号传输技术，将显示分辨率提高到 1000 线以上，从而显著提高了图像的清晰度。接收图像的宽高比由原来的 4∶3 增加到 16∶9，并增加家庭影院效果的 5.1 声道环绕声，同时消除传输过程中可能带来的重影和噪声影响。HDTV 真正实现了将电影院的视听效果带入家庭当中。

2. HDTV 的技术特征

VCD 属于普及型低清晰度数字电视，只相当于目前的模拟电视，其水平清晰度在 300 线上下。DVD 属于标准清晰度数字电视 SDTV，其图像和伴音的质量都高于目前的模拟电视，图像格式有 720×480P（P 为逐行扫描）和 720×525P 等，并且其频道利用率高。

高清晰度电视具有更高的图像分辨率和清晰度，其图像宽高比有 4∶3 和 16∶9 两种，如果是 4∶3 的图像格式，PAL 制式下的分辨率为 1408×1152，NTSC 制式下的分辨率为 1408×1080。如果是 16∶9 的图像格式，PAL 制式下的分辨率为 1920×1125，而 NTSC 制式下的分辨率为 1920×1080I（I 为隔行扫描）和 1280×720P 等格式。实际的广播的模式是由电视台最终确定，但是接收机仍可以选择播放模式。

在数字电视系统中，决定电视图像清晰度的因素有扫描格式、光传感器的质量、记录系统和处理器件的模拟频率宽度、数字系统的取样频率以及电视接收机的质量水平。

例如，分辨率为 1920×1080 的隔行扫描图像格式下，每帧图像为 2 073 600 像素，每秒传送 30 帧，共 62 208 000 像素。分辨率为 1280×720 的逐行扫描图像格式下，每帧图像为 921 600 像素，每秒传送 60 帧，共 55 296 000 像素，两种扫描形式传输的像素相差并不太大。隔行扫描格式可以产生较高的静态图像清晰度，而逐行扫描格式可以产生较高的瞬时动态图像清晰度。

国际上有很多种高清晰度电视（HDTV）及标准清晰度电视（SDTV）的制式。制式的不同主要是指扫描格式（525/59.94、625/50、1080/50 等）、宽高比要求（如 4∶3 或 16∶9）、彩色表示方法（YUV 或 YIQ 等）、数字化方法、采样量化参数及数字信源压缩编码、数字信道编码与数字调制方法等的不同。

在 HDTV 视频压缩编解码标准方面，各种制式均采用 MPEG-2 标准。压缩后的信息可以供计算机处理，也可以在现有和将来的电视广播频道中进行分配。

在音频编码方面，欧洲、日本采用了 MPEG-2 标准，美国采用了杜比公司的 AC-3 方案，将 MPEG-2 作为备用方案。

在 HDTV 复用传输标准方面，各种制式也都采用了 MPEG-2 标准。HDTV 数据包长度是 188 字节，相当于 4 个 ATM 信元。如果利用以 ATM 为信息传输模式的宽带综合业务数字网，就可用 4 个 ATM 信元来传送一个 HDTV 数据包。

那么清晰度是怎么描述的呢？决定电视的清晰度的重要参数是场频率和视频系统的频带宽度。最大垂直清晰度由垂直扫描总行数所决定。由于隔行扫描会造成局部的并行，所以实际的垂直清晰度还要把有效扫描行数乘以一个 Kell 系数。在 2∶1 隔行扫描方式中，Kell 系数为 0.7，即垂直清晰度为电视有效行数的 0.7 倍。

水平清晰度定义为图像上可以分清的垂直线条数。水平清晰度与图像传感器的像素数和视频系统的频带宽度有直接关系。由于图像的宽高比系数大于 1，所以，图像的水平清晰度线数应该是图像上实际能分清的黑白垂直条数除以宽高比系数。电视的水平清晰度的计算公式为：

水平清晰度＝有效行时间（μs）×2×频带宽度（MHz）÷宽高比系数（TVL/PH）

按我国 GB3174—82 彩色电视标准，一帧电视画面由 625 行扫描线组成，电视画面的宽高比是 4∶3，由此可计算出每行应有 833 个像素。实际上，每帧图像的有效行数为 575 行。因此我国现行电视标准的垂直清晰度为 575×0.7≈403 TVL/PH。

电视的垂直清晰度是由电视制式决定的，与电视信号的传输和视频带宽无关。

我国电视标准规定行周期（行扫描时间）为 64μs，有效行时间为 52.2μs，标称视频带宽为 6

MHz，所以我国现行电视标准的水平清晰度为：

$$水平清晰度＝52.2（\mu s）\times 2 \times 6（MHz）\div（4/3）\approx 470\ TVL/PH$$

6.4 动画、视频文件格式

动画、视频都是流动性媒体，在网络应用中，流式媒体格式文件是基于宽带技术的视频、音频实时传输技术的。通过流媒体服务器还可以把连续的视频、音频信息进行压缩处理，而网络用户可以通过媒体播放器、流媒体下载工具边下载边观看。

常见的动画、视频文件有：AVI（Windows 视频格式）、SWF（Flash 格式）、MOV（Quick Time 格式）、WMV（微软流媒体格式）和 RM（RealMedia 格式）。

此外，还有光盘动画、视频系列格式：VOB（DVD 格式）、MPG（DVD、SVCD、VCD 格式）和 DAT（SVCD、VCD 格式），这些将不在本书中讨论。

使用不同压缩编码的文件格式必定具有不同的特性。特定格式的视频文件必须要有相应的播放软件。播放软件首先要能够识别视频文件的格式，其次要能够通过解压来回放数据。因此，播放软件只要包含某种格式的解释和解压功能，就能够播放该种格式的视频文件。如 VFW（Video for Windows）中的 MediaPlayer 就能播放 MOV 和 AVI 等多种格式的文件。

通过软件或硬件可以在不同视频文件的格式之间进行转换。例如，通过视频采集卡将视频数据存储为 AVI 格式之后，可以利用视频编辑软件对其进行再编辑，并把编辑以后的视频数据存储为 AVI 格式或 MPEG 格式。

6.4.1 SWF

标准的 SWF 格式文件也就是 Flash 影片文件。利用 Flash 软件可以创建 SWF 格式文件，而播放 SWF 格式的文件需要特殊的解码器。

1. 文件结构

SWF 文件由文件头和文件体组成，两者都不定长，文件头定义 SWF 文件的版本、是否压缩、文件大小、场景大小、帧率、总帧数等内容。

整个文件体由大量的标记（tag）组成，每一个标记都包括一个头和一个数据体，标记的头表示标记的类型代码和长度。

SWF 文件结构如下所示：

```
（文件头）（文件体）
    |
    （标记 1）（标记 2）（标记 3）（……）
        |
        （标记头）（标记体）
            |
            （标记的类型代码）（标记的长度）
```

SWF 文件结构中必有的标记，包括 backgroundColor、showFrame 和 end。文件还可以包含文本框、字体、图形、声音、图层等标记。如果在文件中有 tag DefineFont2 DefineEditText 和控制 tag PlaceObject2，其中的 DefineFont2 定义了一个字体信息。DefineEditText 引用定义的字体，并定义了显示的文字信息。PlaceObject 引用定义的文字信息，并控制文字的显示。它们之间的引用是依靠 character ID 进行的，其中 character 是标记，ID 是动画文件中对象的地址。

2. SWF 文件的设置

SWF 文件是利用 Macromedia Flash 生产的，当动画设计完成后，首先应该将作品保存成 FLA 格式的文件，便于今后再作修改之用。当要在互联网上发布时，应把它发布为 SWF 文件。SWF 文件的主要特点是体积小，且封闭制作过程。但是使用 Imperator FLA（Flash 破解工具软件）仍然可以将 SWF 文件转换成 FLA 文件。

SWF 文件发布之前，首先要在 Flash 中使用"文件"/"发布设置"命令进行必要的参数设置。对于音频流和音频事件的参数，可通过"设置"按钮进行设置，可设置的参数包括：压缩音频方式（禁用、ADPCM、MP3、原始、语音等）、预处理（将立体声转换成单声）、比特率（8Kbps～160Kbps）、品质（快速、中、最佳）。

6.4.2　MOV

MOV（Movie Digital Video Technology）是 Apple 公司开发的，相应的视频应用软件为 QuickTime。现在有适用于 Macintosh 和 Windows 两个操作系统的版本。QuickTime 能够通过 Internet 提供实时的信息流、工作流和视频回放，所以在许多浏览器上都加入了 QuickTime Viewer 插件（Plug-in）。利用浏览器，用户不仅可以获得实时的多媒体数据回放，而且能够自行选择不同的连接速度。此外，QuickTime 还能提供虚拟现实效果，使用户可以通过鼠标或键盘对某个物体进行全方位的观察，或者观察某一地点四周的景象。

MOV 格式的视频文件可以是经过压缩的，也可以是没有经过压缩的。主要的压缩算法包括 Cinepak、Intel Indeo Video R 3.2 和 Video 编码。其中 Video 格式编码适合于采集和压缩模拟视频，该算法支持 16 位图像深度的帧内压缩和帧间压缩，帧率可达每秒 10 帧以上，所处理的文件可在硬盘上实现高质量回放。

6.4.3　AVI

AVI（Audio Video Interleave）即音频视频交错格式，它是将音频和视频同步组合在一起的多媒体文件格式，这种方式不仅可以提高系统的工作效率，同时也可以迅速地加载和启动播放程序，减少播放 AVI 视频数据时用户等待的时间。AVI 格式早期只用于 VFW（Video for Windows），现在大多数操作系统都能够支持该格式。

AVI 文件的主要参数有视像参数、伴音参数和压缩参数。

1. 视像参数

视像参数主要有视窗尺寸和帧率。视窗的大小和帧率可以根据播放环境的硬件能力和处理速度进行调整。

1）视窗尺寸：根据不同的应用要求，AVI 的视窗大小或分辨率可按 4：3 的比例显示或随意调整，大到全屏幕，小到 160×120 甚至更低。窗口越大，视频文件的数据量越大。

2）帧率：帧率值可以调整，不同的帧率会产生不同的画面连续效果。

2. 伴音参数

在 AVI 文件中，视像（即可视的图像）和伴音是分别存储的，WAV 文件是 AVI 文件中伴音信号的来源。伴音的基本参数也就是 WAV 文件格式的参数，包括视像与伴音的交织参数和同步控制参数。

1）视像与伴音的交织参数。表示在 AVI 格式中每 n 帧交织存储的音频信号，交织参数值用伴音和视像交替的频率表示，最小值是 1 帧，即每个视频帧与音频数据交织组织。交织参数越小，回放 AVI 文件时读到内存中的数据流越少，回放就越连续。因此，如果 AVI 文件的存储平台的数据传输率较大，则交错参数可设置得高一些。

2）同步控制参数。AVI 文件中的视像和伴音能较好地同步，但在 MPC 中回放 AVI 文件时，有可能出现视像和伴音不同步的现象，通过同步控制参数，AVI 可以通过自调整来适应重放环境。如果 MPC 的处理能力不够高，而 AVI 文件的数据率又较大，在 Windows 环境下播放该 AVI 文件时，播放器可以通过丢掉某些帧，调整 AVI 的实际播放数据率来达到视频、音频同步的效果。

3. 压缩参数

AVI 支持 256 色和 RLE 压缩。AVI 对视频文件采用了一种帧内有损压缩方式，文件压缩时可根据应用环境选择合适的压缩参数。压缩参数与所使用的压缩技术有关，例如 MPEG-4 方案的音频压缩比是 1∶10～1∶12，MPEG 对图像的压缩所提供的压缩比可以高达 200∶1。但如果压缩比较高，画面质量就不太好。

Windows 操作系统自带了几种常用的压缩格式，如 Cinepak Codec by Radius、Indeo Video 5.10、Intel Indeo（R）Video 3.2、Video 1 等。再如 DVDRip 就是通过 DivX 压缩技术将 DVD 中的视频、音频压缩为 AVI 文件。AVI 文件可以被再编辑，可以用一般的视频编辑软件如 Adobe Premiere 或 MediaStudio 进行再编辑和处理。

在采集原始模拟视频时常采用不压缩的方式，可以获得最优秀的图像质量。

6.4.4 网络视频格式

ASF（Advanced Streaming Format）即高级流媒体格式，是微软针对 Real 公司开发的一种使用了 MPEG-4 压缩算法的、可以在网上实时观看的流媒体格式。ASF 也是在 Internet 上实时传播多媒体的一项技术标准。MPEG-4 压缩算法可以兼顾高保真以及网络传输的要求，主要的特点包括支持网络回放、可扩充的媒体类型、部件下载及扩展性。ASF 应用的主要部件是 NetShow 服务器和 NetShow 播放器。

WMV（Windows Media Video）是微软在 ASF 基础上推出的一种媒体格式，其特点就是体积小，适合于高速网络传输。通过 Windows Media Encoder 编码可以制作 WMV 和 ASF 文件。

RMVB 即 RM（RealMedia），是 RealNetworks 公司开发的一种流媒体文件格式，RM 包含三个格式：RealAudia、Real Video 和 RealFlash。RealAudia 可传输接近 CD 音质的音频数据，Real Video 可传输连续的视频数据，RealFlash 可传输高压缩比的动画数据。

RMVB 中的 VB 是指 Variable Bit Rate（可变比特率，简称 VBR），该格式使用了更低的压缩比特率，这样生成的文件体积更小，而且画质并没有太大的变化。RM 格式对于不同的网络速度具有可调节性，可以根据网络数据传输速率的不同而制定不同的压缩比率。

6.5 Flash 软件的应用

可用于进行数字动画和视频文件创作的软件有许多，例如 Ulead GIF Animator、COOL 3D、Fireworks 等都可以用来制作二维动画，它们各自的功能特点不同，因而制作的动画风格也不同。

6.5.1 Adobe Flash CS3 Professional 软件简介

Adobe Flash CS3 Professional 软件可以用来创建简单的动画、视频、复杂演示文稿和应用程序以及介于它们之间的内容。它不仅支持动画、声音及交互功能，还可以直接生成主页代码。虽然 Flash 本身不具备三维建模功能，但是可以在 Adobe Dimensions 3.0 中创建三维动画，然后将其导入 Flash 中合成。

Adobe Flash CS3 Professional 的优点体现在具有更加优化的集成工作环境、增强型的颜色管理、便捷的元件库组织、动作脚本的设计支持、强大的文件支持和 XML 的集成应用支持等方面。如图 6-1 所示，Adobe Flash CS3 Professional 软件具有相当直观且优化的工作环境。

颜色混合器集成了颜色混合工具、渐变、位图填充等多种编辑功能，只要在"颜色样本"面板中点击，便能增加或者删除被编辑对象的颜色。

Adobe Flash CS3 Professional 使用公共库和影片文件库，用来存放可反复调用的对象元素，包括影片剪辑、按钮和图形等组件。公共库是 Adobe Flash CS3 Professional 内置的元素，可供所有用户使用。影片文件库是随着影片的制作而导入、创建和保存的。在界面元素、客户/服务交互、音视频对象等各种功能中都可以使用组件。

"动作脚本"是 Adobe Flash CS3 Professional 的脚本撰写语言，用于创建具有双向通信方式的交互式影片。可以通过"动作"面板指定基本动作，还可以使用"动作脚本"撰写脚本，并通

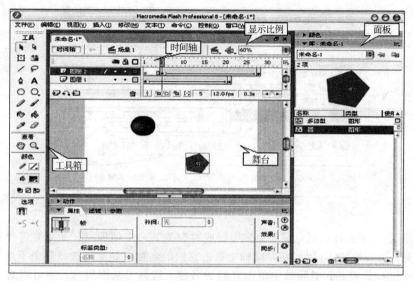

图 6-1 Flash 的工作界面

过软件提供的调试工具检测和修改作品。

 Adobe Flash CS3 Professional 可与多种文件类型一起使用，支持导入任何格式的文件，包括多种图像、声音和视频格式文件，并可以直接导入到帧和库中。用户可以使用动作脚本直接将JPEG 和 MP3 格式文件下载到 Flash 的层中，这样可以省略媒体的导入从而减小文件。

 Adobe Flash CS3 Professional 支持多种文件格式的导出，包括多种图像、声音和视频格式文件。其制作的影片也可以同时发布为多种格式的文件，以适合不同的多媒体应用软件。

 XML 是可扩展标记语言，正成为 Internet 应用程序中交换结构化数据的标准。基于 Flash网络开发的数据可以与使用 XML 技术的服务器集成在一起，可以创建如网上银行、网上商店、网络聊天系统等高级的交互和管理应用程序。

6.5.2 Adobe Flash CS3 Professional 软件使用基础

 要使用 Flash 软件，首先要了解该软件提供的工作环境（包括舞台、时间轴、工具和面板）和设计环境设置等内容。

 1. 舞台

 舞台是矢量插图、文本框、按钮、导入的位图图形或视频剪辑等动画对象展示的空间。Flash 可以显示标尺和辅助线，有助于在舞台上精确地定位内容。设计者可以在文档中放置辅助线，然后使对象贴紧至辅助线。通过"显示比例"可以更改舞台的视图大小。

 2. 时间轴

 时间轴如图 6-2 所示，它的主要组件有图层、帧和播放头。时间轴用来通知 Flash 显示图形和其他项目元素的时间，时间的最小单位是帧。时间轴也可以指定舞台上各图形的分层顺序，位于上层的表演对象将显示在最表面。层中还可以使用文件夹来组织和访问所组成的内容。

 （1）时间轴中图层的使用

 图层列在时间轴左侧，可以是一般图层、文件夹层、引导层或遮罩层。新的 Flash 文档仅显示一个图层。用户可以添加图层，以便在文档中组织插图、动画和其他元素。Flash 允许创建的图层数只受计算机内存的限制，而且图层不会增加发布的 SWF 文件的大小，只有放入图层的对象才会增加文件的大小。

 图层的常规操作如下：

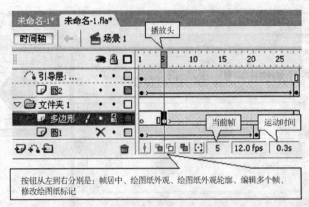

图 6-2   Flash 影片文档时间轴

1）选择图层。要选择图层，只要单击图层或对应的某一个帧即可。如果要选择连续的几个图层或文件夹，应该按住 Shift 键在时间轴中单击它们的名称。如果要选择几个不连续的图层或文件夹，可按住 Ctrl 键并在时间轴中单击它们的名称。选择了某图层后，便可以对图层或文件夹进行修改了。图层或文件夹名称旁边的铅笔图标表示该图层或文件夹处于活动状态。一次只能有一个图层处于活动状态。

2）创建图层和删除图层。创建和删除图层的直接方法就是使用图中底部的按钮。当前创建的新图层将出现在所选图层的上面。新添加的图层将成为活动图层。

3）命名图层。双击时间轴中图层或文件夹的名称可以重命名图层。

4）隐藏、锁定、显示方式设定。图层顶部的 ● ▣ □ 分别标志着图层的隐藏或显示、图层的锁定或解锁、图层内容的色彩填充显示或轮廓显示，对应于每个图层中的状态设置按钮 ■ · · ■。

5）重新排列图层。可以用鼠标直接向上或下拖动所选的图层。

6）图层的复制、粘贴可仿照文件或对象的操作。

（2）时间轴中帧视图的使用

帧视图位于时间轴的右侧，如图 6-3 所示，顶部有时间轴标题和播放头。在编辑影片文档时，设计者可以用鼠标拖动播放头以了解动画演变过程。按 Enter 键可以在舞台上播放影片文档，此时，播放头将自动从左向右移动。

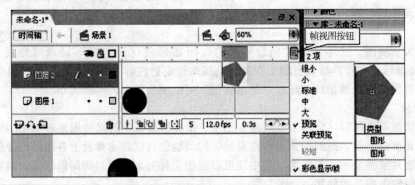

图 6-3   时间轴帧的多种显示方式

在帧视图的底部，提供了“帧居中”、“绘图纸”、“绘图纸边框”、“多帧编辑”、“修改标记”按钮等编辑用的功能按钮。还提供了一系列关于时间轴的当前状态指示，标记了当前的帧编号、当前帧频以及运行到当前帧为止的运行时间。

时间轴帧部分的帧内容可以以多种方式显示，按下时间轴上的“帧视图”按钮，将打开选择菜单，可以更改帧在时间轴中的显示方式。

（3）帧的基本操作

Flash 的帧可以是一般帧、关键帧或空白关键帧。关键帧上可以添加对象，并通过属性面板定义动画对象的属性。也就是说，当我们将表演对象添加到场景上时，实际上是添加到了某个关键帧上。空白关键帧即没有图形的关键帧，当删除了关键帧的图形后，就成为了空白关键帧。如果某个时间行上还没有任何对象，而我们想在第一帧以外的帧上添加对象的话，可以在某一帧上先插入空白关键帧，然后再添加对象。

Flash 可以在设计者定义的关键帧之间补间或自动填充帧，从而生成流畅的动画。设计者还可以通过在时间轴中拖动关键帧来轻松更改补间动画的长度。

利用 Flash 的菜单或快捷菜单，可以对帧或关键帧进行如下修改：

• 插入、选择、删除和移动帧或关键帧。
• 将帧和关键帧拖到同一图层中的不同位置，或是拖到不同的图层中。
• 复制、粘贴帧和关键帧。
• 将关键帧转换为帧。
• 从"库"面板中将一个项目拖动到舞台上，将该项目添加到当前的关键帧中。

需要说明的是，Flash 提供了两种在时间轴中选择帧的方法。在默认情况下是基于帧的选择，即可以通过单击在时间轴中选择单个帧。另一种选择是基于整体范围的选择，当单击一个关键帧到下一个关键帧之间的任何帧时，整个帧序列都将被选中（需要修改环境设置）。

（4）多帧编辑

当需要同时修改多个帧时，可使用绘图纸系列工具，如图 6-4 所示，其中包括"帧居中"、"绘图纸外观"、"绘图纸外观轮廓"、"编辑多个帧"和"修改绘图纸标记"按钮。

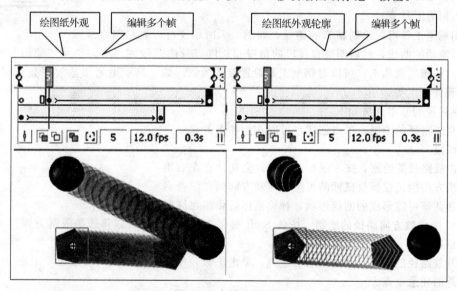

图 6-4　多帧编辑视图

例如：需要编辑全部帧时，应按下时间轴上的"绘图纸外观"或"绘图纸外观轮廓"按钮，再按下"编辑多个帧"按钮，并选择"修改绘图纸标记"／"绘制全部"，舞台显示如图 6-4 所示，此时便可对所选中的多帧同时进行编辑修改。

单击时间轴底部的"帧居中"，则可以使时间轴以当前帧为中心。

3. 菜单和工具栏

菜单和工具栏分别提供了动画制作过程中的命令项或命令按钮。工具栏可根据需要通过"窗口/工具栏"菜单命令来打开，其中包括了主工具栏、控制器和编辑栏，如图 6-5 所示。

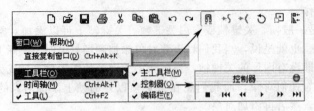

图 6-5　工具栏

(1)"工具"面板

"工具"面板中集中提供了位图及矢量图的制作和修改工具。"工具"面板分为四个部分:

- 工具:包含绘图、上色和选择等工具。
- 查看:包含在应用程序窗口内进行缩放和移动的工具。
- 颜色:包含笔触颜色、填充颜色等工具。
- 选项:显示与当前所选工具有关的功能键。

(2)铅笔工具

使用铅笔工具可以绘制线条和形状。铅笔工具的选项提供了三种绘画模式,如图 6-6 所示,其中"伸直"可以绘制直线并将接近三角形、椭圆、矩形和正方形的形状转换为这些常见的几何形状。"平滑"可以绘制平滑曲线。"墨水"可以绘制任意而又不用修改的线条。通过铅笔工具"属性"可以改变笔触颜色、线条粗细和样式。使用铅笔工具绘画的同时按住 Shift 键,可使线条限制在垂直或水平方向上。

(3)钢笔工具

图 6-6　铅笔工具

使用钢笔工具可以绘制精确的路径,如图 6-7 所示。可以先绘制直线或者平滑、流动的曲线,然后调整直线段的角度和长度以及曲线段的斜率。选择"编辑"/"首选参数"/"编辑"选项卡,可以对钢笔工具设置首选参数。如"显示钢笔预览"、"显示实心点"、"显示精确光标"等。

绘制路径的基本方法如下:

- 直线路径的绘制:单击创建点可以在相邻点上建立直线段。

- 曲线路径的绘制:按下鼠标并拖曳,会在该点左右出现方向柄。在释放鼠标前可随意转动方向柄,以查看

图 6-7　钢笔工具

和调整可能形成的曲线形状,释放鼠标后将结束该段曲线的绘制。

- 45 度倍数方向路径的绘制:按住 Shift 键单击创建点时,可以将线条限制为倾斜 45 度的倍数。

- 开放路径的绘制:双击最后一个点,单击工具箱中的钢笔工具,或按住 Ctrl 键单击路径外的任意一点。

- 闭合路径的绘制:将钢笔工具移动到第一个锚记点上。当钢笔尖处出现一个小圆圈时单击或拖动。

- 按现状完成路径的绘制:可选择"编辑"/"取消全选"或在工具箱中选择其他工具。

- 修改当前绘制的路径:路径绘制结束后,直接点击路径可增加、删除路径点。可通过调整线条上的点来调整直线段和曲线段,也可以使曲线转换为直线,使直线转换为曲线。使用其他 Flash 绘画工具,如铅笔、画笔、线条、椭圆或矩形工具,也可在线条上创建点。

(4)橡皮擦工具

橡皮擦工具可以用来擦除笔触和填充区域。在选项中提供了模式、水龙头和形状选择,如图

6-8 所示，分别可选择"标准擦除"、"擦除填色"、"擦除线条"等擦除模式，然后拖动鼠标以实现选择性删除。单击"水龙头"，可删除鼠标点击处的笔触段或填充区域。双击橡皮擦工具可快速删除舞台上的所有内容。

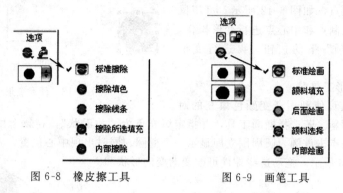

图 6-8 橡皮擦工具　　　图 6-9 画笔工具

（5）画笔工具

画笔工具能以填充色进行涂色，或绘制出画笔般的笔触。如图 6-9 所示，其选项包括模式、大小和形状选择。可选择"标准绘画"、"颜料填充"、"后面绘画"等画笔模式。

按住 Shift 键的同时拖动鼠标，可使画笔笔触限定为水平和垂直方向。

（6）箭头工具

箭头工具可用来选择和移动对象，改变线条或形状轮廓。使用箭头工具可以单击选择单个线条和组件，若按住 Shift 键可同时选择多个元部件，还可以用箭头工具拖曳选择区域内的多个元部件。当使用箭头工具在对象上移动时，指针的形状会发生变化，以表明此时可以实施的操作。当鼠标表示为移动指针时，可直接拖动所选对象进行移动。当鼠标指针出现弧形或转角时，可直接拖动改变线条或形状轮廓。按住 Ctrl 键的同时拖动线条可以创建一个新的转角点。

箭头工具的选项包括"贴紧至对象"、"平滑"、"伸直"三个按钮，如图 6-10 所示。

（7）部分选取工具

部分选取工具可用来选择和修改对象的路径转折点，也可以移动对象。用鼠标单击对象边缘时，将显示对象的路径转折点。这时移动鼠标，当鼠标指针显示为箭头并在右下方出现黑色小方块时，拖动鼠标可移动对象。当鼠标指针显示为箭头并在右下方出现白色

图 6-10 箭头工具

小方块时，点击路径转折点，将选中该点。如果按住 Alt 键并拖曳鼠标，将出现该点的中心以及左右方向柄，如图 6-11 所示。这时，鼠标拖动该路径转折点可改变该点的中心位置，转动左右方向柄可改变曲线的弧度，将方向柄缩小至中心处可变曲线为直线。

（8）线形工具 、椭圆工具 和矩形工具

线形、椭圆和矩形工具是用来创建几何图形的。线形以笔触色绘制，椭圆和矩形工具可以以笔触色和填充色进行绘制，且在属性中提供了多种笔触样式。通过修改笔触色和填充色，可得到不同的效果。选择矩形工具时，还可设置圆角矩形半径。

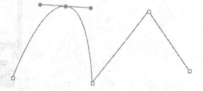

图 6-11 用部分选取工具修改路径

（9）墨水瓶、颜料桶和吸管工具

墨水瓶、颜料桶和吸管工具都与颜色有关。墨水瓶用来以笔触色为对象描边。颜料桶用来以填充色为区域填色。吸管工具可通过吸取场景上的颜色直接改变笔触色和填充色。

(10) 任意变形工具 ⊞

任意变形工具可以对对象进行旋转、倾斜、缩放、扭曲和封套。使用任意变形工具时，用鼠标选中笔触或填充物，对象上会出现中心点和分布在周围的控制点，如图 6-12 所示。可用鼠标直接通过这些控制点和中心点进行变形操作，也可先单击"选项"下的按钮，再进行变形操作。

图 6-12　任意变形工具

(11) 填充变形工具 ▤

填充变形工具可使利用渐变颜色填充的对象旋转、缩放或倾斜。若选择椭圆工具，并指定填充色为"放射状"，在舞台中画个圆，然后选择填充变形工具去点击该圆，圆周围立即显示一个椭圆，同时出现中心位置、宽度、缩放和旋转等控件，如图 6-13 所示。拖动这些控件可改变渐变的形状和位置。

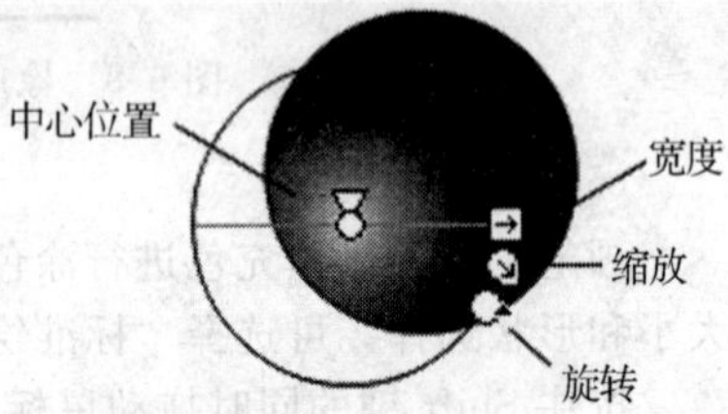

(12) 套索工具 ⌕

套索工具用来选择想要编辑的范围。套索工具的选项中有"魔术棒"、"魔术棒设置"和"多边形模式"功能，如图 6-14 所示。选择区域操作只需用鼠标直接勾画想选择的范围即可。若按住 Alt 键可以用直线段方式勾画出选择区域。

使用"魔术棒"选项时，会包含所勾画区域边线处一定的"阈值"范围。使用"多边形模式"选项时，可以用鼠标单击若干个点，以勾画出的多边形范围作为选择区域。

图 6-13　填充变形工具

图 6-14　套索工具

4. 面板的使用

面板提供了有关功能的参数修改和控制功能。选择"窗口"菜单命令就可以显示或关闭面板。在如图 6-15 所示的面板列中，已经打开了"颜色"面板、"库 & 影片浏览器"面板和"行为"面板，其中"库 & 影片浏览器"面板和"行为"面板正处于折叠状态。大多数面板都包括一个弹出菜单按钮，菜单上提供了有关面板操作的若干命令。

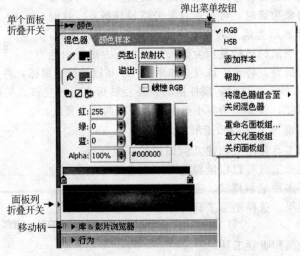

图 6-15　Flash 面板列

下面先来了解最常用的"库"、"属性"和"动作"面板。

（1）"库"面板

Flash 使用"库"面板组织和管理影片中的元件。Flash 元件可以是影片剪辑、按钮、图形和声音等类型。库中元件通过"插入"／"新建元件"、"文件"／"导入"或 Flash"公共库"命令引进。如图 6-16 所示，通过"库"面板可直接创建或编辑元件，还可改变元件库的视图。

库中的元件可以直接被拖曳到场景中成为一个表演的实例，而且，同一个库元件可以被多次拖曳到场景中成为实例。如果在库中编辑修改元件，Flash 会更新影片中该元件的所有实例。但是，如果在场景上编辑修改实例，将不会影响库中元件的原型。

如果想修改库中的某元件，可以直接在库中双击该元件，进入编辑画面进行编辑。对于元件库的其他操作，可使用库弹出菜单或用右键单击打开元件的快捷菜单。

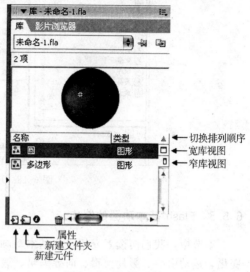

图 6-16   "库"面板

（2）"属性"面板

"属性"面板可以通过"窗口"菜单打开，其内容会随着设计者所选择的对象而发生改变，从而能够快速地了解和修改对象的属性。如图 6-17所示，当设计者选择了当前文档，"属性"面板就可以修改如舞台大小、背景颜色等文档属性。当选定了两个或多个不同类型的对象时，"属性"面板会显示选定对象的总数。

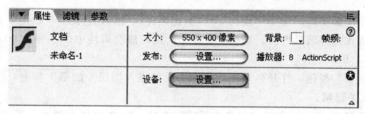

图 6-17   "属性"面板

（3）"动作"面板

"动作"面板使设计者可以创建和编辑对象或帧的 ActionScript 代码。ActionScript 代码可用来向文档中的媒体元素添加交互式内容。例如，可以为某按钮添加代码，以便用户在单击该按钮时启动新的动画过程；或向应用程序添加逻辑功能，使应用程序能够根据用户的操作和其他情况采取不同的工作方式。

选择帧、按钮或影片剪辑实例可以激活"动作"面板。"动作"面板的标题取决于所选的内容，标题可以是"动作-按钮"、"动作-影片剪辑"或"动作-帧"。如图 6-18 所示，当前打开的是"动作-帧"。

5．环境设置

在 Flash 中设计者可以设置常规应用程序操作、编辑操作和剪贴板操作的首选参数。要设置首选参数，可以按以下方法操作：

1）选择"编辑"／"首选参数"。

2）在"类别"列表中，选择以下选项之一：常规、ActionScript、自动套用格式、剪贴板、绘画、文本或警告。

3）从相应的选项中进行选择。

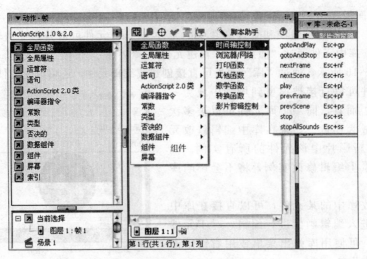

图 6-18 Flash 的 "动作" 面板

6.5.3 Flash 基本动画的制作

本节中，我们向读者介绍一些基本动画的制作，包括组件变形、点阵变形、颜色变化、亮度变化、运动引导、影片剪辑、向导编辑、遮罩动画和添加声音。

1. 变形动画

例 1 组件变形——文字变形。如图 6-19 所示，本例中的元件是文字 "flash"。制作过程如下：

1) 新建一个电影文档，选择 "插入" / "新建元件"，输入名称为 "文字"，选择行为为 "图形"，确定后进入该元件编辑界面，选择 "文字" 工具，修改属性中的字号为 60，在编辑界面中单击，输入文字 "flash"。

2) 点击 "场景" 按钮，打开影片库，将库中元件拖入图层 1 的第 1 帧上，分别在第 8、16、24、30 帧中插入关键帧。

3) 选择变形工具 ▣，分别编辑第 1 帧和第 32 帧，将之调整为很小，编辑第 16 帧，选择 "修改" / "变形" / "水平翻转"。

4) 分别在每两个关键帧之间用右键点击，并在快捷菜单上选择 "创建补间动画" 命令。

图 6-19 组件变形案例：文字变形

例 2 点阵变形——图案变形。本例中的元件有 5 个不同的花朵图案，这里变形指的是不同对象之间的变化。注意，这种变化必须要将所有的帧对象进行分解，制作过程如下：

1）新建一个电影文档，并打开影片库。

2）选择"插入"／"新建元件"，输入名称为"花朵图形1"，选择行为为"图形"，绘制花朵图形1。重复此过程，分别创建并绘制5种不同的花朵图形，如图6-20所示。

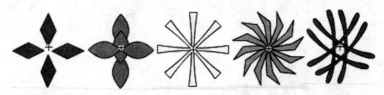

图 6-20 花朵图案

3）点击"场景"按钮，在图层1的第1、3帧中插入关键帧并拖入"花朵图形1"元件，在第11、13帧中插入空白关键帧并拖入"花朵图形2"元件，在第21、23帧中插入空白关键帧并拖入"花朵图形3"元件，在第31、33帧中插入空白关键帧并拖入"花朵图形4"元件，在第41、43帧中插入空白关键帧并拖入"花朵图形5"元件。

4）按下时间轴上的"绘图纸"和"多帧编辑"按钮，并选择"修改标记"／"绘制全部"。

5）选择箭头工具在界面上拖动，选择包含所有元件，按下 Ctrl＋B 键分离元件。

6）分别选中第3、13、23、33、43关键帧，在"属性"面板上设置其"补间"类型为"形状"，完成创建补间动画。如图6-21所示。

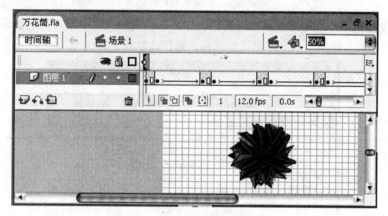

图 6-21 点阵变形案例：图案变形

2. 色变动画

例3 颜色变化——变色龙。如图6-22所示，本例的元件是利用了一个"金龙"位图，色变是利用 Flash 对帧的实例对象添加了颜色效果而形成的。制作过程如下：

1）新建一个电影，将文档背景颜色设置为"＃999999"，并打开影片库。

2）选择"文件"／"导入到库"，选择打开 image 文件夹中的"金龙.jpg"文件。

3）选择"插入"／"新建元件"，输入名称为"龙"，选择行为为"图形"，确定后将"金龙"元件拖入编辑界面。选择"修改"／"分离"打碎元件。选择"套索"／"魔术棒"工具，设置"魔术棒属性"的阈值为50，然后点击图中的白色并按下 Delete 键删除白色。选择箭头工具并点击选中剩余的龙身，选择"修改"／"组合"重组元件。

4）点击"场景"按钮，将库中"龙"元件拖入图层1的第1帧上，在第15、30帧插入关键帧。分别点击关键帧上的"龙"元件，修改属性"颜色"为"色调"，并分别设置颜色值，设置第1帧为0、0、0，设置第15帧为0、255、102，设置第30帧为0、255、51。

5）分别在每两个关键帧之间用右键点击，并在快捷菜单上选择"创建补间动画"命令。

图 6-22　色变案例：变色龙

例4　亮度变化——星星闪烁。如图 6-23 所示，本例的元件是一个五角星图形，色变是利用 Flash 对帧的实例对象添加了亮度效果而形成的。制作过程如下：

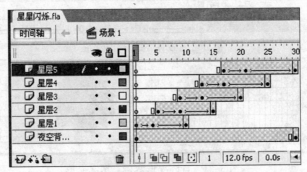

图 6-23　亮度变化案例：星星闪烁

1）新建一个电影，选择"插入"/"新建元件"，输入名称为"背景"，选择行为为"图形"，确定后进入该元件编辑界面，选择"矩形"工具，绘制黑色背景矩形。

2）选择"插入"/"新建元件"，输入名称为"五角星"，选择行为为"图形"，确定后进入该元件编辑界面，选择"线形"工具，绘制"五角星"图形。选择"填充"工具，将"五角星"图形填充为蓝色。选择箭头工具，按住 Shift 键，分别选中"五角星"的边线，按下 Delete 键删除。

3）点击"场景"按钮，打开影片库，将库中"背景"元件拖入图层 1 的第 1 帧上，添加图层 2。在图层 2 的第 2 帧上插入空白关键帧，将库中"五角星"元件拖入该帧，并在第 6、10 帧插入关键帧。点击该层的第 2 帧，再点击图形，选择"属性"/"颜色"/"亮度"，设置其值为"－80"，同样修改第 6 帧，将其"亮度"值设置为"60"，修改第 10 帧，将其"亮度"值设置为"－80"。

4）用相同的方法创建图层 3、4、5、6，如图 6-23 所示。

5）对于第 2～7 图层，分别在每两个关键帧之间用右键点击，并在快捷菜单上选择"创建补间动画"命令。

3. 移动和运动引导

如果想让帧上的对象实例随着自定义的曲线移动，需要创建运动引导层，用来控制运动补间动画中对象的移动情况。

为了在绘画时帮助对齐对象，可以创建引导层，然后可以将其他图层上的对象与引导层上创建的对象对齐。引导层不会被导出，因此不会显示在发布的 SWF 文件中。可以将任何图层用作引导层。图层名称左侧的辅助线图标表明该层是引导层。

例 5　运动引导——写字。如图 6-24 所示，本例中需要补间动画的是"笔"层，运动引导层的图形是曲线"王"字的轨迹，影片使笔沿着运动引导层的曲线移动。制作过程如下：

1) 新建一个电影，选择"插入"/"新建元件"，输入名称为"笔"，选择直线绘制工具——铅笔。可选择"查看"/"网格"/"显示网格"，以便绘图时精确定位。

2) 点击"场景"按钮，将库中"笔"元件拖入"笔"层的第 1 帧上，在第 35 帧上插入关键帧。

3) 点击图层上的"添加运动引导层"按钮，直接用铅笔工具在该层上绘制曲线"王"字，在第 35 帧上插入帧。

4) 按下"箭头工具"/"选项"中的对齐对象 ⓝ。在"笔"层上创建补间动画。为了使笔尖能随着轨迹线运动，务必使笔尖位于编辑界面中的编辑中心"＋"。或者在场景上使用"任意变形工具"调整编辑中心的位置。

5) 在"笔"层下建立"王"层，按下 Ctrl＋B 键分离元件。在该层以后的每一帧插入关键帧。如图 6-24 所示，隐含引导层，并用橡皮擦工具编辑每个帧，擦除"笔"以后的笔画。

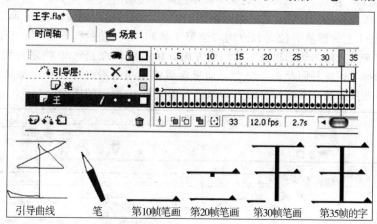

图 6-24　运动引导案例：写字

6.5.4　Flash 剪辑制作

例 6　影片剪辑——汽车行进。本例介绍影片剪辑的创作，剪辑中创建一辆车轮能在原地转动的汽车。将这个剪辑安排到场景上，使其可以沿着引导层的曲线移动。制作过程如下：

1) 新建一个电影，打开"窗口"/"库"。选择"文件"/"导入到库"，选择汽车图片 get-carimage.jpg 打开，并将汽车图片拖到影片图层 1 的第 1 帧，再选择"插入"/"转换成元件"，命名为"源图片"。

2) 选择"修改"/"分离"打碎第 1 帧上的对象，使用套索工具勾出汽车外形，选择"修改"/"组合"，再选择"插入"/"转换成元件"，使之转换成名为"汽车"的图形元件。

3) 右键点击第 1 帧，选择"移除帧"。

4) 选择"插入"/"新建元件"，输入名称为"车轮"，选择行为为"图形"，确定后进入该元件编辑界面，选择椭圆工具，绘制车轮如图 6-25 所示。

5) 选择"插入"/"新建元件"，输入名称为"转动的汽车"，选择行为为"影片剪辑"，确定后进入该元件编辑界面，在影片剪辑第 1 帧上，拖入"汽车"，并在第 20 帧上插入关键帧。插入图层 2 并在第 1 帧上拖入"车轮"，使车轮位于汽车的前轮上，在第 20 帧上插入关键帧，再点击图层 2 的第 1 帧，并修改其属性如图 6-25 所示。以相同的方法在图层 3 上编辑后轮。

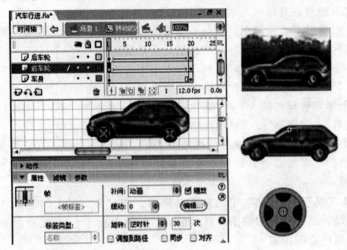

图 6-25 影片剪辑案例：汽车行进

6）点击"场景"按钮，在图层 1 的第 1 帧中拖入"转动的汽车"剪辑，在 60 帧上插入关键帧。在图层 1 上添加运动引导层，并在第一帧用铅笔画一条运动轨迹线，在 60 帧上插入关键帧。

7）调整图层 1 上关键帧的位置和方向，使第 1 帧和第 60 帧的汽车分别位于运动轨迹线的左、右端，并转变其方向为运动轨迹线的切线方向。在图层 1 的 1 至 60 帧之间用右键点击，并在快捷菜单上选择"创建补间动画"命令。如果希望汽车车身沿途都能在运动轨迹线的切线方向，可以添加一些关键帧，并将车身的方向调整为如图 6-26 所示的样子。

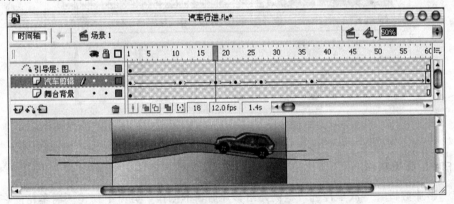

图 6-26 影片剪辑案例：汽车运动场景剪辑

8）添加图层 3，并在第 1 帧上绘制背景图像。按 Ctrl＋Enter 键预览动画效果。

例 7 向导编辑——堆雪人。如图 6-27 所示，本例介绍堆雪人的过程，为了使各个图形元件从不同的位置合理地组成一个雪人，可以利用引导层进行编辑。制作过程如下：

1）新建电影，如图 6-27 所示在影片库中分别绘制盘、背景图、身、脸、帽、手图形元件。

2）在图层 1 的第 1 帧上将库中各元件组合成一个雪人，然后右键单击，从上下文菜单中选择"引导层"。

3）添加"背景"图层，并将图层拖到"引导层"下。在第 5 帧上插入"背景图"元件，位置在舞台外。在第 10 帧上插入关键帧，对象位置与引导层上的图对齐。创建补间动画。在第 55 帧上插入帧。

4）用类似添加"背景"图层的方法，为盘、身、脸、帽、手图形元件添加图层和动画。

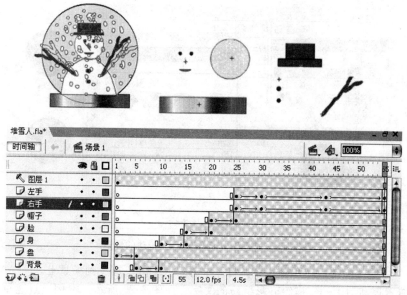

图 6-27 向导编辑案例：堆雪人

4. 遮罩动画

遮罩动画一般由两个层组成，位于上层的是遮罩层，而位于下层的是被遮罩层。透过遮罩层上的图形，就可以看到被遮罩层上的图形。

例 8 遮罩动画——探照灯效果。本例中将在遮罩层上安排一个"探照灯"元件，在被遮罩层上安排一组文字"WELCOME"。使"探照灯"元件在文字上移动，"探照灯"元件所到之处就能看到文字中的字母。制作过程如下：

1）新建电影，选择"插入"/"新建元件"，输入名称为"文字"，选择行为为"图形"，确定后进入该元件编辑界面，选择"文字"工具，修改属性中的字号为 60，在编辑界面中单击，输入文字"WELCOME"。

2）选择"插入"/"新建元件"，输入名称为"探照灯"，选择行为为"图形"，确定后进入该元件编辑界面，选择"椭圆"工具，修改属性中的笔触颜色，在编辑界面中绘制一个圆，使其大小能包含文字。

3）点击"场景"按钮，打开影片库，在图层 1 的第一帧中插入"文字"元件，在第 30 帧上插入关键帧。在图层 2 的第一帧中插入"探照灯"元件，位置与"WELCOME"的"W"重合，在 30 帧上插入关键帧，位置与文字最后的"E"重合。在图层 2 的 1 至 30 帧之间用右键点击，并在快捷菜单上选择"创建补间动画"命令。

4）右键单击图层 2，选择"遮罩层"命令。

例 9 遮罩剪辑——转动的地球。如图 6-28 所示，本例中将在一个剪辑元件的遮罩层上安排一幅矩形的地球表面图"map"元件，在被遮罩层上安排一个"ball"元件。使"map"元件在"ball"元件上移动。制作过程如下：

1）新建电影文档。选择"导入"，导入"地球图.jpg"文件。将导入的图转换成图形元件，输入名称为"map"（地球图也可以自行绘制）。

2）选择"插入"/"新建元件"，输入名称为"moving"，选择行为为"影片剪辑"，确定后进入影片剪辑编辑界面。如图 6-28 所示进行编辑：将图层 1 命名为"背景 ball"，并直接在第一帧上绘制一个圆。添加图层 2 "ball"，从图层 1 复制"背景 ball"，并修改颜色。添加图层 3 "map"，从库中拖出图形"map"，相对于"ball"安排位移补间动画，并右键单击，选择"遮罩层"命令。

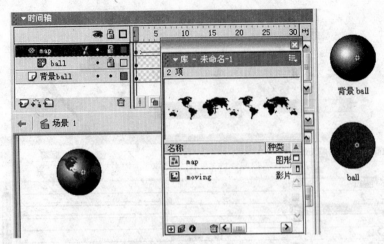

图 6-28　遮罩影片剪辑案例：转动的地球

3）点击"场景"按钮，打开影片库，将库中的"moving"拖曳到场景上。

例 10　遮罩逐帧动画——描绘五彩缤纷的文字。如图 6-29 所示，本例通过遮罩描绘出可逐步出现的五彩缤纷的文字，当文字全部出现后，文字色彩会发生变化。

图 6-29　遮罩逐帧动画案例：描绘五彩缤纷的文字

1）新建图形元件"文字"。选择文字工具，修改属性中的字号为 80、字体为华文行楷，在编辑区输入文字"爱我中华"。

2）新建图形元件"彩带"。绘制矩形彩带图案。

3）在"场景"图层 2 的第 1 帧中插入"文字"元件，选择"修改"/"分离"分离元件，然后在 2 至 30 帧上分别插入关键帧。选择"橡皮"工具进行逐帧编辑，使文字的笔画逐渐增加，到第 30 帧时文字完全出现。在第 50 帧上插入关键帧。

4）在图层 1 的第 1、30、50 帧中插入"彩带"元件，并使第 30 帧的彩带和文字左端对齐，使第 50 帧的彩带和文字右端对齐。然后在第 30、50 帧之间创建补间动画。

5）右键单击图层 2，选择"遮罩"命令，预览效果。

5. 添加声音

Flash 影片中可以添加声音流和事件声音，从 Internet 上下载影片时，只要声音文件的开头部分下载完毕就可以开始播放声音流。此类声音特别适合于作为连续的背景声音。但是事件声音必须完全下载并载入到 RAM 中之后才能播放。

如果要添加背景音乐，只要将声音拖到舞台中即可将其包含在影片中。然后可设置音乐的效果、同步和循环参数。

如果要向按钮添加事件声音，可以在创建按钮元件时，为鼠标指针对应的不同按钮状态帧添加一个事件声音。

例 11 在例 10 创建的五彩缤纷的文字案例上添加背景音乐，制作过程如下：

1）打开例 10 创建的影片文档，在时间轴中添加一个新图层，将其命名为"声音"。

2）选择"文件">"导入到库"。选择"爱我中华.mp3"文件。

3）在"声音"图层处于选中状态时，将爱我中华.mp3 声音从"库"面板拖到舞台中。在时间轴上，该帧上会出现一个表示声波的小示图。

4）在时间轴上，选择"声音"图层的第 50 帧，插入关键帧。在属性检查器中，设置第 1 帧，修改声音属性"同步"为"开始"，设置第 50 帧"爱我中华.mp3"声音属性"同步"为"停止"。这样可使得音乐的播放时间和动画同时结束。

如果所选的背景音乐所包含的播放时间比较短，我们可以采用循环方式来增加音乐的长度。例如，在库中导入一段较短的声音，并使得它在影片中循环播放 10 次。方法如下：

5）选定"声音"图层后添加一个新图层，将其命名为"sound"，使该层处于选中状态，从计算机资源中拖入一段 WAV 声音，如 Block_01，在第 25 帧上插入关键帧。设置第 1 帧，修改声音属性如图 6-30 左下图所示。设置第 25 帧，修改声音属性如图 6-30 右下图所示。

注意 如果没有设置声音中止的帧，所插入的声音将播放到自然结束为止。

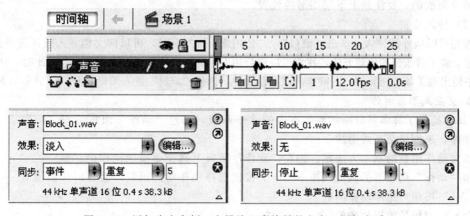

图 6-30 添加声音案例：在描绘五彩缤纷的文字上添加音乐

6）如果需要改变声道的输出效果，可以选择"效果"下拉按钮，显示选项列表包括无、左声道、右声道、从左到右淡出、从右到左淡出、淡入、淡出和自定。

说明 在编辑声道输出效果时，当选择"自定"按钮和"编辑"按钮，将打开"编辑封套"对话框，对话框的上下两部分分别代表左右声道，每个声道各有一条音量控制线，左键在控制线上点击可以插入最多 8 个控制点，通过拖动控制点可以调整音量的大小，控制点位于上方时，表示放大音量，反之将降低音量。

对话框的中间是时间轴，可以用时间或帧来表示。同时时间轴上有左右两个滑竿，移动它们可控制部分声音内容用于影片帧的播放。

6.5.5 Flash 交互动画制作

在本节中，我们首先来了解按钮的制作和使用的基本方法，然后结合实例介绍如何添加控制命令以及制作 Flash 交互式影片。

1. 按钮制作

Flash 交互式影片允许观众自主控制影片的播放，通过键盘或鼠标来控制影片中的不同片断、移动对象、填写信息等操作。在交互式影片中，按钮是控制元件的主要工具，也是键盘或鼠标操作的对象。

（1）创建按钮

用户可以自行制作按钮。要创建一个按钮，先选择"插入"／"新建元件"。如图 6-31 所示，按钮的时间轴可由多个图层合成，每一层都包括"弹起"、"指针经过"、"按下"、"点击" 4 个可编辑帧，它们分别表示鼠标作用时按钮的状态。

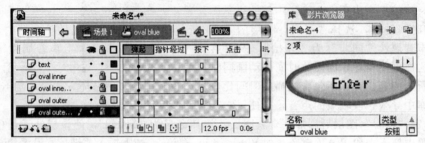

图 6-31 按钮编辑

创建按钮的方法与舞台编辑类似，可在关键帧上绘制和编辑按钮图形。如果按钮是由多层图形组合而成的，要注意上下层图形的位置。

（2）导入按钮

按钮可以从外部导入，单击"窗口"／"公用库"／"按钮"，可以向文档导入软件提供的按钮。为了进一步了解按钮的创建方法，我们可以将公用库中的一个按钮插入到场景上来，此时，在当前影片库中便出现了该按钮元件。右键单击该按钮元件，选择"编辑"进入编辑界面，如图 6-31 所示。

2. 交互式影片制作

Flash 提供了许多可以添加到脚本中的动作函数，通过"动作"面板可对"帧"或"元件"添加动作，来创建交互式影片。

添加动作函数的基本方法是：先在"动作"面板上选择要添加动作的"帧"或"元件"，然后双击"动作"列表下的函数或按下"＋"按钮选择动作功能函数，需要时还需设置一些参数。使用"—"按钮可删除动作函数。

（1）控制场景的影片播放

在"动作"面板上，"动作"／"影片控制"类提供了 goto（转向）、on（事件发生）、play（播放）、stop（停止）、stopAllSounds（停止所有声音）等几个函数，可直接控制场景上的影片播放。

例 12 在描绘五彩缤纷的文字的影片文档中，增加按钮层并在第一帧上添加三个按钮，分别为这三个按钮添加"play"、"stop"、"goto"动作，使得点击并释放这些按钮时，能控制当前场景的播放、停止以及转向第一帧重新开始播放，如图 6-32 所示。

操作步骤：

1）打开描绘五彩缤纷的文字的影片文档。

2）在上层增加一个图层，将图层名改为"按钮"，在第一帧上添加三个按钮。

3）选择其中第一个按钮，双击"动作"／"影片控制"／"on"，并选择事件参数为 "release"，然后双击"动作"／"影片控制"／"play"。

4）类似上一步，为第二个按钮设置动作为"stop"。

5）类似上一步，为第三个按钮设置动作为"goto"，并设置参数为"转到并播放"、场景为"当前场景"、类型为"帧号"、时间轴的"1"为第一帧，设置完成后可见插入脚本的函数如图 6-32所示。

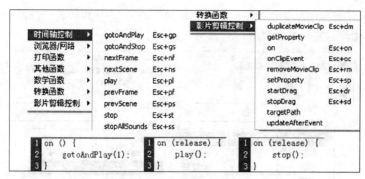

图 6-32　按钮动作的设置案例

6）按 Ctrl＋Enter 键预览动画，可按下各个按钮测试效果。

（2）控制电影剪辑

在影片库中可以创建多个影片剪辑元件，创建的元件可以作为实例被 Flash 文档多次调用。为了区分不同的实例，必须给每个实例定义一个名称。

使用"动作"面板中"否决的"/"动作"类中的 Tell Target 函数去指向某个实例，再添加 play、stop 等函数控制电影剪辑的播放。

例 13　创建一个影片，界面如图 6-33 所示，包含播放器界面、按钮和电影剪辑，使得按下按钮后可以控制电影剪辑的播放和停止。

图 6-33　播放界面和影片元件

1）新建影片文档，修改图层名为"场地"，在场景 1 的第一帧上绘制播放器界面。

2）增加图层并修改图层名为"按钮"，在"公用库"中选择 Play、Stop 按钮拖入。

3）创建保龄球、瓶和场地图片组件，如图 6-33 所示。

4）创建影片剪辑名为"保龄球剪辑"，底层是场地图片，"瓶 1"至"瓶 10"以及"保龄球"层分别作为每个瓶以及保龄球的动画，如图 6-34 所示，为"帧动作"添加 Stop 动作。

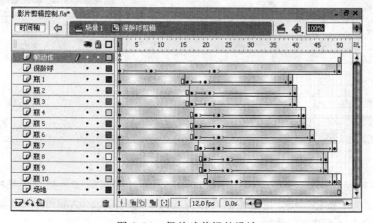

图 6-34　保龄球剪辑的设计

5）返回场景，增加图层并修改图层名为"保龄球剪辑"，从库中将"保龄球剪辑"拖入第一帧。在剪辑属性中输入实例名为"film"，如图 6-35 所示。

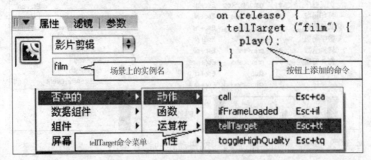

图 6-35　对按钮动作的设置

6）打开"动作"面板，选择 Play 按钮，添加动作函数为释放鼠标时，播放实例名为"film"的保龄球剪辑。为 Stop 按钮添加动作函数，使释放鼠标时停止播放。

7）按 Ctrl＋Enter 键预览动画，分别按下 Play 和 Stop 按钮测试效果。

（3）控制视频剪辑

在影片库中可以导入视频文件，或导入影片剪辑元件符号，并通过帧、按钮和场景的组合，创建播放视频片断的 Flash 影片。

例 14　视频播放控制。本例在影片库中导入了 1 个视频剪辑，同时创建了一个影片剪辑符号。通过按钮可以选择以不同大小的界面来进行播放。制作过程如下：

1）新建影片文档，使用"文件"/"导入"/"导入视频"，在视频导入向导中选择视频文件，选择"部署"/"在 SWF 中嵌入视频并在时间轴上播放"，在"嵌入"卡中设置符号类型为"影片剪辑"、音频轨道为"集成"、复选框全选中，并在"编码"卡上选择配置文件。

2）创建或导入"放大"和"缩小"两个按钮元件。

3）创建并设置场景 1 如图 6-36 所示。在场景上，影片剪辑实例安排为一个位移动画。在100 帧处插入关键帧，改变剪辑实例的位置，并在该帧上设置动作"gotoAndPlay（1）;"。在按钮层上设置按钮动作为 on（release）{gotoAndPlay（"场景 2"，1）;}。

图 6-36　视频播放控制

4）创建并布置场景 2。上层为"影片剪辑"层，影片剪辑的实例播放界面扩大，在 100 帧处插入帧。下层为"按钮"层。设置按钮动作为 on（release）{gotoAndPlay（"场景 1"，1）;}。

5）按 Ctrl＋Enter 键预览动画。

（4）加载和卸载其他影片

在 Flash 或 HTML 页面播放影片的情况下，使用 loadMovie、unloadMovie 动作或方法可以在当前界面加载、卸载如条幅广告、导航界面等其他影片，以实现影片之间的平滑过渡，并可减少 Flash Player 所需的内存。加载到目标的影片或图像会继承目标影片剪辑的位置、旋转和缩放属性。Load Movie 方法使用方式如下：

loadMovie（"url"，level/target［，variables]）

url 表示要加载的 SWF 或 JPEG 文件的绝对或相对 URL，如果输入相对路径，必须相对于级别 0 处的 SWF 文件。所有被加载的 SWF 文件必须存储在与当前影片相同的文件夹中。

level/target 是必须指定的参数，但二者不能同时指定，只能取其中之一。

level 指定 Flash Player 中影片或图像将被加载到的级别。当指定 Flash Player 中影片将加载到的级别时，该动作变成 loadMovieNum。如果将影片加载到第 0 层中，将替换当前影片的主时间轴第 0 层。

target 指向目标影片剪辑的路径。目标影片剪辑将替换为加载的影片或图像。当影片加载到目标影片剪辑时，可使用该影片剪辑的目标路径来定位加载的影片。

variables 为可选参数，用来指定发送变量所使用的 HTTP 方法，包括 GET 或 POST 选项。GET 方法用于发送少量变量，将变量追加到 URL 的末尾。POST 方法用于发送长的变量字符串，在单独的 HTTP 标记头中发送变量。

unloadMovie 方法卸载由 loadMovie 加载的影片。

例 15 加载/卸载影片。本例将在一个影片文档上加载另一个现有的影片"五彩文字.swf"。卸载影片时只要使用 unloadMovie 方法即可。制作过程如下：

1）新建一个影片文档。

2）在图层 1 上添加两个按钮，设置动作如图 6-37 所示，分别设置两个按钮的功能为：加载电影和启动剪辑。

注意 其中"五彩文字.swf"已经存放在 D 盘的"flash 例题"文件夹中，参数"1"表示指定向其中加载影片的层为第 1 层。

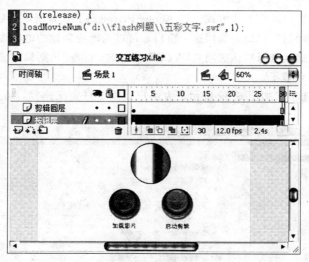

图 6-37　加载/卸载影片

（5）添加导航

通过 getURL 函数可将 URL 定位的文档加载到窗口中。函数格式为：

getURL（url［，window［，"variables"]]）

其中 url 指定要获取文档的 URL，Window 指定文档加载时所指定的窗口或 HTML 框架。

_ self 指定当前窗口中的当前框架。

_ blank 指定一个新窗口。

_ parent 指定当前框架的父级。

_ top 指定当前窗口中的顶级框架。

variables 为可选参数，用来指定发送变量所使用的 HTTP 方法。

例 16　添加导航。本例在例 15 的按钮层上再添加两个按钮，使鼠标在按钮上释放时在新窗口中打开站点 http：//www. online. sh. cn。设置方法如图 6-38 所示。

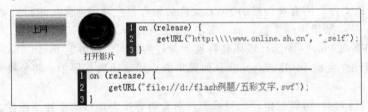

图 6-38　添加导航

6. 6　Premiere 软件的应用

Premiere 是非常优秀的非线性编辑软件，可以用来创作 Videos 多媒体，实际的工作是编辑多媒体文件，可以把几个多媒体文件合成一个文件。

Premiere 可以以 NTSC、PAL 格式、或者对 VGA Monitors 提供编辑时的实时全解析度画面。在音/视频方面，它能较好地支持声道环绕立体声、音频注解录制，提供增强色彩控制特性、增强的交互式项目窗口、增强 DV 采集和输出特性，并支持实时效果的处理和支持多文件格式。

Premiere 影片的一般制作过程包括准备素材、建立新项目、素材导入到新项目、修剪导入以后的素材、编辑影片和添加效果、编辑音频和效果、保存并发布影片等步骤。

6. 6. 1　Premiere 环境和项目

Premiere 提供多窗口联合工作模式。以 Adobe Premiere Pro 为例，当启动 Premiere 软件时，首先出现的是"新建项目"窗口，利用这个窗口，可以为所要创建的电影设置属性，在"加载预置"选项卡中，如果确认选择默认选项"DVCPROSO 24p 标准"，则只需确定项目位置和文件名就可以进入电影制作环境了。

"自定义设置"选项卡如图 6-39 所示，为用户提供了自定义途径，可以由用户决定电影的参数。

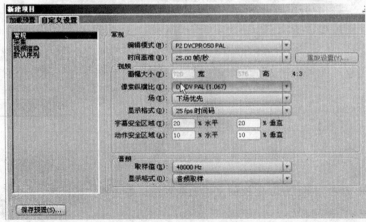

图 6-39　Premiere 的自定义设置

在"自定义设置"选项卡的常规类参数设置部分，可以设置视频和音频参数。视频参数包括画幅大小、像素纵横比、场、显示格式、字幕安全区域和动作安全区域。音频参数包括取样值、显示格式。标准 DV 的取样值通常选择"48000Hz"或"32000 Hz"。显示格式一般选择"音频采样"。如果在"自定义设置"中选择了"默认序列"，则可以在视频或音频部分设置效果占用轨道的情况。

参数设置完成后，可以单击"保存预置"按钮进行保存。也可以在工作窗口中通过菜单栏的"编辑"/"参数"/"常规"命令进行参数设置。

Premiere 默认的工作界面如图 6-40 所示，提供了命令菜单和若干工作窗口。

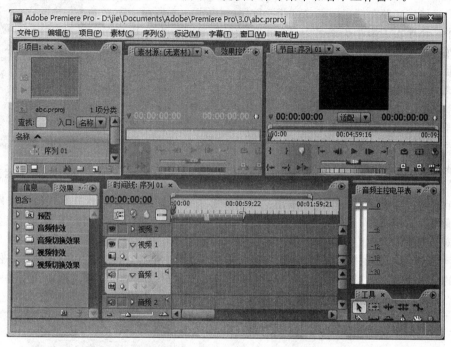

图 6-40   Premiere 默认的工作界面

1）"项目"窗口：用来引入原始素材。这些素材一般是通过导入或采集的方法引入当前工程的，每个素材都可以通过"工程"窗口中的预览工具展示其基本情节。该窗口还提供了文件夹、新建、删除等常用的管理工具，可用来按照媒体的表示形式或片断情节分类管理素材。

2）"时间线"窗口：用于安排并控制帧的排列及将复杂动作组合起来。在时间线上可以添加音频和视频轨道，设置时间线标记，同步和特效设置、预演或部分工作区及内容的预演。在"时间线"窗口上端有一个"时间码"标尺，用来确定视频长度及每一帧画面位置的特殊编码。现在国际上采用 SNPTE 时码来给每一帧视频图像编号。时间码的格式是"小时：分：秒：帧"。例如：时码为"00：01：20：30"表示视频当前的播放时间长度为 1 分钟 20 秒 30 帧。

其中的"视频"通道用来放原始电影、图片，"音频"通道用来放声音。时间线上的每一小格就表示一帧，帧由左向右按顺序播放就形成了动画电影。当需要添加或删除视频轨道时，可以直接用鼠标右键点击时间线左边轨道标记处，将出现快捷菜单，提供"添加轨道"和"删除轨道"命令。选择命令之后，可根据对话继续操作。

3）"素材源"窗口：用来修剪源材内容。窗口中提供了编辑、修改和播放工具，可进行剪辑倒转、分割、交迭，并实时观察修剪的效果。

4）"节目"窗口：用于预览电影。窗口中也提供了编辑、修改和播放工具。

5）"效果"窗口：用来添加电影安置方式和音、视频效果。窗口中提供了预置、音频特效、音频切换效果、视频特效和视频切换效果工具。

6.6.2 Premiere 的电影编辑

进行电影编辑之前先要准备好素材。本节中将介绍如何在新项目导入素材、编辑视频、添加效果、预览、保存并发布影片。

1. 导入素材

启动 Premiere Pro 程序，新建一个项目，打开工作窗口。在新项目中导入剪辑：选择"文件"/"导入"，出现导入文件的对话框，选择好电影文件或音频文件，再点"打开"按钮。如图 6-41 所示，在素材窗口中已经导入了两个扩展名为"wma"的音频文件、两个扩展名为"MPG"的电影文件。选择其中一个电影文件，上面即可显示该电影的画面。

图 6-41　项目源窗口

2. 连接视频素材

编辑电影时，首先要将电影剪辑拖入时间线。如图 6-42 所示，要将三段导入的电影素材连接起来，可以从"项目"窗口中直接将素材依次拖入视频 1 轨道。为了在视频 1 轨道中能看到视频画面，我们点击"视频 1"下方的小按钮，并且分别选择了"显示全部帧"和"显示关键帧"。

调节视频段播放长度的操作方法是：将鼠标移动到时间线中某段视频的开始或末尾，当鼠标指针变成左右箭头时，按住鼠标左键向左或向右拖动，然后在某个时间点上松手，就会改变电影的长度。相当于只使用了素材的部分内容。

"素材源"窗口如图 6-43 所示。可以用来选择素材的一部分，然后送入视频轨道。例如，想把素材的后半部分送入视频轨道，可以将素材先拖入"素材源"窗口，移动播放头寻找所需的素材起始点。然后在时间线上选择视频 n 标记和插入时间点，最后再在"素材源"卡中使用"插入"或"覆盖"按钮。

图 6-42　时间线上连接剪辑

图 6-43　时间线上连接剪辑

3. 设置关键帧

关键帧是一种特定帧。在时间线上选择了"显示关键帧"选项后，可以看到被连接的素材画面。在素材中还可以看到一个标记，用来进行特殊编辑或控制整个动画。

设置某视频轨道上的一个关键帧时，首先，将时间线上红线状的"时间指示器"移动到时间标尺的某个时间点处，接着，单击选中该视频轨道中的剪辑，最后单击"添加/删除关键帧"开关，在该视频层上立即显示一个菱形的"关键帧符号"。如图 6-44 所示。

4. 改变素材显示时间

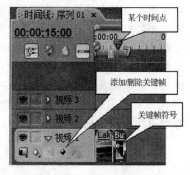

视频段的显示时间是可以改变的。如果显示时间变长，其播放速度就会降低；反之，显示时间变短，播放速度会提高。要改变素材的显示时间长度，可以用鼠标右击时间线上的素材，然后在快捷菜单上选择"速度/持续时间"选项。

要改变素材显示时间也可以使用工具栏上的波纹编辑工具。先选择波纹编辑工具，然后将变形后的鼠标移动到图片出点处。使用鼠标拖曳的方法向右拖动图片出点，图片的显示时间加长，后面的视频后移，整个视频的时间变长。当使用波纹编辑工具的时候，视频段的显示速度会随之发生变化。

图 6-44 设置关键帧

5. 添加视频效果

Premiere 软件提供了丰富的视频效果，相当于滤镜。在"效果"选项卡中包含了"视频特效"和"视频切换效果"两个文件夹。

（1）添加视频特效

"视频特效"中有若干效果组，如图 6-45 所示，包括 GPU 特效、变换、噪波 & 颗粒、球面化、弯曲、镜像、风格化、马赛克、浮雕、图像控制、色彩替换、色彩平衡等。

例如要在一个视频段上添加"旋转"效果和"卷页"效果，可以将"视频特效"/"GPU 特效"/"卷页"滤镜拖曳到时间线视频 1 上，松开鼠标。这时在"效果控制"窗口中可见已经添加的"卷页"效果，"卷页"滤镜内部提供了一些可以改变的参数项目。

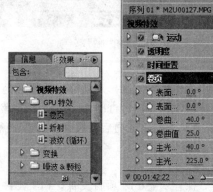

图 6-45 Premiere 视频特效

如图 6-46 所示，如果将"效果控制"窗口中"运动"特效的旋转角度改为 30°，画面便旋转了 30°。

图 6-46 视频旋转特效

（2）添加视频切换效果

要设置某个片段如何出现或消失，可以打开"视频切换效果"文件夹，再选择打开相应的列表，例如打开了"卷页"列表，可以看到其中包含了中心卷页、卷页、滚离、翻转卷页等选项。这些效果可以出现在时间线上的任何一个影片剪辑上，并可以添加到影片剪辑两端。操作方法是用鼠标拖曳所选的效果至视频片段首或尾部，释放鼠标按键后，在刚刚添加切换效果的地方将出现过渡标志。如图6-47所示，当前选择了"中心卷页"，可以直接用鼠标将"中心卷页"选项拖动到第二个片段的尾部，效果便添加成功。

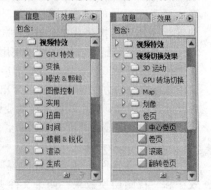

图6-47　视频切换特效

（3）预置应用

软件在"效果"窗口中提供了"预置"影片形式。例如要创建"画中画"效果，使影片播放画面中再包含一个影片窗口。

如图6-48所示，将"视频2"作为主播放界面，在"视频3"中同时叠放一段剪辑。只要直接用鼠标将"效果"窗口的"预置"/"画中画"/"25％画中画"拖动到"视频3"剪辑上即可。

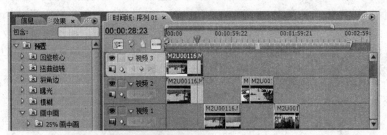

图6-48　视频画中画特效

6．预览

在视频编辑过程中的任何时候都可以进行预览，并且可以选择性地预览。用鼠标拖动时间线刻度中的播放头，如图6-49左图所示，"节目"窗口的画面就会同时发生变化。在"节目"窗口中也提供了播放工具，包括播放、停止、向前、向后、快进、快退、循环播放等等，可以让用户自主选择操作。

7．保存文件和导出电影

选择"文件"/"保存"命令时，保存的是PPJ项目文件，PPJ文件只记录了编辑的内容和各种设置。

要输出新的电影文件，需要选择"文件"/"导出"，然后再选择"电影"，这时屏幕上会出现一个保存对话框，选择保存文件的文件夹和文件名后进行保存，系统将立即进行渲染，如图6-49右图所示。"渲染"的意思是将处理过的信息组合成单个文件。

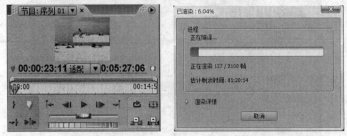

图6-49　视频预览（左）与影片渲染（右）

如果希望在保存之前改变一些所要创建的电影的属性，可以按下"设置"按钮，进入输出电影设置窗口。

6.6.3 Premiere 的声音编辑

要给电影配上背景音乐，只要在时间线上添加声音轨道即可，而且可以添加多个音乐片段，并可以分别为每个电影片段同步播放。上一节我们已经在项目中添加了音频素材，这一节我们介绍如何设置音频参数、编辑音轨、调整音频音量、添加音频效果。

1. 连接音频素材

给电影配音时，首先要将音频素材从"项目"窗口拖入时间线的音频轨道。几段声音素材可以依次连接在一个轨道上，也可以分几个轨道插入。当需要添加或删除声音轨道时，可以直接用鼠标右键点击音频时间线的左边标题处，在随后出现的快捷菜单上选择相关命令。如图 6-50 所示，分别在"音频 1"和"音频 2"中插入了两段声音，并打开了波形显示。

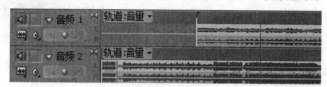

图 6-50 音轨编辑

接下来可以调节音频段播放长度。在时间线的声音轨道中可以编辑声音剪辑：将鼠标移动到某段电影的开始或末尾，当鼠标指针显示为左右箭头时，按住鼠标左键向左或向右拖动，然后某个时间点上松开，就会改变音频的长度。如图 6-50 所示，用鼠标将音频 2 轨道向右拖动，系统将显示增加的时间长度，松开鼠标按键，音频波形将被填充至相应区域。

在"素材源"窗口中也可以裁剪音乐。例如，想把素材的后半部分导入音频轨道，可以将素材先拖入，移动播放头至某个时刻，然后在"音频轨道"窗口中选择音频线标记和插入点，将"素材源"窗口的片段添加进来。

2. 调节音频的音量

在 Premiere Pro CS3 中可以通过以下三种方式调节音频的音量：在"时间线窗口"中使用关键帧控制线调节；利用"效果控制"卡的"音频特效"来调节；使用混音器调节。在"效果控制"卡中编辑音频和编辑视频的方法基本相似，这里仅介绍利用"时间线窗口"调节音量。

点击音轨左侧的三角形按钮可以展开音频轨道。在轨道中可以看见一条黄色的线，黄线的位置标志着整个轨道音频播放的音量大小，以分贝为单位。用鼠标上下移动该线条，将在整体上改变一段音频文件音量的大小。如图 6-51 所示，将黄线向下拖动，提示已经降低了 4.21dB。

图 6-51 音量调整

3. 调节音频增益

当同一个视频同时出现几个音频素材的时候，需要平衡几个素材的增益，也就是要调整音频信号的声调高低，以免某个素材的音频信号或低或高，影响整体效果。此时可使用菜单命令"素材"/"音频选项"/"音频增益"来进行调节。

4. 调整声音速度/持续时间

如果一段正常声音的速度发生了变化，意味着其频率发生了变化。如果速度快了，持续时间就缩短了，反之，速度慢了，持续时间就延长了。当用鼠标右击时间线上的某音频段，选择快捷菜单上的"声音速度/持续时间"命令，就会出现设置对话框，如图 6-52 所示。将原来的音频素材的速度设置为 200%，持续时间就调整为原来的二分之一。如果单击链接标记，使原来的锁形标记变成断开形状，则速度与持续时间不再互相影响。另外，该对话框还提供了"速度反向"和"保持音调"选项。

5. 添加音频效果

Premiere 软件提供了丰富的预置音频效果，在"效果"面板中包含了"音频特效"和"音频切换效果"两个文件夹。

（1）添加音频特效

"音频特效"中提供了 5.1 音效、立体声、单声道三类音频特效，每个文件夹中都包含了多种特效。添加特效的方法是使用鼠标将想要的特效拖动到时间轴音频 n 轨道中的段音频上。

图 6-52　素材速度和持续时间

例如，要给音频特效加入多重延迟效果，可以使用"5.1"下的"多重延迟"特效，该特效的作用就是将原音频段中的内容延迟播放。如图 6-53 所示，添加了这个特效后，在"效果控制"窗口中，可见到添加进来的"多重延迟"特效，其中包括：延迟 1、回授 1、电平 1、延迟 2 等参数，并可以更改这些参数。

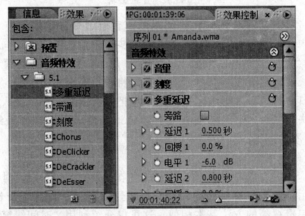

图 6-53　音轨声强调整

（2）添加音频切换效果

"音频切换效果"/"交叉淡化"中包含了"恒定增益"和"恒定放大"两种效果。

"恒定增益"效果可以实现音频音量的单向递增，"恒定放大"效果可以实现音频文件音量的淡入淡出控制。添加方法是使用鼠标将想要添加的效果拖动到时间轴音频轨道上需要加入切换效果的音频素材之间。单击刚刚加入的音频切换效果图标，可以打开"效果控制"卡，查看音频切换效果的属性。

本章小结

动画是由一系列静态画面按序快速显示而生成的。用计算机制作动画有帧动画和造型动画两种方式，从视觉效果上看可以产生二维或三维动画。

动态视频中有三种常用的色彩系统。其中 RGB 通过三原色的信号强度来记录和表述图像信息。YIQ、YUV 使用亮度和色度记录和描述图像信息，它们所组成的信号可以是分量视频、S-Video 或者是复合信号。不同的电视系统中所采用的色彩标准是不同的，通过色彩空间的变换，可以将一种空间表示的彩色图像变换到其他彩色空间。

目前流行的模拟彩色电视有 PAL、NTSC 和 SECAM 三种制式。不同制式的主要区别在于其帧频、分辨率、信号的带宽、可载频率或色彩空间的转换关系不同。

数字视频是定义压缩图像和声音数据记录及回放过程的标准。而数字电视是采用数字技术的电视。它具有能实现双向交互业务、抗干扰能力强、频率资源利用率高等优点。ITU 标准中的 ITU-R 主要规定了数字地面电视广播的业务复用、传送和识别方法以及 HDTV 演播信号系统。目前有美国的 ATSC、欧洲的 DVB 和日本的 ISDB 三种数字电视标准。

数据压缩可通过压缩信源编解码和信道编码两种技术来实现，而信道编码技术主要采用数字电视信道的编解码及调制解调数字调制技术。

高清晰度数字电视建立在数字信号处理、大规模集成电路制造和计算机科学技术的基础上，主要采用抗干扰性能极强的数字信号传输技术，将显示分辨率提高到 1000 线以上，增加了接收图像的宽高比、家庭影院效果，并消除了重影和噪声的影响。

动画、视频格式文件是基于宽带技术的视频、音频实时传输技术。在创作和编辑软件中，Flash 常用于创建网络动画，而 3D Studio MAX 是高级动画设计方式。利用 Windows Movie Maker 也可以在 MPC 上直接摄像和拍照，并可进行再编辑，或使用 Premiere 进行非线性的再编辑。

思考题

1. 在动画的制作过程中，设计画面时要考虑物体运动的哪些因素？为了显示物体连续变化的效果，对上、下画面之间的形态有什么要求？
2. 帧动画和造型动画的主要区别是什么？三维动画是怎么产生的？Flash 和 Director 可以创建什么动画？能创建三维动画吗？
3. 造型动画的制作至少需要哪几个步骤？动画的造型就是利用三维软件创造三维形体，而建立复杂的形体有哪三种造型技术？
4. 比较流行的动画制作软件有哪些？创建最适合于网络传递的动画常使用什么软件？
5. 利用 3D Studio MAX 完成的物体质感特点有哪些？
6. 什么是 RGB、YIQ 和 YUV？什么又是分量视频、S-Video、复合信号？色彩空间是可以变换的，目前采用的彩色空间变换有哪几种？变换关系怎样？
7. 电视频道的带宽是有限的，为了在有限的带宽上传输多种信号，必须要采用什么方法？
8. 什么是数字视频？它有哪些特点？数字视频常用什么格式？
9. 简述数字电视的基本原理。数字电视主要有哪些特点？按清晰度分类，数字电视可以分为哪些类型？它们的主要区别在哪里？
10. 数字电视的 ATSC 标准、DVB 标准和 ISDB 标准的主要有什么区别？
11. 数字传输中常用的调制方式有哪些？
12. 数据压缩可通过哪两种技术来实现？
13. 高清晰度电视的水平清晰度和垂直清晰度是怎样定义的？它们分别与哪些因素有关？
14. 常见的流媒体文件格式有哪些？媒体播放器的主要作用是什么？
15. 如何利用 Flash 制作位移、形变、色变动画？如何制作剪辑片段？如何制作交互动画？
16. 如何利用 Premiere 连接电影片段？如何在电影中添加和编辑声音？

第7章 多媒体压缩技术

进入信息时代，人们越来越依靠计算机来获取和利用信息，而数字化后的视频和音频等媒体信息具有海量性，与当前计算机所提供的存储资源和网络带宽之间有很大差距，这给存储多媒体信息带来很大困难，成为阻碍人们有效获取和利用信息的瓶颈。因此，有必要以压缩的形式存储和传播多媒体信息，同时因为多媒体数据之间存在大量冗余现象，如空间冗余、时间冗余、结构冗余、知识冗余、视觉冗余、图像区域的相同性冗余和纹理统计冗余，使多媒体数据压缩成为可能。本章主要介绍数据压缩的基本原理和方法，以及数据压缩的编码原理和压缩标准。

7.1 数据压缩的基本原理和方法

数据压缩的重要性促使人们不断地进行研究和总结，应根据多媒体不同的表现形式和不同场合以及质量方面的应用需求，有针对性地进行设计。而各种压缩方法应该符合一定范围内的性能指标，以满足实际应用的领域的需要。

本节通过介绍数据压缩方法的分类和性能指标，使读者初步了解数据压缩的基本原理，以便进一步深入研究。

7.1.1 数据压缩方法的分类

数据压缩技术自从 1948 年提出以来，经过 50 多年的发展，已经产生了多种压缩方法。这些方法根据不同的标准可分为多种类型。

根据解码后的数据与压缩之前的原始数据是否完全一致，可以分为无损压缩编码和有损压缩编码。无损压缩编码具有可恢复性和可逆性，这种编码在压缩时不丢失任何数据，把所有的数据都作为比特序列，解压后的数据与原始数据完全一致。有损压缩编码不具有可恢复性和可逆性，这种编码在压缩时舍弃冗余的数据，例如人眼较难分辨的颜色或人耳难以分辨的方向源信号，具体舍弃哪些内容要取决于初始信号的类型、信号的相关性以及语义等。这些被舍去的信息值是无法再找回的，所以还原后的数据与原始数据之间存在差异。

根据数据压缩的原理，可以将数据压缩技术分为统计编码、预测编码、变换编码、分析-合成编码和其他编码。

1) 统计编码：属于无失真编码。其原则是根据信源符号出现概率的分布特性进行编码，概率大的信源符号用短码字表示，概率小的信源符号用长码字表示，从而去除数据之间的冗余，达到压缩数据的目的。如果所有信源符号出现的概率相同，则说明平均信息量最大，也就不存在信源的冗余。

2) 预测编码根据离散信号之间存在一定的相关性特点，利用前面的一个或多个信号对下一个信号进行预测，然后对实际值和预测值的差值进行编码。

3) 变换编码：属于有失真的编码。这种技术将原始数据从初始空间或时间域进行数学变换，变换为更适合于压缩的抽象域。数据变换的方式很多，如傅里叶变换、沃尔什变换、正弦变换、余弦变换、斜变换、哈尔变换、K-L 变换等，但关键是要寻找一个最佳变换，使信息中最重要的部分易于识别。变换本身是可逆、无损的，但为了取得更好的效果，忽略了一些编码位数较长的系数而成为有损编码。变换编码一般经过变换、变换域采样和量化三个步骤，例如由于图像信号大多为低频信号，在频域中表现为能量集中在一个较小的区域，因此通过区域变换，可以在该频域中再进行采样、量化和编码，以达到数据压缩的目的。

4）分析-合成编码是基于某种模型的编码方法，这些模型可以是声道模型、语音模型、人体模型等。通过分析模型的具体特征，确定与之匹配的编码。

其他常用的编码方法还有混合编码（Hybrid Coding）、矢量量化（Vector Quantize，简称 VQ）、LZW 算法等。近年来新出现的编码方法还有使用人工神经元网络（Artificial Neural Network，简称 ANN）的算法、分形（Fractal）、小波（Wavelet）、基于对象（Object-Based）的算法以及基于模型（Model-Based）的算法等。

7.1.2 数据压缩的性能指标

衡量一种数据压缩技术的重要性能指标有压缩比、压缩速度、压缩质量和计算量。

1．压缩比

压缩比是指图像数据量和压缩后图像数据量的比值。无损压缩能实现的压缩比一般只有数倍，而且与被压缩的对象有关。文字、图像普遍采用无损压缩。有损压缩有很高的压缩比，采用不同的压缩编码可得到不同的压缩比。

例如，MPGE 是一种包含音频和图像的压缩技术，利用 MPEG-1、MPEG-2、MPEG-4 三个方案。对音频的感知编码中，MPEG-1 方案的音频压缩比是 1：4，MPEG-2 方案的音频压缩比是 1：6～1：8，MPEG-4 方案的音频压缩比是 1：10～1：12。但是 MPEG 对图像的压缩算法所提供的压缩比可以高达 200：1。

利用 JPEG 也可以得到多种图像的压缩比，甚至可以压缩到原图像的百分之一（压缩比 100：1）。

2．压缩质量

压缩质量是指压缩后对媒体的感知效果。只有有损压缩会影响人对媒体的感知效果。压缩质量的好坏与压缩算法、数据内容和压缩比有密切的关系。

例如，使用 JPEG 编码时，若压缩比为 20：1，能看到图像稍有变化；当压缩比大于 20：1 时，通常图像质量开始变坏。

但使用 MPEG 编码时，可以进行很好的数据压缩而依然保持 CD 声音质量的原样。在较高的压缩比下也能获得较好的图像质量。

3．压缩速度

压缩速度指编码或解码的快慢程度。在不同的应用场合，人们对压缩速度的要求是不同的。对于一个压缩系统而言，有对称压缩和非对称压缩之分。所谓对称压缩，就是压缩和解压缩都需要实时进行的（如电视会议的图形传输）。而非对称压缩常常要求解压缩是实时的，但压缩可以不是实时的。例如，多媒体 CD-ROM 的制作过程可以不是实时的，但解压必须是实时的，否则用户看到的就不是连续的图像，而是一帧一帧的播放形式。

压缩速度用 KB/s 表示，如 RK Archiver 和 WinRAR 软件的压缩速度分别为 35.6 KB/s 和 448.1KB/s，但是它们的压缩比较高。一般来说，压缩软件的压缩速度在 300～500 KB/s 之间。

4．计算量

压缩图像数据需要进行大量计算，但从目前的技术来看，压缩的计算量比解压缩计算量要大，例如动态图像的压缩编码计算量约为解压缩计算量的 4 倍。

7.2 统计编码

统计编码属于一种无失真的编码，具体实现的方法有多种，包括行程编码、LZW 编码、赫夫曼编码、算术编码。本节先介绍统计编码的基本思想，再介绍 LZW 编码、赫夫曼编码、算术编码等几种实现方法。

7.2.1   统计编码的基本思想

统计编码也称熵编码。根据信息论的原理，我们可以找到最佳的压缩编码方法，数据压缩的理论极限是信息熵。也就是说，信息中可能存在着冗余信息，要去除信息的冗余部分，使编码后单位数据量等于其信息源的熵，就达到了压缩极限。

信息论指出，如果一个事件（例如收到一个信号）有 n 个等可能性的结局，那么结局未出现前的不确定程度 H 与 n 的自然对数成正比，即：

$$H = C \ln n \text{（} C \text{ 为常数）}$$

如果一个消息有 10 个可能的结果，则其不确定程度就是 $C \ln 10$。当人们收到这个消息后，就消除了这种"不确定"性。这样，一个消息中所含有的信息量，就用表示有多少个不确定程度的 H 来定义，香农把不确定程度 H 称为信息熵。

信息论认为，信源中存在的冗余度来自信源本身的相关性和信源概率分布的不均匀性。熵编码要解决的问题，是如何利用信息熵理论减少数据在存储和传输中的冗余度，也就是要找到去除信源的相关性和概率分布的不均匀性的方法。

事件间的统计特性与熵有如下关系：事件发生的概率越小，则其熵值越大，表示信息量越大；而事件发生的概率越大，则其熵值越小。统计编码就是根据信源符号出现概率的分布特性进行工作的。统计编码需要在信源符号和码字之间确定严格的一一对应关系，以便在恢复数据时，准确无误地再现原来信源，同时使平均码长尽量小。

统计编码为出现概率比较高的数据分配短码，为出现概率比较低的数据分配长码。此种方法可以使总数据量降低，从而达到数据压缩的目的。常用的统计编码有 LZW 编码、赫夫曼编码和算术编码。

7.2.2   LZW 编码

LZW（Lempel Ziv Welch）压缩编码是一种压缩效率较高的无损数据压缩技术。1977 年，以色列教授 Lempel 和 Ziv 提出查找冗余字符和用较短的符号标记替代冗余字符的概念，这种技术称为 Lempel-Ziv 压缩技术。1985 年，美国的 Welch 将 Lempel-Ziv 压缩技术从概念发展到实际运用阶段，"LZW"技术也因此而得名。该技术目前广泛用于图像压缩领域。

1. LZW 压缩的基本原理

LZW 压缩的基本原理是：把每一个第一次出现的字符串用一个数值来编码，在还原程序中再将这个数值还成原来的字符串。

例如，用数值 0x100 代替字符串"abccddeee"，那么每次出现该字符串时，都用 0x100 代替。把数据流中复杂的数据用简单的代码来表示，就起到了压缩的作用。同时，应建立一个转换表来反映代码和数据的对应关系，这个表也叫做"字符串表"或"编码对照表"。转换表是在压缩或解压缩过程中动态生成的表，该表只在进行压缩或解压缩时需要，一旦压缩或解压缩结束，该表将不起任何作用。

压缩过程生成的转换表记录代码和数据的对应关系，并且只用于压缩过程。在解压缩过程中，LZW 压缩编码会生成另一个用于解压缩的转换表，该表与压缩时产生的转换表完全相同，并以严格对应的无损方式还原数据。

2. LZW 压缩的特点

LZW 压缩技术的处理过程比其他压缩过程复杂，但过程完全可逆。对于简单图像和平滑且噪音小的信号源具有较高的压缩比，并且有较高的压缩和解压缩速度，对机器硬件条件要求不高。

LZW 压缩技术可压缩任何类型和格式的数据。对于任意宽度和像素位长度的图像，都具有稳定的压缩过程。该技术常用于压缩 GIF 格式的图像，其平均压缩比在 2：1 以上，最高压缩比可达到 3：1。LZW 压缩技术还可以用于文本程序等数据压缩领域，对于数据流中连续重复出现的字节和字串，LZW 压缩技术具有很高的压缩比。

值得注意的是，规则数据具有可预测性，即可以从一个数据预测到下一个可能的数据。但 LZW 压缩技术对于可预测性不大的数据具有较好的处理效果。

此外，LZW 压缩技术有很多变体方法，常见的有 ARC、RKARC、PKZIP 高效压缩程序。

3. LZW 压缩过程

LZW 压缩过程主要处理输入流、输出流和字符串表三种数据。输入流即为原始图像数据流，输出流是压缩所生成的代码流，字符串表记录代码与数据的转换关系，这是压缩算法的核心。一般当一个字符串表项大于 255，且小于 512 时，我们可以使用 9 位的代码。

LZW 压缩程序工作时，根据内存大小开辟两个缓冲区，一个是当前前缀码（Current Prefix）缓冲区，用于存放上一次处理的代码；另一个是当前串（Current String）缓冲区，用于存放前缀码所代表的字符串，并把两种字符串连接在一起。

LZW 编码过程如图 7-1 所示。在压缩开始时，首先初始化字符串表，即把 0～255 这 256 个项装入串表中，表中每个项都由单字符串组成，并且关联到一个代码值。就是说，表中的第 i 项由字符串<i>组成，并对应着代码值<i。假如我们有一个字母表 a、b、c、d，那么初始化的字符串表就是 #0＝a，#1＝b，#2＝c，#3＝d。可以看出，其中第 1、2、3、4 项对应着代码值分别为 0、1、2、3。表的第<256>项和第<257>项分别用于清零和结束代码，以便确定每个编码条文的开始和结束。而加入字串表的第一个多字符项是从代码值<258>位置开始的。

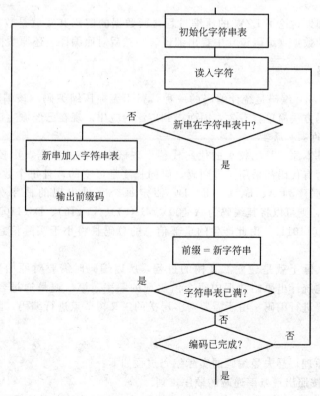

图 7-1 LZW 编码过程

开始两个缓冲区都没有内容。读入一个字符后，在当前缓冲区中，前缀码代码的字符串与当前读入的字符串衔接在一起。开始时前缀码代表的字符串是空的，当前缓冲区和字符串表中都只有第一个字符。然后，压缩程序把当前缓冲区中的字符赋值到前缀码中。

当继续读入一个字符时，当前串缓冲区的前缀码与当前读入的字符衔接在一起形成新串，将新串与字符串表进行比较，如果字符串表中有相同的字符串，就把当前串缓冲区中的字符赋值到前缀码中。若字符串表中没有相同的字符，则把新字符串添加到字符串表中，然后输出前缀码的索引到编码流。

下面我们来看一个具体的例子。假设输入的字符流为 abacaba。

1) 读取第 1 个字符 a，a 可以在编译表中找到，修改"前缀＝a"。

2) 读取第 2 个字符 b，这时的 ab 在编译表中找不到，那么添加#4＝ab 到编译表，同时输出前缀码（也就是 a）的索引#0 到编码流，修改"前缀＝b"。

3) 读取第 3 个字符 a，这时的 ba 在编译表中找不到，添加编译表#5＝ba，输出前缀码（b）的索引#1 到编码流，修改"前缀＝a"。

4) 读下一个字符 c，这时 ac 在编译表中找不到，添加#6＝ac 到编译表，输出前缀码（a）的索引#0 到编码流，修改"前缀＝c"。

5) 读下一个字符 a，这时 ca 在编译表中找不到，添加#7＝ca 到编译表，输出前缀码（c）的索引#2 到编码流，修改"前缀＝a"。

6) 读下一个字符 b，这时 ab 可找到编译表的#4＝ab，修改"前缀＝ab"。

7) 读取最后一个字符 a，这时 aba 在编译表中找不到，添加#8＝aba 到编译表，输出前缀码（ab）的索引#4 到编码流，修改"前缀＝a"。

8) 现在没有数据了，输出前缀码（a）的索引#0 到编码流，最后的输出结果就是：#0#1#0#2#4#0。

前面我们较详细地讨论了 LZW 的压缩过程，而数据的解码其实就是数据编码的逆向过程，首先要从已经编译的数据（编码流）中找出编译表，然后对照编译表还原数据。

7.2.3　赫夫曼编码

赫夫曼（Huffman）编码是统计编码的一种，属于无损压缩编码。该编码是在 1952 年为文本文件建立的，编码方法简单且有效，因而得到广泛的应用。现在已经派生出很多变体。

1. 赫夫曼编码的基本原理

赫夫曼编码的基本原理是用较短的代码代替出现概率较高的数据，用较长的代码代替出现概率较低的数据。所有代码都采用二进制码，码的长度是可变的，且每个数据的代码各不相同。例如，对于原始数据序列 A、B、C、E、D，假定每个字母出现的概率分别为 0.30、0.25、0.22、0.15 和 0.08，则可以将其编码为 A（00）、B（01）、C（10）、D（110）、E（111），压缩后的数据序列为 000110110111。由此产生的全部信息的总码长将小于实际信息的符号长度，从而达到压缩的目的。

整个编码过程实际上就是建立二叉树的过程，所以编码时需要对原始数据进行两遍扫描，第一遍扫描要精确地统计出原始数据中每个值出现的频率，第二遍是通过合并最小概率来建立霍夫曼树，同时还要进行编码。由于需要对多层次的二叉树节点进行编码，因此数据压缩和还原速度都较慢。

2. 编码过程

根据以上编码原理，赫夫曼编码的实际编码过程如下：

1) 将信源符号按照出现概率递减的顺序排列。

2) 将最小的两个概率进行相加合并，得到的结果作为新符号出现的概率。

3) 重复进行步骤 1 和 2，直到概率的和值等于 1 为止。

4) 在进行消息概率合并运算时，可以用编码 0 表示概率大的符号，用编码 1 表示概率小的符号。也可以用编码 1 表示概率大的符号，用编码 0 表示概率小的符号。

5) 最后，记录下从概率为 1 处开始到当前信源符号之间的 0、1 序列，从而得到每个符号的编码。

下面用一个实例来说明。

设信号源为 $x = \{x1, x2, x3, x4, x5\}$。对应的概率为 $p = \{0.30, 0.25, 0.22, 0.15, 0.08\}$，则编码过程如图 7-2 所示。第一次将 0.15 和 0.08 概率进行合并，结果为 0.23。继续此过程，历遍所有信号，直到概率和为 1.0 为止。如图 7-2 所示。

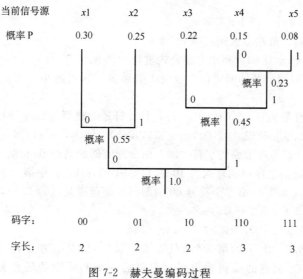

图 7-2 赫夫曼编码过程

$$平均字长 = \sum_{i=1}^{5} p_i l_i = 0.30 \times 2 + 0.25 \times 2 + 0.22 \times 2 + 0.15 \times 3 + 0.08 \times 3 = 2.08$$

由上式可知，计算该编码的平均字长为 2.08，信息熵 H（5）为 1.6（假如常数 C 为 1），那么编码效率约为 77%。可见，赫夫曼编码是一种效率较高的编码方案。但要指出的是，由于"0"和"1"的指定可以是任意的，所以上面所得到的编码不是唯一的。

赫夫曼提出的这种编码也称为最佳变长码，其优点是编码的效率高，但这种编码依赖于源的统计特性。同时我们看到，赫夫曼编码只能通过查表的方法建立消息和码字之间的关系，所以如果消息数很大，需要存储的码表也要很大，因而会影响存储量、编码以及译码速度等各个方面的性能。

7.2.4 算术编码

算术编码属于无损压缩的统计编码，常用于图像数据压缩标准（如 JPEG、JBIG）中。

1. 算术编码基本原理

算术编码的基本原理是将出现概率较多的"事件"（可以是字符或字符串）用尽可能少的位或字节来表示。算术编码是一种变长码，主要针对出现的概率高的事件序列标识的信息进行压缩。

在算术编码中，将信源符号表示成实数轴上 0 和 1 之间的间隔。例如，一个信源符号"10"可表示成 [0.5，0.7]。信息越长，这个间隔就越小，例如，一个较长的信源符号可表示成 [0.514384，0.51442]，显然表示这一间隔所需的二进制位数比较多。也就是说，算术编码用到的两个基本参数是符号的概率和它的编码间隔。信源符号的概率决定压缩编码的效率，也决定编码过程中信源符号的间隔，间隔则决定符号压缩后的输出。

算术编码与赫夫曼编码之间的区别是，算术编码根据信源符号估计各个元素的概率，然后进行迭代计算；而赫夫曼编码必须预先得知信源的出现概率。

2. 算术编码的过程

算术编码的过程就是用一个浮点数值代替一个串输入符号的过程：

1）设编码区间的高端位为 h，编码区间的低端位为 1，编码区间的长度为 len。设 fh 为某个编码字符所分配区间的高端，fl 为该编码字符所分配区间的低端。

2）根据有限的信源符号估算出各元素的概率和区间。

3）对于待编码元素 b1，根据步骤 2 估算出的概率和区间，计算该元素编码后新的 h 和 l，计算公式如下：

$$l=l+len\times fl \text{ 和 } h=l+len\times fh$$

得到新的区间高端、低端和区间范围 len=h-l。

4）对于下一个编码元素 b2，利用上述公式重新计算 h、l 和 len。

5）重复上述过程以得到新的间隔值。迭代次数越多，区间越小，用于表示区间的数据位数越多。

例如，假设信源符号为 {00，01，10，11}，估计符号的概率分别为 { 0.1，0.4，0.2，0.3}，并根据概率把间隔 [0，1] 分成 [0，0.1）、[0.1，0.5）、[0.5，0.7) 和 [0.7，1) 4 个子区间，从中可见 ，[0，0.1) 就是对于编码字符"00"所分配区间的高端 fh 和低端 fl。

如果有一个二进制消息序列的输入为 10 00 11 00 10 11 01。其中第一个输入符号是 10，它的编码区间范围是 [0.5，0.7]。第二个符号 00 的编码区间范围是 [0，0.1)，根据计算公式可得：

$$l=l+len\times fl=0.5+ (0.7-0.5) \times 0=0.5$$
$$h=l+len\times fh=0.5+ (0.7-0.5) \times 0.1=0.52$$

新的间隔就取 [0.5，0.7] 的第一个 1/10，即 [0.5，0.52]。按上述方法可得到所有新的间隔，编码过程见表 7-1。消息的编码输出可以是最后一个间隔中的任意数，如从 [0.5143876，0.514402] 中选择一个数输出：0.5143887。

表 7-1　算术编码过程参数表

步骤	输入符号	原概率间隔	编码间隔	编码判别
1	10	[0.5, 0.7)	[0.5, 0.7]	符号的间隔范围 [0.5, 0.7]
2	00	[0, 0.1)	[0.5, 0.52]	[0.5, 0.7] 的第一个 1/10
3	11	[0.7, 1)	[0.514, 0.52]	[0.5, 0.52] 的最后一个 1/10
4	00	[0, 0.1)	[0.514, 0.5146]	[0.514, 0.52] 的第一个 1/10
5	10	[0.5, 0.7)	[0.5143, 0.51442]	[0.514, 0.5146] 的第五个 1/10 开始，二个 1/10
6	11	[0.7, 1)	[0.514384, 0.51442]	[0.5143, 0.51442] 的最后 3 个 1/10
7	01	[0.1, 0.5)	[0.5143836, 0.514402)	[0.514384, 0.51442) 的 4 个 1/10，从第 1 个 1/10 开始

在算术编码中需要注意的是：

1）多数计算机的精度在 64 位以内，对于运算中出现的溢出问题，可使用比例缩放方法解决。

2）算术编码器对整个消息只产生一个码字，这个码字是间隔 [0，1] 之间的一个实数，译码器在接收到表示这个实数的所有位后才能进行译码。

3）算术编码对错误很敏感，如果有一位发生错误就会导致整个消息译错。

4）算术编码可以是静态的或者自适应的。在静态算术编码中，信源符号的概率是固定的，但事先很难知道精确的信源概率。最有效的方法是在编码过程中估算概率，这就是自适应算术编码，信源符号的概率根据编码时符号出现的频繁程度动态地进行修改，也就是在编码期间估算信源符号概率建模。

7.3　预测编码

预测编码是一种有失真的编码，DPCM 编码和 ADPCM 编码是两种较典型的预测编码，它们适用于声音和图像数据的压缩，下面我们就来了解一下预测的基本概念，以及 DPCM 编码、ADPCM 编码的基本原理。

7.3.1 预测编码概述

预测编码是根据离散信号之间存在一定的相关性的特点，利用前面的一个或多个信号对下一个信号进行预测，然后对实际值和预测值的差值进行编码。预测编码根据预测器的设计可分为线性预测和非线性预测。但为了预测的效率，大多采用线性预测。

预测编码非常适合对声音和图像进行压缩。对于声音来讲，预测的对象是声波的下一个幅值或下一个音色。对于图像而言，预测的对象是下一个像素、下一条线或下一帧。声音和图像中通常都存在冗余信号，而且相邻的音色或相邻像素之间的相关性比较强，它们的差值比较小，这样任何音色或像素都可以通过已知样本值进行预测。对于连续的多帧图像，上下帧通常具有一些相同的内容，如背景和静止的物体，预计在一定的时间内不会发生变化，然而对其差值进行编码，可以达到压缩的目的。

预测编码时，首先要存储当前内容，接着以当前内容为样板，预测下一个信号，将预测所得的不同内容进行存储或传输，如果内容相同则视为数据冗余，予以剔除。这样将会大幅度减少数据量，达到压缩效果。

常见的预测编码方法有 DPCM、ADPCM、ΔM、$\Delta-\sum$M 调制编码。预测编码主要采用压缩图像数据的空间冗余和时间冗余的方法，简捷且易于实现，但对数据传输速度要求很高。另外，预测编码方法的压缩能力有限。为了进一步提高数据压缩的能力，可采用其他编码方法，例如可采用变换编码。

7.3.2 DPCM 编码

PCM 即脉冲编码调制，它首先对原始的模拟数据进行采样、量化，然后作为数字信号传输。DPCM（Differential Pulse Code Modulation）表示差分脉冲编码调制算法。

差分脉冲编码的采样速率通常与 PCM 相同，因此编码器中的带限滤波器和解码器中的平滑滤波器基本上与 PCM 系统中的滤波器是一样的，但它不是对每个采样值进行量化，而是根据前一个采样值预测下一个采样值，并量化实际值和预测值之间的差值。差分脉冲编码的基本原理如图 7-3 所示，在发送端输入的采样信号，经量化器传送到编码器，DPCM 编码器将产生不同采样值，简单的采样方法就是将前一个输入采样直接存储在采样保持电路中，并使用模拟减法器来测试采样有无变化。如果信号有变化，则差值被量化、编码和传输。

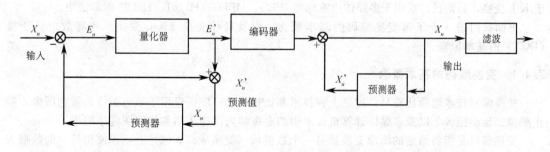

图 7-3　差分脉冲编码的基本工作原理

图中有关的参数含义如下：

- X_n——输入信号，为每个即时时刻的样本值。
- X_n'——预测值，根据某时刻之前的采样值 X_1，X_2，$\cdots X_{n-1}$ 得到。
- E_n——X_n 和 X_n' 的差值。
- E_n'——E_n 经过量化器量化后的输入信号。

- Q_n——量化器的量化误差。

产生的误差为：

$$X_n - X_n' = X_n - (X_n' + E_n') = (X_n - X_n') - E_n' = E_n - E_n' = Q_n$$

Q_n 恰好就是发送端的量化误差。所以，在 DCPM 系统中，量化器和预测器的设计是关键，好的预测器编码能根据信号的局部特性调整量化器的步长和预测器的参数，使预测值和实际值之间差值最小。

在接收端，经过和发送端的预测完全相同的操作，可以得到量化的原信号，然后再通过低通滤波便可恢复与原信号近似的波形。这里不再赘述。

7.3.3 ADPCM 编码

ADPCM（Adaptive Differential Pulse Code Modulation，自适应差分编码）具有自适应编码的特性，该编码包括自适应量化和自适应预测两种形式。ADPCM 编码的方法针对输入样本值进行自适应预测，然后对预测误差进行量化编码。

自适应量化能在一定的量化级数下减少量化的误差，或者在同样的误差条件下压缩数据率，系统可以随着输入信号的变化调节量化区间的大小，以使量化器得到的信号基本均匀。

自适应预测的原则是将信源数据分区间编码，对某个区间进行编码时能自动地选择一组预测参数，使该区间的实际值与预测值的均方误差最小。随着编码区间的不同，预测参数自适应地变化，以获得较好的预测效果。

ADPCM 主要用于对中等质量的音频信号进行高效率压缩。例如语音的压缩、调幅广播音质的信号压缩等。CCITT 的 32Kbps 语音编码标准 G.721 采用 ADPCM 编码方式，每个语音样值相当于用 4 个二进制位进行编码。

7.4 变换编码

变换编码是一种有失真的编码，所谓变换是指对原始数据原来的时间或空间域进行数学变换，使得变换后能够突出原始数据中的重要部分，以便重点处理。变换编码中较为典型的是最佳变换（K-L 变换）编码和离散余弦变换（DCT）编码。其中，K-L 变换是在均方误差最小意义下导出的，其基向量是输入数据向量协方差矩阵的特征向量，这种变换矩阵将随着输入数据的不同而不同，因此难于实现。而离散余弦变换（DCT）编码可对某个固定的像素块进行变换，变换以后的数据称为 DCT 系数。由于离散余弦变换的变换核心可固定，使得变换容易实现，而且变换的性能仅次于 K-L 变换，目前已广泛用于多媒体压缩标准 JPEG、MPEG、H.261、H.263 等算法中。

下面我们进一步了解变换编码的基本概念，以及最佳变换（K-L 变换）和离散余弦变换（DCT）的基本原理。

7.4.1 变换编码的基本概念

变换编码技术起源比较早，理论上和技术都比较成熟，广泛应用于单色图像、彩色图像、静止图像、运动图像，以及多媒体计算机技术中的电视帧内图像压缩和帧间图像压缩中。

变换编码是指将给定的图像变换到另一个数据域（变换域或频域）上，以便用较少的数据表示大量的信息。也就是说，它不是直接对空间域图像信号编码，而是首先将当前所表达的空间域图像信号经过变换映射到另一个正交矢量空间，得到一系列变换系数，然后对这些变换系数进行编码处理。结果，重要的系数在变换到其他空间域后，其编码的精确度高于次重要的系数。变换本身是一种无损且可逆的技术，但为了获得更好的编码效果，忽略了一些不重要的系数，因而成为有损的技术。

变换编码的原理如图 7-4 所示。输入信号经过适当的正交变换到另一个频域空间，相关性就会明显降低，能量集中在频域的少数低频系数上，这样就达到了数据压缩的效果。如果保留频域中系数大的元素，忽略系数小的元素，然后辅以非线性量化来提高压缩程度，最后进行编码，可获得很高的压缩比。

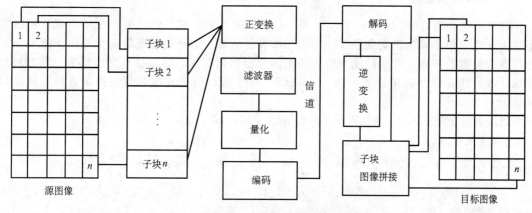

图 7-4　变换编码原理图

常用的变换编码方案有最佳变换编码（K-L）、离散傅里叶变换（DFT）、离散余弦变换（DCT）、离散哈达玛变换（DHT）等方法。

7.4.2　最佳变换编码

K-L（Karhvnen-Loeve）变换编码，即最佳变换编码，是建立在图像的统计特性的基础上的一种正交变换，这种正交变换也称为特征向量变换或主分量变换。K-L 变换的计算比较复杂，对于不同的信号，必须先求出其协方差矩阵，然后分别计算其特征根和对应的特征向量。

对一幅离散图像数据，在信道上经 M 次传送，接收方会得到 M 个包括噪音在内的信号源 $F_i(x, y)$，可将这些信号源 $F_i(x, y)$ 写成 M 个 N^2 维的向量。然后通过向量的协方差矩阵定义 $C_x = E\{(X - m_x)(X - m_x)^T\}$，写出 x 向量的协方差矩阵。其中，$m_x = E\{X\}$ 是平均值向量，E 是期望值。

$$m_x = \frac{1}{M} \sum_{i=1}^{M=1} X_i$$

x 向量的协方差矩阵为：

$$C_X = \frac{1}{M} \sum_{i=1}^{M=1} (X_i - m_X)(X_i - m_X)^T$$

若 λ_i 是 C_X 矩阵的特征值，由此可以确定 K-L 变换的核矩阵 A，它不是固定不变的。在下面的对称矩阵中，每个行表示特征值 λ_i 对应的特征向量。

$$A = \begin{bmatrix} a_{11} & a_{12} & \cdots & a_{1N^2} \\ a_{21} & a_{22} & \cdots & a_{2N^2} \\ \vdots & \vdots & \vdots & \vdots \\ a_{N^2 1} & a_{N^2 2} & \cdots & a_{N^2 N^2} \end{bmatrix}$$

经过 K-L 变换，核矩阵 A 可得到新的对称矩阵 $Y = TX$，其中 T 为变换矩阵。变换后的协方差矩阵为 $C_y = E\{(Y - m_y)(Y - m_y)^T\}$，如果变换矩阵为正交矩阵，必有 $T^T T = T^{-1} T = E$，则有关系 $X = T^{-1} Y = T^T Y$。

数据压缩的主要是去除信源的相关性，而协方差矩阵能够表征相关性的统计特征。协方差矩阵主对角线上的各元素就是变量的方差，其他元素就是变量的协方差。当协方差矩阵 C_y 除对角线上的元素外，其余各元素均为 0 时，则说明元素间的相关性为 0。

我们总希望变换后的矩阵的协方差为对角矩阵，这样可以最大限度地压缩数据。因此，在已知输入信号 X 矩阵的基础上，根据其协方差矩阵去寻找最佳的正交变换矩阵 T，使得变换后的矩阵的协方差接近一个对角矩阵,这就是变换编码的关键所在。

7.4.3 离散余弦变换

离散余弦变换(DCT)的目的也是去除信号元素之间的相关性。要寻找一个能使协方差矩阵为一个对角矩阵的正交变换 T,并非一件容易的事。如果用固定的正交变换 T 来对不同的信源进行数据压缩,变换后能使协方差矩阵接近对角矩阵,那么这种变换就是一种准最佳变换。准最佳变换方法有 DCT、DFT、WHT、HrT 等。其中离散余弦变换最方便,速度也最快。

离散余弦变换公式如下(设图像尺寸为 $M \times N$ 像素):

(1) 正变换(DCT)

$$C(u,v) = \frac{4}{MN} E(u) E(v) \sum_{x=0}^{M-1} \sum_{y=0}^{N-1} f(x,y) \left[\cos \frac{(2x+1)}{2M} u\pi \right] \left[\cos \frac{(2y+1)}{2N} v\pi \right]$$

$$u = 0,\ 1,\ 2,\ \cdots,\ M-1;\ v = 0,\ 1,\ 2,\ \cdots,\ N-1$$

(2) 逆变换(IDCT)

$$f(x,y) = \sum_{x=0}^{M-1} \sum_{y=0}^{N-1} E(u) E(v) C(u,v) \left[\cos \frac{(2x+1)}{2M} u\pi \right] \left[\cos \frac{(2y+1)}{2N} v\pi \right]$$

其中

$$\begin{cases} E(u), E(v) = 1/\sqrt{2}, & \text{当 } u = v = 0 \text{ 时} \\ E(u), E(v) = 1, & \text{其他} \end{cases}$$

假定在以上的变换公式中,原始空间域的数据点的坐标为 x 和 y,则在另一个变换空间域中对应点的坐标就是 u 和 v。由于 DCT 和 IDCT 变换中只有实数运算,因此 DCT 变换的实现较简单。

实质上,DCT 变换是要将源数据从空间域变换到频率域。由于图像采样值的差别,经过变换之后,低频处的系数将变得最大,这说明信号聚集在最小的空间频率内。只要保留这部分低频系数,就可以实现数据压缩。对于平稳过程的信源而言,由于 DCT 变换的性能与 K-L 变换十分接近,因而在图像压缩中得到广泛应用。

7.5 音频数据压缩标准

音频信号按质量可分为电话质量的语音、调幅广播质量的音频和高保真立体声信号,它们分别对应不同的频率范围。音频中的声波文件占用大量的空间,极大地影响了数字音频的存储和传输,因此,对音频进行压缩极其重要。考虑到声波中含有语音和一般声音,而且不同应用场合有不同要求,所以压缩音频可以采用不同方式的编码。

音频编码常采用有损编码方式,主要有波形编码、参数编码和混合编码三种方式。

1) 波形编码是典型的建立在声音采样数据的统计特性和人体听觉特性基础上的编码方式,目标是使重建后的语音波形保持原波形的形状。这种方式的特点是适应性强、压缩比小、音质好。主要涉及 PCM、DPCM、APCM 和 ADPCM、ATC 等算法。

2) 参数编码建立在音频声学参数基础上,其目标是使重建后的音频保持原有的音频特性。参数编码的方法是通过特征参数和激励信号提取、编码、合成原始音频信号。许多使用参数编码方法所合成的信号可进一步降低数据率,例如线性预测编码(LPC)属于参数编码,该编码比特率可压缩到 2KB/s~4.8KB/s,甚至更低。综合而言,参数编码的特点是压缩率大、数据率低、计算量大、保真度差、自然度低,适用于语音信号的编码。常用的音频参数有共振峰、线性预测系数、滤波器组等。

3) 混合编码集合波形编码和参数编码的优点,可以在较低的码率下获得较高音质。编码方法包括 MP-LPC(多脉冲线性预测)、VSELP(矢量和激励线性预测)和 CELP(码本激励线性预测）等编码。CELP 还分为 LD-CELP（短时延码本激励线性预测编码）和 RPE-LTP（长时线性预测规则码激励）。

为了便于交流，国标电报电话咨询委员会（CCITT）和 ISO 提出了一系列音频编码算法和国标标准，如 G.711、G.721、G.722、G.723、G.726、G.727、G.728 和 G.729 等。除此以外，还有一些行业标准（如 MIDI 和 Dolby AC3）。其中，AC-3 是基于人的听觉特性进行编码，利用掩蔽效应设计心理声学模型，从而实现更高效率的数字音频压缩。

7.5.1 电话语音压缩标准

电话质量的语音信号的频率范围是 200Hz～3.4kHz，在 ISO 公布的 ITU-T 系列音频编码标准中，用于电话语音压缩的有 G.711、G.721、G.723、G.728、G.729 和 G.729A 等标准。在选择语音压缩标准时，应综合考虑带宽、时延、算法复杂度等各种因素。

表 7-2 给出了几种语音编码标准的比特率、MOS（长话质量的语音平均意见得分）、复杂性（以 G.711 为基准）和时延（帧大小，即语音流量的时间长度及前视时间）。

表 7-2　语音编码标准

标准	编码类型	比特率（Kbps）	MOS	复杂性	时延（ms）
G.711	PCM	64	4.3	1	0.125
G.721	ADPCM	32	4.0	10	0.125
G.728	LD-CELP	16	4.0	50	0.625
GSM	RPE-LPT	13	3.7	5	20
G.729、G.729A	CSA-CELP	8	4.0	30、15	15
G.723.1	ACPLP	6.3	3.8	25	37.5
G.723.1	MP-MLQ	5.3			
US Dod	LPC-10	2.4	合成语音	10	22.5

表 7-2 中的 GSM 编码标准是 1983 年欧洲数字移动特别工作组（GSM）制定的一种移动电话的压缩标准，利用它压缩后的音质不如 G.711 系统。在 GSM-6.10 标准中，采用 RPL-LTP 算法，压缩后的一路话音数码率为 13Kbps。

1989 年，美国公布的数字移动通信标准（CTIA）速率为 8Kbps，具有较高的压缩率和较高的语音质量。US Dod 标准是美国国家安全局（NSA）于 1982 年和 1989 年制定的基于 LPC 速率为 2.4Kbps 的编码方案和基于速率为 4.8Kbps 的编码方案。

7.5.2 调幅广播质量的音频压缩标准

调幅广播质量音频信号的频率范围是 50Hz～7kHz。比传统的窄带话音（200～3.4kHz）有更好的主观质量。但 50～200Hz 的低频频段的语音更加自然，ITU 于 1986 年通过 G.722 标准。

G.722 是 7kHz 宽带语音压缩编码标准，采用了子带（新颖的图像压缩技术之一）加 ADPCM（见 7.3.3 节）算法。其基本思想是首先将现有的带宽分成高子带和低子带两个独立的信道，对应于两个不同频率范围的子带通道，而每个子带又可以继续分割。这样，可以使不同的频率分量出现在不同的子带通道中，然后分别进行 ADPCM 编码。压缩后的数据传输率有 64Kbps、56Kbps 和 48Kbps 三种，可分别插入 0Kbps、8Kbps、16Kbps 的数据与语音信号一起传输。

在 G.722.1 标准中，采样率为 16kHz 和 16bit 量化时，能够在 24Kbps 或 32Kbps 速率下提供 7kHz 的音频带宽，其质量是普通电话呼叫质量的两倍多，所用速率仅为先前标准的一半，并可提供接近 FM 广播的音频质量。该标准适合一些重要应用领域，包括 IP 电话、第三代移动通信、PSTN 高品质电话会议和商务应用（包括点到点和多点）、语音流、ISDN 宽带技术、ISDN 可视电话和会议电视等。

G.722.2 主要采用代数编码激励线性预测技术，符合此标准的编/解码器也称为 AMR-WB 编/解码器，这种编/解码器已被 3GPP 采用，作为应用于 GSM 和第三代无线 W-CDMA 的宽带编/解码器。这标志着无线与有线业务首次采用同一种编/解码器。AMR-WB 编/解码器在语音质量方面取得了突破性进展，使 3G 与 IP 固定网络之间的互通更加容易。

7.5.3　高保真立体声音频压缩标准

高保真立体声音频范围是 50 Hz～20 kHz。由 ISO 和 ITU-T 联合制定的标准称为 MPEG-音频，它是动态图像编码的国际标准 MPEG 的一部分。MPEG 音频和视频已广泛用于 VCD、CD-I、多媒体和 PC 中。

MPEG 音频标准基于人的听觉心理模型，它利用编码技术对源文件重新进行编码压缩，编码时删除听觉中不敏感的部分，从而缩减文件的大小，但也会造成一些失真。

1. MPEG-1 音频技术

MPEG-1 音频的压缩原理如图 7-5 所示。采用的方案是子带压缩技术（见 7.5.2 节），采用多相正交分解滤波器组将数字化的宽带音频信号分成 32 个子带，同时对信号进行频谱分析。通过子带信号与频谱同步计算，得出对各子带的掩蔽特性，然后分配不同的量化比特数。加上 CRC 校验码，得到标准的 MPEG 码流。解码端的过程是：解帧、子带样值解码、映射还原和输出标准 PCM 码流。

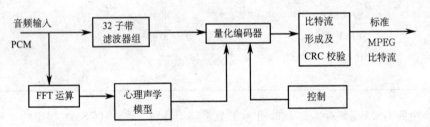

图 7-5　MPEG-1 的压缩原理

根据需要，人们又定义了不同的压缩比率。MPEG-1 压缩格式分为 3 层，分别是 MPEG Audio Layer-1、Layer-2 和 Layer-3（分别简写为 MP1、MP2、MP3）。

MP1 的压缩比为 1：4，典型的位率为每通道 192Kbps。是 VCD 的音频的压缩方案。

MP2 的压缩比为 1：6～1：8，典型的位率为每通道 128 Kbps，即掩蔽模式通用子带集成编码与多路复用，广泛应用于数字音频广播、数字演播室等数字音频专业的制作、交流、存储和传送。

MP3 压缩比率可以达到 1：10～1：12。典型位率为 64 Kbps，它综合了 MP2 和 ASPEC 的优点，采样频率为 48kHz、44.1kHz、32kHz，每声道的数码率为 32～448Kbps，适合 CD-DA。由于 MP3 格式的复杂度相对较高，因而不适合进行实时编码，只有在数码率较低的情况下才具有较高品质的音质。

解码原理如图 7-6 所示。

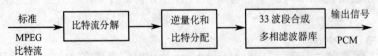

图 7-6　MPEG-1 的解压缩原理

2. MPEG-2 音频技术

MPEG-2 音频和 MPEG-2 视频标准是同时开发的，于 1994 年 11 月完成。实质上是在 MPEG-1 音频基础上增加了多通道 MC 和多语音 ML 编码。

MPEG-2 音频增加了 5.1 通道的多通道功能（MC），即最多可以支持 5 个主音频通道（左，中，右，左环绕，右环绕），其中 C（中置）、LS（左环绕）和 RS（右环绕）三个通道是在立体声的基础上增加的。同时附加一个额外的"低频增强"（Low Frequency Extension）通道，专门传送低音信号。

MPEG-2 音频还增加了多语音（ML）技术，多语音是独立于 5 个通道的解说（辅助声音）通道，最多允许包括高达 7 个以上这样的音频通道。

为了适应非常低的比特率和带宽有限的应用，MPEG-2 标准进行了"低采样率扩展"，新的 LSF（低采样频率）增加了 24kHz、22.05kHz、16kHz 三种采样频率，可以提高数据的压缩率，使数据比特率更加低，可以低至 8Kbps。

MPEG-2 音频的最大特征是"向后兼容性"，MPEG-2 解码器能够接受任何 MPEG-1 音频流。一种用 MC/ML 编码的数据，即使使用不具有 MC/ML 功能的 MPEG 音频解码器，这种数据也可以作为 2 通道的立体声进行重放。

另一方面，MPEG-1 解码器可以解码 MPEG-2 音频流主数据区中的音频信号，这称为"向前兼容性"。所以，MPEG-2 音频与 MPEG-1 音频具有很好的互换性，并与 MPEG-2 视频广泛用于数字视频、高清晰电视 HDTV 和高质量数字音频广播。

7.6　图像数据压缩标准

在 ISO 批准制定的多媒体国际标准中，用于图像数据压缩的重要标准有 JPEG、MPEG 和 H（H.261、H.263）三种。图像压缩编码的发展过程，可以分成三个阶段：第一阶段着重于图像信息冗余度的压缩方法，第二阶段着重于图像视觉冗余信息的压缩方法，第三阶段基于模型的图像压缩方法。

7.6.1　静态图像数据压缩标准

静态图像数据压缩标准主要指 JPEG（Joint Photographic Expert Group）标准，它是由联合图形专家组开发的，该专家小组由国际标准化组织（ISO）和国际电报电话咨询委员会（CCITT）联合组成。该小组一直致力于建立研究适用于彩色和单色的、多灰度连续色调的、静态数字图像压缩的国际标准。该标准于 1991 年提出，并在 1992 年后广泛采纳成为国际标准。

1. JPEG 标准

JPEG 标准是一个适合灰度或者彩色图像的压缩标准，可以用于任何连续变化的静止图像，尤其适用于那些不太复杂或取自真实景象的图像的压缩。对于图像的色彩空间、分辨率等方面没有任何限制。它的具体目标是：

- 获得较高的压缩比和图像质量。
- 算法能适应不同的数字图像参数、大小、图像内容、彩色空间、统计特性等，但二值图像除外。
- 用户可以对压缩比、质量效果进行选择。
- 算法的复杂程度应能够满足硬、软件实现的计算需求。
- 支持多种操作方式。

JPEG 包含两种基本压缩方法，各有不同的操作模式。一种为无损压缩，也称预测压缩方法。这种方法的优点是硬件容易实现，且恢复的图像质量好。源图像通过预测器后，不对差值进行量化，直接进行熵编码（可以是赫夫曼编码或算术编码）。对中等复杂程度的彩色图像，可达到约 2:1 的压缩比。

另一种是有损压缩，它是以 DCT（离散余弦变换）为基础的压缩方法，也称为基线顺序编/解码（Baseline Sequential Codec）方法，这种方法因高效、简单且易于交流而得以应用广泛，JPEG 常以 DCT 为基础。

JPEG 压缩要经过预备数据块、源编码、信息熵编码、信息熵译码和源译码五个过程。

（1）预备数据块

在这个步骤中，将图像分成一系列 8×8 大小的数据块。彩色图像用三个分量表示，则要将每个分量分为一系列 8×8 大小的数据块。假定一幅用 YUV 表示的彩色图像，其图像分辨率为 640×480，如果色度 C（颜色的色调和饱和度见 6.2.1 节）分解为 4∶1∶1，则对于亮度 Y 分量，640×480 数字矩阵要准备 4800 个数据块，对于色度 U 和 V 分量的 320×240 数字矩阵要准备两个 1200 个数据块，才能满足 DCT 变换。

（2）源编码

在源编码阶段，包括变换和量化两个过程。首先是通过 DCT 将预备的数据块从空间域变换到频率域。假如图像的初始块是按 8×8 分割，在每个初始块中的 64 个数值表示为样本信号特定分量的振幅值，如图 7-7 所示，该振幅就是二维空间的函数 $a = f(x, y)$。经过 DCT 变换后，该函数变为一个频率空间的函数 $c = g(F_x, F_y)$，F_x, F_y 表示各个方向的空间频率，函数值 c 是 DCT 系数，表示某个特定的频率值。

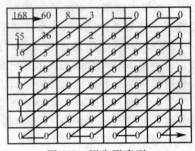

图 7-7　锯齿形序列

变换之后需要量化，量化的方法是用一个预定义的值（1～255 之间的任意整数）除以 DCT 系数，将量化的值存储于一个 8×8 的量化表中。如果我们改变表中的值就可以调节压缩比和保真度，增大系数将可以增大压缩比而降低保真度。

（3）信息熵编码

信息熵编码工作包括两个过程，即先进行行程编码，后进行赫夫曼编码或算术编码。行程编码最适合对连续的相同标志数据进行压缩。为了适应行程编码的进一步压缩，最佳的数据排列次序应该是一个锯齿形序列，如图 7-7 所示。

（4）信息熵译码

信息熵译码工作也包括两个过程，即先进行赫夫曼译码或算术译码，后进行行程译码。

（5）源译码

源译码工作包括逆量化和反离散余弦变换（IDCT）。

2. JPEG-2000

随着多媒体应用领域的激增，传统的 JPEG 压缩技术已经无法满足人们对多媒体影像资料的要求。例如，利用传统的 JPEG 压缩技术无法在网上提取局部图像，图像文件依然较大，图像质量不能达到期望的标准。

JPEG-2000（ISO 15444）标准的技术目标是"高压缩、低比特速率"。它基于小波变换的静止图像压缩标准，不仅有更优秀的压缩性能，而且有更丰富的处理功能。JPEG-2000 可提供更高的解像度（相当于图像分辨率），可以为一个文件提供从无损到有损的多种画质和解像选择。因此，它被认为是因特网和无线接入应用的理想影像编码解决方案。

JPEG-2000 标准能同时支持有损和无损压缩，它拥有 5 种层次的编码形式，包括支持"感兴趣区域"的压缩质量，支持各种线速度，可以以不同的分辨率及压缩率发送图像，支持先传输图像的轮廓，而后逐步传输数据的渐进传输方式，并且能提供高压缩率和高信噪比。同时，JPEG-2000 系统还具有稳定性好，运行平稳，抗干扰性好，易于操作等特点。

在编码算法上，JPEG-2000 采用以小波变换为主的多解析编码方式，包括离散小波变换（DWT）和 bit plain（位简易）算术编码（MQ coder）。

JPEG-2000 在技术上之所以主要采用新的小波变换，是因为余弦变换考察的是全局特征，即考察整个时域过程的频域特征或整个频域过程的时域特征，因此比较适用于平稳过程，但不适用于非平稳过程。JPEG 是靠丢弃频率信息来实现压缩的，因而图像的压缩率越高，频率信息被丢弃的越多。在极端情况下，JPEG 只保留反映图像轮廓的基本信息，而损失全部的图像细节。

而小波变换考察的是局部特征。它既能考察局部时域过程的频域特征，又能考察局部频域过程的时域特征，因此也适用于非平稳过程。它能将图像变换为一系列小波系数，这些系数可以被高效压缩和存储，此外，小波的粗略边缘可以更好地表现图像，因为它消除了 DCT 压缩普遍具有的方块效应。

7.6.2　动态图像数据压缩标准

动态图像数据压缩标准主要包括 MPEG、H（H. 261 H. 263）以及 DVI。MPEG（Moving Picture Exports Group，活动图像专家组）由 ISO 与 IEC 于 1988 年成立，致力于运动图像（MPEG 视频）及其伴音编码（MPEG 音频）的标准化工作。MPEG 组织制定的各个标准都有不同的目标和应用，目前已提出 MPEG-1、MPEG-2、MPEG-4、MPEG-7 和 MPEG-21 标准。

H 系列是由 CCITT（国际电报电话咨询委员会）颁布的标准，这种标准与 JPEG 及 MPEG 标准很相似，但 H 系列是为动态使用设计的，并提供完全包含的组织和高水平的交互控制。

DVI（Digital Video Interactive）是一种工业标准，其视频图像的压缩算法的性能与 MPEG-1 相当，图像质量可达到 VHS 的水平，压缩后的图像数据率约为 1.5Mbps。为了扩大 DVI 技术的应用，Intel 公司推出了应用 DVI 算法的软件解码算法，称为 Indeo 技术，它能将未压缩的数字视频文件压缩为原来的 1/5～1/10。下面将主要介绍 MPEG 和 H 标准。

1. MPEG-1

MPEG-1 标准（ISO/IEC 11172）制定于 1992 年，1993 年 8 月颁布，主要用于多媒体和广播电视，这种编码一般可以以 1.5Mbps 左右的数据传输率传送数字存储媒体运动图像及其伴音。MPEG-1 的压缩率相当高，例如它可以把 221Mbps 的 NTSC 图像压缩到 1.2Mbps，压缩率为 200∶1。

（1）MPEG-1 标准的组成

MPEG-1 标准包括 5 个部分：系统、视频、音频、符合测试和软件实现。

1）ISO/IEC11172-1 系统。系统主要解决视频和音频数据流的复合编码，以合适的方式进行存储和传输。

2）ISO/IEC11172-2 视频。视频部分定义适合于 0.9～1.5Mbps 压缩视频序列编码的表述方法，即先选择合适的空间分辨率，再用"运动补偿法"减少时间上的冗余，然后使用空间域压缩技术（如离散余弦变换、系数量化和可变长编码等技术），只针对用预测方法所测得的误差数据进行编码，从而有效地去除了多媒体数据在空间上的冗余部分的数据。"运动补偿法"和"空间域压缩技术"将在稍后进行介绍。

3）ISO/IEC11172-3 音频部分定义单或多声道音频序列编码的表述方法；同时定义如何用听觉模拟数据，对输入视频样本值经过滤波处理的再生样本进行控制量化和编码的方法。主要对 64Mbps 和 128Mbps 位率的音频进行压缩。

4）ISO/IEC11172 2 符合测试部分定义检验解码器或编码器的输出比特流规范是否符合上面三个规范。

5）ISO/IEC11172 的软件实现部分用完整的 C 语言实现的编码和解码器。

（2）MPEG-1 的视频技术

MPEG-1 的运动图像数据流是一个分层结构，共有 6 层，分别是图像序列层、图像组层、图像层、宏块片层、宏块层和块层。每个层支持一个特定的函数，并有一个说明参数的表头。图像序列层包括表头、图像组以及序列结束标志码。宏块由 6 个子块组成，其中包括 4 个亮度块和 2

个色度块，每个块有 8×8 个像素。由于采用图像块作为编码的基本单位，所以 MPEG-1 编码由一系列可从运动序列中随机存取的图像组成。

为了减少时间上的冗余数据，MPEG-1 将视频图像序列分为内码帧（I）、预测帧（P）、双向帧（B），以便处理时区别对待。I 帧具有完整独立的编码，可以用来构造其他帧。P 帧是通过对它之前的 I 帧进行预测而构造出来，仅对于预测误差进行有条件的存储和传输，同时也作为下一个 P 帧或 B 帧的预测基点。B 帧用前后帧的差值作为预测参考值，但本身不能提供预测参数，B 帧预测的结果是平均处理差值，如图 7-8 所示。

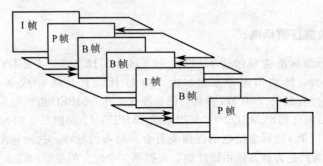

图 7-8 视频图像帧的类

（3）运动补偿法

运动补偿法利用运动的图像中帧与帧之间的连续性，将当前画面看做是前面某时刻画面的位移，并用前面的画面和位移信息来预测当前的图像画面。

运动补偿法使用 16×16 的宏块进行预测和插补。假定 P 点代表位置 (x, y) 的向量，I_1 代表某个图像帧，M_{01} 表示宏块相对于参考帧 I_0 的运动向量，M_{21} 表示宏块相对于参考帧 I_2 的运动向量，$\hat{I}_1$ 表示帧 I_1 的预测值，则预测误差为 $\sigma = I_1(P) - \hat{I}_1(P)$，预测误差取决于相邻的帧和运动向量。

对于双向预测，预测方法为：

- 帧内预测（无运动补偿）：$\hat{I}_1(P) = 128$
- 前向预测：$\hat{I}_1(P)\ \hat{I}_0 = P + M_{01}$
- 后向预测：$\hat{I}_1(P)\ \hat{I}_2 = P + M_{21}$
- 前后平均预测：$\hat{I}_1(P) = [\hat{I}_0(P + M_{01}) + \hat{I}_2(P + M_{21})]/2$

在当前帧预测中，如果能从基准帧找到理想的匹配宏块，只需对实际块和最佳匹配块的误差进行计算。如果找不到可匹配的宏块，只好使用与 I 帧相同的帧内编码。

双向预测就是运动补偿补插。由于视频信号在时间上存在相当高的冗余度，它可以利用前后帧的信息得到各个补插子图。由于运动补偿需要传送的附加校正信息很少，因而可以提高数据压缩比，但补插子图过多将会降低图像的质量。

（4）空间域压缩技术

上面对运动图像的预测和补插可去除时间上的冗余度，但对于每个帧内图和预测图，在空间上还存在较大的冗余度。MPEG-1 主要采用基于 DCT 的方法进行帧内压缩，通过正交变换去除相关性，这些与静态图像压缩标准的 JPEG 相同。只是在 MPEG 中还要考虑运动信息，设计的量化器既要适合用行程编码压缩大部分数据，又要保证经过量化器、编码器输出的信号位流率与传输信道相匹配。

2. MPEG-2

MPEG-2（ISO/IEC13818）压缩标准于 1994 年推出，以实现视/音频服务与应用互操作的可能性。MPEG-2 在系统和传送方面做了更加详细的规定和进一步的完善。MPEG-2 是针对 3～10Mbps 的数据传输率制定的运动图像及其伴音编码的国际标准，特别适用于广播级的数字电视的编码和传送，是 SDTV 和 HDTV 的编码标准。

（1）MPEG-2 标准的特点

MPEG-2 标准是一个等级系列，包括级和类两个概念。按编码图像的分辨率来分，级分成低级、主级、HDTV 和高级 4 类，其内容定义如表 7-3 所示。按所使用的编码工具集合来分，类分成简单类、主类、信噪比可分类、空间可分类。

MPEG-2 的主类除了包含简单编码工具，还增加了双向预测方法。信噪比可分类和空间可分类提供了一种多级广播的方式，可以将图像的编码信息分为一个基本信息层和若干个次要的信息层，解码器可根据信息进行解码和恢复图像，以适合不同的广播级别。

表 7-3　MPEG-2 的使用级别

级	像素格式	分辨率（列×行×帧频）	像高比
低级	ITU-Rrec. BT601 的 1/4	352×240×30 或 352×240×30	
主级	ITU-Rrec. BT601	720×480×30 或 720×576×25	
HDTV	ITU-Rrec. BT601 的 4 倍	352×240×30	4：3
高级		1920×1080×30	16：9

如表 7-3 所示，级和类的组合可以确定 MPEG-2 视频编码标准下的一种特定的应用。

（2）MPEG-2 视频编码的数据结构

MPEG-2 的编码码流分为 6 个层次。自上到下分别是图像序列层、图像组层、图像层、宏块条、宏块和块。除了宏块、块外，其他层中都有相应的起始码，供解码器捕捉同步信号时使用。

MPEG-2 图像压缩利用了图像中的空间相关性和时间相关性。MPEG-2 的编码图像被分为 I 帧、P 帧和 B 帧。I 帧图像采用帧内编码方式，压缩比相对较低。由于它不依赖其他帧而成为随机存取的节点，同时是解码的基准帧。I 帧主要用于接收机的初始化和信道的获取，以及节目的切换和插入。I 帧图像是周期性出现在图像序列中的，出现频率可由编码器选择。

P 帧和 B 帧图像采用帧间编码方式，即同时利用空间和时间的相关性。前向时间预测可以提高压缩效率和图像质量。P 帧图像中可以包含帧内编码部分。B 帧图像采用双向时间预测，可以增大压缩倍数。

MPEG-2 定义了三种格式的宏块，即 4：2：0 格式、4：2：2 格式和 4：4：4 格式。4：2：0 格式由 6 个块组成，其中包括 4 个亮度块和 2 个色度块；4：2：2 格式由 8 个块组成，其中包括 4 个亮度块和 4 个色度块；4：4：4 格式由 6 个块组成，其中包括 4 个亮度块和 8 个色度块。其中每个块适合于 DCT 变换的 8×8 个像素。

3. MPEG-4

MPEG-4 最大特点是基于对象的编码方式以及对合成对象的编码能力，它支持固定和可变速率视频编码，分辨率为 176×144。MPEG-4 可以对在时间和空间上相互联系的视频和音频对象分别编码和分别解码，组合成所需要的视频和音频。

MPEG-4 具有高效的压缩性。可基于更高的视觉和听觉质量，能在低带宽的信道上传送视频、音频信号。同时 MPEG-4 还能对同步数据流进行编码。场景的多视角或多声道数据流可以高效、同步地合成为最终数据流。

MPEG-4 标准具有通用的访问性，适用于无线和有线网络以及存储介质，支持各种带宽的传输信道和接收端，还支持基于内容的可分级性。

由此可见，MPEG-4 更适用于交互 AV 服务以及远程监控，可以利用很窄的带宽通过帧重建技术压缩和传输数据，从而能以最少的数据获得最佳的图像质量。因此，它将在数字电视、动态图像、因特网、实时监控、移动通信、视频流与可视游戏、DVD 上的交互多媒体应用等方面大展拳脚。

4. MPEG-7

MPEG-7 标准于 1998 年 10 月提出，2001 年完成并公布。该标准规定了一个用于描述不同类型多媒体信息的描述符的标准集合。这种描述与内容本身有关，允许用户快速和有效地查询感兴趣的资料。MPEG-7 针对的媒体主要包括静止图像、序列图像、图形、3D 模型、动画、语音和声音。

MPEG-7 标准的内容包括以下几个方面：一系列的描述子（描述子是特征的表示法，即定义特征的语法和语义学）、一系列的描述结构（说明成员之间的结构和语义）、一种详细说明描述结构的语言、描述定义语言（DDL）、一种或多种编码描述方法。

MPEG-7 的目标是支持多种音频和视觉的描述，包括自由文本、N 维时空结构、统计信息、客观属性、主观属性、生产属性和组合信息。

MPEG-7 根据信息的抽象层次，提供一种描述多媒体材料的方法，以便提供不同层次上的用户对信息的需求。在较低级的抽象层上，对于视觉信息的语义定义，将包括形状、尺寸、纹理、颜色、运动（轨道）和位置的描述。对于音频的语义定义包括音调、调式、音速、音速变化、音响空间位置等。许多低层特征能以完全自动的方式进行提取。在较高级的抽象层上，语义定义类似于人们对事件的描述，而高层特征需要更多人的交互作用。MPEG-7 还允许依据视觉描述的查询去检索声音数据。

MPEG-7 标准的主要应用包括音视数据库的存储和检索、广播媒体的选择、因特网上的个性化新闻、智能多媒体、多媒体编辑、教育、购物、社会和文化、调查、遥感、监视、生物医学应用、建筑及设计、多媒体目录、娱乐等各种服务。

5. MPEG-21

因特网改变了物质商品交换的商业模式，电子商务的应用带来许多新的问题，如数字商品、多媒体内容的知识产权、提供透明的媒体信息服务、多媒体内容的检索、商品质量和服务质量保证体系以及各种权利的保护、非授权存取和修改的保护、商业机密与个人隐私的保护等。

MPEG-21 就是作为适合上述商业模式的一个多媒体框架而提出的，用于保证数字媒体消费的简单性。MPEG-21 标准有三大目标：

1）将不同的协议、标准、技术等有机地融合在一起。

2）制定新的标准。

3）将这些不同的标准集成在一起。

MPEG-21 标准就是要利用一系列关键技术建立一个多媒体集成环境，以协调的方式对全球数字媒体资源进行透明和增强管理，实现内容描述、创建、发布、使用、识别、收费管理、产权保护、用户隐私权保护、终端和网络资源抽取、事件报告等功能。

6. 视频压缩标准

视频压缩标准主要有 H. 261（全彩色实时视频图像压缩标准）和 H. 263（低码率通信视频图像编码标准）两种。

（1）H. 261

H. 261（Px64）标准（其中 P 为 64Kbps 的取值范围，是 1～30 的可变参数）是 CCITT（国际电报电话咨询委员会）颁布的用于音频/视频服务的视频编/解码器，它支持 QCIF 和 CIF 两种分辨率。最初是为在 ISDN 上实现可视电话和视频会议而设计的。

H. 261 使用两种压缩技术，一种是帧内的有损压缩，另一种是帧间的无损编码，使编码器采用带运动估计的形式去混合使用 DCT 和 DPCM。H. 261 的编码算法与 JPEG 和 MPEG 算法类似但互相不兼容。关键是 H. 261 为动态使用而设计，并提供了较高水平的交互控制。而且，在实时编码时，H. 261 比 MPEG 的 CPU 运算量小得多。

H. 261 编码引进了图像质量与运动幅度之间的平衡机制，在恒定码流下质量可变，而非恒定质量时可变码流，以便优化带宽占用量。

（2）H. 263

H. 263 是 ITU-T 为低于 64Kbps 的窄带通信信道制定的极低码率视频编码标准，其实际可用码流范围更宽。H. 263 应用帧间预测去除时间冗余度，并应用 DCT 去除空间冗余度。H. 263 同时支持 QCIF、CIF、SQCIF、4CIF 和 16CIF 5 种分辨率，其中 SQCIF 的分辨率相当于 QCIF 的一半，而 4CIF 和 16CIF 的分辨率分别为 CIF 的 4 倍和 16 倍。

与 H. 261 不同的是，H. 263 采用半像素的运动补偿，在数据流层次结构上包含四个可协商的选项，使得编/解码具有更好的纠错能力，从而在极低码率下获得更好的质量。H. 263 还增加了 4 种有效的压缩编码模式：

- 无限制的运动矢量模式。H. 263 允许运动矢量指向图像以外的区域。
- 基于句法的算术编码模式。可在信噪比和重建图像质量相同的情况下降低码率。
- 先进的预测模式。该模式是产生编码增益、提高主观质量的关键。
- PB 帧模式。PB 帧模式可在码率增加不多的情况下使帧率加倍。

H. 263 是最早用于低码率视频编码的 ITU-T 标准，随后出现的 H. 263+ 和 H. 263++ 增加了许多选项，使其拥有更广泛的适用性。

（3）H. 263＋视频压缩标准

H. 263＋标准在保证了原 H. 263 标准的核心句法和语义不变的基础上，增加了新的图像种类和新的编码模式。

新的图像种类有分级图像、增强的 PB 帧和用户定义的图像格式。H. 263+ 还允许多显示率、多速率及多分辨率，增强了视频信息在易误码、易丢包异构网络环境下的传输。

新的编码模式有先进的帧内编码（AIC）、块效应消除滤波器（DF）、片结构（SS）、参考帧选择（RPS）、参考帧重取样（RPR）。H. 263+ 提供了 12 个新的可协商模式和其他特征，进一步提高了压缩编码性能，增强了应用的灵活性。

（4）H. 263++ 视频压缩标准

H263++ 在 H263+ 的基础上增加了增强型的参考帧选择（ERPS）、数据分片的模式（DPS）、H263+ 的码流中增加的补充信息三个选项，保证反向兼容性。其目标是增强码流在恶劣信道上的抗误码性能和增强编码效率。

本章小结

压缩编码有无损和有损之分，根据数据压缩的原理可以分为统计编码、预测编码、变换编码、分析-合成编码和其他编码。衡量一种数据压缩技术的重要性能指标包括压缩比、压缩速度、压缩质量和计算量。

根据应用场合的不同，音频信号可分为电话质量的语音、调幅广播质量的音频、高保真立体声信号，它们分别对应不同的频率范围，压缩时也可以采用不同的编码。常用的有损编码方案有波形编码、参数编码和混合编码。ISO 和 CCITT 已经公布了有关音频压缩的国标标准，包括G. 71x 和 MPEG 音频。

用于图像数据压缩的国际标准有 JPEG、MPEG 和 H（H. 261 H. 263）系列三种。其中JPEG 是用于静态图像的数据压缩标准，MPEG 是用于动态图像的数据压缩标准，而 H. 261、H. 263 是彩色视频压缩标准。此外，还有工业标准 DVI。

思考题

1. 简述统计编码进行数据压缩的原理。
2. 变换编码的目的是什么？变换编码在什么过程中减少了信息？
3. LZW 编码、赫夫曼编码和算术编码属于什么编码？它们的基本原理是怎样的？分别有哪些特点？

4. 预测编码适用于哪些方面的压缩？主要对什么进行编码？有哪些常见的方法？

5. PCM 和 ADPCM 主要用于哪些信号的压缩？

6. 变换编码是一种重要的编码类型，广泛应用于哪些信号的压缩？什么是最佳变换编码？

7. 在选择语音压缩标准时，应综合考虑哪些因素？

8. G.722 是什么标准？它采样什么样的编码方式？该标准有哪些特点？

9. MPEG 音频标准基于什么模型？MPEG-1 压缩格式分为 3 层，它们的特点是什么？MPEG-2 音频有哪些改进？

10. 从图像压缩编码的发展过程来说，可以分成几个阶段？每个阶段的特点是什么？

11. 什么是信息熵编码，信息熵编码要解决哪些问题？

12. JPEG 标准的具体目标是什么？JPEG 和 JPEG-2000 的主要区别是什么？

13. 在编码算法上，JPEG-2000 采用以小波变换为主的多解析编码方式，其中离散小波变换技术的特征是什么？

14. 为了减少时间上的冗余，MPEG-1 使用什么技术？

15. MPEG-4 主要是针对哪些应用领域而制定的国际标准？其特点是什么？

16. MPEG-7 标准化包括哪些内容？主要应用于哪些范围？

17. MPEG-21 标准提出哪三个目标？

18. H.263 和 H.261 有什么区别？它们分别支持哪些分辨率？

第8章　多媒体存储技术

实践证明，多媒体信息能够充分表达信息的内涵，加快人们接受信息的速度，加深人们对信息内容的理解和记忆。因此，在计算机领域，对多媒体技术的研究越来越深入，要求也越来越高。由于多媒体数据的数据量极大，加之各种应用领域中因信息巨增而带来的海量数据，因而使存储问题变得相当严峻。

在许多基础科学（如光学、激光技术、微电子技术、材料科学、精密加工技术、计算机与自动控制技术）的支持下，光存储技术在记录密度、容量、数据传输率、寻址时间等关键方面仍有更大的潜力。目前，光盘存储在多功能和智能化操作方面已经取得了重大的进展。随着光量子数据存储技术、三维体存储技术、近场光学技术、光学集成技术的发展，光存储技术必将成为信息产业的支柱技术之一。

本章主要介绍光盘存储的基本结构、CD 和 DVD 的介质和存储技术。同时，结合发展动态介绍高密、高效、高速的母盘刻录技术以及网络存储技术。

8.1　光盘存储基础

光盘技术是 20 世纪 60～70 年代开发的一项激光信息存储新技术，具有存储密度高、同计算机联机能力强、易于随机检索和远距离传输、还原效果好、便于复制和拷贝、适用范围广等特点。

8.1.1　光盘存储系统的组成

光盘存储系统由光盘驱动器和光盘组成。光盘驱动器面板上设有收回托盘、弹出托盘、播放、停止以及音量控制等功能，有些产品还有遥控功能。

按照与主机的连接方式，光盘驱动器可分为内置式和外置式两种。内置式光盘驱动器装在机箱内，外置式光盘驱动器放在主机箱的外部，自带电源并通过串口与主机相连。

8.1.2　光盘的构造和特性

从外观上看，光盘是中心有一个 15mm 主轴孔的圆形薄片，它实际上由多层介质组成。无论是 CD 光盘还是 DVD 光盘，其构造特点主要体现在光盘的结构层、信道间距和记录信息的坑区。

1. 光盘物理结构

不同特性的光盘所包含的层数以及介质涂层的原料都是不同的。例如，CD 光盘包括基层、反射层和保护层，而 CD-R 包含基层、记录层、反射层和保护层。介质涂层可以是金、银、铝或合金。

CD 光盘和 DVD 光盘的主要区别在于盘片的厚度、信道间距以及坑区的大小。

CD（包括 CD、VCD 等）盘片的厚度是 1.2mm，最小凹坑长度为 $0.834\mu m$，信道间距为 $1.6\mu m$。

单层的 DVD 盘片厚度仅为 0.6mm，是 CD 盘片厚度的 1/2，而 DVD 的最小凹坑长度仅为 $0.4\mu m$，信道间距为 $0.74\mu m$，这些指标都小于 CD 盘片。

如图 8-1 所示，在相同的面积中，DVD 盘片的最小凹坑长度和信道间距都比 CD 盘片要小，这就使存放信息的物理坑点排布得更加紧密，从而可以提高存储量。同样的单层单面光盘，CD 容量为 650MB，而 DVD 容量高达 4.7GB。从差异如此悬殊的存储量就可以看出 DVD 的绝对优势。

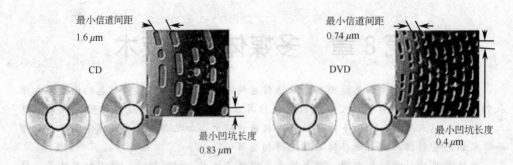

图 8-1 CD 和 DVD 光盘物理结构

DVD 盘片和 CD 盘片非常相似，只是 DVD 光盘拥有更多的盘片类型。DVD 光盘有单/双面和单/双层结构，按照单/双面和单/双层结构的不同组合，DVD 光盘可以分为单面单层、单面双层、双面单层和双面双层 4 种物理结构。通常把这几种结构分别定义为 DVD-5、DVD-9、DVD-10 和 DVD-18。图 8-2 所示的是 "DVD-5"、"DVD-9" 光盘结构。

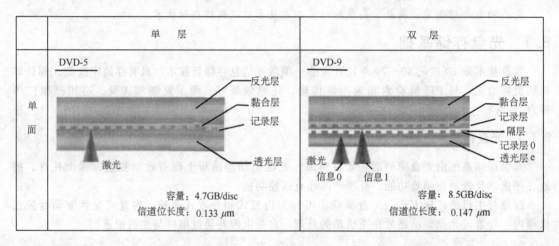

图 8-2 DVD 光盘的层结构

- DVD-5（D5）：单面单层盘，其涂料为银色，总容量达 4.7GB，可以存放播放时间超过两小时的 DVD 视频。
- DVD-9（D9）：单面双层盘，它的第一层是金色的半透明涂料，第二层的涂料为银色，所以双层 DVD 的颜色呈金色，总容量达 8.5GB。大约可存储播放时间为 4 小时的 DVD 视频。
- DVD-10（D10）：双面单层盘，由两边各厚 0.6mm 的单层 DVD 组成，总容量达 9.4GB，大约可以容纳四个半小时的 DVD 视频。
- DVD-18（D18）：双面双层盘，容量高达 17GB，可存储播放时间约 8 小时的 DVD 视频。

2. 光盘的特性差异

虽然同样是光盘，但 CD 只能存储声音，而 DVD 还能存储影像，原因就在于它们的激光和记录层不同。物理结构上的差别要求使用不同的激光波长来读取数据。CD 采用波长为 780～790nm 的红外激光器读取数据，其光斑的直径为 1.74μm；而 DVD 光盘因为具有更细小的信息坑洞和信道间距，需要更小的激光点才能读取数据，因此采用波长为 635～650nm 的红外激光器读取数据。读取信息的激光束在更小的区域聚焦，其光斑的直径为 1.08μm。采用更短的激光波长可提高单位次数能识别的坑点数，但并不会误认坑点内的信息。

表 8-1 列出的是 CD 与 DVD 的主要技术参数，比较表中的各种技术参数，就可以理解 CD-ROM 驱动器为什么不能读取 DVD 光盘的信息了。DVD 在容量、数据精度以及多媒体技术等方面都优于 CD。同时 DVD 具有可变的数据传输率，文件结构满足 ISO 9660 标准，数据格式支持 CD-ROM/XA 标准，向下兼容 CD、VCD 等光盘。

表 8-1 CD/VCD 与 DVD 的主要技术参数

主要技术参数	CD/VCD	DVD
激光波长	780～790nm	635～650nm
最小凹坑长度	0.834μm	0.4μm
信道间距	1.6μm	0.74μm
凹坑宽度	0.6μm	0.4μm
光斑直径	1.74μm	1.08μm
镜数值孔径	0.45 na	0.6 na
纠错编码冗余度	31%	15.4%
影音质量	16 位、44.1kHz、2 声道	24 位、96kHz、8 声道
影像质量	240 线	540～720 线
通道码调制方式	8/17 调制	8/16 调制
容量	650MB	4.7GB（单面单层）

8.1.3 光盘的格式标准和类型

光盘标准涉及许多参数和技术问题，光盘的生产也有企业标准、行业标准、国家标准与国际标准等区别，所以光盘有多种规格，并对应于不同的标准。在这里我们主要了解一下 ISO 对光盘定义的标准。

1. CD 光盘的标准

ISO 制定和颁布了多种标准规范，定义了光盘的尺寸、转速、数据传输率、编码方式、数据格式等重要的技术规范。不同 CD 规范说明书的封面用不同颜色加以区别，因此习惯上用红皮书、黄皮书、绿皮书和白皮书等来说明光盘的各种规范。

（1）红皮书（Red Book）

CD-DA（Compact Disc Digital Audio）标准，又称 CD，是激光数字音频标准（1981 年制定），盘的直径为 12cm，Audio CD 为 2 声道、44.1kHz、16 位。1985 年制定了 CD-G 标准，即卡拉 OK 盘标准。

（2）黄皮书（Yellow Book）

CD-ROM（Compact Disc-Read Only Memory）标准于 1985 年制定，盘的直径为 12cm，容量为 650MB。CD-ROM 有三种类型的光道：CD-DA 光道；CD-ROM Mode 1（用于存储数字数据）、CD-ROM Mode 2（用于存储声音、图像或视频）。

（3）绿皮书（Green Book）

CD-I（Compact Disc Interactive）标准于 1987 年制定，它的扇区格式和 CD-ROM/XA 的扇区格式相同。CD-I 只能用交互式计算机多媒体中的 CD-I 播放机来播放。

（4）白皮书（White Book）

Video CD（VCD）于 1993 年制定，最初为 VCD 1.1 标准，1994 年发布了 VCD 2.0 标准。它定义了一个 CD 格式和 MPEG-1 标准的数字电视存储格式。VCD 标准采用 CD-ROM/XA 数据格式，可在 PC 的 CD-ROM 驱动器中播放。

（5）蓝皮书（Orange Book）

CD-R（Compact Disc Recordable）于 1989 年制定。这种光盘可多次在空余部分写入数据。可写式 CD 盘分为两类：第一类中包括 CD-MO 盘（Compact Disc-Magneto Optical）和可擦写式的相变光盘（PCR）。另一类是 CD-WO 盘（Compact Disc-Write Once），即 CD-R 盘或 CD-WORM。

（6）橙皮书（Orange Book）

Photo-CD 是相片光盘标准，于 1992 年制定。Photo-CD 光盘可多次存储 35mm 数字化的相片，它能够存储约 100 张左右的相片。Photo-CD 光盘还可以将数字化的相片还原成底片。

2. CD-ROM/XA 规范

CD-ROM/XA 是混合模式光盘标准，于 1998 年制定，允许数据轨道和音频轨道交替存放。

3. DVD 光盘的标准

DVD Forum 的 10 个会员根据不同的应用领域共同制定了以下 5 种规格的 DVD。

（1）Book A

DVD-ROM 只读格式，制定了 DVD 光盘存储资料的方法以及档案系统等。

（2）Book B

DVD-Video 影音格式。定义了影片在 DVD 上的影音编码方式。DVD Video 可以采用 MPEG 1（ISO/IEC 11172-2）或 MPEG 2（ISO-IEC 13818-2）压缩技术。

（3）Book C

DVD-Audio 音频格式，它可以高达 8 声道，取样频率高达 96kHz，精确度达 24 位，无失真。采用 MPEG2 音频压缩标准，可达到 Linear PCM 格式录制的效果，并支持 AC-3、DTS 和 SDDS 等格式。

（4）Book D

DVD-R（DVD Recordable 或 DVD-Write-Once），是一次性可写格式，容量为 3.95GB。可读取多种 CD 格式，用 DVD-R 烧录的碟片可在 DVD-ROM 或家用 DVD 机上读取，但与 DVD+RW 不相容。

（5）Book E

DVD-RAM 机是唯一可以读取 DVD-RAM 格式的机种，具有可无限次读写的 DVD 格式，每面可擦写的容量为 2.6GB。与传统的 DVD-ROM 驱动器不兼容。

8.1.4 光盘驱动器的构造和工作原理

光盘驱动器如图 8-3 所示，它是一个结合了光学、机械及电子技术的产品，其内部是激光引导测距系统的精密光学结构，采用一系列透镜和反射镜，将细微的激光束引导到光盘表面的微小部位。

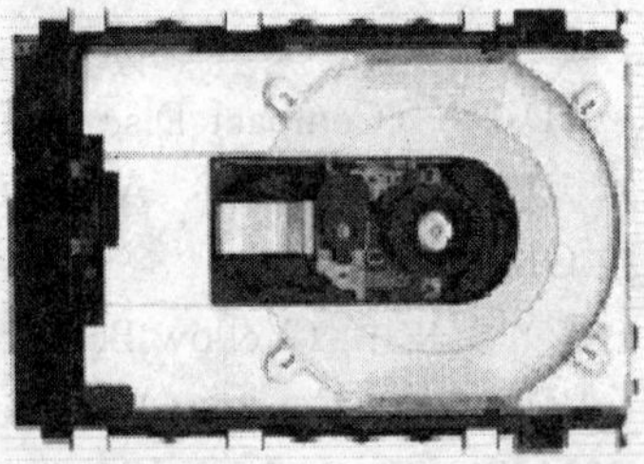

1. CD-ROM 驱动器

（1）CD-ROM 驱动器的机械结构

从机械结构方面来说，CD-ROM 驱动器主要包括 5 个部

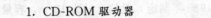

图 8-3 CD-ROM 驱动器

分：光学头、光盘驱动电机、光学头寻址电机和光盘装卸电机、控制器以及辅助部件等（如图 8-3 所示）。其中控制器包括聚焦伺服、道跟踪伺服、CLV 伺服、EFM 解调和错误检测及校正。

- 光学头：驱动器的读写头是一种光学头，光学头读写数据时与光盘没有接触，能将光盘上的信号转换成电信号。
- 聚焦伺服：采用自动伺服系统，利用反射光产生的聚焦误差信号，自动调整光学头和光盘之间的距离，使激光束聚焦到光盘的信息面上。
- 道跟踪伺服：采用径向光道跟踪技术，利用反射光产生的偏离光道的误差信号，自动调整光学头的偏心距离，使激光束聚焦到光盘上有凹形坑道的光道中间，以保证激光束能沿着光道正确地读取信号。

- CLV 伺服：采用自动调节驱动光盘转动的驱动马达转速，使速度随着光学头移动的位置而变化，以满足光盘必须按恒定线速度 CLV 旋转的要求。
- EFM 解调：通过聚焦伺服系统输出的数据信号中包括同步位和合并位，是经过 EFM 调制的信号，并非原始数据信息，EFM 解调的作用就是去除同步位和合并位，将信号还原成原始数据格式。
- 错误检测和校正：磁道聚焦、径向聚焦、恒定的数据库是准确读出数据的三个主要因素，光源必须垂直聚焦。为了控制可能发生的异常情况，从基片层反射回来的光线通过一个棱镜，产生 90 度偏移，然后再经过一个光劈将光束一分为二，两束光分别聚焦于两组光电二极管上。如果透镜发射层出现近或远偏差，接收二极管组中的光，将指示错误。为了检测错误，驱动器在读取数据时将两个二极管接收到的信号相加。根据需要可以计算出调整透镜与反射层的距离的数据。

（2）CD-ROM 驱动器的读取原理

CD-ROM 光盘是利用盘片上的凹坑来记录数据的，并且按照从内圈到外圈的轨迹形成一条螺旋状的信息轨道。

驱动器的工作过程是光学和电子技术结合的过程。光盘在光驱中高速的转动，激光头在伺服电机的控制下前后移动读取数据。激光光源来自一个激光二极管，它可以产生波长约为 $0.54\sim0.68\mu m$ 的光束，经过处理后光束更集中且能精确控制，光束首先会寻找并照射在光盘的信息轨道上，然后由光盘反射到 CD-ROM 驱动器的感光二极管，再经过光检测器捕获信号。

光盘上有凹点和空白两种状态，它们的反射信号相反。如果光束照在平面上，那会有约 70%～80% 的光反射回来，这样 CD 读取头可顺利读取到反射信号。如果是照在凹点上，则造成激光散射，CD 读取头无法接收到反射信号。检测器根据这两种状况就可以解读出数位信号（0 与 1），这些信号经过驱动器中的光电转换、校验和模/数转换，转变为实际数据，这就是利用激光的反射与否来解读光盘信号的原理。

2. DVD-ROM 驱动器

从光盘的结构分析中知道，DVD 盘的坑洞以及排列密度比 CD 盘要小得多。但 DVD 和 CD 所用的数据读取机制是相同的，只是所采用的波长不同。那么 DVD 如何兼容读取 CD 光盘呢？从波长来看，较短的 650nm 的波长完全可以读取 CD 盘片，但是 DVD-ROM 光盘的反射层位于 0.6mm 处，因此 DVD-ROM 驱动器需要 2 种焦距才能兼容读取 CD 和 DVD 盘片。在研制过程中，先后出现了不同的激光头技术。

（1）双激光头技术

这种技术针对 CD 和 DVD 这两种不同规格的光盘，分别设计两种不同的激光读取头。

有的双激光头的技术使用两套完全独立的激光头结构，并拥有两套完全独立的聚焦镜。读取 CD 光盘的是波长为 780nm 的激光头，读取 DVD 光盘的是波长为 650nm 的激光头。其特点是兼容性好，但成本高。而且由于双激光头的伺服机构读盘时需要进行机械转换，因此读盘时间长、机械故障率高。

也有使用切换双镜头技术的，即基于同一个激光发射及接收设备和 2 个焦距不同的镜头，通过镜头切换来读取不同的光盘。它的特点是读取质量较高，但启动速度慢、寻道时间长、机械噪声较大、机械故障率较高且成本高。

（2）单激光头技术

单激光头技术采用一个激光头来发射两种不同的波长。采用单激光头的 DVD-ROM 驱动器又可分为单头单眼、单头双波长、单头双眼三种类型。

单头单眼技术的效果较好，因为没有机械传动，机械故障少，因而读盘速度较快，成本也低。但缺点是读盘精度下降，而且，如果用户长期使用品质较低劣的碟片会影响它的使用寿命。

单头双波长技术在一个激光头内安装两个不同的激光发生器。使用一组聚焦镜，利用液晶快门的技术来控制焦距，分别发出波长为 780nm 和 650nm 的激光束，用来读取不同的 DVD、CD 光盘信号。这种技术的好处是读盘质量稳定、读盘速度快，并且机芯的使用寿命长。

单头双眼 DVD-ROM 驱动器采用一个激光头两组聚焦镜，通过转换不同的聚焦镜来分别读取 DVD 和 CD 光盘。其外形与双头的 DVD-ROM 驱动器相似，特点是读取信号的质量较高，但由于要转换聚焦镜，所以读盘速度相对较慢。

与双激光头相比，采用单激光头技术可获得更好的性能。虽然只有一个镜头，但拥有两个不同的可自动调节的焦点，因而可以在体积、重量、结构和制造成本各方面进行较好的控制，同时可大幅度提高寻道时间、CPU 资源占有率等重要的性能指标。因而成为目前及未来 DVD 驱动器的主流技术。

8.2 CD 存储技术

根据 CD 光盘的可写特性，可以将 CD 光盘分为只读光盘、可写光盘和可改写型光盘。只读光盘以 CD-ROM 为代表，包括 CD-DA、CD-I、CD-Photo 及 V-CD 等；可写光盘也称为一次性写入光盘，对应的 CD 光盘有 CD-R；改写型光盘包括相变光盘（Phase Change Disk，PCD）和磁光盘（Magneto-Optical Disk，MOD）。

8.2.1 CD 存储概述

1. CD 光盘的物理特性

CD-ROM 光盘的基层是聚碳酸酯层，其表面由凹形和凸形相间的区域组成。聚碳酸酯层的表面覆盖着一层反射铝或铝合金膜，也被称为"银盘"，反射铝的作用是增加记录面的反射性能。反射层上用漆膜层以防止金属层的氧化。

2. CD 光盘的制作

对于只读光盘，用户只能读取光盘上记录的各种信息，而不能修改或写入新的信息。只读光盘由专业化工厂规模生产。生产光盘前要精心制作好金属原模，也称为母盘，然后根据母盘在塑料基片上制成复制盘。

8.2.2 CD-R 存储技术

CD-R（Recordable）一次性写入（Write Once Read Many），可以多次读出式。CD-R 信息的写入系统主要由写入器和写入控制软件构成。写入器也称为光刻机，是写入系统的核心。目前的 CD-R 都支持多次写入，而且可以在 CD-ROM 驱动器上读出所有逐步录入的任何数据，这样可以向 CD-R 盘上追加数据。

1. CD-R 的物理特性

CD-R 光盘的基层和 CD 的基层相同，也是表面含有凹形和凸形相间区域的聚碳酸酯层。但在聚碳酸酯层的表面加有一个染料记录层，然后是反射金层和保护层，这种盘也称为"金盘"。

有的 CD-R 光盘也称为金绿盘、白金盘或蓝盘，这主要是因为防止强光照射或降低生产成本而使用了其他一些有色材料而造成的。

2. CD-R 的写入过程

向 CD-R 光盘写入内容的过程，实际上是一个使记录介质起化学变化的过程。记录数据时，光盘刻录机发出高功率的激光，打在 CD-R 盘片某特定部位上，介质中的有机染料层因此而融化，致使这些部位因发生化学变化而无法顺利反射 CD 光驱所发出的激光。没有被高功率激光照射到的部位仍然可以由黄金层反射激光。CD-R 就是根据这种不同的反射特性来记载与"0"和"1"对应的数据信息的。

8.2.3　可擦写型 CD 光存储技术

目前，可擦写式光盘存储主要包括两种技术，一种是利用激光改变材料状态变化的相变方式记录信息，另一种是利用激光与磁性共同作用的结果记录信息。

1. 相变光盘存储技术

相变光盘的信息存储原理是 1968 年由 Ovshinky S. R 发现的，1990 年松下公司对其进行了商品化。过去比较典型的可擦写型光盘驱动器是 PD（Phase Change Rewritable Optical Disk Drive），但随着更先进的光存储技术的出现而逐渐被淘汰。CD-RW 是已经得到普遍支持的可擦写光盘标准。由于 CD-RW 仍然沿用 CD 的 EFM 调制方式和 CIR 纠错方法，CD-RW 驱动器与 CD-R 驱动器的光学、机械及电子部分类似。

（1）相变光盘的基本结构

相变光盘具有包括聚碳酸酯盘基、$ZnS-Sio_2$ 保护层、GeSbTe 记录层、Al-Cr/Ti/Ag 合金反射层等在内的多层结构。$ZnS-Sio_2$ 材料的微粒直径小至 2nm，其耐热性、均匀性、致密性可防止记录膜热循环（膨胀与收缩）引起的形状变化，从而可确保大约 200 万次的重复记录。

CD-RW 盘片的刻录层由银、铟、锑、碲合金构成，是具有约 20％发射率的多晶结构。

（2）相变光盘的改写原理

相变光盘利用物质的原子排列特性。在一定的条件下，原子呈规则或不规则排列状态，我们把这种状态称为晶相和非晶相。因为这两种晶相可相互转换，所以称为相变光盘。CD-RW 驱动器的激光头有两种波长设置，分别为写（P-Write）和擦除（P-Eraze），通过调节激光的强弱使材料的晶相转换，从而完成数据的擦除和写入，并通过探测晶相和非晶相不同的反射率（分别用 0、1 表示）读取数据。具体过程如下：

1）晶相状态的记录材料受到大功率激光照射而溶化（熔点大约 600℃），其原子排列变为无序状态，然后再以大于 3.6K/ns 上的冷却速度急剧冷却固化，即表示写入 1。

2）在非晶相状态下，如果受到低功率激光照射（约 400℃），原子转换为规则的晶相，即写入数据 0。

3）读取数据时，只需要采用较弱的激光功率。

2. 磁光盘存储技术

磁光盘存储技术是 1877 年由 KERR J 发现的，20 世纪 80 年代后期迅速商品化。磁光盘的擦写寿命可达 1000 万次，盘面直径有 50.8mm（2 英寸）、64MM（MD）、86MM（ISO 3.5 英寸）、130MM（ISO 5.25 英寸）等不同种类。

（1）磁光盘的基本结构

磁光盘由聚碳酸酯盘基（1.2mm）、SiNx 保护层（100nm）、Tb_{20} Fe_{74} Co_6 磁性记录层（40nm）、Al 合金层（40nm）、紫外硬化树脂保护层（5nm）组成，通过不同的磁性层设计来达到高记录密度。

（2）磁光盘改写原理

磁光盘的改写利用了激光与磁性的共同作用，它以磁畴的磁化方向来表示记录数据。常温下的磁畴具有 10kOe 的矫顽力，随着温度的升高，矫顽力将迅速变小，当温度上升到居里温度（矫顽力降为 0 时的温度）时，磁畴的磁化方向随外部磁场的改变而改变。

磁光盘利用激光照射改变磁畴的磁化方向进行数据的改写，即连续照射激光，将记录膜的温度提高到居里温度，使矫顽力降为 0，此时磁畴磁化方向受磁场影响全部向下，表示写入"0"。记录数据时，使磁场方向转向，受强激光照射部位的磁化方向随磁头方向的改变而向上，表示写入数据"1"。读数据采用小于记录和擦除时 1/7 的弱激光，反射光的偏振面将随磁畴磁化方向的改变而旋转，顺时针旋转表示数据 1，逆时针表示 0。利用偏振光分束器转换成光强度的变化，然后导入光探测器取出电信号，从而完成数据的读取。

8.3 DVD 存储技术

8.3.1 DVD 存储技术概述

只读式 DVD 光盘与只读式 CD 光盘一样，由专业化工厂规模生产。在可写的 DVD 中，主要有三种标准，即 DVD-RAM、DVD-R/RW 和 DVD+R/RW。

DVD-RAM（Re-Writable DVD）是可重写式 DVD，它的优点是技术先进，格式化时间很短。

DVD-R/RW 是被 DVD 论坛认证的第二种 DVD 刻录技术，DVD-R/RW 的兼容性好，成本低，但是因刻录技术跟不上发展需要而被淘汰。DVD+R/RW 没有被 DVD 论坛所接纳。

由于 DVD-RW 和 DVD+RW 将地址信息隐藏在轨道中，从而实现了物理格式与 DVD-ROM 的兼容。

1. DVD 盘片的介质

DVD-RAM 光盘是否稳定可靠，记录介质是关键。而材料设计能否满足高速存储的要求，又取决于记录介质能否在两个稳定态之间实现快速可逆相变。

传统的相变介质材料都是基于激光的热效应而设计的，信息写入用液相快淬实现，信息擦除则通过晶核形成、晶粒长大来完成。由于热效应是能量积累的过程，所以写入所需的时间较长，而且介质上的反复擦写会降低信噪比。

新的记录介质设计基于激光的光效应。记录信号的激光采用较短的波长，通过激发激光光子的方式来实现读写。可以说，这种记录介质是建立在非线性光学双稳态变化效应上的，也称之为光双稳态记录介质。由此，记录介质所选择的材料可以是无机材料、有机材料或复合材料。

2. DVD 刻录原理

DVD-R 盘片的刻录原理与 CD-R 类似，DVD-RAM 的刻录原理与 CD-RW 相同。双层的 DVD-R DL 盘片如图 8-4 所示。

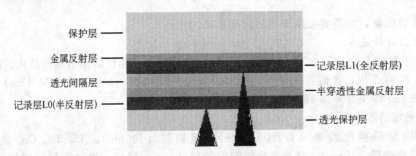

图 8-4 DVD+R DL 盘片

那么 DVD+R DL 盘片是怎样刻录的呢？主要是通过增加的 L0 层来增加数据存储容量，这个存储层是由刻录片的同一面来存取。

每个数据刻录层都是由一个薄薄的有机染料薄膜所组成的，当激光束进行加热，染色记录材料会吸收激光能量，从而改变它的化学结构或者颜色，产生刻录的效果。这些经过刻录的凹槽构成了和 DVD-ROM 相应的凹点，DVD-ROM 读取光盘时将检测这些刻录标记。

3. 刻录技术

近年来，刻录技术中注入了刻录保护技术和刻录控制技术，使光盘刻录的安全性和稳定性得到极大的提高。

（1）刻录保护技术

刻录保护技术也就是防刻死技术。一般情况下，单独运行刻录程序可以避免"缓存欠载"错误的发生，也就是当缓存中的数据被全部刻录之后，没有可供刻录的数据时所发生的异常。另外，如果增加缓存容量，也可以降低发生缓存欠载的可能性。但以较大的缓存容量 8 兆去满足 700 兆的刻录盘，也支持不了多久。

使用防刻死技术能够从根本上解决缓存欠载。这种技术的原理是，在操作系统正常和不改变刻录机的状态的前提下，当发生缓存欠载的时候，刻录机暂停刻录动作，并记录刻录中断的位置，等缓存中的数据量补足时恢复暂停的刻录动作。

目前世界上较为可靠和成熟的防刻死技术有 Burn-Proof、Just Link 和 Seamless Link。这 3 种防刻死技术所使用的原理大致相同，都是通过暂停、重启激光刻录头的动作来完成其对缓存中数据的填充。

（2）刻录控制技术

在防刻死技术中，为了保证暂停和继续刻录间的数据间隙足够小，以便顺利地读取和刻录后续数据，需要一系列控制技术，对缓存的数据量、暂停时间和激光刻录头的动作等方面进行准确控制。刻录控制技术主要包括：

- 智能激光控制技术（Smart Laser Driver）：这种技术将设计在电路板上的刻录控制电路改在光头组件上，有效地解决了刻录时信号传输的延迟和损耗而造成的精确度问题，从而大幅提升了高速写入的品质。
- 液晶补正技术（Liquid-crystal Tilt Compensator）：该技术将消除因为光盘片本身翘曲或厚度的参差不齐而造成的读写精确度降低的问题，透过液晶补正机构，仍然可以高速完成精确的刻录和读取工作。
- 加强型动态谐振吸收技术（Ultra Dynamic Resonance Absorber）：该技术能充分降低盘片高速转动的振动效应，维持高精度的服务系统在高速读取及刻录时的稳定性。
- 高精度刻录技术（Precision Recording Technology）和分布式即时错误管理技术（DRT-DM）：该技术在刻录过程中，全程实时监控，根据情况调整刻录功率，达到优化刻录性能的目的。

8.3.2 DVD 编码技术

在多媒体应用中，涉及音频/视频的压缩、解压缩、处理和表示等技术，编码技术解决的重点问题是数字音频/视频海量数据（即初始数据、信源）的编码压缩问题，它是其后数字信息传输、存储、播放等环节的前提。为了保护多媒体原创节目的版权，DVD 编码技术中加入了重要的 DVD 加密防拷技术，它主要包括"数码加密"和"类比加密"两部分。

1. CSS

CSS（Content Scrambling System，数据干扰系统），也称为数码加密，是对存入 DVD 影片中的数据进行数据干扰编码，编码后的 DVD 影片数据受到 CSS 保护，播放这些影片时必须先经过解码。因此 DVD 影片不像传统的 VCD 那样可以直接用播放工具打开文件进行播放。

现在，CSS 防止拷贝的限制将 DVD 影片分成了 6 个区，如表 8-2 所示。

表 8-2　DVD 的 6 个区

区码	区域范围
1 区	加拿大、美国
2 区	日本、欧洲、中东、埃及、南非
3 区	东南亚、东亚
4 区	澳大利亚、新西兰、南太平洋群岛、中美洲、墨西哥、南美洲
5 区	非洲、印度、中亚、蒙古、前苏联、朝鲜
6 区	中国

2. APS

APS（Analog Protection System，类比信号保护系统），也称为类比加密，用于保护 DVD 影片以防止使用录像机进行拷贝。

为了防止人们通过录像机拷贝或者想将 DVD 影片通过计算机转送到电视上播放，在 DVD 影片内设置一个 APS，其原理是通过加入一块 Macrovision 7 的芯片，利用特殊信号干扰录像机或电视机的功能。也就是说，只有当使用者的录像机或显卡得到 APS Macrovision 认证，才能用录像机或电视机去拷贝或播放 DVD 影片。

8.3.3　DVD 音频/视频标准

DVD-ROM 驱动器采用国际通用的 MPEG-2（ISO/IEC13818）标准，其系统码流传输数据的速率是可变的（1Mbps～10.7Mbps）。

目前 DVD-Video 的常用指标如下。

1. 画面

画面的长宽比有 3 种方式可选择：全景扫描、4：3 普通屏幕和 16：9 宽屏幕方式。

2. 清晰度

清晰度由带宽决定，而视频带宽由制式决定。NTSC 电视制式的画面清晰度为 720 像素/行×576 行/帧，30 帧/秒。PAL 电视制式的画面清晰度为 720 像素/行×488 行/帧，25 帧/秒。而选用 MPEG-2 中的高级规范，将获得清晰度更高的画质。

目前还常用水平清晰度来表示图像格式的清晰度，水平清晰度的计算方法如下：

水平清晰度＝2×视频带宽×正程行扫描时间/画面比例。

带宽决定清晰度，而视频带宽由制式决定，如果正程行扫描时间为 $52\mu s$，画面比例为 4/3，则 6MHz 带宽的 P 制水平清晰度＝2×6000000×0.000052/（4/3）＝468（线）。

3. 系统码流

DVD-ROM 驱动器的系统码流由主视频码流、子图像码流和音频码流组成。整个系统码流的最大数据传输速率可达 10.08Mbps。

4. 多种播放功能

DVD-ROM 驱动器具有多故事结局欣赏、多角度、变焦调节、父母锁定控制、版权保护等功能。

8.4　高密度技术

能存储多媒体数据的改写型光盘越来越受欢迎，因此高密度大容量的多媒体存储技术将成为未来的研究方向。下面我们来了解一些能提高记录密度的新技术。

8.4.1　短波激光技术

从提高光盘的存储容量的角度出发，还可以考虑在激光和记录层方面进一步改革。采用短波激光和大数值孔径的物镜技术，可缩小激光束光斑，记录标记和轨道间距可以成比例地缩小，从而提高光盘的刻录密度，增大光盘容量。

目前的 DVD 录像机在播放和记录时使用的是波长为 650nm 的红色激光，新一代的 DVD 将使用基于蓝光的激光束和新的涂层盘面。蓝色激光的波长缩短到 405nm，可对光盘进行更高密度的记录。从记录点来看，目前 DVD 标记的大小为 $0.4\mu m$，而蓝色激光标记的大小降为 $0.14～0.2\mu m$。

在用于蓝色激光的光盘上，也已经成功地开发了在一张光盘拥有两个记录层的"双层技术"，这种双层技术是在距光盘表面 $75\mu m$ 与 0.1mm 处各设置一个记录层，从而改变了以前激光通过两个记录层时，由于降低了透过率与反射率而减少了第二层的记录容量的状况。但是，蓝光 DVD 碟片的最大弱点是耐磨性差。

8.4.2 磁超分辨技术

高分辨率读出技术是高密度光盘技术的关键，目前由于光学分辨率等问题，记录密度一直受到读出技术的制约。例如，使用 680nm 的激光，在光盘的界面上所产生的光斑为 1um，可记录的信号标记的尺寸为 $0.08\mu m$，然而现有的光学系统中，读出光斑大于记录标记，即光斑中将出现多个记录标记，所以难以分辨出微小的记录标记。

磁超分辨（Magnetic Super Resolution，MSR）技术能够解决微小标记的读出问题，它以一个新的层结构构造磁光盘，并使用磁隔离方式，掩盖进入光斑内的多余磁畴编辑，从而提高了标记读出的分辨能力，其最佳可分辨尺寸大约为 200nm。

1. MSR 磁光盘的组成

MSR 磁光盘的磁性层结构如图 8-5 所示，其中包括记录层（TbFeCo）、开关层（或称磁掩盖层）（TbDyFe）和回放层（GdFeCo）。记录层用于记录数据，其矫顽力和距离温度相对较高。回放层用来读出数据，但须通过开关层复制出记录层的数据。开关层即控制层，控制记录层和回放层之间的数据交换，该层的居里温度设定为 150℃。

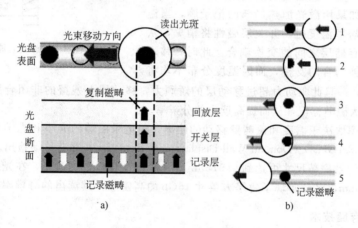

图 8-5   MSR 磁光盘的结构

2. MSR 磁光盘改写原理

室温下，受初始磁场的影响，回放层中低矫顽力的磁畴呈一个方向磁化。同时，由于开关层面磁畴壁的掩盖，回放层不能复制记录层的数据。

MSR 磁掩盖技术通过读光斑内的居里温度点来读出信号，这个温度点上的光斑如同一个"细孔"，它屏蔽光斑内多个记录信号，仅抽取"细孔"中的信号。当读出激光束照射到光盘上时，在光盘上的光斑内形成空间温度分布，只有温度升高到居里温度（150℃）的那个标记点的开关层的磁畴壁会消失，此时就可将记录层的信息复制到回放层后读出。但当温度超过 150℃，开关层立即关闭。

8.4.3 磁放大技术

使用蓝光等短波长激光可以使记录标记越来越小，标记在读出光斑中所占的面积也越来越小。即使采用磁超分辨技术，读出信号强度也会很低，精确度也会降低。

为了解决光学分辨率和读出信号强度低的问题，提出了磁放大磁光系统（Magnetic AMplifying Magneto Optical System，MAMMOS），主要通过从外部施加热能或磁场，将要读出的磁畴放大到读出光斑大小，同时保证记录的读出强度。

目前，MAMMOS 技术结合红光激光已实现 20GB/in2 的记录密度，最小记录点尺寸小于 200nm，接近或小于光衍射极限。MAMMOS 磁光盘的读出信号强度是普通磁光盘的 5 倍，是

MSR 磁光盘的 2 倍。

MAMMOS 磁光盘的磁性层包括 GdFeCo 读出层、SiN、Al 合金组成的开关层和 TbFeCo 记录层。开关层决定信号的频率特性。

利用磁放大特性读取数据时，首先激光照射加热记录层，通过开关层、记录层和读出层发生磁耦合，微小的记录磁畴被复制到读出层。然后从外部给复制层磁畴施加磁场，将其放大到光斑大小后读出。当读出结束后，再施加反相磁场，缩小被放大的磁畴。磁放大的原理如图 8-6 所示。

8.4.4　磁畴壁移动检测技术

1997 年首次提出了磁畴壁移动检测技术，利用磁畴壁的移动来放大磁畴从而读取记录信号。

磁性记录层一般由小矫顽力的移动层、居里温度相对低的开关层和矫顽力较大的记录层三交换耦合膜构成。在室温下，由于三层之间的交换耦合，各层的磁畴状态相同。如果用激光加热局部的记录膜，当温度超过开关层的居里温度时，开关层磁性将消失，从而切断移动层与存储层之间的交换耦合。此时，移动层失去开关层交换耦合的支持，而因温度分布不均将产生一个驱动力，一旦此驱动力超过移动层的矫顽力，移动层上残留的非闭合型磁畴壁便会向

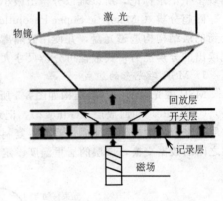

图 8-6　磁放大原理图

高温测移动，放大磁畴标记，从而提高读出的分辨率。

读出的分辨率取决于温度和磁畴壁移动的距离，与记录磁畴的大小和光学分辨率无关。在采用放大读取技术 DWDD（Domain Wall Displacement Detection，磁壁移动检出方式）的光磁盘上，分辨率最小记录磁畴尺寸可达到 $0.075\mu m$，用波长为 406nm 的激光，在光盘的界面上所产生的光斑为 0.55nm，已经实现了每平方英寸 15Gb 的高密度，其读出的分辨率也是纳米级的。

8.4.5　近场光存储技术

近场光是光通过比光波长还小的微细端口时，端口附近会渗出的一种极其微小的光斑。利用近场光可观察到几十纳米那么小的物质，其分辨率取决于端口的微细程度和端口与观察对象之间的距离。

超分辨近场结构（Super-Resolution Near-field Structure，SRENS）有孔径型和散射型，它们都采用 $Ge_2Sb_2Te_5$ 相变材料，只是掩盖层使用的材料不同。

孔径型 SRENS 如图 8-7 所示，采用锑膜作掩盖层，锑膜通常呈结晶状，并且不透明，如果受强激光照射，它将变成非晶相，使其折射率发生变化而变得透明，结果锑膜上的光斑中心点形成微小的光学孔径。

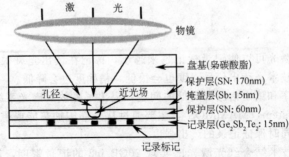

图 8-7　孔径型 SRENS

散射型 SRENS 如图 8-8 所示，它采用氧化银作掩盖层。氧化银本身是透明的，受强激光照射后分解成氧和银，结果在激光斑点的中心形成微小的银粒，这种银粒就是近场光的发生源，从而使端口附近产生微小的光斑，光斑通过后，分解的氧和银又还原成氧化银。

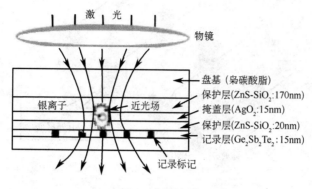

图 8-8　散射型 SRENS

实验表明，利用孔径型和散射型 SRENS 方式，可使分辨率最小标记长达到 60nm，这意味着记录密度是 DVD-ROM 的 40 倍（200GB）。近光场存储技术不仅是超分辨的记录标记的读出技术，也是高密度的记录技术，可以实现数百 GB/in2 乃至数百 Tb/in2 的高存储密度。

8.5　网络存储技术

网络存储技术可以帮助用户更加有效地管理和使用他们的存储资源。将来，绝大部分数据都会以网络存储的方式流通于网络。早期主要采用直接连接存储（DAS），今后，存储域网络（SAN）、网络附加存储（NAS）和 Storage over IP 将彼此共存，互为补充。其中，Storage over IP 将成为存储市场最主流的技术。

8.5.1　直接连接存储

直接连接存储（DAS）的存储设备为一个 RAID，标准的连接方式是通过 SCSI 接口一对一地将存储设备直接连接到一台计算机上。

RAID（Redundant Array of Independent Disks，独立磁盘冗余阵列）把多块独立的硬盘按不同方式组合起来形成一个逻辑硬盘，从而提供更高的存储性能和提供数据冗余。数据冗余的功能可以使损坏数据得以恢复，从而保障用户数据的安全性。DAS 如图 8-9 所示。

DAS 的系统结构变化小，投资少。只需增加新的阵列和新的 SCSI 卡，可以通过 SCSI 卡连接服务器和磁盘阵列，通过现有的服务器处理共享存储阵列，对服务器性能要求很高。但 DAS 的缺点是服务器的压力增大，数据分散，而且只提供基于某个平台的查询，对于其他平台的用户请求，必须经过软件的转换，但是数据管理和访问都极不方便。

随着存储需求的不断增加，服务器和存储设备不断增加，DAS 环境管理产生了巨大的负担，并导致资源利用率降低。人们希望找到一种新的数据存储模式，使存储设备独立于服务器，同时具有良好的扩展性、可用性、可靠性，以满足今后数据存储的要求。

新型的 SAN（存储网络）与 NAS（网络存储）都是在 DAS 的基础上发展起来的，是具有不同框架结构的网络存储模式，它们代表数据存储模式的两个主要发展方向，为从根本上改变已有的存储结构与存储管理方式提供了重要的条件。数据存储市场的发展，使得以服务器为中心的数据存储模式逐渐向以数据为中心的数据存储模式转化。目前，致力于开发 SAN 的厂商主要有 EMC、IBM、Hitachi、HP、Sun 等，开发 NAS 的厂商主要有 NetApp、Maxtor、Procom 等。

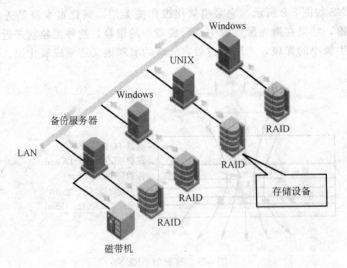

图 8-9   局域网（LAN）上的 DAS

8.5.2 存储区域网

存储区域网（SAN，Storage Area Network）以数据存储为中心，采用可伸缩的网络拓扑结构，通过具有高传输速率的光通道的直接连接方式，提供 SAN 内部任意节点之间的多路可选择的数据交换，实现存储区域网内的数据存储集中管理，也称为服务器后面的网络。

SAN 支持远距离通信，使存储成为可由所有服务器共享的资源。它允许多个服务器串行或并行地访问同一个存储设备，也支持服务器之间的高速大容量数据通信，还允许各个存储子系统互通，无需服务器参与数据传输，包括跨 SAN 的远程设备镜像操作。

SAN 通过专用的集线器、光纤交换机和网关与服务器和磁盘阵列之间建立直接连接。SAN 的接口可以是企业系统连接（ESCON）、小型计算机系统接口（SCSI）、串行存储结构（SSA）、高性能并行接口（HIPPI）、光纤通道（FC）等。图 8-10 所示是在局域网（LAN）上建立的 SAN。

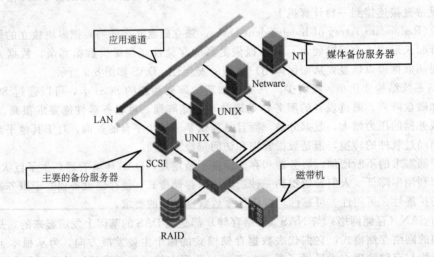

图 8-10   局域网（LAN）上的 SAN

在 SAN 中，数据库数据可以直接通过 FC 通道经交换机写入存储设备，数据传输速率快。专用的在线备份恢复软件可以提高数据安全性。集中式管理软件允许远程配置、监管，容量可以按需扩展，可同时连接 UNIX、NT 和 Netware 各种服务器。但是，管理 SAN 需要有专用的管理机，所有的管理软件都要另外购买，因而整体成本提高。用户端之间的所有数据交换都要经过服务器，服务器性能有所下降。

8.5.3 网络附加存储

网络附加存储（Network Attachment Storage，NAS）是一种特殊的专用数据存储服务器，内嵌系统软件，可提供跨平台文件共享功能，如图 8-11 所示。NAS 完全以数据为中心，将存储设备与服务器彻底分离，集中的数据管理方式有效地释放了信道，从而极大地提高了网络的整体性能。

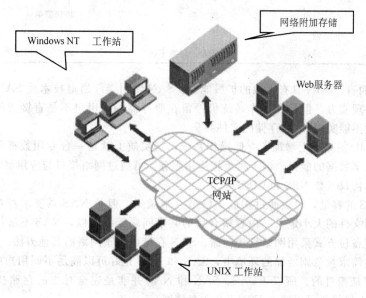

图 8-11 可跨平台的 NAS

NAS 作为数据存储的网络专用存储设备，包括核心处理器、文件服务管理工具以及一个或者多个的硬盘驱动器。它适用于任何网络环境，无需服务器就可以直接上网，与用户端的操作系统无关，可以通过标准的网络拓扑结构直接连接到计算机网络上，因此也称为网络直联存储设备、网络磁盘阵列。服务器和客户机可以很方便地在 NAS 上存取任何格式的文件，包括 SMB 格式（Windows）、NFS 格式（UNIX、Linux）和 CIFS 格式等。NAS 系统会根据服务器或者客户机发出的指令完成专用存储设备内部的文件管理。

同时，NAS 存储系统可以建立数十个相对独立的文件系统，并对资源进行定额限制，设置不同级别的安全管理机制。

NAS 的数据存储速率高，千兆网络可以把 NAS 数据库存储速率提高到和 FC 不相上下。NAS 也有自己的磁盘保护技术，具备磁盘阵列高容量、高效能、高可靠性的主要特征。能根据数据磁盘损坏进行相应地处理，以保护数据的完整性。NAS 独立于操作平台，可以实现多操作系统的共用，提供不同类的文件共享，提供交叉协议下的用户安全性/许可性、浏览器界面的操作/管理。NAS 安装简单、即插即用，无须专门的管理软件，并具有较高的性价比，整体花费比 SAN 低很多。但 NAS 的缺点是不适应大型数据库的应用。因为 NAS 技术基于文件传送，而数据库是基于数据块传送。

8.5.4 网络存储总结

根据以上的内容，我们对网络存储的主要性能上进行比较，可以得到表 8-3。从表中可以看出，相对于 DAS，SAN 具备更多优势，可以更简单、有效和可靠地利用存储资源，提高了存储设备和服务器连接的灵活性和可扩充性，提高了吞吐量、节约了时间和资金。

表 8-3　网络存储性能比较

性　能	DAS	SAN	NAS
数据传输率	较高（SCSI）	高（FC、SCSI）	较低（可使用千兆网）
数据管理	不容易	需要特殊管理软件	容易，可通过浏览器
数据存储	分散	集中	集中
多操作系统支持	不支持	可通过软件实现	完全支持
可扩展性	差	好	好
安装	简单	较复杂	非常简单
成本	低	贵	高
兼容性	较好	较差，标准不统一	较高，使用标准的协议

相对 NAS 而言，SAN 具有无限的扩展能力。SAN 使用光纤通道技术使 SAN 内部具有更高的连接速度和处理能力。但是，操作系统仍停留在服务器端，用户不是直接访问 SAN 的网络，异构的网络环境不能实现 SAN 存储的文件共享。

NAS 在 RAID 的基础上增加了存储操作系统，它实质上就是一台专用数据服务器，具备在异构服务器间共享数据的能力，但不再承担应用服务。可通过网络接口与应用服务器连接，支持通用的数据传输协议（如 NFS 和 CIFS 等）。

要增加 NAS 的容量，可以通过扩展 I/O 节点来做到。但是 NAS 系统本身对扩展性有所限制，例如，应用文件的大小定义、内容整合后的共享问题等。所以，NAS 不适用于集中式数据备份，它的数据备份方式采用网络直接存储、SAN 存储或基于网络的其他方法。

在网络存储需求量急剧增加的环境中，SAN 和 NAS 正好可以满足不同用户的需求，因为所谓容易和复杂都是相对的。所以，DAS、SAN 和 NAS 并非是完全对立的存储技术，利用 SAN 与 NAS 两种技术的优势可以建立 ESN（企业存储网）。

8.5.5　IP 传输存储技术

IP 传输存储技术是一种解决如何在互联网中实现传输存储的技术。使用光纤和光纤联网设备可以扩展 SAN，并能使网络存储远达 120 km。目前，光纤联网设备有两种：扩展器或中继器以及波分复用器（WDM）和最近推出的密集波分复用器（DWDM）。

配合使用远程设备存储软件，可以实现远程备份、长途复制和远距离数据迁移。在 IP 传输时，首先要将 SRDF 数据帧转换成 IP 包，然后通过光纤扩展器将 IP 包在 MAN 或 WAN 上发送。

1. IP 存储网络的特点

通过 IP 传输存储数据是当前存储技术的趋势之一。主要的特点在于：

- 扩大存储区域，可保护更多的数据。
- 无需完全重建，可以从用户现有的 IP 网络基础设施上创建存储网络。
- 可以基于光纤通道创建一个独立的存储网络。
- 无距离限制，可支持 WAN 的距离。

2. IP 传输存储数据的方式

目前，通过 IP 传输存储数据的方式有三种，即 SCSI over IP（iSCSI）、Storage over IP 和 Fibre Channel over IP（IP 光纤通道）。

（1）SCSI over IP

简单地说，SCSI over IP 可以实现在 IP 网络上运行 SCSI 协议，并使其具有路由选择功能。

其工作原理是，由一个驻留在主机系统的代理软件将 SCSI 数据封装在一个 IP 包中，然后将这个封装包通过 TCP/IP 存储栈进行传输。此后，封装包通过网络接口卡进入 IP 网络。在接收节点，外部路由器打开这个 IP 包，恢复成 SCSI 数据。

iSCSI 综合了 SAN 和 NAS 的优势，它和 NAS 一样基于 IP 协议，却拥有 SAN 大容量集中开放式存储的优点。它实现了 SCSI 和 TCP/IP 协议的连接，使局域网用户可以方便地对信息和数据进行交互式传输及管理。iSCSI 解决了开放性、容量、传输速度、兼容性、安全性等问题。

（2）Storage over IP

Storage over IP 可以通过 UDP 协议或 IP 协议运行 SCSI 块命令进行传输存储，不必建立可靠的连接。它在服务器外部将光纤通道数据转换成 IP 包，在主机中绕过 TCP/IP 存储栈，因而投资成本低，适合于广域联网存储。

（3）Fibre Channel over IP

Fibre Channel over IP 也称为 IP 光纤通道技术，支持通过 IP 网络的光纤通道隧道方式。它将 IP 协议作为连接异地两个光纤 SAN 的隧道，用以解决两个 SAN 环境的互连问题。光纤通道协议帧包裹在 IP 数据包中加以传输，数据包传输到远端 SAN 后，由专用设备解包，还原成光纤通道协议帧。

根据这种标准，路由器将光纤通道 SAN 与 IP 网络相连接。例如，可使 SAN-A 利用路由器将数据复制到 SAN-B，可以让 SAN-C 与 SAN-D 进行数据共享，还可以同时为多个站点提供数据，并提供数据保护。如图 8-12 所示，HBA（Host Bus Adapter）是 SATA 的主机总线适配器，它就像网络上的交换机，可以通过通道的形式和每个硬盘通信，即每个 SATA 硬盘独占一个传输通道，所以不存在主/从控制问题。

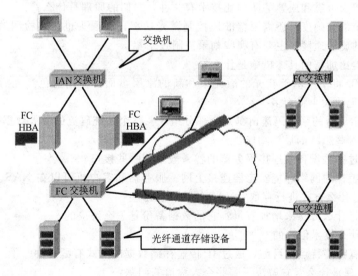

图 8-12 IP 光纤通道技术

本章小结

在多媒体存储中，光盘已经成为主要的存储介质，尤其适合家庭和个人使用。DVD 的容量及各方面性能都优越于 CD/VCD，其根本原因是存储介质和所采用激光不同。DVD 盘的坑洞以及排列密度比 CD 盘更小更紧密，因而必须采用不同的波长。为了使 DVD 能兼容读取 CD 光盘，相继出现了双激光头技术和单激光头技术，单激光头技术的性能比双激光头更好，是目前及未来 DVD 驱动器的主流技术。

由于 DVD 光盘的容量大，而 MPC 缓存相对较小，因此在 DVD 刻录过程中常出现缓存欠载错误而导致刻录失败。为了提高光盘刻录的稳定性、准确性以及安全性，包括防拷贝问题，大多都 DVD 都采用防刻死技术、刻录控制技术和解码技术。在解码技术中，分别用数码加密和类比加密来保护 DVD 影片数据。

要发展大容量的 DVD 技术，最重要的是记录标记和密度的进一步微小化，由此产生的高密度技术包括短波激光技术、磁超分辨技术、磁放大技术、磁畴壁移动检测技术和近光场技术。它们能保证在更微小的存储信息点上正确读出数据。

在网络环境下，必须为多媒体存储开辟更大的空间，DAS、SAN 和 NAS 这三种不同的解决方案各具特色。其中 SAN 以数据存储为中心，NAS 相当于专用的数据服务器，它们更适合于复杂网络环境；而新的 IP 传输存储技术则提供了利用互联网资源实现传输存储的更好方法。

思考题

1. CD-ROM 驱动器是如何读取信号的？CD-ROM 驱动器在机械结构方面主要包括哪几个部分？
2. CD-ROM 驱动器的控制器如何检测并校正错误？
3. 双激光头技术的特点是什么？单激光头的 DVD-ROM 驱动器分为哪几种？
4. 为什么单激光头 DVD-ROM 驱动器的性能比双激光头更好？
5. 简述刻录机工作的基本原理，并谈谈什么是缓存欠载问题？
6. 采用怎样的方法才能提高光盘的刻录密度，增大光盘容量？
7. 既然使用磁超分辨技术能够识别很小的记录标记，为什么还要研究磁放大技术？
8. 磁畴壁移动检测技术是利用什么来提高读出分辨率的？
9. 什么是近场光？其读出分辨率可以达到什么级别？
10. DVD-RAM 的优点是什么？它和 DVD-RAM 和 DVD-R/RW 的主要区别在哪里？
11. 目前世界上较为可靠和成熟的防刻死技术有 3 种，它们的原理是什么？
12. 为了提高刻录的准确度，还需要精准地控制激光功率，读取头也能够检测轨道的不稳定性，并控制盘片的旋转速度。主要有哪些刻录控制技术？
13. 数码加密和类比加密的具体措施是什么？
14. 新一代的 DVD 将使用基于蓝光的激光束和新的涂层盘面。使用蓝色激光后的波长为多少？DVD 记录标记的大小将为多少？
15. DVD-ROM 驱动器的系统码流由哪几个部分组成？整个系统码流的最大数据传输速率可达多少？DVD 有哪些独特的播放功能？
16. SAN 可以通过哪些设备来连接服务器的？一般可用哪些接口？
17. NAS 适用于怎样的网络环境？怎样连接上网？服务器和客户机可以在 NAS 上存取哪些格式的文件？通过什么方式进行存取？NAS 的特点有哪些？
18. NAS 系统通过什么方法来增加容量？它的数据备份是怎么解决的？
19. ESN 是利用什么技术创建的？
20. IP 存储网络有哪些特点？目前，通过 IP 传输存储数据的方式有哪几种？
21. iSCSI 工作原理是什么？它解决了哪些令人称道的问题？
22. 什么是 IP 光纤通道技术？用来解决什么问题？

第9章 多媒体应用系统创作技术

数字多媒体应用中，除了需要研究和发展硬件的控制、存储和传输方面的技术外，还必须开发符合各种实际应用的适当环境。

多媒体应用软件的开发具有同样重要的意义。由于多媒体应用涉及几乎所有的社会领域和不同的层次，因此，多媒体应用软件开发工具也建立在不同的技术层面上。一般而言，专业人员基于计算机语言的开发环境，而非专业人员在二次开发的基础上加以应用。本章首先提出多媒体应用软件设计的基本思想和方法，然后就两种不同的开发技术层加以介绍，最后给出典型的计算机多媒体应用系统，以帮助读者了解这方面的知识。

9.1 多媒体应用系统的创作基础

要创建一个多媒体应用系统，首先要了解多媒体应用的系统设计的基本过程、什么是多媒体脚本和多媒体角色，并了解有关多媒体系统各部分的设计方法及技巧。

9.1.1 多媒体应用系统的基本设计过程

多媒体应用系统适用于各个领域，多媒体软件融图、文、声、像于一体，它的创作是一项系统工程，涉及多种因素，包括制作人员、制作环境和制作步骤。

设计多媒体应用系统如图 9-1 所示，包含确定系统目标、编写系统脚本、分析脚本、制作脚本、测试脚本、评价系统几个阶段。

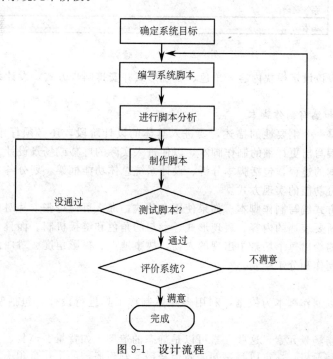

图 9-1 设计流程

1. 确定系统目标

确定系统目标包括分析系统需求和明确系统目标两个任务。

首先要进行系统需求分析，论证开发的必要性和可行性。确定开发目标、分析使用对象、运行环境、系统规模、开发队伍、评价策略和标准。

接下来要围绕系统需求去设定系统目标。例如，开发教育培训应用系统是为了增加知识的表现方式，辅助老师进行教学讲解，从而提高教学效果。那么这个培训系统的目标可以设定为知识结构完整、图文声并茂、交互界面友好、实例丰富、能提高教育质量。

2. 编写系统脚本

根据系统确定的目标，接下来要进一步确定总体结构框架和设计指导思想，这就需要编写系统脚本，为系统制作提供依据。系统脚本的文字描述主要分为使用说明、系统内容和目标、编写系统脚本 3 个部分。

- 使用说明：说明使用的对象和使用的方式。
- 系统内容和目标：搭建系统框架和流程图，描述子模块的目标行为。
- 编写系统脚本：描述总体结构框架和设计指导思想，包括分析系统目标和确定基本内容、确定制作策略、媒体的选择和使用、分析内容结构和形成性评价等。系统脚本的描写没有统一的格式，一般可以用纯文本、表格或卡片形式来书写。

例如，图 9-2 所示为卡片式系统脚本。

编号：	
系统名称：	
系统简介：	
使用对象：	
系统目标：	
系统内容：	
系统策略：	
编者	日期

图 9-2　卡片式系统脚本

系统脚本中应该设定模块内容、角色、表现形式并安排同步方式，设计系统的界面、交互方式和程序走向。

3. 脚本分析和编写制作脚本

系统脚本只是一个纲要性的描述，要进入具体的设计阶段，还必须仔细分析文字脚本所反映的系统目标，编写出更详细的制作脚本，以便进入实际的屏幕或场景设计。

编写制作脚本的过程，包括脚本分拆、设计系统总体功能框架、划分各功能模块、设计具体内容和设计各部分功能的实现方式。

可以用多种方式编写制作脚本。如果使用卡片式，那么可使每张卡片对应一个场景，在卡片上写清楚该场景所要表达的内容、表现形式、参与的角色和链接机制。而且，在部分功能的实现方式中，要详细描绘出每个场景中出现的人物、故事地点、摄影角度、对白内容、动作、时间跨度等，以便实际制作和分工绘制。

4. 制作脚本

脚本的制作以制作脚本为依据，利用多媒体制作工具进行设计，包括制作多媒体原型和系统集成两个部分。

多媒体原型指场景元素，这些元素可以是静态的造型，如背景、道具、人物形态；也可以是动态的动画或视频剪辑；还可以是录制的对白片段。制作原型的工作量很大，对于大型多媒体系统来说更是如此。通常需要将各种数据进行分工，多人同时并行处理，最后再进行汇总。

系统集成就是利用多媒体编著软件将各种多媒体数据按照任务要求有机地融合在一起。在这个过程中，首先要设计分镜头，按制作脚本布置场景和组织角色。其中最重要的是设计角色的活动，如设定角色进出场时间、进出场方向、位置、动作、对白、配音以及角色关系上的处理。最后还要有机地汇总分镜头。

5. 测试脚本

完成脚本的制作只是初步创建了一个多媒体应用软件，接着必须要进行软件测试。测试的目的是看软件本身是否有错误、软件界面是否合理、功能是否满足用户要求以及有无维护扩展功能。

在测试过程中可能发现脚本在运行过程中不正常终止、多角色之间不能满足同步要求、动作和声音不能匹配、交互后程序的转跳方向不合理、所运算的数据不正确等错误。

如果发生错误，应检查并修改程序，直至运行完成正确，没有任何文字、听觉、视觉上的表达错误和系统逻辑错误为止。

6. 系统评价

系统评价的目的是使系统开发更加规范，开发的多媒体应用系统既要符合行业规律，又要达到软件开发的标准和要求。

评价时要由专家、项目开发小组成员、系统设计人员共同组成评价小组，评价的内容可以分功能、页面设计和内容三个方面进行，依据预定的指标，对系统进行逐项指标的测评。

在脚本制作过程中，可以先进行样式设计，然后对所设计的样式评价和确认之后，再实行大规模的制作。

系统评价是一个非常重要的方面，可以使开发者发现问题、找出差距。如果不能满足系统预定的目标，必须考虑修改原始脚本。

9.1.2 多媒体脚本的设计

多媒体应用系统的制作是围绕着多媒体脚本来进行的，那么究竟什么是多媒体脚本呢？它与传统的剧本又有什么区别呢？下面我们来谈谈多媒体脚本以及它的设计技巧。

1. 什么是多媒体脚本

多媒体脚本类似于剧本又不同于剧本，剧本只构思故事情节，剧情的表现是顺序展开的，人们在剧情展开过程中是无法控制的。而设计脚本时除了要构思故事情节，还要设计多种接入点和控制转移的方式，以便用户具有主控权。所以脚本覆盖整个多媒体系统的结构，它的特点就是引入了交互的机制，在表现情节的同时可以实现交互控制。

2. 多媒体脚本的设计技巧

脚本能够表现多媒体系统的主要功能。系统的运行可以有顺序型、分支型、循环型、层次型、网状或者混合型等多种形式，具体选择哪一种要取决于不同的主题思想。在脚本设计中要注意系统的整体性和内容的连贯性，特别要关注以下几个方面：

1) 结构设计模块化：一个多媒体应用系统可能要反映多个方面的内容，那么就应该对诸多个内容分类和分层，将不同的内容分别作为一个模块安排在脚本结构中。分类和分层设计有利于脚本的设计、制作和维护。

例如，在一个企业管理多媒体系统中，可能有人事、设备、档案、材料等部门，可以将它们设置成不同的功能模块。每个部门又可能有多种要管理的内容，如人事部门有个人基本信息、劳动信息、工作信息等管理内容，因此又可以将这些信息设置成子功能模块。

又如，在一个试题脚本中，可能的题目类型有单选题、多选题、是非题和问答题，每种题目在难易程度上又可能有不同的级别，这就是上下的层次之分。

2) 明确交互设计目的：在脚本运行过程中，常常通过鼠标点击或按钮进行下一接入点的转跳。设计转跳的方向时要考虑为什么要转跳？转跳到哪里最合理？确定这些问题需要结合相关的知识和指导理论。

例如，当脚本运行到一个模块内部时，可能需要设计继续、后退或返回的交互功能，以实现必要的交互控制。在智能化系统中可能会考虑知识型的超级链接。

3）媒体设计要讲究效果：媒体设计要充分利用文、声、形、像和视频等多媒体的组合效果，合理组织多媒体元素，以产生最佳表现效果。

9.1.3 多媒体的角色设计

多媒体角色是多媒体应用系统中的重要组成部分，为了成功地创建或塑造系统所需的多媒体角色，我们必须知道多媒体角色的基本含义和角色设计中的内容。

1. 什么是多媒体角色

多媒体角色是多媒体应用系统中的表现体，多媒体角色不能简单地与多媒体元素画等号。在传统的艺术表演中，演员在节目中扮演的人物就是一种角色。在多媒体系统中，除了传统概念中的角色之外，还包含一种对象角色，它可以同时具有多种属性，例如，文本框、标签、按钮等。

2. 多媒体角色设计

剧情或多媒体系统一般是由多个角色组成的，每个角色都有自己的特色，而且表现在多个方面。

人物角色的独特风格体现在形体、表情、语言、动作和活动等方面，必须根据剧情需要进行设计。在动画中，人物角色的设计可以夸张一些。设计人员除了必须具备一些如绘画、语言等基本文化知识外，还必须具有创意。创意的好坏直接取决于设计人员对剧情的理解、个人的风格以及思维能力。

人物角色的设计内容包括以下几个方面：

- 形态：体形、情绪表情、服装、颜色等。
- 语言：对白要准确地透露角色个性。
- 动作：适合剧情的动/静态姿势和与之相符的动作。
- 活动：人物出场的时间、环境、位置、形状大小以及道具等。

对象角色的特点表现在形状、大小、颜色和内部结构等方面，对象角色一般可以通过多媒体创作工具或计算机语言来创建。现在有许多面向对象的计算机语言，如VB、VC、Java等语言都提供了许多对象类，同时还可以由用户自行创建新的对象类。

对象角色的设计内容包括以下几个方面：

- 形态：平面或立体几何形状、轮廓刻画、颜色设置等。
- 动作：显示时间、运动方向、运动轨迹、内容变化。
- 关系：与其他对象的关系、与数据库的关系、连接方式、数据转移方式。

9.1.4 多媒体界面设计

界面设计是衡量多媒体应用系统的一个标准。所谓界面友好，一方面体现在屏幕画面的美观程度上，另一方面体现在人机交互的便捷程度上。

为了设计出优美的、富有吸引力的界面，必须遵循人体的自然感觉。在设计过程中，要把握与人体自然感觉有关的诸多因素，如结构性、合理性、一致性、对比性、协调性、平衡性、交互性、趣味性等，以便增强界面的气氛、增加吸引力、突出重点、提高美感。

- 结构性：界面设计应该有结构和层次，避免在同一个界面上堆积许多内容。使用不同的界面安排不同的知识，可突出不同的分主题，有利于用户快速理解和接受界面所包含的内容。
- 合理性：表达内容时所采用的媒体方式应具有合理性。媒体可以单独使用，也可以组合使用，这要根据不同的需要而定。如字符较擅长于内容细节的表达，数字更适合于精确程度的描述，反映数据变化趋势和特性的可选择图形，而场景和活动的再现最好多媒体的组合。

- 一致性：对于多界面的设计，在内容表达、风格、布局、位置、色调、操作方式等方面应一致，统一的模式便于用户快速掌握使用方法。应使设计的所有界面围绕着同一个主题，使用具有共性的对象或反复使用同形对象，使画面产生共同的风格，具有整体统一和协调的感觉。例如，在所有界面中添加具有同样特征的"按钮"。
- 对比度：对比度主要体现在大小对比、明暗对比、粗细对比、几何形状对比、质感对比、位置对比、多重对比等方面。利用对比度的适当搭配，可以突出重点、吸引人的视线。例如，明暗对比是色感中最基本的要素。明亮的物体往往在暗色的背景中显得非常突出。
- 协调性：协调性主要体现在主与从、动与静、出与入、统一与协调等方面。主次搭配，以次托主。主从关系是界面设计需要考虑的基本因素。如果主次不分明会令人无所适从，而主角过强反而变得庸俗，如果主次倒置会影响系统所要达到的目标。动静结合，更具吸引力。在界面中，静态部分常指按钮、菜单、文字说明等，动态部分包括动态的画面和事物的变化过程。入与出彼此呼应会产生一定的艺术效果。入点和出点要注意平衡。
- 平衡原则：界面是否平衡非常重要，平衡程度与角色、中心、位置、布局、方向、角度、色调等都有关系，平衡的画面能给人一种平稳、舒心的感觉。例如，对象在场景上的位置平衡，要考虑上下、左右和高低等多种因素。一般来讲，遵循对称原则能使人产生规则庄重感，但缺乏活泼感，而非对称方式往往可带来更多的艺术感。例如，一张照片上人物的最佳水平位置不在中央，而在靠左或右的三分之一处。界面的设计常采用非绝对称方式。
- 交互性：屏幕界面是用户和多媒体系统交互的基础，交互性是计算机多媒体系统区别于传统多媒体系统的一大特点。适当地设计交互功能，能使用户更加自主地使用多媒体应用系统。
- 趣味性：

1）比例：黄金分割点（也称黄金比例）是界面设计中常用的方法。设计物体的长度、宽度、高度及其形式和位置时，如果能参照黄金比例来处理，就能产生特有的稳定和美感。

2）强调：是一种突出重点的方法。在界面中适当加入一些变化方式，就会产生强调的效果。同时，强调也可以增加界面的活跃程度。

3）集中与扩散：集中是指吸引注意力的表达方式，常用于突出中心部位的界面布局。扩散型的界面编排方式具有现代感。

4）形态的意象：界面可以具有各种形态，例如，通常感觉锐角的三角形有锐利、鲜明感，圆形似有温和柔弱之感。多媒体界面可以设计成不规则的意识形态，来表达抽象美。

5）协调性：根据内容来匹配角色。例如标题和正文的大小的比率、颜色的搭配和位置布局。悬殊的变化率可增加界面的活泼程度，但也需要考虑视觉的舒适性。

6）规律感：设计一个多媒体应用系统时，使某些角色按一定规则重复出现或排列，就会产生规律感。例如，当鼠标在具有转跳功能的按钮或对象上悬浮时，总能得到"手形"图案或"文本"提示。规律感有助于用户迅速熟悉系统并掌握操作方法。

9.2 多媒体系统创作工具

20世纪80年代以来，国内外许多大型软件公司相继推出了一系列多媒体软件开发工具。利用这些工具软件，能够大大地简化编程过程，使设计人员将精力集中在系统的创意和设计方面。

目前使用比较广泛的多媒体著作工具有：Hypercard、ToolBook；Authorware Professional、IconAuthor；Action、Director、PowerPoint；Animation Works Interactive、Storyboard、方正奥思多媒体创作工具、洪图多媒体编著系统。

下面将简单介绍 ToolBook、Director 和 Authorware，使读者初步了解这些主流工具的基本功能和用法。

9.2.1　ToolBook

ToolBook 是一种面向对象的多媒体开发工具，由美国 Asymetrix 公司推出，适用于创作功能丰富的多媒体课件和多媒体读物。

ToolBook 表现力强、交互性好。利用 ToolBook 设计的过程和编写一本书类似。首先建立书的整体框架，接着可在书中添加页，再把文字、图像、按钮等对象放入页中。建立应用系统时使用程序设计语言 OpenScript 来编写脚本，确定各种对象在课件中的作用。

ToolBook4.0 以上的版本增加了强大的课件开发工具集和课程管理系统，ToolBook II 提供了在 Internet 网络环境下进行分布式系统的解决方案。

ToolBook 采用 Macromedia 通用用户界面，具有文本、绘图、声音、动画以及影片编辑功能。所不同的是它的可视化内容分为作者层和读者层。

该应用程序基本上采取传统的书架结构，以页面为组织基础，通过线性的和超媒体的有机结合将书编织成一个整体。

ToolBook 系统提供了面向对象的程序设计语言 OpenScript、强大的多媒体功能和 Internet 的支持。

ToolBook 的制作过程如下：

1）建立一本书的整体框架。

2）在书中添加页。

3）在页中加入背景、文字、图像、动画和按钮等对象。

9.2.2　Director

Director 是一个富有创意的工具，最早是一款二维动画制作软件，运行于苹果电脑上，1995 年由 Macromedia 公司移植到 PC 平台上，因此是一套跨平台的软件。至今已推出了多个版本，功能较强大的有 Director 7.0、Director 8.0、Director 8.5、Director MX、Director MX 2004。

Director 适用于制作网页、商品展示、娱乐性与教育性光盘、企业简报等交互式多媒体软件。

1. Director 的主要特点

Director 高度集成了多种媒体形式，基于时间轴和通道轴的工作模式，支持 Quick Time VR、Quick Draw 3D、MMX、DirexX 等诸多新技术。

Director 本身可以制作二维动画，内置的功能使设计者可以直接在 cast 中绘图、使用 Photoshop 插件、直接编辑导入 RTF 文档。Director 8.5 版本加入了 Shockwave 3D 引擎，Director 为 Shockwave 3D 加入了几百条控制 Lingo，结合 Director 本身功能，可以创建交互的三维影片，包括简单的三维文字动画到复杂交互的三维游戏环境。

Director 可以同时处理两个声音通道，并具有丰富的转换功能。在 Director 上可通过 Xtra 或 XObject 来实现多种功能扩展。

Director 可以使用 Lingo 或者 JavaScript 脚本语言，实现灵活的角色交互功能。Lingo 语言不能实现的功能则必须通过调用 Xtra 或 XObject 来实现。

Director MX 2004 支持许多格式文件，包括 BMP、GIF、JPG、LRG、PSD、PNG、TIF、PIC、PCX、WMF、PS、FLC、FLI、WAV、AVI 等。所开发的多媒体系统可以发布为 exe（Windows 可执行文件）、osx（Macintosh Projector 文件）、dcr（Shockwave 文件）、htm（网页文件）和 jpg（静态图像文件）。

2．Director 设计界面

Director MX 2004 的界面如图 9-3 所示，编辑时可选择打开位图、矢量图、文本、字段、脚本语言、信息等窗口。如果要播放影片，除了可打开 Director 提供的 Control Panel 播放器外，还可以选择 QuickTime 动画、Shockwave 3D 三维效果、DVD、RealMedia、Windows Media、AVI Video 等播放器。

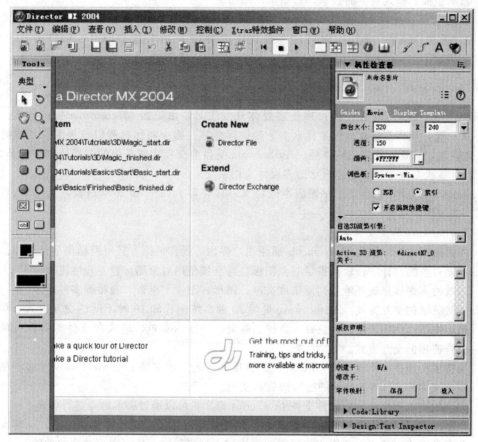

图 9-3　Director 的设计界面

（1）Director 的工具

Director 提供了工具栏、工具箱和属性监察器。工具栏上除了常用功能按钮外，还包括角色处理（如新建角色、发布、搜索角色、交换角色号）、播放控制、窗口控制（如舞台、角色、总谱等窗口）、面板控制（如对象特征、代码库等面板）等功能按钮。

工具箱用来在舞台上直接创建角色。Director 主要提供三种工具箱：类工具箱、默认工具箱和复合工具箱。

（2）Director 的角色

角色窗口如同一个角色库，其中聚集了当前作品可以使用的所有角色，角色可以通过 Director 的工具创建，也可以通过外部文件导入。

角色窗口主要用来管理角色，在该窗口中可以查找、移动或设置角色属性。库中的角色可以反复使用。需要使用角色时，只要选中角色并将其拖曳到舞台上即可。双击角色窗口的角色可随时进行编辑修改。

3．Director 动画制作方式

Director 中有 5 种动画制作方式。虽然软件本身只能完成二维动画制作，但借助三维软件就可以创建三维动画：

- 逐帧动画：沿着时间轴上的每个帧都由设计者编辑制作。
- 补间动画：设计者只编辑部分关键帧上的画面，关键帧之间的画面由软件补充产生。
- 实时录制：将一个演员置于舞台，并使其移位变化，利用 Real Time Recording 命令记录其在舞台上的路径，然后再制作必要的画面并修改其他属性。
- 自动生成：输入有关的数据，自动生成画面。
- 三维动画：通过 Lingo 来创建 Shockwave 3D 场景，不是特别复杂的场景可以借助 3DS MAX 或 MAYA 等三维软件，这些软件都可以安装支持 Director W3D 格式文件的插件。

9.2.3 Authorware

Authorware 是基于流程图的可视化多媒体开发工具，由美国 Macromedia 公司推出。它和 ToolBook 一起，成为多媒体创作工具事实上的国际标准。整个制作过程以流程图为基本处理对象，非常直观，且具有较强的整体感。Authorware 是目前交互功能最强的多媒体创作工具之一，适合于非计算机专业的作者创建自己的多媒体应用系统。

Authorware 7.0 不仅保留了早期版本的特点，且兼容 JavaScript 脚本语言，支持 DVD 媒体类型和网络应用新功能。

1. Authorware 的主要特点

- 界面通用友好　采用 Macromedia 通用用户界面，操作便捷，且可跨操作平台工作。
- 面向对象的设计　该软件提供对象图标，可直接使用对象图标建立程序流程。
- 高效的多媒体集成环境　高度集成文字、图形、图像、声音、视频等多种媒体。
- 丰富灵活的交互方式　Authorware 提供 10 种系统图标和 10 种不同的交互方式，包括按钮、按键、热字、热区、热件、条件、时间、计次、菜单、输入和事件等多种可单独或组合使用的交互方式。
- 支持多种插件　不仅支持 OLE 对象的链接和嵌入，还支持 gif、swf、mov 等多种格式的媒体文件和 ActiveX 控件的插入播放和使用。
- 完全的脚本属性支持：软件支持 JavaScript 脚本，可以通过脚本命令进行创作。
- 丰富的知识对象：该软件提供测试类、文件类、网络类、交互界面组件类、新建文件类等多种知识对象，以便用户将所需的模块嵌入到流程中，从而实现相应的功能。
- 独立于开发环境的作品　该软件提供便捷的发布功能，使发布以后的多媒体系统作品可完全脱离开发的软件环境而独立运行，高版本的 Authorware 所创作的作品还可在 Apple 机的 Mac OS X 上播放。

2. Authorware 设计界面

Authorware 界面如图 9-4 所示，编辑图标内容时，需要双击打开流程图中的图标。较长的流程可以用"群组"图标加以组合，所以打开群组图标所展示的是子流程图窗口。根据编辑需要还可以选择控制面板、函数和变量窗口。

Authorware 工具箱提供了 13 个基本图标和 2 个测试范围选择图标，功能说明如表 9-1 所示。

3. Authorware 的制作过程

1) 利用图标建立程序流程图。

2) 在图标中输入或导入必要的多媒体素材。

3) 设置图标的运行属性。

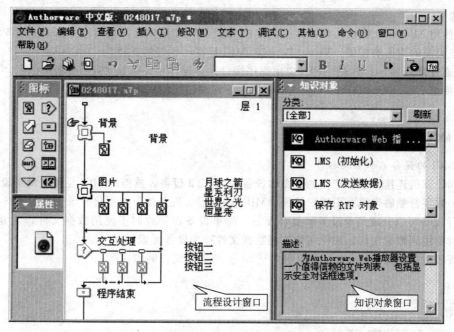

图 9-4   Authorware 界面

表 9-1   Authorware 的工具箱的图标功能

图标	名称	描述
	显示图标	显示文本、图像和变量值，并可设置内容的特殊显示效果
	移动图标	和显示图标配合，可使对象在平面内以不同方式的运动
	擦除图标	擦除当前显示的文本、图像、运动等对象画面
	等待图标	暂停文件的运行，直至预先等待时间的结束或用户交互控制继续执行
	导航图标	设置并控制图标之间的转移方向，常与框架图标配合使用
	框架图标	用来建立页面系统、超文本或超媒体方式
	判断图标	设置判断条件，使运行时可自动判断并控制程序流程的走向
	交互图标	设置按钮、按键、热标等交互方式，以实现程序的交互控制
	计算图标	用于输入 Authorware 命令程序，包括变量、函数和控制结构命令
	群组图标	可设计子程序流程，使程序模块化
	影片图标	加载和播放动画和 Windows 电影
	声音图标	加载和播放声音和音乐文件
	视频图标	控制计算机外接的视频设备
	开始图标	设置程序调试的开始位置
	结束图标	设置程序调试的结束位置

9.3   多媒体程序设计基础

多媒体的程序设计可以基于如 Visual Basic、Visual C++ 等语言开发环境，涉及多媒体方面的设计，关键是控制和使用多种媒体设备。在 Windows 系统中，对多媒体设备进行控制主要有三种方法：

1）使用 Microsoft 提供的多媒体控制接口 MCI，MCI 是多媒体设备和多媒体应用软件之间进行设备无关的沟通的桥梁。Visual Basic 对 MCI 提供了很好的支持。

2）通过调用 Windows 的 API（应用程序接口）多媒体相关函数实现媒体控制。

3）使用 OLE（Object Linking&Embedding，对象链接与嵌入）技术在软件之间共享数据和资源。

9.3.1　MCI 设备及类型

1. MCI 的设备名和驱动程序

能和计算机连接并联合工作的多媒体设备称为 MCI 设备，典型的 MCI 设备有动画设备、CD 播放器、数字音频磁带机、图像扫描仪、MIDI 序列器、视盘机、数字化波形文件播放器等。

MCI 设备可以分成简单设备和复合设备。简单设备在播放时不使用数据文件，而复合设备在播放时要用到数据文件，被使用的这些数据文件称为设备元素。

设备名在注册表或 system. ini 文件中［mci］部分定义。例如：

```
[mci]
cdaudio= mcicda. drv
sequencer= mciseq. drv
waveaudio= mciwave. drv
avivideo= mciavi. drv
videodisc= mcipionr. drv
vcr= mcivisca. drv
ActiveMovie= mciqtz. drv
QTWVideo= mciqtw. drv
MPEGVideo= C:\ PROGRA~1\ XING\ XINGMP~1\ xmdrv95. dll
```

其中，QTWVideo 指 Apple 的 QuickTime 设备。MPEGVideo 表示 MPEG 影像设备。

等号的左边是 MCI 设备名，等号右边是与 MCI 设备对应的驱动程序文件名。

2. MCI 的设备类型

设备类型是指响应一组共用命令集的 MCI 设备，但是因为它们采用的数据格式各不相同，需要分别标识各 MCI 设备的驱动程序，所以设备名和设备类型并不是同一种概念。设备名只是某一个 MCI 设备的名称，是系统用来区分属于同种类型的不同设备。

MCI 驱动程序中标明了设备类型名，典型的标准 MCI 设备类型如表 9-2 所示。

设备名与驱动程序中的设备类型名可以相同，如上例中的 cdaudio 和 waveaudio 等，也可以不相同，如 avivideo 设备是属于 digitalvideo 类型的一种设备。

表 9-2　MCI 设备类型

设 备 类 型	描　　述
animation	动画设备
cdaudio	CD 播放器
dat	数字音频磁带机
digitalvideo	某一窗口中的数字视频（不基于 GDI）
other	未定义的 MCI 设备
overlay	重叠设备（窗口中的模拟视频）
scanner	图像扫描仪
sequencer	MIDI 序列器
videodisc	激光视盘机
waveaudio	播放数字波形文件的音频设备

9.3.2　MCI

MCI（Media Control Interface，媒体控制接口）是 Microsoft 在 Windows 上定义的多媒体设备和文件的标准接口。通过 MCI 接口调用高级函数，我们就可以很方便地控制包括音频、视频、影碟、录像等多种多媒体设备，而不需要知道它们的内部工作状况。

1. MCI 的控制方式

应用程序通过向 MCI 发送命令来控制媒体设备。MCI 接口有两种控制方式：命令字符串和命令消息。

（1）命令字符串方式

命令字符串方式的接口采用直接驱动方式，即采用接近日常用语的方式发送控制命令，适用于高级编程环境，如 VB、ToolBook 等。

命令字符串方式下的 MCI 指令格式为：

```
MCI 指令 设备名 [参数]
```

例如：

```
open CDAudio
play c:\ windows\ chimes. wav
```

也可以在打开一个复合设备时指定设备名和设备元素。

例如：

```
open mysound. wav type waveaudio
```

所有的 MCI 命令字符串都是通过多媒体 API 函数 mciSendString 传递给 MCI 的。

（2）命令消息方式

命令消息方式的接口使用专门的语法来发送控制消息，可直接与 MCI 设备进行通信，适用于 VC 等语言编程环境。

命令消息 MCI 指令格式较为复杂。下面是一个例子：

```
wDeviceID= mciOpen. wDeviceID; //保存设备 ID
MCI_ DGV_ PLAY_ PARMS mciPlay;
mciSendCommand(wDeviceID, MCI_ PLAY, MCI_ DGV_ PLAY_ REPEAT,
(DWORD)&mciPlay);
```

其中变量 wDeviceID 用来保存设备的 ID，系统用 ID 来标识不同的设备，以保证命令发给正确的对象。要说明的是，命令消息与命令字符串的控制效果是对应的。例如，命令字符串方式的 open 与命令消息方式的 MCI_ OPEN 完成的功能相同。

2. MCI 指令集

大部分 MCI 命令可以控制不同的媒体设备。例如，play 命令可用来播放 wav 文件、视频文件或 CD 等不同的媒体设备。

使用 MCI 设备，一般包括打开、使用和关闭三个过程。表 9-3 列出了常用的 MCI 指令。

表 9-3 常用的 MCI 命令

命　令	描　述	适 用 设 备
mci _ break	设备终止（默认为 Ctrl＋Break）	全部设备
mci _ status	获得一个 MCI 设备的信息	
mci _ close	关闭设备	
mci _ sysinfo	查询 MCI 设备的信息	
mci _ getdevcaps	查询一个设备的静态信息	
mci _ info	查询一个设备的字符串信息	
mci _ capacility	查询设备能力	
mci _ open	初始化设备	
mci _ capture	获取缓冲区中每一个帧内容，并存入指定文件	数字视频
mci _ configure	显示一个用于设置的对话框	
mci _ undo	撤销最近一次操作	
mci _ load	装载一个文件	
mci _ put	设置来源、目的和框架矩形	
mci _ copy	将数据复制到剪贴板	
mci _ where	获取视频设备的剪贴板矩形	
mci _ cut	将数据剪切到剪贴板	
mci _ paste	将剪贴板上的数据粘贴到文件	
mci _ quality	定制音频、视频、静态压缩图片的质量	
mci _ set	设置设备参数	WAV 文件、MIDI 序列、CD 音频、数字视频、录像机、影碟机
mci _ play	开始设备播放	
mci _ pause	暂停设备的播放或记录	
mci _ stop	停止设备播放或记录，释放缓存，停止显示视频图像	
mci _ cut	提示设备以使设备以最小延迟开始播放或重放	WAV 文件、数字视频、录像机
mci _ resume	恢复被暂停播放或记录的设备	
mci _ freeze	冻结被显示的画面	数字视频、录像机
mci _ unfreeze	恢复被冻结的画面	
mci _ list	获取可用输入设备有关数量和类型的信息	
mci _ setaudio	设置与音频回放和捕捉相关的变量	
mci _ setvideo	设置与视频回放相关的变量	
mci _ record	从当前位置或指定位置开始记录	WAV 文件、录像机
mci _ delete	删除文件中数据	WAV 文件、数字视频
mci _ save	保存当前文件	WAV 文件
mci _ index	设置屏幕上的显示为 ON 或 OFF	录像机
mci _ settimecode	设置使用或禁用 VCR 设备录音的时间代码	
mci _ settuner	设置调制器的当前频道	
mci _ mark	记录或擦去使 SEEK 获得更高寻找速度的标记	
mci _ escape	直接发送一个字符串到指定设备	影碟机
mci _ spin	使设备开始转动或停止	
mci _ seek	快速改变当前内容的位置	CD、MIDI 序列或视频设备
mci _ step	帧跳转	

9.3.3 API 函数

API（Advanced Program Interface）是应用程序编程接口，是用来控制 Windows 各个部件外观和行为的一套预先定义的函数。

Windows 提供了一个关于多媒体处理的动态链接库 WINMM. DLL（旧版本为 MMSYSTEM. DLL），其中包括大量多媒体 API 函数。通过调用有关的 API 函数，程序员就可以使用 MCI 指令进行多媒体方面的操作，并可以在不同层次上编写多媒体应用程序。

利用高级音频函数可以播放较短的 WAVE 文件，而 MCI 对控制媒体设备提供了更好、更全面的支持。MCI 为 Windows 程序提供了在高层次上控制媒体设备接口的能力。程序不必关心具体设备，就可以对激光唱机（CD）、视盘机、波形音频设备、视频播放设备和 MIDI 设备等媒体设备进行控制。

1. 多媒体命令字符串式 API 函数

在 VB、ToolBook 编程环境下，与 MCI 指令有关的 API 函数有三个：mciSendString()、mciExecute()和 mciGetErrorString()。这 3 个函数在调用前必须先进行声明。

（1）mciSendString()

mciSendString 函数的功能是传送命令字符串给 MCI。

该函数的声明为：

```
MCIERROR mciSendString(
LPCTSTR lpszCommand,            //MCI 命令字符串
LPTSTR lpszReturnString,        //存放反馈信息的缓冲区
UINT cchReturn,                 //缓冲区的长度
HANDLE hwndCallback             //返回窗口的句柄,一般为 NULL
);                              //若成功则返回0,否则返回错误码
```

mciSendString 函数声明中有几个参数，分别说明 MCI 命令控制字符串、返回信息存放区域、返回信息的最大长度和返回窗口句柄。如果 MCI 装置设定了"notify"标志，那么需要填上返回窗口句柄，一般情况下为空（NULL）。

例如：

```
mciSendString("open aaa.avi",0,0,0); //用来打开文件"aaa.avi"
```

下面是使用 mciSendString 函数的一个简单例子：

```
char buf[50];
MCIERROR mciError;
mciError= mciSendString("open cdaudio",buf,strlen(buf),NULL);
if(mciError)
{
mciGetErrorString(mciError,buf,strlen(buf));
AfxMessageBox(buf);
return;
}
```

（2）mciExecute()

使用 mciExecute 函数时，在参数指定以及功能方面都和 mciSendString 基本相同，但当调用发生错误时，mciExecute 会弹出对话框显示错误信息。

（3）mciGetErrorString()

mciGetErrorString 函数的功能是解析 MCI 错误代码并转换为字符串。该函数的声明为：

```
BOOL mciGetErrorString(
DWORD fdwError,                 //函数 mciSendString 或 mciSendCommand 返回的错误码
LPTSTR lpszErrorText,           //接收描述错误的字符串的缓冲区
UINT cchErrorText              //缓冲区的长度
);
```

例如，用 open cdaudio 命令打开 CD 播放器，如果出错（例如驱动器内没有 CD）则返回错误码，此时可以用 mciGetErrorString 函数取得错误信息字符串。open 是 MCI 打开设备的命令，cdaudio 是 MCI 设备名。代码如下：

```
char buf[50];
MCIERROR mciError;
mciError= mciSendString("open cdaudio",buf,strlen(buf),NULL);
if(mciError)
{
mciGetErrorString(mciError,buf,strlen(buf));
AfxMessageBox(buf);
return;
}
```

2. 多媒体命令消息式 API 函数

(1) mciSendCommand()

VC 编程环境下，使用命令消息式调用 MCI 设备的 API 函数是 mciSendCommand。这种方式速度更快，可直接与 MCI 设备进行通信。所有的 MCI 命令消息都是通过 mciSendCommand 函数发送的。

要特别注意的是，使用 Visual C++ 开发多媒体应用程序时，必须在所有要用到多媒体函数的源程序中包含 MMSYSTEM. H 头文件，而且该头文件的位置应置于 WINDOWS. H 头文件的后面。另外，在连接程序时要用到 WINMM. LIB 库，所以用户应该打开 "Project Settings" 项目设置对话框，并在其中的 Link 页的 Object/library modules 栏中加入库名 WINMM. LIB，或者在源程序中加入下面一行：

```
# pragma comment(lib, "winmm.lib")
mciSendCommand 函数的声明为：
MCIERROR mciSendCommand(
MCIDEVICEID IDDevice,          //接收消息命令的 MCI 设备标识
UINT uMsg,                     //发送的命令消息,指定将如何控制设备
DWORD fdwCommand,              //命令消息的标志集
DWORD_ PTR dwParam             //包含命令消息参数的结构体地址
);
```

mciSendCommand 函数声明中的几个参数，表明了消息命令中要传送的内容。

参数 IDDevice 指出要接收消息命令的 MCI 设备标识 ID，在使用中这个这个值通过命令 MCI_OPEN（初始化设备）而获得。即当命令消息为 MCI_OPEN 时，此参数作为返回值使用。

参数 uMsg 为待发送的命令消息，常用的命令消息见表 9-3。

参数 fdwCommand 为命令消息的标志集，其中只有少量标志可以共同使用，有的命令还可以有自己的标志集。标志集的作用是对命令消息进行补充说明，这与参数 dwParam 所提供的结构体的变量有关。

参数 dwParam 为有关命令消息参数的结构体地址，包含执行命令时所需要的基本信息。

使用 mciSendCommand() 播放声音时，首先要执行的命令消息是 MCI_OPEN，然后可执行其他命令消息，如 MCI_PAUSE、MCI_PLAY、MCI_STOP 等，最后执行释放设备通道的命令消息 MCI_CLOSE。

打开 MCI 设备的步骤如下：

1）首先初始化一个 MCI_OPEN_PARMS 的结构，即预先将文件名存入该结构中。

2）mciOpen. lpstrDeviceType 指定要打开的设备类型。例如，mciOpen. LpstrDeviceType＝MCI_DEVTYPEVCR。若不指定类型，则计算机将根据文件名自动识别设备。

3）mciOpen. LpstrElimmentName 指定要打开的文件名。

4）MciSendComand 指定计算机将打开的设备代码（在 IDDevice 中填入的），以便应用程序根据此设备代码访问 MCI 设备。

例 1 自动识别设备，打开一个"WAV"文件。

```
MCI_ OPEN_ PARMS mciOpen;
mciOpen.lpstrDeviceType= 0;
mciOpen.lpstrElementName= "aaa.wav";
mciSendCommand(NULL,MCI_ OPEN, MCI_ OPEN_ ELEMENT,(DWORD)&mciOpen);
```

例 2 指定设备描述，打开 CD 播放器。

```
MCI_ OPEN_ PARMS mciOpen;
mciOpen.lpstrDeviceType= (LPSTR)MCI_ DEVTYPE_ CD_ AUDIO ;
mciSendCommand(NULL,MCI_ OPEN,MCI_ OPEN_ TYPE | MCI_ OPEN_ TYPE_ ID,
(DWORD)&mciOpen);
```

例 3 指定描述字符串，打开一个 AVI 文件。

```
MCI_ OPEN_ PARMS mciOpen;
mciOpen.lpstrDeviceType= "avivideo";
mciOpen.lpstrElementName= "aaa.avi";
mciSendCommand(NULL,MCI_ OPEN,MCI_ OPEN_ TYPE | MCI_ OPEN_ ELEMENT,(DWORD)&mciOpen);
```

我们可以比较一下这三种方式，并注意 mciSendCommand 函数中第三个参数的区别：

- MCI_ OPEN_ TYPE：表示要使用 MCI_ OPEN_ PARMS 结构中的 LpstrDiviceType 参数。如果采用自动方式，LpstrDeviceType 参数为 0，不需要指定 MCI_ OPEN_ TYPE。
- MCI_ OPEN_ ELEMENT：表示 LpstrDeviceType 参数中的是设备表述字符串。
- MCI_ OPEN_ TYPE_ ID：表示 LpstrDeviceType 参数中的是设备描述。

例 4 关闭一个 MCI 设备。

```
mciSendCommand(IDDevice,MCI_ CLOSE,NULL,NULL);
```

（2）mciGetErrorString()

使用 MCI 设备时，错误监测函数是少不了的。mciGetErrorString 函数就是可以用来检查错误的一个函数，该函数的原型如下：

```
BOOL mciGetErrorString(
DWORD fdwError,              //错误代码
LPTSTR lpszErrorText,        //指向错误内容字符串的指针
UINT cchErrorText,           //错误内容的缓冲区容量
);
```

当控制 MCI 设备失败时，错误代码就保存在 DWORD 类型的 MCIERROR 参数中，其中低字节存放错误值，高字节存储设备标识。

例 5 打开和重复播放一个 AVI 文件，并在程序中使用检测函数 mciGetErrorString。

```
MCI_ DGV_ OPEN_ PARMS mciOpen;
UINT IDDevice;
MCIERROR mciError;
mciOpen.lpstrDeviceType = "avivideo";    //设备名
mciOpen.lpstrElementName = "happy.avi"; //设备元素

mciError= mciSendCommand(0, MCI_ OPEN,
MCI_ OPEN_ TYPE| MCI_ OPEN_ ELEMENT,     //使用了设备元素
(DWORD)&mciOpen);
if(mciError)
{
```

```
char s[80];
mciGetErrorString(mciError,s,80);
AfxMessageBox(s);
return ;
}
IDDevice = mciOpen.IDDevice; //保存设备 ID
MCI_ DGV_ PLAY_ PARMS mciPlay;
mciError= mciSendCommand(IDDevice, MCI_ PLAY, MCI_ DGV_ PLAY_ REPEAT,
(DWORD)&mciPlay);
...
```

9.3.4 高级音频函数

Windows 提供了三个特殊的播放声音的高级音频函数：MessageBeep、PlaySound 和 sndPlay-Sound。值得注意的是，这三个函数可以播放的 WAVE 文件（波形声音文件）的大小不能超过 100KB。如果要播放较大的 WAVE 文件，则应该使用 MCI 服务。

1. MessageBeep 函数

MessageBeep 函数主要用来播放系统报警声音。系统报警声音是由用户在控制面板中的声音 （Sounds）程序中定义的。该函数的声明为：

```
BOOL MessageBeep(UINT uType);
```

参数 uType 指定播放系统声音的类型，参数值如表 9-4 所示。

表 9-4　uType 参数值

参　数　值	说　明
0x FFFFFFFF	系统默认声音
MB_ ICONINFORMATION 或 MB_ ICONASTERISK	与出现信息消息框时对应的声音
MB_ ICONEXCLAMATION 或 MB_ ICONWARNING	与出现警告消息框时对应的声音
MB_ ICONHAND 或 MB_ ICONSTOP 或 MB_ ICONERROR	与出现错误消息框时对应的声音
MB_ ICONQUESTION	与出现询问消息框时对应的声音
MB_ OK	系统默认声音

如果 MessageBeep 函数不能播放指定的报警声音，就播放系统默认声音。如果无法播放系统默认的声音，就只能使扬声器发出嘟嘟声。

2. sndPlaySound 函数

sndPlaySound 函数可以通过指定文件名来播放 WAV 音频，也可以播放已在注册表中注册过的指定条目。实际上，MessageBeep 函数是 sndPlaySound 函数的一个集，因此 sndPlaySound 函数包含 MessageBeep 函数的功能。

sndPlaySound 函数的声明为：

```
BOOL sndPlaySound(LPCSTR lpszSound, UINT fuSound);
```

参数 lpszSound 指定要播放的文件名或已注册的条目，参数 fuSound 为播放的标识，该参数的值如表 9-5 所示。

表 9-5 播放的标识 fuSound

参 数 值	说 明
SND_ASYNC	采用异步播放的方式播放声音，在声音播放后函数立即返回 sndPlaySound (" SystemStart", SND_ASYNC); 需要终止时，可用 sndPlaySound (" SystemStart", NULL);
SND_LOOP	循环播放声音 sndPlaySound (" SystemStart", SND_ASYNC| SND_LOOP);
SND_MEMORY	说明第一个参数指定的 wav 声音在内存中的映射
SND_NODEFAULT	当无法正常播放声音时，不播放系统默认的声音
SND_NOSTOP	如果有声音正在播放，使函数立即返回 FALSE，终止设备运行
SND_SYNC	采用同步播放的方式播放声音，等待声音播放结束后函数才返回

Windows 操作系统预先注册的一些条目如表 9-6 所示。

表 9-6 操作系统预先注册的条目

注册条目值	说 明
SystemAsterisk	出现信息消息框时对应的声音
SystemExclamation	出现警告消息框时对应的声音
SystemExit	系统退出时的提示声音
SystemHand	出现错误消息框时对应的声音
SystemQuestion	出现询问消息框时对应的声音
SystemStart	系统启动声音

3. PlaySound 函数

PlaySound 函数包含 sndPlaySound 函数的所有功能，它还可以播放来自资源中的声音。PlaySound 函数的声明为：

```
BOOL PlaySound(LPCSTR pszSound, HMODULE hmod,DWORD fdwSound);
```

参数 pszSound 是指定要播放声音的字符串，该参数可以是文件名、注册条目或是资源名。如果该参数为 NULL，则停止正在播放的 WAV 声音。如果要停止的是非 WAV 声音，必须在第三个参数中加入 SND_PURGE。参数 hmod 是应用程序的实例句柄，当播放 WAV 资源时要用到该参数，否则它必须为 NULL。参数 fdwSound 是与播放声音有关标志的组合，它决定了播放的声音来源，除了表 9-5 的播放标识外，还增加了一些参数值，如表 9-7 所示。

表 9-7 PlaySound 函数增加的播放标识值

参 数 值	说 明
SND_ALIAS	播放的声音来源为注册条目
SND_RESOURCE	播放的声音来源为资源
SND_FILENAME	播放的声音来源为文件名
SND_NOWAIT	如果设备正在被使用，则立即返回，不再播放
SND_APPLICATION	使用应用程序指定的音频
SND_PURGE	停止声音播放
SND_ALIAS_ID	预先确定的声音标识

9.3.5 Windows 低级音频函数

Windows 中的音频函数有多种类型。在对声音控制细节要求不高的场合，使用 MCI、多媒体 OLE 控制、高级音频函数就已经能很好地满足需求。它们提供了高层应用的开发手段，并且提供了与设备无关的应用程序接口。设计程序时，无须考虑硬件设备，只要面对一个标准的 MCI 设备即可。对于媒体的采集或播放操作只能针对文件级别，也就是说，这些操作是针对文件所对应的内存中的一个完整的文件缓冲区，而不是针对文件的部分内容（如变量或块级别）。

如果想直接控制音频设备的输入和输出，必须使用低级音频函数和多媒体文件的 I/O 功能。

1. 低级音频函数的处理内容

低级音频函数也提供了一个与设备无关的接口，它可以使应用程序直接与音频驱动程序进行通信，通过窗口消息或回调（call back）函数来管理音频数据块的记录和播放。这样就可以直接控制声音实时的采集与回放，不需要把声音以文件形式组合，采集到的声音在内存中形成流式存储单元。

进一步的声音数据块处理也可直接在内存中进行，这样可以很方便地实现声音采集的筛选、剪切、组合等操作，同时也为声音的实时传输提供了有效的途径。在利用低级音频函数开发音频处理程序时，应在源程序的首位包含 mmsystem.h 头文件，因为该文件中包含对数据块操作时所需的 Windows 映射消息。

低层音频服务可以面向 WAVE、MIDI 和其他音频设备，重要的数据结构包括：

- PCM 波形音频格式（PCMWAVEFORMAT）
- 波形数据格式（WAVEFORMAT）
- 波形数据缓冲区格式（WAVEHDR）

低层音频函数提供的服务内容如表 9-8 所示，这些服务包括查询音频设备、打开和关闭设备驱动程序、分配和准备音频数据块、管理音频数据块、应用 MMTIME 结构和处理错误。

表 9-8 低级音频函数说明

低级音频函数	说　　明	低级音频函数	说　　明
waveOutGetNumDevs	获取波形输出设备的个数	waveInAddBuffer	记录音频数据
waveOutGetDevCaps	获取波形输出设备的能力	waveInStart	录音
waveInOpen	打开录音设备	waveOutWrite	播放录音
waveOutOpen	打开放音设备	waveOutPause	暂停播放
waveOutPerpareHeader	为重放准备好音频数据块	waveOutRestart	重新启动播放
waveOutUnPrepareHeader	清除对波形数据块的准备	waveOutReset	停止播放
waveInUnprepareHeader	释放内存	waveOutClose	关闭波形设备

2. 低级音频函数的处理方法

使用低级音频函数处理时，对于不同的消息，可以采用相应的消息映射函数来进行处理。声音处理的一般步骤是：

1）检查设备：包括查询设备数目和是否具备声音处理能力。

2）打开音频设备：根据实际应用，分别用 waveInOpen 或 waveOutOpen 函数打开由 ID 指定的音频设备，并以给出指定内存句柄的方法返回打开波形设备的句柄。

3）准备音频数据结构：在程序中建立一种符合数据传输的标准，即保证数据缓冲区的格式符合 wav 标准。波形数据格式参数如表 9-9 所示。

表 9-9 波形数据格式参数

参　　数	说　　明	参　　数	说　　明
WFormatTag	设置 wav 格式	nAvgBytesPerSec	设置每秒所需字节数
nChannels	设置声道个数	nBlockAlign	设置每个采样点所需总字节数
nSamplesPerSec	设置采样频率	wBitsPerSample	设置每个采样点所需 Bit 数

4）音频数据处理：录音时，分别用 waveInStart 或 waveOutWrite 函数进行录制或回放。

播放处理时，在每次播放结束后，必须用 waveOutUnPrepareHeader 准备重放数据块，然后再向设备驱动程序发送数据块。在此基础上才能实现暂停、重新启动和停止播放等操作。

5）释放内存单元：音频处理结束后，应用 waveInUnprepareHeader 释放所占用的内存。

6）关闭音频设备：最后应该用 waveOutClose 关闭设备，以便其他程序可以使用。

9.3.6　VB 多媒体程序设计中对 MCI 的调用

在 VB 中，可以使用与 MCI 指令有关的 API 函数去控制和使用 MCI 设备，也可通过 MCI. VBX 用指令控制多媒体外部设备和读取文件。

1. VB 调用 API 函数

要调用 API 函数，必须事先声明要使用动态连接库 WINMM. DLL。格式分别为：

```
Declare Function mciExecute Lib "winmm.dll" Alias "mciExecute" (ByVal lpstrCommand As String)
As Long
    Declare Function mciSendString Lib "winmm.dll"Alias"mciSendStringA" (ByVal lpstrCommand As
String, ByVal lpstrReturnString As String, ByVal uReturnLength As Long, ByVal hwnd Callback As
Long) As Long
    Declare Function mciGet Error String Lib "winmm.dll" Alias "mciGetError String A" (ByVal dw-
Error As Long, ByVal lpstrBuffer As String, ByVal uLength As Long) As Long
```

2. CD 播放器的实现

在这里，直接使用 API 函数编写一个 CD 播放器。首先在 VB 的 Form1 中添加 6 个按钮和一个 Timer 控件，属性如下：

* 6 个 Command1 对象的标题分别为："弹出"、"播放"、"暂停"、"向前"、"向后"、"停止"（如图 9-5 所示）。
* Timer1 控件的 Interval 属性为 1000。

下面为实现播放编写代码：

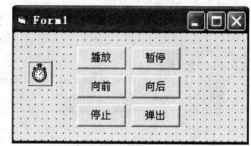

图 9-5　制作 CD 播放器

```
Private    Declare    Function    mciExecute    Lib
"winmm.dll" (ByVal lpstrCommand As String) As Long
    Private Declare Function mciSendString Lib"winmm.dll" Alias "mciSendStringA" (ByVal lpstr-
Command As String, ByVal lpstrReturnString As String, ByVal uReturnLength As Long, ByVal hwndCall-
back As Long) As Long
    Dim Cur As Integer '保存当前正在播放的曲目号
    Dim Total As Integer '保存 CD 曲目总数
    '弹出 CD-ROM
    Private Sub Command1_ Click()
    i% = mciExecute("set cdaudio door open")
    End Sub
    '播放
    Private Sub Command2_ Click()
    i% = mciExecute("play cdaudio")
    End Sub
    '暂停
    Private Sub Command3_ Click()
    i% = mciExecute("pause cdaudio")
    End Sub
    '向前
```

```
Private Sub Command4_ Click()
Dim ReturnStr As String * 128
i% = mciExecute("set cdaudio time format tmsf")
'设置 from 后的时间格式
If Cur < Total Then i% = mciExecute("play cdaudio from" + Str(Cur + 1))
End Sub
'向后
Private Sub Command5_ Click()
Dim ReturnStr As String * 128
i% = mciExecute("set cdaudio time format tmsf")
If Cur > 1 Then i% = mciExecute("play cdaudio from" + Str(Cur - 1))
End Sub
'停止播放并退出
Private Sub Command6_ Click()
i% = mciExecute("stop cdaudio")
i% = mciExecute("close cdaudio")
End
End Sub
'程序启动时打开 CDAudio 设备并得到曲目总数
Private Sub Form_ Load()
Dim ReturnStr As String * 128
i% = mciSendString("open cdaudio", ReturnStr, 128, 0)
i% = mciSendString("status cdaudio number of tracks", ReturnStr, 128, 0)
Total = Val(ReturnStr)
End Sub
'退出时停止播放
Private Sub Form_ Unload(Cancel As Integer)
i% = mciExecute("stop cdaudio")
i% = mciExecute("close cdaudio")
End Sub
'每隔一秒监测当前播放的曲目号
Private Sub Timer1_ Timer()
On Error Resume Next
Dim ReturnStr As String * 128
i% = mciSendString("status cdaudio current track", ReturnStr, 128, 0)
Cur = Val(ReturnStr)
End Sub
```

3. MCI. VBX 控件的使用

MCI. VBX 是 Visual Basic 专业版中提供的一个媒体控件。利用这个控件，可以方便地控制多媒体设备。为此，我们可将它选入工具箱，利用"工程"→"部件"命令，选择 Microsoft Multimedia Control 6.0。

MCI. VBX 控件的使用方法和 Visual Basic 内置控件的使用方法一样，只要选择工具箱中的 MCI 图标，并在窗体上直接拖曳画出多媒体控制对象的外观即可。前面提供了 9 个音频控制按钮，如图 9-6 所示，可以随意调节其大小等属性。图中的视频播放器可以通过添加 MS Video Control 1.0 Type Library 部件来选入。

MCI 控件的使用方法如下：

1) MCI 控件在设计或运行时的可见或隐藏方式以及它的按钮功能可以通过单击鼠标 Click 事件重新定义。

2) 使用 MCI 按钮功能的前提是，其按钮的属性 Visible 和 Enabled 必须为 True。

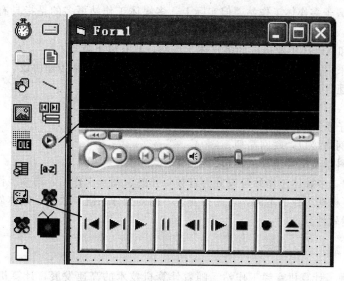

图 9-6   MIC 控件

9.4   典型的计算机多媒体应用系统

为了使读者了解计算机多媒体应用系统，本节就目前典型的应用方式加以介绍。

9.4.1   计算机多媒体应用系统概述

常见的多媒体系统有 Macintosh 系统、CDTV、CD-I、DVI 多媒体系统和多媒体工作站。

1. Macintosh 系统

1984 年，苹果公司推出第一个图形化的多媒体系统，即 Macintosh，又称为 MAC 机。它是集通信、视像、声音与计算功能于一身的多媒体计算机。MAC 机的操作系统与用户界面通过各种图标来完成交互，并允许多程序同时执行以达到数据共享的效果。

2. CD-I

1986 年，Philips 和 Sony 联合推出交互式压缩光盘系统 CD-I（CD-Interactive），用于交互式计算机多媒体 CD-I 系统中。1987 年制定了 CD-I 的规范，定义了多媒体 CD 的规格及相关的硬件规格，提供了一种交互式的媒体，其最大的特色就是能同步播放声音、影像和其他数据，也就是具备了播放电影的能力，自此使光盘进入娱乐媒体的领域。但 CD-I 只能由 CD-I 播放机进行播放。

3. CDTV

CDTV（Commodore Dynamic Total Vision）是 Commodore 公司推出的动态全视视盘，是供家庭娱乐的一种交互式多媒体系统。它支持 CD-DA 质量的数字音响、图形和视频，可连接标准的电视、耳机、话筒。

4. DVI 多媒体系统

1987 年，美国 RCA 公司推出了交互式数字视频系统 DVI（Digital Video Interactive）。它以 PC 技术为基础，用标准光盘存储和检索静态、动态图像、声音及其他数据。后来 Intel 公司取得了这项技术专利，于 1989 年年初把 DVI 开发成一种可普及的商品。在 12cm 大小的盘中，可存储超过一小时的高度压缩的全色数字图像和声音。

5. 多媒体工作站

计算机多媒体应用系统包含使用环境和软件环境，通常也称之为多媒体工作站。所以，多媒体工作站可以定义为具有多媒体处理能力的硬件设备和处理软件的组合体。根据这个定义，目前一般的 MPC 都属于多媒体工作站。但实际上，多媒体工作站更多的是指具有高级多媒体处理功能的计算机系统。

采用 POSIX 和 XPG3 工业标准的多媒体工作站，具有以下特点：

1）操作系统采用多用户、多任务的 UNIX，支持 TCP/IP 网络传输协议。

2）整体运算速度高。

3）不仅实际容量大，虚拟存储能力也很大，SCSI 接口易扩充。

4）配有图形子系统及高分辨率显示器、Windows 图形用户界面。

5）提供标准网络接口，联网简便。

6）拥有大量科学及工程设计软件包。

在专业领域中，多媒体工作站可以分为音频工作站、图形工作站、动画工作站、视频工作站和音视频工作站。根据工作的不同，可选择安装不同的操作系统、语言、媒体处理软件工具以及已经开发好的应用软件。

9.4.2　音频工作站

1989 年后出现了计算机音频工作站。随着计算机技术的高速发展，计算机音频处理能力以及精细程度都在不断地提高，计算机音频工作站在专业领域里发挥着卓越的贡献。

1. 音频工作站的作用

计算机音频工作站主要用于录音、剪辑、处理和混合声音信号。其主要功能包括：

1）声音剪辑和 CD 刻录。

2）日常音乐制作。

3）大规模音乐的录音和混音。

4）影视音乐的制作与合成。

5）多媒体音乐制作和合成。

2. 音频工作站的组成

音频工作站可以有机架式、联合式或电脑一体化式等结构。如图 9-7 所示，图中给出了机架式音频工作站（左）、电脑音频工作站（中）和一体化电脑音频工作站（右）。

图 9-7　机架式音频工作站、电脑音频工作站和一体化电脑音频工作站

它们的基本接口包括：PCI 数字音频接口、24Bit/96 kHz、8 个 XLR 话筒输入、48V 供电、2 个吉他输入接口、4 个信号插入接口、8 路信号输出、2 路监听输出、24Bit S/PDIF 接口、MIDI In/Out 接口、Word Clock IN/OUT 接口、耳机监听接口、独特的监听输出接口、DSP 软件调音台以及数字跳线器。

专业的音频工作站必须为操作提供足够的混音工具，如调音器、混合器、均衡器，能够进行压缩、限幅、均衡、延时、合唱、回旋等音乐信号的处理效果。

目前，世界较领先的音频工作站（如 Nuendo Studio System Plus，即 Nuendo 加强型专业录音棚及影视后期合成系统）可提供 200 个音轨、26 对输入/输出声道、基于硬件的 DSP 处理能力，以及超强的音视频同步能力，适用于影视节目的后期制作与合成。

9.4.3 音/视频工作站

视频工作站主要用于管理点播、直播节目和制作节目。它首先通过视频采集卡采集各种现场视频源，对影像资料数字化之后进行标准的存储和处理，然后通过工作站编码压缩成 MPEG-4 格式的视频。视频工作站能快速处理大量的 3D 绘图或多媒体影音、视讯剪辑运算。音/视频工作站整合了音频和视频处理功能，更适合于高级音频和影像制作领域。

1. 音/视频工作站的组成

音/视频工作站可以是 MPC 或联合式。可在高性能的 MPC 上配备视频处理器、桌面音源、MIDI 键盘、桌面监视/听以及音/视频处理软件来构建音/视频工作站，如图 9-8 所示。

2. 音/视频工作站的功能特性

专业级多媒体工作站的配置符合大量多媒体数据处理的硬件要求，必须具备高速处理的性能。例如，能支持 533MHz 的前侧总线、双 Intel Xeon 处理器、双通道 DDR 内存以及 AGP 8X，才能快速处理大量的 3D 绘图或多媒体影音、视频剪辑处理。

图 9-8 音/视频工作站

同时提供高效的实时处理、集成化的音视频编辑的工作环境、强大的音/视频编辑功能、高标准的编码压缩等功能、多节目发布、支持多种音/视频文件格式等功能。

9.4.4 DVI 多媒体应用系统

DVI（Digital Video Interactive，交互式数字视频）是 Intel 和 IBM 公司联合开发的多媒体系统。DVI 技术采取开放系统，利用固化功能和可编程功能芯片组。它使用先进的数字音频、视频数据压缩解码算法，以及不依赖主机的多媒体软件环境。

根据不同的用途，DVI 可分为个人可视通信和交互式视频会议系统，在这两种情况下需要配置相应的多媒体硬件设备。

1. 个人可视通信

在具有一定硬件配置的 MPC 上，使用个人版的网络视频、音频通信软件，就能和 Internet 上其他用户进行高质量的音频、视频、数据的实时交流。但是需要具有一定标准的硬件支持。

个人可视通信的主要功能包括：支持带图示的文字交流；自动保存文字和图释的聊天记录；跨网关的文件传输；跨网关的点对点的视频通信；三方视频讨论和视频会议；显示在线人的状态和在线人数。

2. 交互式视频会议系统

已有的交互式视频会议系统软件可以集即时通信和多媒体视频会议为一体，提供清晰且连续的实时图像。基于一个组织目录下，实现即时发送、接收消息，跨网关传输文件，以及点对点和多方的语音、视频通信等功能。

交互式视频会议系统软件可广泛应用于政府、公安、广电系统的专网监控、视频会场和新闻回传，工矿企业调度、文件传达、电视会议、环境监控；医院的异地会诊、病床监理、物资管理的保安、监控、用户呼叫；学校的远程教育、学术交流、考场监视等。根据不同的通信标准，视频会议有 H.320 与 H.323 两种不同的实现方式，可根据实际需求灵活选择或混合采用。这两种方式有关网络视频会议系统的内容将在第 13 章中予以介绍。

本章小结

多媒体应用系统创作是一个系统工程，创作之前必须进行许多准备工作，包括设计多媒体脚本、设计多媒体的角色、设计多媒体界面和多媒体系统。专业人员通常在 VC++ 、VB 等面向对象的语言环境下，并结合大量的 Windows 系统提供的 API 函数进行开发。而非专业人员则通常进行二次开发，可利用的多媒体开发工具有：Hypercard、ToolBook、Authorware、IconAuthor、Action、Director、PowerPoint、Animation Works Interactive、Storyboard、方正奥思、洪图多媒体编著系统。而音频工作站、音频/视频工作站则是硬件和软件紧密结合的多媒体应用系统。

思考题

1. 设计开发包含哪些过程？文字脚本的编写主要分为哪几个方面？

2. 简述编写制作脚本的过程。

3. 当编辑集成工作结束后，需进行软件的调试。主要测试哪些问题？

4. 系统评价的目的什么？怎样组成评价小组？

5. 什么是多媒体脚本？它和传统的剧本有什么区别？

6. 在脚本结构设计中要注意系统的整体性和内容的连贯性，应该注意哪几个方面？

7. 所谓界面友好是指什么？怎样才能使界面友好？

8. 现在有许多多媒体著作工具软件，你知道哪些？它们各自有什么特色？

9. Authorware 是基于什么的多媒体创作工具？其最基本的概念是什么？

10. Director 的主要特点是什么？适用于开发什么软件？

11. Authorware 提供了丰富灵活的交互方式，试列举主要的方式。

12. 在 Windows 系统中，对多媒体设备进行控制主要有哪些方法？

13. 什么是 MCI 设备？有哪些类型？

14. 什么是媒体控制接口？它有哪些控制方式？

15. 什么是 API 函数？它有什么作用？

16. 在 VB 环境下，适合且与 MCI 指令有关的 API 函数有哪几个？

17. 何为高级音频函数和低级音频函数？

18. VB 多媒体程序设计中是如何调用 MCI 的？

19. DVI 多媒体系统一般应该包括哪些部分？

20. 多媒体工作站是什么样的概念？应具有哪些基本特点？

21. 音频工作站有哪些构造形式？有哪些功能？

22. 视频工作站有哪些部分组成？主要的作用是什么？

第 10 章　多媒体数据库技术

数据库技术，已经成为先进信息技术的重要组成部分，是现代计算机信息系统和计算机应用系统的基础和核心。

当前计算机所提供的存储资源和网络数据库是为某种特殊目的组织起来的记录和文件的集合。传统的数据库管理系统在处理结构化数据、文字和数值信息等方面是很成功的。但是，在处理大量的存在于各种媒体的非结构化数据（如图形、图像和声音等）时，传统的数据库信息系统就难以胜任了，因此需要研究和建立能处理非结构化数据的新型数据库——多媒体数据库。

由于互联网环境和多媒体应用逐渐普及，数据存储量也正在急剧膨胀，人们对数据库技术提出了更多的需求。未来的多媒体数据库技术不仅能支持数据管理、对象管理和知识管理，保持和继承传统数据库系统技术的优点，还要能对其他系统开放，支持数据库语言标准，支持标准网络协议，有良好的可移植性、可连接性、可扩展性和互操作性。

所以，多媒体数据库技术要研究的基本课题不仅是建立合适的多媒体的数据模型，还必须能够满足复杂环境对多媒体应用的需求。

本章将介绍目前多媒体数据库主要的管理内容、数据模型、数据库体系结构以及基于内容的多媒体检索技术。

10.1　多媒体数据库概述

多媒体数据库主要研究多媒体数据的组织和管理，为了满足不同用户的需求，又能符合系统的可支持性，首先需要考虑在计算机中可以建立哪些数据形式，其次要研究如何建立便于使用的多媒体数据库的体系结构。

10.1.1　多媒体数据库的数据

数据用于表征事物的特性，它们可以取自于现实世界，也可以通过模拟构造产生。因此，数据以原始型、描述型或指示型三种形式存在于计算机中。

（1）原始数据

原始的数据是根据实物采集而得到的，例如，声音或图像的采集。当对采样数据进行 A/D 转换后，可以得到一系列相关的二进制信号，这些二进制信号就代表原始的、不带有任何特殊附加符号的文件格式。

（2）描述性数据

描述性数据通常是带有说明特征的，可以是关键词、语句、段落，或者是语音或声音。数据可以采用结构化或非结构化形式。

（3）指示性数据

指示性数据通常以多媒体元素的参数为内容，即为多媒体元素的特征赋予特定的语义。例如，表示图像大小的高和宽、表示线条的粗或细、表示声音的强或弱等。

多媒体数据库是一种数据容器，是因某种应用的需要而建立的，目的是组织有特定联系的数据，以便对这些数据进行管理、运用和共享。多媒体数据库所组织的数据包括数值、字符串、文本、图形、图像、声音和视像等。

（1）数值

在数据库中，数值用来表征事物的大小或高低等简单属性，例如，人事档案库中的年龄、工资、身材等。数值也可以表示事物的类别、层次等，如性别、部门、学历等。数值数据可以用来进行算术运算，也可以提供有关事物的统计特征。

（2）字符串

字符串是由数字、字母或其他符号连接组成的符号串，其形式近乎事物本身的特征，并常从各个角度对事物进行描述，例如，电话号码、地址、时间等。对字符串数据可以进行连接运算。在数据库管理中，字符串是便于检索的一种类型。

（3）文本

大量的字符串组成文本数据。文本主要以自然语言对事物进行说明性的表示，例如，简历、备注等就是文本。文本内容抽象度高，计算机理解需要基于一定的技术。在管理上也具有一定难度，例如，存储问题、语义归类问题、检索问题等。

（4）图形

图形数据以点、线、角、圆、弧为基本单位，一个完整复杂的图形也可以分解为上述基本的元素来存储。此外，还必须保存各图形元素之间的位置与层次关系。例如，图形元素库、工程图纸库等。图形数据是基于符号的，因此存储量小，便于存取和管理，但图形的使用以显示为主，必须结合图形显示技术。

（5）图像

图像数据以空间离散的点为基础，如果对这种原始数据进行存取，则不利于将来对数据的检索，所以通常都通过一定的格式加以组合。在数据库中，常用尺寸、颜色、纹理、分割等对抽象的语义来描述图像的属性。在特定范围内，图像数据库在存取和检索方面也已经有成功的应用，例如，指纹库、人像库、形体库等。

（6）音频

音频分为声音、语音和音乐，其中声音数据的范围太大太杂，不便于存储和管理。语音数据的存取也是建立在波形文件基础上的。受语言、语音以及语气等诸多因素的影响，波形的检索还存在着较大的难度，只有为各声波段附加数值、字符串或文本数据，并以它们作为检索的依据，才能对非声波本身属性方面进行检索。在目前的实际应用中，只有对特定声音或特定语音的存取才具有实际意义。

音乐是表示乐器的模拟声音，它以符号方式记录信号，因此容易存取、检索和管理。它类似于图形，一段完整、复杂的音乐可以分解音符、音色、音调等元素来存储。此外，还必须保存时间及其他相关属性。

（7）动画和影像

动画和影像与图像类似，区别是动画和影像的表现必须与时间属性的变化密切配合。动画和影像数据可以分解成文字、解说、配音、场景、剪辑以及时间关系等多种元素，在空间和时间上的管理比其他数据复杂得多，无论是对各元素的检索还是对组合元素的检索，都存在着相当的难度。但若作为一个整体，可以像声波那样附加特定的数据，实现非动画和影像本身属性方面的检索。

10.1.2　多媒体数据库的体系结构

1. 多媒体数据库的组织结构

多媒体数据库的组织结构尚未建立统一的标准，目前大致有以下几种组织结构。

（1）组合型结构

这种结构是通过整合技术连接的。组合型结构中可以拥有多个独立的媒体数据库，如文本数据库、音频数据库和图像数据库。设计每一种媒体数据库时，不需要考虑和其他数据库的匹配，并且它们都有自己独立的数据库管理系统，如图 10-1 所示。

实际应用时，用户可以对其中任何一个媒体数据库单独进行访问和管理。对于多数据库的访问是分别进行的，可以通过相互通信来进行协调和执行相应的操作。这种多数据库的联合访问需要开发用户应用程序去实现。为了提高使用效率，多数据库的整合技术已有相应的发展，对于传统型数据库的整合技术已经达到应用阶段，而复杂的多媒体多数据库的整合技术还在研究过程中。

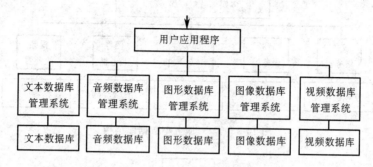

图 10-1　组合型数据库结构

（2）集中统一型结构

该结构如图 10-2 所示，其中包含一个多媒体数据库和一个多媒体数据库管理系统。各种媒体被统一地置于数据库中，由一个数据库管理系统统一管理和提供访问。其目的是满足用户对多特征事物的数据存储和管理，以便达到综合应用的效果。关键是要建立合适且便于存储、检索和管理的数据类型。目前，面向对象的数据类型就是建立复杂多媒体数据类型的一种方法。更有效的多媒体数据类型的模式有待于进一步研究。

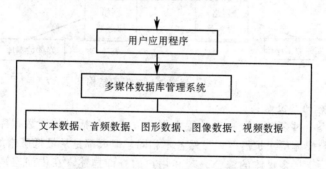

图 10-2　集中统一型数据库结构

（3）客户/服务型结构（网络服务器）

如图 10-3 所示，客户/服务型结构由多媒体数据库、各种媒体服务器、多媒体数据库服务器、用户接口程序和用户应用程序组成。

其中，各种多媒体数据库相对独立，并通过专用服务器和一个多媒体数据库服务器相连。多媒体数据库服务器综合各专用服务器的操纵，通过特定的中间件系统连接用户的接口程序，最终完成与客户之间的信息交换。这种结构比较适合网络环境，用户可以单独选择或组合选择多媒体服务器的服务。但要在开放的互联网中应用，必须基于一定的标准，包括多媒体数据类型的模型、数据库模型、标准用户接口等。

（4）超媒体型结构

超媒体型结构如图 10-4 所示，各种媒体数据库分散存储于与网络连接的存储空间中，互联网提供了一个传递信号的通道。该体系结构强调对数据时空索引的组织，通过建立适当的访问工具，就可以随意访问和使用这些数据。

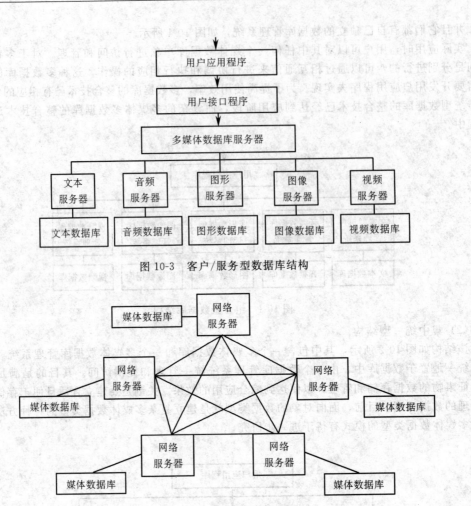

图 10-3 客户/服务型数据库结构

图 10-4 超媒体型数据库结构

2. 多媒体数据库的层次结构

已经有许多人提出过多媒体数据库的层次划分方式，包括对传统数据库的扩展、对面向对象数据库的扩展、超媒体层次扩展等。虽然各不相同，但大都是从最低层增加对多媒体数据的控制与支持，在最高层支持多媒体的综合表现和用户的查询描述，在中间层增加对多媒体数据的关联和超链的处理。在本节中，我们综合各种多媒体数据的层次结构的合理成分，提出一种多媒体数据库层次结构的划分方式。

（1）媒体支持层

建立在多媒体操作系统之上，针对各种媒体的特殊性质，在该层中对媒体进行相应的分割、识别、变换等操作，并确定物理存储的位置和方法，以实现对各种媒体的最基本数据的管理和操纵。

（2）存取与存储数据模型层

多媒体数据的逻辑存储与存取，各种媒体数据的逻辑位置安排，相互的内容关联，特征与数据的关系以及超链接的建立等都需要通过合适的存取与存储数据模型进行描述。

（3）概念数据模型层

对现实世界用多媒体数据信息进行的描述，也是多媒体数据库在全局概念下的一个整体视图。通过概念数据模型为上层的用户接口、下层的多媒体数据存储和存取建立逻辑上统一的通道。存取与存储数据模型层和概念数据模型层也可以统称为数据模型层。

（4）多媒体用户接口层

完成用户对多媒体信息的查询描述和得到多媒体信息的查询结果。用户首先要能够把它的思想通过恰当的方法描述出来，并能使多媒体系统所接受。次之，查询和检索到的结果需要按用户的需求进行多媒体化的表现，甚至构造出"叙事"效果。

10.2 多媒体数据模型

10.2.1 多媒体数据模型的发展

数据库系统的发展可以划分为三个阶段。第一代为网状、层次数据库系统；第二代为关系数据库系统；第三代为以面向对象模型为主要特征的数据库系统。

建立数据模型是实现多媒体数据库的关键。数据模型由三种基本要素组成：数据对象类型的集合、操作的集合以及通用完整性规则的集合。多媒体数据库的数据的复杂性决定了数据库模型的复杂性，因此多媒体数据库模型必须能保留多媒体数据的构造及属性特征，并能确定不同媒体数据之间的相互关系，还必须对多媒体数据时空关系的建模，同时要考虑具有交互性和动态特征的多种媒体的合成再现。

根据数据模型的发展，可以将数据模型划分为 5 种类型，即层次和网状数据模型、关系数据模型、面向对象的数据模型、分布式数据模型和多维数据模型。

1）层次数据的数据模型是有根的定向有序树，网状模型对应的是有向图。它们都支持三级模式（外模式、模式、内模式），保证数据库系统具有数据与程序的物理独立性和一定的逻辑独立性，能够用存取路径来表示数据之间的联系，有独立的数据定义语言以及导航式的数据操纵语言。

2）关系数据模型的特点是：实体和实体之间的联系用关系来表示，以关系数学为基础，数据的物理存储和存取路径对用户不透明，并且是非过程化的应用。

3）面向对象的数据模型的主要特征是：支持数据管理、对象管理和知识管理，保持和继承了关系数据库系统的技术，对其他系统开放，支持数据库语言标准，支持标准网络协议，有良好的可移植性、可连接性、可扩展性和互操作性等。

4）分布式数据模型允许用户开发的应用程序把多个物理分开的、通过网络互连的数据库当做一个完整的数据库看待。并行数据库通过集群技术把一个大的事务分散到集群中的多个节点去执行，从而提高了数据库的吞吐和容错性。多媒体数据库提供了一系列用来存储图像、音频和视频对象类型，能够更好地对多媒体数据进行存储、管理、查询。

5）多维数据模型。复杂事物往往存在多维特征，即突破了三维的数据关系。事实上，多维分析是分析企业数据最有效的方法，多维数据模型可以通过超立方体、多立方体等方法建立。

10.2.2 关系数据模型

在传统的关系数据库（RDB）中，满足基本关系的形式被称为第一范式（1NF），这种管理系统本身固有的局限性表现在数据模型、性能和扩展性三个方面。

随着多媒体数据形式的增加，要继续使用关系数据模型，必须扩展这种模式。关系数据库的扩展主要包括类型的增加和层次的增加。

1. 引入抽象数据类型（ADT）

通过增加描述声音、图形或图像等特征的抽象数据类型，来增加关系数据库管理系统（RDBMS）对多媒体数据的管理能力。这种扩展方法的优点是以极小的代价保留了关系数据库的内核和管理方式，拓宽对多种媒体的管理能力。但基于二维构造的多媒体数据模型无法反映各媒体之间的空间、时间和语义关系，有关的处理必须用其他应用程序来实现，所以在多媒体数据的同步和集成方面存在很多问题，且难以实现多媒体数据的基于内容的检索和查询。

2. 引入嵌套表

这种拓展方法是在记录和表之间建立层次关系。在 1NF 关系模型中，要求每一个属性均为原子数据类型，因此同一个属性可能不得不存在于若干个关系中。为了改变这种冗余的关系模式，NF2 模型（Non First Normal Form），即非第一范式中引入了嵌套表的概念，不再遵守"表中不能再有表"的规定。这样就能使层次结构在关系数据库中得到应用。如表 10-1 所示，同时在关系数据库中引入抽象数据类型，使得用户能够定义和表示多媒体信息对象，从而提高关系数据库处理多媒体数据的能力。

表 10-1　1NF 关系模型中的嵌套表

属性 1	属性 2	...	General		General

许多关系数据库都利用标准的数据区域进行扩展，如 FoxPro 的 General 字段、Windows 的标准动态注释、格式注释、图形等，以丰富多媒体数据的表示。

虽然 NF2 方法可以利用关系数据库的传统优势（数据类型的数据表示和操作），可以延用关系数据库语言或其他通用语言，但无法增强建模能力，不能较好地反映多媒体数据所特有的时空关系，同时多媒体对象的存取、检索或其他处理上仍存在相当大的困难。

10.2.3　面向对象数据模型

由于多媒体数据具有对象复杂、存储分散和时空同步等特点，因此传统的关系数据模型以及采用扩展关系的方法都无法很好地体现多媒体这种固有的特性。面向对象的方法的出现以及它在复杂数据方面的优势，渐渐引起了人们的重视。

面向对象数据库建立在对象模型的基础上，以定义对象的属性、集合、行为、状态和联系等为主要描述方式。

面向对象系统通过引入类、对象、方法、消息、封装、继承等概念，可以有效地描述各种对象及其内部结构和联系，这种机制可以很好地满足多媒体数据库在建模方面的要求，并且能更好地实现数据库的存储、查询以及其他操作，

虽然目前所能建立的多媒体对象模型大多是能满足图形界面应用的对象，但是面向对象的方法为新一代的多媒体数据模型打下了良好的基础。许多多媒体资料可以抽象为被类型连接在一起的节点网络，可以自然地用面向对象方法所描述。

1. 面向对象的基本概念

（1）对象

在面向对象的系统中，现实世界中所有概念实体都将模型化成为对象，对象由实体所包含的数据和定义在这些数据上的操作组成。

对象包含三个重要的因素：

- 属性：对象的性质，即用来描述和反映对象特征的参数。对象的属性可以是系统或用户定义的数据类型，也可以是一个抽象的数据类型。
- 方法：对象的行为，定义在对象属性上的一组操作称为对象的方法。实际是将一些通用的过程编写好并封装起来，作为方法供用户直接调用。

- 事件：响应对象的动作称为事件，它在用户与应用程序交互时发生。如单击控件、鼠标移动、按下键盘等。在面向对象的系统中，对象之间的通信和请求对象完成某种处理工作是通过消息传送实现的。消息传送相当于一个间接的过程调用。

（2）类

类是对象的抽象，也是创建对象实例的模板。类是由用户定义的关于对象的结构和行为的数据类型，其中包含创建对象的属性描述和行为特征的定义。换句话说，将那些具有相同的构造，使用相同的方法，具有相同变量名和变量类型的对象集中在一起形成类。类中的每个对象称为类的实例。类中所有的对象共享一个公共的定义，而赋予变量的值是各不相同的。

（3）继承

继承是一种联结类的层次模型，并且允许和鼓励类的重用，对象的一个新类可以从现有的类中派生，这个过程称为类继承。继承有属性继承和功能继承两种类型，派生类可以继承其基类的所有属性和功能，并在其基础上具有更多的属性和功能。

继承性体现了一般与特殊的关系，并能很好地解决软件的可重用性问题。例如，Windows 应用程序窗口和文档窗口可以看做是从一个窗口类派生出来的，但是这两个窗口子类添加了不同的特性。

（4）封装

封装是将大部分实现细节隐藏起来的一种机制，是对象和类概念的主要特性。封装是把过程和数据包围起来，用户只能通过已定义的界面访问数据。

也就是说，现实世界可以被描绘成一系列完全自治、封装的对象，这些对象通过一个受保护的接口访问其他对象。封装保证模块具有较好的独立性，使得程序维护修改更为容易。利用封装，可以将对应用程序的修改限制在类的内部，从而最大限度地减少因应用程序修改而带来的影响。

（5）多态性

多态性包括参数化多态性和包含多态性。参数化多态性是指根据不同的参数类型自动调用对应程序段，例如同样是加法，数字相加和时间相加的计算方法是不同的。包含多态性允许不同类的对象对同一消息做出响应。例如同样是最大化操作，父窗口和子窗口的实现过程是不同的。多态性具有灵活、抽象、行为共享、代码共享的优势。

（6）包含

包含就是对象的组合。复杂数据可能是多种简单数据的组合，所以一个对象中可以包含其他对象，这种对象称为复杂对象或复合对象。包含对象可以有多层，从而形成对象间的包含层次。

2. 面向对象数据库系统

面向对象数据库系统更适用于多媒体，因为面向对象数据模型能较好地描写多媒体，根据对象的标识符进行导航存取的能力有利于对相关信息的快速存取，封装和面向对象编程概念为开发高效软件提供了支持。

将面向对象程序设计语言与数据库技术有机地结合起来就形成了面向对象数据库方法。

面向对象数据库系统包括数据库和数据库管理系统。系统开发主要包括定义、查询、操纵和功能模块设计。

- 定义：包括创建类和创建对象两项工作。对象的创建以类为基础，在面向对象程序设计语言中，一般只提供数字、字符等最基本的类。大量的复合类需要用户来创建，创建类需要提供 5 个方面的信息：类标识、相关属性组、操作程序组、语义完整的一组约束条件以及可以继承的类型集。
- 查询：包括结构、属性、行为和内容。查询依据可以是类名、对象名、内容或概念。如通过对象名可查询对象的属性值，通过类名查询类结构、该类中对象或对象的属性以及对对象操作等。

- 操纵：包括可以对类和对象进行插入、删除和修改操作。
- 模块设计：主要包括数据库管理系统要实现的多媒体管理和使用的过程代码，例如，数据的统计、报表、交互方式等。

10.2.4 联机分析处理

联机分析处理（OLAP）的概念是由 E. F. Codd 于 1993 年提出的。Codd 认为用户的需要对关系数据库进行大量计算才能得到决策分析结果，而查询的结果并不能满足决策者提出的需求。因此 Codd 提出了多维数据库和多维分析的概念，即 OLAP。OLAP 可以定义为共享多维信息的快速分析。

1. OLAP 系统的特征

OLAP 系统具有以下 4 个特征：

1）快速性。OLAP 系统应能在 5 秒内对用户的大部分分析要求做出反应。

2）可分析性。OLAP 系统应能处理与应用有关的任何逻辑分析和统计分析。用户无须编程就可以定义新的分析算法，并以理想的方式给出报告。

3）多维性。该特征是 OLAP 的关键属性。系统必须提供对数据分析的多维视图和分析，包括对层次维和多重层次维的完全支持。

4）信息性。OLAP 系统应能及时获得信息，并且管理大量的信息。

2. 多维数据系统

OLAP 的多维数据结构包括超立方结构和多立方结构。超立方结构（Hypercube）指用三维或更多的维来描述一个对象，每个维互相垂直。数据的测量值发生在维的交叉点上，数据空间的各个部分都有相同的维属性。在多立方结构（Multicube）中，包含多个多维结构，多维的维数值取决于一个实际的分析系统。对于某一特定应用，利用这种对维的分割方法，可提高数据的分析效率。

多维数据库（Multi Dimensional Database，MDD）能包含大量多维数据。在多维数据库中，数据存放在 n 维数组中，可以通过多维视图来观察这些数据。与关系数据库相比，多维数据库可以提高数据处理速度，缩短反应时间，提高查询效率。

多维数据的处理可基于不同的环境，OLAP 有三种数据处理方法。

（1）关系数据库方法

这种方法采用在关系数据库上完成复杂的多维计算。但是 SQL 的单语句并不具备完成多维计算的能力，多数情况下是利用 SQL 做一些计算，然后由多维引擎在客户机或中层服务器上完成大量的计算工作，这样就可以利用 RAM 来存储数据，提高响应速度。

（2）多维服务引擎方法

服务器上的 OLAP 工具用 4GL（第 4 代语言）提供完善的开发环境、统计分析、时间序列分析、财政报告、用户接口、多层体系结构、图表等许多其他功能。在多维服务引擎上完成多维计算，可利用服务器上的内存进行有效地计算，从而获得良好的性能。

（3）客户机方法

在客户机上进行计算，要求机器性能良好，能够完成部分或大部分的多维计算。但用户使用的是基于单用户或局域网工具，这些工具使用超立方结构，将模型限制在 n 维形态。对数据库的操作常常被限制在只读和有限的复杂计算中。

10.2.5 后关系数据库系统

所谓后关系数据库，实质上是在关系数据库的基础上融合了面向对象技术和 Internet 网络应用。它吸取了传统数据库的一些特点，结合 Java、Delphi、ActiveX 等新的编程工具环境，适合以 Internet Web 为基础的应用，开创了关系数据库的新时代。

后关系数据库以多维数据结构和多种数据库访问方式为基础，以集成的面向对象功能为特征，能够提供事务处理应用开发所需的高性能和伸缩性，支持应用和数据的复杂性。目前，后关系数据库技术已经用于远程医疗、金融、证券业、交通业、制造业以及电子商务等应用领域。在今后开发基于 Web 的大量应用中，还需要后关系数据库的支持。所以，后关系数据库技术将大有前途。

1. 后关系数据库的主要特征

后关系数据库有以下几个特征：

1）多维模型和对象技术的完美结合。这是一个主要特征，后关系数据库将多维处理和面向对象技术结合到关系数据库中。它所采用的多维数据结构能够真实地反应和更好地描述现实世界的复杂数据及数据之间的联系，同时使用强大而灵活的对象技术，将经过处理的多维数据模型的速度和可调整性结合起来。该系统可实现数据的快速存取。

2）极大地提高了开发效率。多维数据模型能使数据建模更加简单，描述复杂的现实世界结构更加容易，而且多维数据模型大幅度地缩短了复杂处理的时间。

同时，面向对象技术使用丰富的数据类型来反映现实世界的数据关系，它本身具有模块化和强有力的内部操作能力。另外，由于对象的内部变化不影响外部的其他编码，因而将大大地简化了应用程序的升级和维护处理。

3）多种数据访问方式。后关系数据库提供三种方式来访问数据，即对象访问、SQL 访问以及直接对多维数据数组访问。而且三种访问方式能够并发访问同一数据。

2. 后关系数据库管理系统实例

由美国 InterSystems 公司发布的 Caché 就是一个用于高性能事务应用的后关系数据库管理系统，该系统具有面向对象的许多功能和一个事务型多维数据模型。

Caché 具有以下特点：

1）Caché 的应用程序能够完全平滑地移植，即无须修改程序代码行，就可以在各种不同硬件平台和软件平台上运行，如在 Windows 95、Windows NT、UNIX 和 Digital VMS 等平台上运行。

2）Caché 是一个非常开放的系统，它能够与很多现代流行的开发工具和技术兼容并协同工作。Caché 可为程序员提供熟悉的编程和开发环境。

3）Caché 是一种高性能、可扩展的数据库，同时具有 Web 技术，为复杂数据库和网络应用软件的快速开发和运行提供了必要条件。

Caché 不仅能够为用户提供高性能的多维数据库管理系统，而且能够提供应用服务器和面向对象及面向 Web 应用的开发平台和工具。

4）Caché 能提供三种数据存取访问方式，即对象、SQL 和多维数组。

5）Caché 建立在 ANSI 和 ISO 双重标准的 M 技术标准之上，具有独特的存储数据方式，并且能节省硬盘存储空间，用 Caché 后的存储空间可能节省 2/3。

6）Caché 的面向对象多维数据结构能更好地描述数据之间的关系。该系统具有可重用对象部件能力，而且有一个集成的用于事务处理、客户/服务器应用的高性能数据库管理系统。

10.3 多媒体信息检索

对于大型的多媒体信息库（如 Web 网络资源、数字图书馆等信息环境），新资料层出不穷。在 Internet 和企事业信息系统中，越来越多的应用将包含多媒体数据，如何解决资料整理和使用的问题就成为重要的课题。传统的人工注释档案的办法不能应对浪涌似的信息资料，也难以描述多媒体中的特征，更无法解决实时广播流媒体的处理，必须借助计算机进行实时分析和处理。这就是基于内容的多媒体信息检索所要研究的技术领域。

所谓基于内容检索（Content-based），就是从媒体数据中提取出特定的信息线索，根据这些线索对数据库中存储的媒体进行查找，检索出具有相似特征的媒体数据。

10.3.1 多媒体的内容处理

多媒体数据的"内容"表示多媒体信息的含义、要旨、主题、包含和显著的性质、实质性的内容、物理细节等，而多媒体内容处理技术要基于对内容的基本定义。

1. 多媒体内容的概念

多媒体数据的内容概念包括多个层次：

1）概念级内容：对象的语义表达。例如利用文本的描述，进行分类、分层和链接。

2）感知特性：视觉特性（如颜色、视觉对象、纹理、草图、形状、体积、空间关系、轮廓、运动、变形等）和听觉特性（如音调、音色、音质）。

3）逻辑关系：音/视频对象的时间和空间关系，语义和上下文关联等。

4）信号特性：通过信号处理方法获取的媒体特征。

5）特指特征：如人的体形特征、面部特征、指纹特征等。

根据需要获取的具体内容，可以采用人工、半自动或自动等方式来获取。其中交互型半自动方式的效果比较好。

信息获取主要依据基于内容的"概念"，通常是通过"概念"来提交查询。实现"概念"查询的一种基本方式是基于文本式的描述，例如用关键词、关键词逻辑组合或自然语言来表达查询的"概念"。

当用词语难以表达内容特征时，就需要利用媒体呈现的视觉和听觉特性来查询，例如基于颜色、纹理特征或语音特征进行查询。常用的提交感知特征的主要查询形式有示例方式和描绘方式。

- 示例方式就是通过浏览选择示例，或通过扫描仪、摄像机、数字相机、话筒等设备在线输入图像或音频作为查询的样本。
- 描绘方式是用笔描绘检索的意图。

2. 多媒体内容处理技术

多媒体内容的处理过程如图 10-5 所示，主要包括内容获取、内容描述和内容操纵三个部分。首先要对原始媒体进行处理并提取内容，然后用标准形式描述所提取的内容，以支持各种内容的查询、检索、索引等。

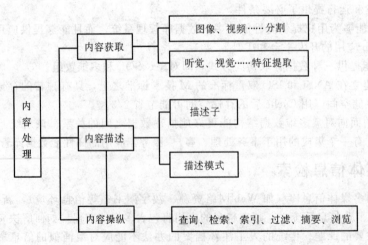

图 10-5 多媒体内容的处理

（1）内容获取

通过对各种内容进行分析和处理来获得媒体内容的过程。多媒体数据的重要成分是空间和时间结构，首先必须分割出图像对象、视频的时间结构、运动对象，以及这些对象之间的关系，然后提取显著的区别特征和感知特征来表示媒体和媒体对象的性质。

（2）内容描述

针对获取的内容进行描述。为了支持数据管理的灵活性、数据资源的全球化和互操作性，描述必须基于一定的标准。MPEG-7 标准称为"多媒体内容描述接口"，主要采用描述子（Descriptor）和描述模式（Scheme）来分别描述媒体的特性及其关系。

描述子是特征的表示法，一个描述子就是定义特征的语法和语义学。MPEG-7 标准定义了一系列的描述结构、一种详细说明描述结构的语言、描述定义语言（DDL）和多种编码描述方法。

（3）内容操纵

主要针对内容而言，用户可以进行的操作和应用包括：查询（Query）多用于数据库操作；检索（Retrieval）是在索引支持下的快速信息获取方式；搜索（Search）常用于 Internet 的搜索引擎；摘要（Summarization）是适合于视频和音频等时基媒体的特殊操作；浏览（Browsing）可以用线性或非线性的方式存取结构化的内容；过滤（Filtering）是与检索相反的一种信息存取方式。

10.3.2　基于内容检索的体系结构

基于内容检索系统结构如图 10-6 所示，由特征分析子系统、特征提取子系统、数据库、查询接口、检索引擎和索引过滤等子系统组成，同时需要相应的知识辅助支持特定领域的内容处理。

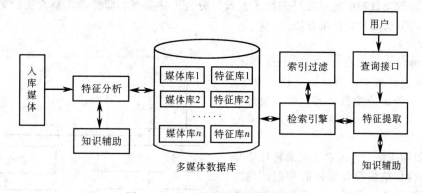

图 10-6　基于内容检索的体系结构

1. 特征分析

该子系统负责将需要入库的媒体进行分割，标识出需要的对象或内容关键点，以便有针对性地对目标进行特征提取。特征标识可通过用户输入或系统定义。

2. 特征提取

对用户提供或系统标明的媒体对象进行特征提取处理。提取特征时需要知识处理模块的辅助，与标准化的知识定义直接有关。

3. 数据库

数据库包含多媒体数据库和特征数据库，分别存放多媒体数据及对应的特征数据，它们彼此之间存在着一定的对应关系。特征库中包含由用户输入的和预处理自动提取的特征数据，通过检索引擎组织与媒体类型相匹配的索引来达到快速搜索的目的。

4. 查询接口

查询接口即人机交互界面。由于多媒体内容不具有直观性，查询基于示例方式，因此必须提供可视化手段，可采用交互操纵、模板选择和样本输入三种方式提交查询依据。

5. 检索引擎

在检索时，要将特征提取值和特征库中的值进行比较，得到一个相似度。不同的媒体具有不同的相似度算法，这些算法也称为相似性测度函数。检索引擎使用相似性测度函数集进行比较，确定与特征库的值最接近的多媒体数据。

6. 索引过滤

在大规模多媒体数据检索过程中，为了提高检索效率，常在检索引擎进行匹配之前采用索引过滤方法，取出高维特征用于匹配。

10.3.3　基于内容检索的过程和检索技术

因为图像的低层特征和高层语义之间存在着很大的差距，所以仅仅基于图像低层特征很难给出令人满意的结果，这时就要用到相关反馈。在基于内容的检索过程中，相关反馈是一个相当重要的过程。

相关反馈技术一方面可以找出更有效的多媒体表示方法，另一方面通过人机交互来捕捉和建立低层特征和高层语义之间的关联。

相关反馈技术的基本思想是建立一个由用户参与的交互过程，在交互过程逐步求得精确的查询结果。在检索过程中，系统根据用户的查询要求返回检索结果，用户可以对检索结果进行评价和标记，并将这些信息反馈给系统，系统再根据这些反馈信息进行学习，并返回新的查询结果，从而使得检索结果更加满足用户的要求。

基于内容检索过程中的相关反馈技术大致可分为 4 种类型，即参数调整方法、聚类分析方法、概率学习方法和神经网络方法。

1. 检索过程

基于内容检索的主要过程如图 10-7 所示。

1）提供查询依据：用户提交检索要求，但要基于一个特定的检索格式，可以通过特定的查询语言来建立，以便作为检索引擎的匹配依据。

2）相似性匹配：将用户提交的特征值与特征库中的特征值按照各媒体的相似性测度函数进行匹配，从中找到一组最佳相似结果提交给用户。

3）结果审核：用户可以从满足初始特征的一组检索结果中，挑选所需要的结果，结束检索过程。

4）特征调整：若不满意可通过再次检索，对候选结果进行特征调整，再形成一个新的查询依据。重新检索逐步缩小查询范围，直到用户满意。

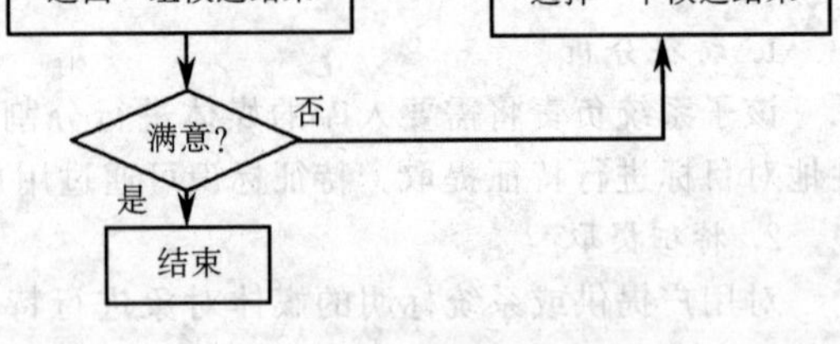

图 10-7　基于内容的检索过程

2. 检索技术

目前，已经建立了多种基于多媒体内容的检索方法，但是要满足检索率、查准率、查全率、响应时间等要求还需要进一步研究，下面是给出的几个值得人们去探究的检索技术。

（1）综合的多特征检索技术

可以从不同的角度表示多媒体的同一种特征。例如，可以描述颜色特征的有直方图特征、颜色距、颜色集、主颜色等多种特征表示法，实际上综合利用了多种媒体的特征。多种特征表示法容易达到较高的检索率，问题是如何有机地组织多种特征。

（2）高层概念和低层特征的关联

高层内容是用词语表达具体含义的，如果能够与底层的数据特征相关联，就能够使计算机自动抽取媒体的语义，但建立这种关联比较困难。信息检索、分类和排序的意义上的多媒体检索可以采用语义模板、用户交互、机器学习、神经网络等方法。

（3）高维索引技术

建立索引可以提高检索海量数据的效率。目前的 k-d 树、R 树以及改进的索引树结构一般都是先减少维数再建立适当的多维索引结构。但仍需要研究和探索有效的高维索引方法，以支持多特征、异构特征、权重、主键特征方面的查询要求。

目前，已开发的检索技术主要是针对图像和视频检索，但是多媒体信息还包含大量的音频、图形、动画等媒体，基于这些内容的检索技术也是一个重要和现实的问题。

10.3.4　中文信息全文检索

中文信息全文检索方法主要有布尔逻辑检索、截词模糊匹配检索、位置相邻检索、限制检索、加权检索等多种检索机制。利用相关索引机制可以提高检索效率。

1. 布尔逻辑检索

所谓布尔逻辑检索是用布尔逻辑算符将检索词、短语或代码进行逻辑匹配，指定文献检索的条件和次序。逻辑算符主要有 And（与）、Or（或）、Not（非）。

对于复杂的逻辑表达式，检索系统是从左向右进行处理的。但在有括号的情况下，先执行括号内的运算，有多层括号时由内向外执行。

2. 截词模糊匹配检索

截词模糊匹配检索是指用给定的词干做检索词，查找含有该词干的记录。这种方法的特点是可以扩大检索范围、减少检索词的输入量、节省检索时间。

截断符号为?，截词方式见表 10-2。

表 10-2　截词方式

截词方式	右截断	左截断	中间截断	复合截断	有限截断		无限截断	
例子	geolog?	?magnetic	organi? ation	?chemi?	acid??	comput????	geolog?	?magnetic

其中，有限截断是指允许截去有限个字符。词干后面连续的数个问号是截断符，表示允许截去字符的个数，最后一个问号是终止符，它与截断符之间应有一个空格。

3. 位置检索

位置检索是在检索词之间使用位置算符，来规定检索词出现在记录中的位置。不同的机器检索系统，其位置检索的功能及算符不同。例如，DIALOG 系统常用的位置算符如下：

（f）算符（Field）：检索词应在同一字段中，字段类型和词序均不限。例如 big(f)small。

（s）算符（Sub-field/Sentence）：检索词应在同一句中，词序不限。例如 machine(s)plant。

（n）算符（near）：检索词必须紧密相连，词之间只允许有空格、标点、连字符，词序不限；（Nn）表示两个检索词之间最多可以有 N 个词（N 为自然数），且词序任意。

（w）算符（With）：检索词必须按指定顺序紧密相连，词序不可变，词之间只能有空格、标点、连字符，（Nw）表示连接的两个词之间最多可加入 N 个词，词序不得颠倒。

4. 限制检索

限制检索是通过限制检索范围来优化检索结果的方法。常用的有字段检索、使用限制符、采用限制检索命令等。

　　1) 字段检索：把检索词限定在某个或某些字段中，如查找 li hong 写的文章，可以输入检索式：au＝li hong。

　　2) 使用限制符：用表示语种、文献类型、出版国家、出版年代等的字段标识符来限制检索范围。例如，要查找 2004 年微型机英文期刊，则检索式为：（microcomputer?? /de, ti, ab) AND PY＝2004 AND DT＝Serial。

　　3) 使用范围符号：范围符号有 ＝、Less than、Greater than、From to 等，如 Greater than 2000。

　　4) 使用限制指令：Limit 指令限制事先生成的检索集合。Limit all 指令把检索的全过程限制在某些指定的字段内。

10.3.5　基于特征的图像信息检索

　　在基于内容的图像检索中，通常从颜色、形状、纹理、空间关系、对象特征进行检索。

　　1. 基于颜色特征的图像信息检索

　　颜色直方图是最常用的颜色特征表示方法。直方图的横轴表示颜色等级，纵轴表示在某一颜色等级上具有该颜色的像素在整幅图像中所占的比例。单纯基于颜色直方图的图像检索方法是难以判断两幅图像是否具有相似内容的，必须引入空域信息。直方图的值反映图像的统计特征，包括平均值、标准偏差、中间值和像素个数，颜色集中的地方峰值较高。

　　颜色内容包含全局颜色分布和局部颜色信息。具有相似的总体颜色内容的图像检索基于一个图像索引表，索引表可以按照全局颜色分布，通过计算每种颜色的像素个数并构造颜色灰度直方图来建立。局部颜色信息是指局部相似的颜色区域，如 R、G、B 三个色域，包括分类色与一些初级的几何特征，如图 10-8 所示，便于抽取空间局部颜色信息并提供颜色区域的有效索引。

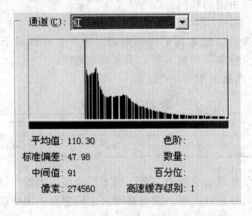

图 10-8　局部颜色信息直方图

　　(1) 利用颜色直方图的查询

　　在利用颜色直方图的查询中，可以使用域关系演算语言，如 Query By Example（QBE）。如要给出查询的示例，一般可采用以下三种方式之一来指明查询的示例：

　　1) 指明颜色组成：通常应在连续变化的色轮上来指定，而不适合用文字进行描述。该法使用起来并不方便，检索的查准率和查全率也不高。

　　2) 指明一幅示例图像：将示例图像的颜色直方图和数据库中的颜色直方图值进行相似性匹配，从而得到查询结果。

　　3) 指明图像中一个子图：利用图像分割出来的各个小块来确定图像中感兴趣的对象轮廓，通过建立更复杂的颜色关系来查询图像。

（2）颜色直方图的相似性匹配

假定用户的示例直方图和数据库中的直方图分别用 G（G_1，G_2，…，G_n）和 S（S_1，S_2，…，S_n）来表示，两图片是否相似采用欧氏距离 Ed 来描述，那么 Ed 值越小相似度就越大。

$$Ed(G,S) = \sqrt{\left(\sum_{i=1}^{n} (g_i - s_i)^2 \right)}$$

检索后，全图直方图的相似度可以用如下公式表示：

$$sim(G,S) = \frac{1}{N} \sum_{i=1}^{N} \left(1 - \frac{|g_i - s_i|}{Max(g_i, s_i)} \right)$$

其中 N 为颜色级数，sim 值为 1 说明两幅图完全相同，若值为 0 则说明两幅图完全不相似。也就是说，值越接近 1，两幅图越相似。

为了消除外部因素（如噪声）的影响或为了寻找某一特定图像组合的查询，可以在 sim（G，S）公式中乘上一个颜色权重因子 W_i，对统计的值域加以限制。

$$sim(G,S) = \frac{1}{N} \sum_{i=1}^{N} \left\{ W_i \left(1 - \frac{|g_i - s_i|}{Max(g_i, s_i)} \right) \right\}$$

如果要反映出图像信息的重要成分在直方图的相似地位，那么可以对 L 个峰值较高的值进行平均求和。即：

$$sim(E,S) = \frac{1}{L} \sum_{k=1}^{L} W_k \left(1 - \frac{|e_k - s_k|}{Max(e_k, s_k)} \right)$$

全图的颜色直方图算法的查准率和查全率都不是最高的，但是，如果对图像进行分割，那么，子块能在一定程度的提供位置信息，子块 G_{ij} 与 S_{ij} 的相似性度量公式为：

$$sim(G_{ij}, S_{ij}) = \frac{1}{P} \sum_{k=1}^{x} W_k \left(1 - \frac{|g_k - s_k|}{Max(g_k, s_k)} \right)$$

其中，P 为所选颜色空间的样点数。

如果对感兴趣的子块增大权重，就可以提高检索的查询智能性和查准、查全率。

2. 基于形状特征的检索

形状特征也称为轮廓特征，是指整个图像或图像中子对象的边缘特征。一般而言，形状的表示可分为基于边界的和基于区域两类，一般可用矩形、圆形、面积、周长等来描述，而许多形状特征可能被包含在一个封闭的图像中。

为了提高检索的精确度，基于形状特征的数据库中常常包含三种数据库，即图像库、形状库、特征库，并提供形状特征的索引。检索是根据用户提供的形状特征从图像库中匹配出形状相似的图像。

基于形状特征的检索主要有两种方式：

1）针对轮廓线进行的形状特征检索，这是最常用的方式。用户可以选择形状或勾画一幅轮廓草图，通过形状分析获得到目标的轮廓线。所谓形状分析主要是通过分割图像进行边缘提取，边缘也是图像分割的重要依据。较好的边缘提取过程必须与滤波器配合使用。

2）直接对图形寻找适当的向量特征进行检索。

3. 基于纹理特征的检索

纹理特征是所有表面具有的内在特征，它包含关于表面的结构布局、密度及变化关系。图像或物体的纹理特征反映了图像或物体本身的属性，常用粗糙性、方向性和对比度等来描述。纹理研究包括纹理分析和纹理合成两个方面，而纹理分析是基于纹理检索的重要基础。

纹理分析的方法可以分为统计方法和结构方法两种。统计方法适用于分析木纹、草坪等细致而不规则的物体，并根据关于像素间灰度的统计性质对纹理规定出特征及参数间的关系。结构方法适用于具有纹理排列规则的图案，根据纹理基元及其排列规则来描述纹理、特征，以及特征与参数间的关系。

纹理的检索一般都采用示例查询方法。同时结合纹理颜色作为检索特征，缩小查找纹理的范围。

灰度共生矩阵（GLCM）是一种有效的纹理特征的表示法，于 20 世纪 70 年代初由 Haralick 等人提出。其思想是根据像素间的方向和距离构造一个共生矩阵，然后从共生矩阵中抽取有意义的统计量作为纹理表示。

灰度共生矩阵的定义如下：

$p(i,j)$ = 集合 $\{(x,y) \mid f(x,y)=i$ 且 $f(x+DX,y+DY)=j; x,y=0,1,2,\cdots,N-1\}$

其中：$i,j=0,1,2,\cdots,L-1$；x,y 是图像中像素的坐标，$f(x,y)$ 是其灰度级，相关的固定位置 $\delta=(DX,DY)$；$p(i,j)$ 为从灰度 i 的像素离某个固定点上的灰度为 j 的概率，L 是灰度级的数目。

DX,DY 定义在 $-N+1$ 到 $N+1$ 之间。由于具有对称性，因此可以生成 $(2N-1) \times (2N-1)$ 个共生矩阵，每个矩阵的维数是 $L \times L$。实际应用时，可以通过对称或位移的办法简化矩阵。

在灰度共生矩阵的基础上，就可以分析图像的纹理了，但是首先要将 $\{p(i,j)\}$ 标准化为 $\{P(i,j)\}$，在这个标准化的 $\{P(i,j)\}$ 中，它的每个元素值就是 $\{p(i,j)\}$ 中的元素和它的总和之比。

根据标准化后的 $P(i,j)$，我们就可计算并采用如下四个纹理特征：

1）角二价矩：表示纹理一致性的统计量。

$$Q_1 = \sum_{l_1} \sum_{l_2} P(l_1,l_2)^2$$

2）对比度：表示纹理反差的统计量。

$$Q_2 = \sum_{l_1} \sum_{l_2} (l_1-l_2)^2 P(l_1,l_2)$$

3）差熵：表示纹理熵的统计量。

$$Q_3 = \sum_{l_1} \sum_{l_2} P(l_1,l_2) l_g(P(l_1,l_2))$$

4）相关性：表示纹理灰度相关性的统计量。

$$Q_4 = \left\{ \sum_{l_1} \sum_{l_2} (l_1-l_2) P(l_1-l_2) - u_1 u_2 \right\} / \sigma_1 \sigma_2$$

$$u_1 = \sum_{l_1} l_1 \sum_{l_2} P(l_1,l_2) \qquad u_2 = \sum_{l_2} l_2 \sum_{l_1} P(l_1,l_2)$$

$$\sigma_1^2 = \sum_{l_1} (l_1-u_1)^2 \sum_{l_2} P(l_1-l_2) \qquad \sigma_2^2 = \sum_{l_2} (l_2-u_2)^2 \sum_{l_1} P(l_1-l_2)$$

此外，还有一些其他的纹理表示方法，如 Tamura 表示法，该方法的所有纹理性质都具有比较直观的视觉意义。

10.3.6 基于内容的视频检索

视频内容中包含一系列的连续图像，其基本单位是镜头（Shot）。每个镜头可包含一个事件或者包含一组连续的动作。镜头由在时间上连续的视频帧组成，它们反映的就是组成动作的不同画面。在一段经过非线性编辑的视频序列中，常常包含许多镜头。镜头之间可存在多种类型的过渡方式，最简单的过渡方式是切变，表现在相邻两帧间发生突变性的镜头转换。此外，还存在一些逐渐过渡方式，如淡入、淡出等。

有时，根据剧情的需要，还常采用摄像机镜头运动的方式来处理镜头。摄像机镜头的运动方式包括：推拉镜头、摇镜头、镜头跟踪、镜头仰视、镜头卧视等。

解决基于内容的视频检索的关键是视频结构的模型化或形式化。为此，需要解决关键帧抽取与镜头分割的问题。

1. 关键帧抽取

在视频流信息中，可以用关键帧作为索引的"关键词"。因为在关键帧中包含场景、对象和故事等高层语义单元。

常见的关键帧抽取方法有基于镜头的方法、基于内容分析的方法、基于运动分析的方法、基于镜头活动性的方法和基于聚类的方法。

基于镜头的方法为每个镜头选取一个关键帧，该方法适用于内容活动性小或保持不变的镜头。对于摄像机不断运动的镜头，可以基于内容进行分析，首先分析视频内容随时间的变化，然后选取一定数目的关键帧，最后按照一定的规则抽取关键帧。基于运动分析是通过对每帧光流的计算，寻找摄像机运动的局部最小点，将对应的帧选作关键帧。

2. 镜头分割

镜头分割方法分为非压缩域和压缩域两类，目前，大多非压缩域算法都是基于直方图的。压缩域方法基于视频帧图像的压缩基础之上，切分的依据是比较前后视频帧图像的压缩系数，当满足一定条件时把它们切分为两组镜头。

镜头分割的关键是找出图像之间的差别。假设第 t 帧图像的直方图用 H_t （h_1，h_2，…，h_N）表示，第 $t+1$ 帧图像的直方图用 H_{t+1} （h_1，h_2，…，h_N）表示，N 为颜色级，这两帧图像的直方图差值用欧氏距离 d 描述为：

$$d(H_t, H_{t+1}) = \sqrt{\left(\sum_{i=1}^{N} (H_t(h_i) - H_{t+1}(h_i))^2 \right)}$$

简化的表示方式为：

$$d(H_t, H_{t+1}) = \sum_{i=1}^{N} \frac{(H_t(h_i) - H_{t+1}(h_i))^2}{H_{t+1}(h_i)}$$

对于没有特别处理的连续视频序列，两帧的 d 值较小。当镜头发生切变时，两帧的 d 值将很大，由此就可以确定镜头的分割处。

当遇到渐变的镜头或摄像机运动拍摄的镜头时，相邻帧直方图的 d 值变化并不明显，如图10-9所示。单纯用以上的方法来识别镜头比较困难。

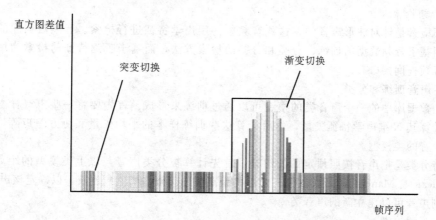

图 10-9　视频序列的切换

这时可以采用双重比较法。双重比较法采用两个阈值，首先用较低的阈值来找出渐变切换的起始帧，然后用找到的起始帧与后续帧进行比较，并用所得的差值取代帧间的差值，而且这个差值应该是单调递增的，直至这个单调过程结束。接下来用这个差值与较大的阈值进行比较，如果大于这个阈值，就可认为这个视频序列对应着一个渐变切换点。

10.3.7 基于内容的音频检索

由于音频媒体可以分为语音、音乐和其他声响，因此基于内容的音频检索也必须进行分类。音频内容可分为样本级、声学特征级和语义级。从低级到高级，内容的表达是逐级抽象和概括的。音频内容的物理样本可以抽象出音调、旋律、节奏、能量等声学特征，进一步可抽象为音频描述、语音识别文本、事件等语义。

在基于内容的音频检索中，用户可以提交概念查询或按照听觉感知来查询，即查询依据是基于声学特征级和语义级的。音频的听觉特性决定其查询方式不同于常规的信息检索系统。基于内容的查询是一种相似查询，它实际上是检索出与用户指定的要求非常相似的所有声音。查询中可以指定返回的声音数或相似度的大小。另外，可以强调或忽略某些特征成分，甚至可以利用逻辑运算来指定检索条件。

1. 基于语音技术的检索

在基于语音技术的检索中，语音经过识别可以转换为文本，这种文本就是语音的一种脚本形式。语音检索主要采用语音识别等处理技术，这些技术的研究包括：

（1）利用大词汇语音识别技术进行检索

这种方法采用自动语音识别（ASR）技术，可以把语音转换为文本，然后使用文本检索方法进行检索。但在实际应用中的识别率不高。

（2）基于子词单元进行检索

这种方式利用子词索引单元检索。首先将用户的查询分解为子词单元，然后将这些单元的特征与库中预先计算好的特征进行匹配。

（3）基于识别关键词进行检索

通过关键词自动检测"词"或"短语"。通常用来识别录音或音轨段中感兴趣的事件。

（4）基于说话人的辨认进行分割

这种技术只能辨别出说话人话音的差别，而不是识别出内容。这种技术可用于分割录音并建立录音索引。

2. 音频检索

音频检索是针对波形声音的，这些音频统一用声学特征进行检索。音频数据库的浏览和查找可使用基于音频数据的训练、分类和分割的检索方法，而基于听觉特征的检索为用户提供了高级的音频查询接口。

（1）声音训练和分类

音频数据库中的一个声音类的模型可以通过训练来形成。首先要将一些声音样本送入数据库，并计算其 N 维声学特征矢量，然后计算这些训练样本的平均矢量和协方差矩阵，从而建立起某类声音的类模型。

声音分类是把声音按照预定的类组合。首先计算被分类声音与以上类模型的距离，可以利用 Euclidean 或 Manhattan 距离度量，然后将距离值与门限（阈值）比较，以确定该声音的类型。对于特别声音可以建立新的声音类。

（2）听觉检索

利用声音的响度、音调等听觉感知特性，可以自动提取并用于听觉感知的检索，也可以提取其他能够区分不同声音的声学特征，形成用于查询的特征矢量。

例如，按时间片计算一组听觉感知特征，包括基音、响度、音调等。考虑到声音波形随时间的变化，最终的特征矢量将是这些特征的统计值，例如用平均值、方差和自相关值表示。这种方法适合检索和对声音效果数据进行分类，如动物声、机器声、乐器声、语音和其他自然声等。

（3）音频分割

对于复杂的声音组合，需要在处理单体声音之前先分割出语音、静音、音乐、广告声和音乐背景上的语音等。

通过信号的声学分析并查找声音的转变点就可以实现音频的分割。转变点是度量特征突然改变的地方。转变点定义信号的区段，然后这些区段就可以作为单个声音进行处理。这些技术包括暂停段检测、说话人改变检测、男女声辨别以及其他的声学特征。

音频是时基线性媒体。在分割的基础上，就可以结构化地表示音频的内容，建立超越常规的顺序浏览界面和基于内容的音频浏览接口。

3. 音乐检索

通过频谱分析可获得音乐和声的基本频率，然后用这些基本频率进行音乐检索。可以使用直接获得的节奏特征，即假设低音乐器更适合提取节拍特征，通过归一化低音时间序列得到节奏特征矢量。

除了用示例进行音乐查询之外，用户可以唱出或哼出要查找的曲调。基音抽取算法把这些录音转换成音符形式的表示，然后对音乐数据库进行查询。但是，抽取乐谱这样的属性，哪怕是极其简单的一段也是非常困难的。研究人员现在改用 MIDI 音乐数据格式解决这个问题。用户可以给出一个旋律查询，然后搜索 MIDI 文件，从而可以找出相似的旋律。

本章小结

建立数据模型是实现多媒体数据库的关键。多媒体数据库模型必须能保留各媒体数据的构造及属性特征，并能确定不同媒体数据之间的相互关系、时空关系，同时要考虑具有交互性和动态特征的多种媒体的合成再现。

为了提高关系数据模型的多媒体适合能力，可以通过增加类型和层次包含的方法进行扩展。在面向对象系统中，通过引入类、对象、方法、消息、封装、继承等概念，可以有效地描述各种对象及其内部结构和联系，这种机制可以很好地满足多媒体数据库在建模方面的要求，并且能更好地实现数据库的存储、查询以及其他操作。

超媒体采用非线性的网状技术组织和表示块状信息。使用超媒体数据模型可以建立多媒体数据之间有关时间、空间、位置、内容的关联等问题，支持信息结点网的开放性，并且支持浏览器和搜索等新的操作。

后关系数据库适应于 Internet Web 的应用，它保留了传统数据库的一些特点，并结合了 Java、Delphi、ActiveX 等新的编程工具环境。后关系数据库以多维数据结构和多种数据库访问方式为基础，以集成的面向对象功能为特征，能够提供事务处理应用开发所需的高性能和伸缩性，支持应用和数据的复杂性。目前，后关系数据库已经用于远程医疗、金融、证券业、交通业、制造业以及电子商务等应用领域。

对于不断增长的多媒体信息资料和基于实时的流媒体处理，必须借助计算机的实时分析和处理。在多媒体检索中，更符合实际需要的是基于内容的检索。要实现这种检索，必须从媒体数据中提取出特定的信息线索，根据这些线索在数据库中的大量媒体中进行查找，检索出具有相似特征的媒体数据。

基于内容的图像检索常用的关键技术包括从颜色、形状、纹理、空间关系、对象特征进行检索。解决基于内容的视频检索的关键是视频结构的模型化或形式化。基于内容的音频检索则需根据音频中的语音、音乐和波形建立不同的分析和检索方法。

思考题

1. 何为原始的数据、描述性数据和指示性数据？数据模型由哪些基本要素组成？
2. 什么是 NF2 模型？它能否增强建模能力？
3. 为了方便检索，图像在数据库中一般是怎么组织的？
4. 面向对象的数据模型的主要特征什么？

5. 分布式数据模型主要用于什么环境？它是如何组织数据库的？

6. 超媒体数据库管理系统要解决什么问题？OLAP 的系统特征是什么？OLAP 的多维数据结构包括超立方结构和多立方结构，它们怎样描述一个对象？

7. 后关系数据库主要有哪些特征？

8. 基于内容检索是怎样一个过程？为什么要采用相关反馈技术？

9. 多媒体数据的内容概念包括哪几个层次？在进行多媒体内容的处理时过程如何？

10. 特征分析的主要任务是什么？多媒体内容不具有直观性，查询一般基于什么方式？

11. 在利用颜色直方图的查询中，如果给出示例，可以有哪几种方式？

12. 纹理分析的方法可以分为统计方法和结构方法。它们分别适用于什么图像？

13. 什么是灰度共生矩阵？在灰度共生矩阵的基础上，分析图像的纹理的前提是什么？可采用哪些纹理特征？

14. 镜头分割包括哪些一般方法？基于直方图的镜头分割的关键是什么？

15. 当遇到渐变的镜头或摄像机运动拍摄的镜头，可以使用什么方法来分割镜头？

16. 利用大词汇语音识别技术进行检索主要采用什么技术？

17. 音频检索主要针对什么？基于什么特征来进行检索？

18. 音频数据库的浏览和查找可使用哪些检索方法？通过什么可以实现音频的分割？

19. 颜色直方图是最常用的颜色特征表示方法。直方图的横轴和纵轴分别表示什么？直方图的值反映了图像的哪些统计特征？

第11章 多媒体操作系统

多媒体的应用需求逐渐从单机延伸到互联网，从非实时方式发展到实时方式，因此操作系统也逐渐沿着适应这种应用的方向发展。在不同的应用环境、应用方式下需要有相应的多媒体操作系统，所以说多媒体操作系统是多媒体技术的中流砥柱。在多媒体应用迅速发展的局面下，无论是在桌面式、嵌入式还是分布式的多媒体应用中，多媒体操作系统技术面临的新的核心问题是围绕着多流、同步、时限以及基于 QoS 的管理，如何采用适当的策略和算法来调度、满足多媒体应用任务。

本章将针对这些概念介绍多媒体应用对操作系统的要求、多媒体操作系统应具备的核心功能以及支持连续媒体应用的有关策略。

11.1 操作系统概述

操作系统是计算机软硬件资源的控制管理中心，它的主要任务是合理组织和调用软硬件资源，以完成用户提交的作业。随着市场需求的不断提高以及计算机、网络、多媒体、通信技术的不断发展，操作系统经历了一系列开发和变革。

11.1.1 操作系统的分类

操作系统有很多种类，并具有不同的特征。从不同的角度可以将操作系统分成不同的类型。从计算机体系结构的角度，操作系统可分为单机、多机、网络和分布式操作系统。从操作系统工作的角度，操作系统可分为单用户、批处理、分时和实时系统。引入多媒体后，多媒体操作系统和多媒体网络操作系统应运而生。

从操作系统工作的角度来看，单用户、批处理、分时操作系统的工作重点都是围绕着系统资源的利用率而展开的。在单用户操作系统下，用户必须初始化所有硬件设备，并将操作系统的核心部分驻留在系统的主存储器中，为运行应用程序提供装入、解释和控制服务。

为了减少用户作业建立和中断的时间，提出了批处理系统的概念。即由计算机按顺序自动批处理指令。批处理系统虽然提高了资源的利用率，但作业处理的平均周转时间较长，且用户交互能力较弱等。

分时系统具有较好的交互式功能，可为多用户和多任务环境提供服务。分时系统将 CPU 的运行时间分割成小时间片，依次为各个程序提供服务，并能及时响应用户的输入请求。但是分时时间片的长短以及主机系统的配置对系统的性能有较大的影响，无法满足时间响应上有特殊要求的应用。

实时系统是为满足多媒体应用在时间上的特殊要求而开发的。由于在多媒体系统中大量地使用了基于时间的连续性媒体，而连续性媒体数据的组织和表现受所规定的时间的限制，这就需要能够提供及时服务的实时系统。所以，实时系统首先要满足时间的响应，然后再考虑支持多个用户和多个任务。目前，实时系统相当重要，下面我们将进一步了解实时系统的系统特征。

11.1.2 实时系统的特征

实时系统是能及时响应输入，并且能按需提供无延迟的输出处理的系统。实时系统可以分为实时控制系统和实时信息系统。实时控制系统可用于生产过程中的自动控制，也可以用于监测制导性控制。实时信息系统通常指实时信息处理系统。

实时系统继承了分时系统的交互性和多用户功能，并能够在满足任务时限的基础上完成任务。它主要包括如下特征：

1）及时与时限性。主要反映在对用户的响应时间要求上，以满足控制对象所能接受的时间延迟，它可以是秒级、毫秒或微秒级。

2）交互性。根据不同的应用对象和应用要求，实时系统能提供便捷的交互方式。

3）安全可靠性。实时控制系统必须考虑系统的容错机制，避免导致灾难性的后果。实时信息系统应向用户提供及时、有效、完整和可用的信息。

4）多路性。实时控制系统应能提供多用户的服务，并具有现场多路采集、处理和控制执行机构的功能。

实时系统的调度涉及 CPU、资源、输入和输出、通信和任务各个方面，正确处理基于时间的调度是实时系统要解决的关键问题。由于实时任务具有时限性、抢占性、周期性、优先性、重要性、组合性等多种特征，因此在创建任务调度的算法时必须考虑这些因素。

在任务与时限的关系中，主要涉及任务时限、任务执行时间、任务时限余量（任务执行时间与任务时限之差）、紧任务时限、松任务时限、强实时（超时将无可用性）、弱实时（超时将影响可用性）、关键任务时限（超时将引起严重后果）等概念。

其中，任务时限是指执行某任务的可用时间，也称为时限粒度。任务时限和任务时限余量之间存在着一定的关系，任务时限较小必定导致时限余量较小。但较大的任务时限也可能导致较小的时限余量，因为任务的执行时间取决于算法的复杂程度。也就是说，算法的复杂度决定了任务的时限余量。

根据以上特性，在实时调度中广泛采用基于优先级的抢占调度算法。该算法可以使正在执行的任务出让资源，满足一个高优先级的任务的执行。对具有动态优先级的任务，可以根据任务的某些因素在运行时调整进程的优先权。

常用的算法还有截止期最早最优先（Earliest Deadline First，EDF）、最关键任务优先算法（Most Critical First，MCF）、关键性和时限优先算法（Criticalness and Deadline First，CDF）、最小余量优先算法（Minimum Laxity First，MLF）以及最低松弛度优先（LLF）算法等。

当任务的某些特征模糊不确定或不可预测时，一些常用的调度算法不再适用，此时可以使用不精确调度算法（Imprecise Computing，IC）或模糊反馈控制实时调度算法。

11.1.3 多媒体操作系统的类型

多媒体操作系统支持多媒体的实时应用，其首要任务是调度一切可利用的资源来完成实时控制任务，其次要提高计算机系统的使用效率。多媒体实时任务主要有：任务管理、任务间同步和通信、存储器优化管理、实时时钟服务、中断管理服务。

根据不同的使用规模，多媒体操作系统可分为单机多媒体操作系统、互联式多媒体操作系统和分布式多媒体操作系统。

1. 单机多媒体操作系统

单机多媒体操作系统是指支持非网络环境中的 MPC 操作系统，例如，Windows 95 以后的操作系统就属于多媒体操作系统。Windows XP 操作系统更是从系统级上支持多媒体功能，其 DVD 支持技术、内置的 DirectX 多媒体驱动、与操作系统无缝连接的光盘刻录与擦写技术等，为用户提供了更加丰富多彩的交互式多媒体环境。

2. 互联式多媒体操作系统

与单机操作系统不同的是，互联式多媒体操作系统面对的是多台计算机或多个局域网系统，它要支持多机之间的资源共享、用户操作协调和与多机操作的交互。

网络操作系统可以构架于不同的操作系统之上，也就是说，网络中所连接的计算机可以被装有不同的操作系统，通过网络协议实现网络资源的统一配置，在较大的范围内构成互联式网络操作系统。

在互联式网络操作系统中，访问网络资源要指明资源位置与资源类型。对于有实时要求的任务，多媒体操作系统不仅要根据用户的请求准确地完成信息的发送、传递和接收任务，而且要保证实时性多媒体信息处理的各种要求。

3. 分布式多媒体操作系统

在分布式操作系统中，大量的计算机通过网络连接在一起，获得极高的运算能力及广泛的数据共享。分布式操作系统有如下特征：

- 统一性。它是一个统一的操作系统。
- 共享性。分布式系统中所有的资源是可共享的。
- 透明性。透明性是指用户并没有感觉到分布式系统上有多台计算机在运行。
- 独立性。处于分布式系统的多个主机在物理上是独立的。
- 低成本。分布式系统中的计算机不需要具有特别高的性能。
- 可靠性。由于有多个独立的 CPU 系统，因此个别 CPU 的故障不会影响系统性能。

与网络操作系统不同的是，分布式操作系统强调单一性，使用同一种操作系统，即使用同一种管理与访问方式。

11.2　多媒体操作系统的核心和重要功能

多媒体操作系统不仅要管理软、硬件资源，还要满足多媒体数据处理的需要，提供一种高效、实时的运行环境。在多媒体处理中，要解决的主要问题包括中断等待、实时调度、时限和恢复管理处理和基于 QoS 的资源管理。为了解决这些主要的问题，必须开发新的多媒体操作系统的体系结构。

11.2.1　操作系统的体系结构

传统的操作系统基于多个进程下的资源管理、设备控制等工作。这些系统没有对时间的复杂控制和维护的特定机制，也没有提供在系统短暂过载时进行保护和管理的模式，系统常常无法应对一些不可预见的延迟和抖动，也不能保证对时间有严格要求的多媒体信息的同步，所以并不适合于连续媒体应用的实时服务。

为了适用于实时多媒体的应用，有必要开发设计新的多媒体操作系统。目前，多媒体操作系统有两种开发模式，即扩充传统的操作系统和重新设计微内核体系结构。无论采用哪种方式，多媒体操作系统都必须至少提供满足多媒体信息处理要求的 CPU 管理、存储器管理、I/O 管理和文件系统管理功能。

1. 分层式操作系统

传统的操作系统是分层式的，如图 11-1a 所示，它的内核由若干层组成，内核集中提供各种功能，因此整个内核显得非常庞大。多媒体应用要求系统支持请求、预定资源和同步处理，因而有必要对内核进行适当的修改以便提供可预测的性能。

例如，SUN 公司为了提供适当的多媒体资源管理，开发了一种时间驱动资源管理（Time Driven Resource Management，TDRM）机制，就是允许一个应用向系统提出资源请求的机制。应用的资源请求可包括应用所需的资源、质量、最后期限、优先级等参数，而系统只是按照申请尽可能地分配可用资源，并可告知必要的信息。

2. 微内核操作系统

微内核操作系统是新结构下的操作系统，它保留传统操作系统界面，以微内核为核心，为模块化扩展提供基础。微内核的基本原理是，将最基本的操作系统功能放在内核中。不是最基本的服务和应用程序在微内核之上构造，并在用户模式下执行。微内核中只包含线程和任务管理、IPC 管理、存储对象管理、虚拟内存服务、I/O 管理和中断处理等内容。在微内核外完成文件管

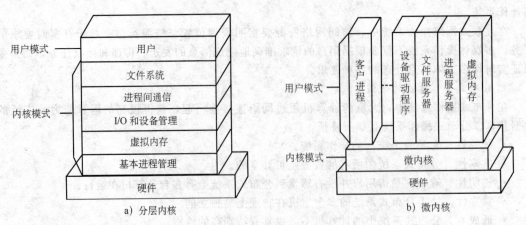

图 11-1   操作系统的体系结构

理、进程管理、设备驱动程序、虚存管理程序、窗口系统和安全服务。用户通过微内核接口函数提出服务申请，微内核的服务器便向用户提供内核的功能服务。

微内核体系结构如图 11-1b 所示，微内核结构用一个水平分层的结构代替传统的纵向分层的结构。在微内核外部的操作系统部件被当做服务器进程实现。

采用微内核体系结构具有以下优点：

- 一致的接口：微内核设计为进程请求提供一致的接口。
- 可扩展性：允许增加新的服务并在同一个功能区域中提供多个服务。
- 灵活性：与可扩展性相关，不仅可以在操作系统中增加新功能，还可以删除现有的功能。
- 可移植性：所有或大部分处理器的专用代码都在微内核中，移植时只需进行很少的修改。
- 可靠性：少量的应用程序编程接口，为内核外部的操作系统服务产生高质量的代码。
- 分布系统支持：微内核有助于支持分布式系统，包括分布式操作系统控制的集群。
- 对面向对象操作系统的支持：微内核结构也适用面向对象操作系统环境。

在微内核体系结构下，可以根据连续媒体的特殊需要安排上层操作系统，可以用以下几种方法实现服务模式：

- 库例程服务模式：将上层操作系统作为实用库例程，当用户程序调用库例程时，由库例程调用微内核功能。实用库可以提供中断处理、计时器、消息登录、内存分配、线缓冲等例程。
- 服务器服务模式：将上层操作系统作为服务器，用户程序直接向服务器提出申请。
- 微内核的功能模式：将上层操作系统作为微内核的一个功能，一般作为微内核的接口函数。

11.2.2   中断等待

在连续媒体应用中，常常会因为多个任务同时执行而引起中断等待。中断等待时间越短，系统的性能就越好。

如果有大量的中断等待，就不能很好地实现实时活动。例如，处理一个连续的 MIDI 音乐媒体流时，若中断请求频繁地发向操作系统内核，将产生大量的上下文切换时间。如果操作系统内核难以应付这么高事件流的需求，将会产生许多中断延时，从而影响实时质量服务（QoS）。

实时操作系统分为可抢占型和不可抢占型。不可抢占型实时操作系统的实时性取决于最长任务的执行时间。当前运行的任务拥有 CPU 的控制权，如果有实时任务需要处理，必须通过某种算法并且要等待当前任务交出 CPU 的控制权，然后直到当前任务主动归还 CPU 控制权后才能执行下一个实时任务。中断由中断服务程序来处理，当激活一个休眠状态的任务并使之处于就绪态时，该任务也必须等到当前运行的任务主动交出 CPU 的控制权后才能运行。

可抢占型实时操作系统是基于任务优先级的，内核可以抢占正在运行任务的 CPU 使用权，并将使用权交给进入就绪态的优先级更高的任务，也就是说，由于优先级较高任务的到来，正在运行中的其他任务都可被中断。可抢占型实时操作系统的实时性好，但是必须处理好抢占方式，否则会导致系统崩溃。

降低操作系统中断等待的关键策略是可抢占型处理。对于目前现有的内核，可行的修改方案是增加一个安全抢占点的集合，也可以将现有的内核转化为微内核上的一个用户程序。但最好的办法是重新设计内核的内部结构，允许按任务的优先级抢占执行任务。

11.2.3 实时调度

当多个实时的或非实时程序共享同一个资源时，多线程操作系统一般使用同步目标来作为强迫线程同步的多线程核心。但是这会引起不可控制的优先权倒置。这种优先权倒置现象是由服务器的非抢占特性引起的，常导致不可预见的延迟和抖动问题的发生。

多媒体调度同时要面向非实时处理和实时处理两个方面，当有实时进程出现时，不能影响正在处理之中的非实时处理，同时又要允许实时进程剥夺非实时进程等低优先级实时进程。CPU 可以通过高效实时调度进行实时处理，实时调度器以满足任务的最后期限来进行调度。对于连续媒体环境，最后期限是可接受的每帧回放时间。

各种实时操作系统的实时调度算法可以分为基于优先级的调度算法（Priority-Driven Scheduling，PD）、基于 CPU 使用比例的共享式的调度算法（Share-Driven Scheduling，SD）以及基于时间的进程调度算法（Time-Driven Scheduling，TD）三种类型。

1. 基于优先级的调度算法

基于优先级的调度算法给每个进程分配一个优先级，在每次进程调度时，调度器总是调度具有最高优先级的任务来执行。根据不同的优先级分配方法，基于优先级的调度算法可以分为静态和动态两种类型。

在静态优先级调度算法中，为所有进程静态地分配一个优先级。静态优先级的分配可以根据应用任务的属性来进行。例如，RM（Rate-Monotonic）调度算法根据任务的执行周期的长短来决定调度优先级，执行周期小的任务具有较高的优先级。

在动态优先级调度算法中，根据任务的资源需求动态地分配任务的优先级。在实时调度算法中，EDF 算法根据就绪队列中的各个任务的截止期限来分配优先级，具有最近的截止期限的任务具有最高的优先级。

2. 基于比例共享调度算法

基于优先级的调度算法提供的是一种硬实时的调度，对于软实时应用，使用基于比例共享的资源调度算法（SD 算法）更为适合。比例共享调度算法指基于 CPU 使用比例的共享式的调度算法，它按照一定的权重对一组需要调度的任务进行调度，使它们的执行时间与它们的权重完全成正比。但是这种算法没有优先级的概念，当系统处于过载状态时，所有的任务的执行都会按比例地变慢，这将影响实时进程。

实现比例共享调度的算法有两种，一是调节各个就绪进程出现在调度队列队首的频率，并调度队首的进程执行。二是逐次调度就绪队列中的各个进程投入运行，但根据分配的权重调节分配给每个进程的运行时间片。

3. 基于时间的进程调度算法

对于具有稳定、已知输入的简单系统，如很小的嵌入式系统、自控系统、传感器等应用系统，可以使用基于时间驱动的调度算法，它能够为数据处理提供很好的预测性。这种方法实际上属于静态调度方法，在系统的设计阶段明确系统中所有的处理情况下，对于各个任务的开始、切换以及结束时间等都事先做出明确的安排和设计。

11.2.4 时限和恢复管理

许多实时性强的多媒体应用要求在规定时间内完成其处理，同时，所处理的数据也往往是"短暂"的，即有一定的有效时间，超过有效时间就会有新的数据产生。实时事务中有多种定时限制，其中最典型的是事务截止期。

很多连续媒体应用程序具有内在的"软"时限。例如，在视频会议系统中，即使大多数视频图像都没能够按时处理完毕，也不影响会议的继续进行。然而，错过时限的提示信号对应用来说是相当重要的信息。基于这些信息，应用可以要求改变 QoS 的级别。

由于实时事务难以接受时间的延迟及其不确定性，因而多媒体操作系统的内存缓冲区的管理就显得更为重要。如何及时分配所需缓冲区、如何让高优先级事务抢占缓冲区成为主要目标。

各种因素都可能导致 QoS 的下降，当程序由于过载、硬件或软件错误而错过时限时，用户程序应能够决定相应的应对措施，也就是实时恢复机制。但是数据的可恢复性也并非一致的，有的事务可以在一定的时限内要求重发，而有的事务则可能要用"补偿"、"替代"事务。注意，为了满足实时限制而实施的恢复也不一定是一致和绝对正确的。

同时，恢复过程也将影响处于活跃状态的事务，从而使有的事务超过截止期，这对硬实时事务来说是不能接受的，因此，必须开发新的恢复技术与机制。必须考虑时间与资源两者的可用性，以确定最佳恢复时机与策略，而不至于影响事务的实时性。

然而在多道程序设计环境中，必须把调整优先权等操作作为一个原子级操作，这样可保证恢复任务不能被抢占。

11.2.5 QoS 管理

随着数字视频、音频等连续媒体的网络应用，对实时服务质量（QoS）支持的要求也不断提高。在不同的应用中，用户对 QoS 的要求也不完全相同。多媒体网络操作系统必须具有增强的管理功能，以便支持更为灵活、更为动态的 QoS 选择，使用户可以对传送连接进行适当的剪裁以满足自己的特定需要。在建立端到端的连接时，用户应能量化和表达有关 QoS 参数的希望值、可接受值和不可接受值。通信双方必须就这些参数进行协商，以保证这些 QoS 参数值在连接持续期内得到满足。在通信过程中，如果违背了事先协商的 QoS 值，操作系统应能提供一定的指示信息。

对连续媒体应用的 QoS 管理可以分成两种控制模式：静态的和动态的。静态控制模式是指通信前由用户指定一个 QoS 的值，并在整个连接生存期间都维护这个指定的值。动态控制模式则允许用户在整个连接生存期间调整初始的 QoS 值，而修改 QoS 值的依据有两种，即根据系统可用资源进行调整，或者根据任务的需要来调整。

11.3 支持连续媒体应用的有关策略

目前，对连续媒体的支持还缺乏一个全面规划的软件标准和操作系统支持的公共功能。如果要开发一个适合多媒体处理的操作系统，它应该对连续媒体应用提供以下三个方面的支持，即对资源管理的支持、对程序设计的支持和对文件系统的支持。

11.3.1 支持连续媒体的资源管理

为了支持连续媒体，应该采取新的资源管理模式来提供必需的系统资源，以满足一定的应用请求级，避免出现不可预见的延迟和抖动。

1. 基于 QoS 的资源控制

在连续媒体中，可以参数形式描述其时间特性和空间特性。虽然大多数 QoS 参数依赖于应用，但应用系统一般都能提供多种可选的 QoS 级，让用户选择适合自己的资源环境的 QoS 级，而操作系统必须能基于 QoS 级对资源进行管理。无论用户的请求是静态的还是动态的，系统都必须对用户所请求的级做出反映，当系统资源能够满足用户申请的 QoS 级时，系统才会接受用户的请求并提供所需的系统资源。当资源不足时，系统将通过会话过程和用户进行协商，降低 QoS 的级，以减少对资源的需求。

2. 存储器管理

存储器管理要为任务进程分配存储器资源。对于连续媒体数据而言，通常都具有数据交换量大和严格定时的需求。传统的虚拟内存采用请求页式调度，在虚存和主存之间进行换页交换要花费许多时间，如果有缺页，还将延长这段交换时间，从而影响实时进程。

如果不采用虚拟内存，可以在进程执行期间将连续媒体数据锁在存储器中，但这样会影响资源利用率。在另一种基于 QoS 的方法中，可以利用连续媒体数据的周期性及时预调数据。

其他比较重要的实用实现技术包括散布缓冲区法或传递指针法，它们都能有效地提高空间使用效率。散布缓冲区法可以将进程地址空间装入可能不连续的存储器区域。指针传递法通过引用传递对象，而不拷贝或移动对象本身。

3. 实时 I/O 管理

实时 I/O 管理子系统的主要功能是在主存储器和外部设备之间传送多媒体数据，它的中心任务是设备管理、中断延时与实时传输。

设备管理程序为所有硬件构件的控制与管理提供统一界面，通过将物理设备映射成抽象的设备驱动器。在多媒体应用中，特别是实时连续媒体帧的输入和输出必定需要大量的 I/O 操作，这样会频繁地中断内核，使系统吞吐率降低并影响 QoS。而保证单流的连续性和多相关流之间的同步的关键所在就是 I/O 的实时功能。要提高 I/O 的实时功能，可以通过改变内核结构以使之具有抢占性，也可以内核中增加安全抢占点集合，或将当前内核转换成可在微内核上运行用户程序。

如今，网络带宽已经超过了 1Gbps，而 I/O 总线成为制约系统总体性能的瓶颈，因此解决 I/O 总线已成为亟待解决的中心问题。

11.3.2 连续媒体的程序支持

1. 实时线程

在通用的非实时系统中，线程不具备实时特性，它们只能处于初始态、就绪态、非就绪态或退出态之一。实时线程具有普通线程所有的特性和功能，但增加了更多的细致的控制能力，最重要的就是资源的抢占和优先级的关系。实时线程可以设定优先级，高优先级的线程可以安排在低优先级线程之前完成。一个应用程序可以通过使用线程中的 setPriority(int) 方法来设置线程的优先级。

2. 时限管理

实时任务不仅要求完成每一项工作，并且要在给定的时限内完成。在时限管理中，能满足时限要求的有效策略就是可抢占性管理。所谓可抢占性管理，是指调度进程建立在进程的优先级别上。在调度优先级中，正确计时相当重要。但是在绝大多数调度策略中，运行时间是一个很难获得的值，如果调度进程已经获得事务处理时间的相关信息，而这些信息又可以用于检测哪些是最接近时限的事务，那么就可以为这些事务赋予更高的优先权，或者将那些不会超时的事务挂起。

但是，如果发生计时错误，事实上将改变线程的优先级，从而导致不可预测的后果，对于实时程序来说就是一种灾难性的故障。这就需要时限调度来保证系统的实时性。

当线程产生内存错误或浮点运算错误时，操作系统会将它视为一个异常来进行标识和处理。为了应对这种错误，系统必须提供捕捉计时错误的接口，使用户能够以应用指定的方式进行处理，这就是实时程序的时限处理。在分布式状况下，通信的开销会导致远程服务器的响应处理时间变得更加不可预测，因此实时控制将变得更复杂。

时限调度策略要解决如何满足有时限要求的任务，如果不能满足任务的时限要求，还应该有后续执行方式。而赋予计时错误处理程序的任务，就是解决线程的后续执行方式。例如，如果一个周期性的线程错过了时限，时限处理程序必须决定是继续运行还是停止。

通常，计时错误处理程序将把错误线程挂起，并向用户指定的端口发送一个消息。而另一个线程将在该端口处获取出错的消息并做出有关反映。

3. 实时同步

实时同步是连续媒体关键的特征，实时线程的排队是建立在优先权基础上的，基于先入先出（FIFO）的次序排列常常会导致优先权倒置。为了支持实时同步，系统要提供快速时间标识机制和实时互斥机制。

互斥是用来控制多任务对共享数据进行串行访问的同步机制。在多任务应用中，当两个或多个任务同时访问共享数据时，可能会造成数据破坏。利用互斥，可使多个任务串行地访问数据，从而达到保护数据的目的。

解决互斥有以下几种方法：

1）关闭中断的方法（intLock）：能解决任务和中断之间产生的互斥，但使用该办法会影响实时系统对外部中断及时响应和处理的能力。

2）关闭系统优先级（taskLock）：它可使当前任务被中断，但不能被高优先级的任务抢占。但是，这种方法实际上也不适合实时系统。

3）信号量（Semaphore）：信号量是解决互斥和同步协调进程最好的方法。可以使用创建信号量的办法说明任务的属性。

4. 实时系统中的 IPC

实时系统主要包括多任务调度（采用优先级抢占方式）、任务间的同步和进程间通信，这种通信方式称为进程间通信机制（Inter-Process Communication，IPC）。进程间通信是运行在多任务操作系统中或联网计算机上的程序和进程使用的一组技术，IPC 支持进程间有效的通信，LPC 能共享内存空间、同步任务并相互发送消息。远程过程调用（RPC）类似于 LPC。网络上的客户机/服务器模式利用了 RPC 机制，客户在自己的机器上执行部分任务，但还要依赖服务器提供的后端文件服务。RPC 为客户提供通信机制，以使服务请求发送到后端服务器。

要解决任务间的同步和进程间协调问题，可以采用以下几种方式：

- 内存共享（Shared Memory）：用于简单的数据共享。
- 信号量（Semaphore）：用于基本的互斥和同步。
- 消息队列（Message Queue）和管道（Pipe）：用于单个 CPU 中的任务间的信息传递。
- 套接字（Socket）和远程调用（Remote Procedure Call）：用于网络任务间的通信。
- 信号（Signal）：为那些访问相同资源的进程提供同步机制。

在一个多任务环境中，应该允许以一套独立于任务的方式构筑实时应用程序，每个任务拥有独立的执行线程和自己的一套系统资源。所以，程序设计的接口可以包含实时系统通信所需的属性。实时系统的通信需要提供基于优先权的排队、优先权的交出、优先权的继承以及消息的分发等属性。

1）消息排队：消息排队机制监督在不同的应用程序之间传送消息的过程，给属性指明消息排队的次序。有多种排序策略，如 FIFO、基于优先权。应用程序可以使用消息排队来改善可靠性，但要以响应时间为代价。

2）优先权的交出：设置了该属性后，发送者将传递接收者的优先权，或根据选定的策略给定优先权。

3）优先权的继承：它将执行优先级继承协议。优先级继承可用来解决优先级反转问题。当发生优先级反转时，会暂时提高优先级较低的任务的优先级，使该任务能尽快执行，释放优先级较高的任务所需要的资源。

4）消息分发：当多个接收者在运行时，消息分发属性将按照任意选择策略或基于优先权的策略选择合适的接收者线程。当指定为任意选择策略时，将从 FIFO 队列中按次序选择接收线程。

11.3.3 支持连续媒体的文件系统

文件管理器必须具备高效读写连续媒体流的功能。如果不能被及时地缓冲连续媒体，就会导致使用数据的缺乏，从而导致暂停、断续等现象。要使文件系统满足连续媒体的应用，不仅需要更合适的存储布局，也需要更好的介质调度方法，以解决连续媒体的吞吐率需求和多流同步。

在单流情况下，需要维持最早的起始时间，这样既不错过时限，又能使缓冲区最小。在多流情况下，既要单独处理每一个流，又要考虑其他的流，这就需要更好的算法和技术。介质调度的关键就是如何处理好实时性引起的时限要求和缓冲要求。

1. 文件存储策略

有关连续媒体存储布局的策略大体上可以分成以下三类：连续媒体单独存储、混合存储和分布式存储。

（1）连续媒体单独存储

连续媒体单独存储的第一步是优化存储布局，在磁盘、分区或者磁盘阵列条纹上安排"专有"属性，用于单独存放连续媒体数据。其次是优化目录，建立单独的目录磁盘，用于存放连续媒体数据和静态媒体数据的目录信息。这样可降低每次访问的搜索时间，更快地接受调用。

（2）混合存储

将连续媒体数据和常规文件一同存放，使用同一个通用文件系统和同一个存储设备，不设"专有"区，也不另建目录结构，但是赋予两种不同类型的文件访问特征。一种比较好的策略就是高速缓存系统只缓存磁头/间接块和目录内容，而不缓存文件内容。因此可避免花费大量时间去清理缓存中连续媒体数据，从而降低处理延迟。

（3）分布式存储

分布式存储方案兼顾了及时调用和存储容量不足的问题，考虑到系统的可伸缩性，以及由此带来的多媒体数据存储容量日益增长的问题。分布式体系结构可通过高速网络将服务器互联起来，将一个源多媒体文件等分到很多条纹单元中，然后分配到多个网络服务器中去。这种体系结构具有良好的可扩展性，关键是如何解决服务器同步、动态 QoS 管理、负载均衡与可靠性等问题。

2. 单流固定回放问题

对于如何支持单个连续媒体流固定回放问题，由 Gemmell 和 Christodoulakis 首先提出了他们的研究结果。结果表明，只要维持最早的起始时间，就可保证所需的数据及时地缓冲。图 11-2 表示了磁盘读取函数 $R(t)$ 与连续媒体消耗函数 $C(t_1, t_2)$ 之间的关系。从磁盘中以块的形式读取数据，在读取时间内，$R(t)$ 表现为斜率不同的线段的连接。这是因为媒体的压缩率不同导致 $R(t)$ 的斜率不同，如果 $R(t)$ 的斜率为 0，则表示块与块之间没有数据的读取。$B(t, t_0)$ 是缓冲函数，该函数表示随着时间变化需要多少缓冲空间，它表示为磁盘读取函数和媒体消耗函数之间的差值。在某个时刻 t_0，客户开始提取缓冲器中的部分数据进行回放。为了保证回放数据被缓冲，缓冲函数 $B(t, t_0)$ 在读区间 $t_0 \leqslant t \leqslant t_r$ 内必须大于等于 0。

（1）最早回放起始时间

研究表明，最小缓冲与最早回放起始时间有关。只要找到最早的回放起始时间就可保证最小的缓冲分配。在最早回放起始时间之后开始播放，可以增加缓冲资源的需求量。通过图示法可以找到适合播放的最小回放起始时间 t_0，只要满足使 $B(t, 0)$ 最小且非负的条件即可。具体方法如下：

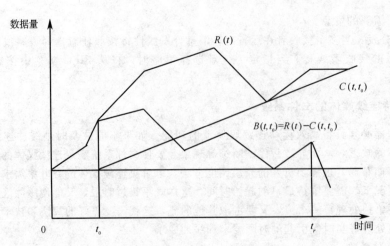

图 11-2 读取函数、消耗函数与缓冲函数的关系

1) 若在 $B(t, 0)$ 上，此函数在 $0 \leqslant t \leqslant t_r$ 上非负，则 $B(t, 0)$ 就是一个满足条件的解，且 t_0 的最小值是 0。

2) 假定在 $0 \leqslant t \leqslant t_r$ 之间有时刻 t_{min}，存在 $B(t, 0)$ 的最小值，使得 $B(t_{min}, 0) = -m$，那么 $R(t)$ 与 $B(t, 0) + m$ 的交点就是 t_0 的最小值。

（2）最小缓冲分配

设 d_{max} 为块间的最大延迟，r_t 为传输速率，r_c 为回放速率，S_s 为磁道扇区的大小。设分配的缓冲与记录长度无关，则任何算法下的块大小 S_b 都必须满足以下数目的磁道扇区大小：

$$S_b \geqslant \left[\frac{r_c \times d_{max}}{S_s} \left(1 - \frac{r_c}{r_t} \right)^{-1} \right]$$

如果回放速率 r_c 小于传输速率 r_t，应该考虑人为延迟 d_{min}，可限定其为一个常数 K。通常情况下，需要分配的磁道扇区的缓冲 n_b 的大小至少满足如下关系：

$$n_b \geqslant \left[\frac{r_c}{S_s} \left(d_{max} + \frac{S_s}{r_t} + d_{min} \right) \right]$$

3. 多流固定回放问题

对于多个连续媒体流固定回放问题，Gemmell 等人基于下列假设条件进行了研究：

1) 各通道可以有不同的消耗速率。

2) 各通道的回放可以独立控制。部分通道可以暂停回放，而其他通道仍继续回放。

3) 不固定读周期中各通道的读取总量（因为暂停、不同的消耗速率、不同的压缩率或不同的采样率等）。

4) 回放所需数据保存在缓冲存储中，且读取的数据量至少足够一个读周期的使用。

5) 在一个读周期内，不会发生数据短缺，要求读出的数据能紧跟实时的需求。

Gemmell 的模型是基于排序集合使用的，它是描述任意的块安排和流调度模式的一种框架。为了使读周期内不会发生数据短缺，要求读操作之间的缓存量必须为 $r_c \Delta max$ 的数据，其中 Δmax 表示给定通道两个读操作之间最大的时间间隔，关键的问题是如何找到这个最大的间隔时间。

多数数据在介质上的存放都不是连续的，所以系统常采用先排队后读取的方式，这样可以减少寻道的时间和缩短读周期，从而减少对缓冲的需求量。为此，有读写请求的通道都被放入排序集合之中。如果有一系列的排序集合 S_1，S_2，$\cdots S_s$，每一个排序集合又是个通道的集合，即其中的 $S_i = \{c_1, c_2, \cdots, c_n\}$。各集合是按固定顺序执行的，但如果在一个集合里对读操作进行排序，就可以减少寻道时间。

在这种条件下，有两种情况比较特殊。

1）只有一个排序集合，将对其中所有的通道进行寻道时间的优化。最差的情况就是跨两个时间周期，即对一个通道的读操作可以在前一个时间周期内首先执行，而在下一个周期中又最后执行。这样，两次读操作之间的时间大约是两次读周期的时间长度。

2）一个排序集合仅有一个通道，且在每一个读周期中读操作的次序固定，那么读操作之间的时间间隔最多为一个时间周期。由于没有对寻道进行优化，因此固定排序可能会有更长的读操作周期。

令 $T(s_i)$ 为对排序集合 S_j 执行读操作所需的最长的时间，其中包括寻道和其他开销。对于一个特定的通道 c，考虑最差的情况，所有对 c 的读请求都在 S 的读周期中第一个执行，而在下一周期时在最后一个执行，如图 11-3 所示。

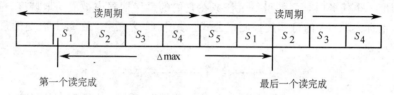

图 11-3   在多流中的特定通道所需的最大延迟

则最大的间隔时间 $\Delta\max$ 为：

$$\Delta\max = \sum_i T(S_i) + T(S_j - \{c\})$$

这说明，防止某通道在读操作之间发生数据短缺的必要条件是读足够多的数据，这样才能保证在读其他集合和读同一集合中其他通道时有足够的缓冲数据以供消耗。该公式可用于分析各种调度策略。当已知 $\Delta\max$ 后，则需要的最小缓冲为 $r_i \Delta\max + \beta$，其中 β 依赖于磁盘簇的大小。

4. 介质调度算法

在多进程的系统中，各个进程会不断请求文件系统的读/写操作。当进程发送请求的速度高于介质的响应速度时，将形成一个等待队列。传统操作系统有许多介质驱动调度算法，包括先来先服务（FCFS）、最短寻道时间优先（SSTF）、扫描法（SCAN）、循环扫描法（C-SCAN）、分组扫描法和电梯调度法等。它们的主要目标是减少寻道时间，提高数据的流量和对介质的随机存取，因此无法适用于有时限要求的实时任务。

为了使多媒体操作系统适应连续媒体的要求，就要将各种方法协调起来，以提供实时操作要求的稳定数据率。连续媒体的 I/O 系统不仅要满足周期性的实时请求，同时要在实时事务的时限内处理非周期任务的请求。

最著名的实时调度算法有 EDF 和 RMS，它们可使任务按优先级顺序执行，只是确定实时任务优先权的方法不同。

EDF 也称为最早截止时间优先算法。在 EDF 算法中，每个任务都是可剥夺的，根据每个任务的最后期限为其分配优先级。最后期限最早的任务会得到最高优先级，然后将其请求的资源赋给它。

EDF 算法是动态的，系统调度器在每一次就绪状态进行调度。也就是说，每个任务的优先级不是固定不变的，当新的任务到达时，EDF 进程必须抢占目前运行的任务，立即计算最早时限并重新分配每个任务的优先级。如果新的任务获得最高的优先级，将立即执行新的任务，被打断的任务则根据其重新获得的优先级在以后重新调度。

因此，EDF 算法的执行必然比较频繁，调度开销高，同时随着系统负载的增加，性能急剧下降，但处理机的利用率可以达到 100%。如果请求的服务时间可以预知，则 EDF 是一种可行的算法。

另一种与 EDF 相结合的调度算法是 SCAN-EDF，它既可以提供寻道优化，又可以按最早时限优先服务。对请求的服务一般按其请求顺序加以处理，如果几个请求的时限相同，那么就根据它们对应的位置进行处理。

5. 速率单调调度法

速率单调调度算法（RMS）是可抢占的调度算法，每个任务按照请求速率得到一个唯一的优先级，请求速率最高的任务的优先级最高，而且这种优先级别是不能动态调整的。当有更高优先级的任务加入时，它可以中断当前优先级较低的任务。速率单调算法不支持任务集合的调度和其他静态算法。

对于周期性任务而言，每个任务的周期和开始时间是可以给定的。可以根据速率单调调度算法决定每个任务的优先级，周期短的任务的优先级高。

当实时调度 n 个任务时，要使得每个任务在它们的最终期限内被成功地调度，必须满足下面公式，该公式也称为 RMA 的可调度性测试公式。其中 C_i 为任务 i 在每个周期的最长执行时间，T_i 为任务 i 的周期。

$$\frac{C_1}{T_1} + \frac{C_2}{T_2} + \cdots + \frac{C_i}{T_i} + \cdots + \frac{C_n}{T_n} \leqslant n\,(2^{1/n} - 1)$$

公式左边的结果为处理器的利用率 $U\,(n)$，一般情况下，U 的值随 n 的增加而下降，当 n 的值为无限时，最终收敛于 69%，也就是处理机差的最低利用率。对于非周期任务将处理为周期任务，同样可以赋予一个优先级。

6. 新一代智能存储架构

随着存储介质的不断改进，介质调度将出现更适用的技术。目前，在智能存储方面已出现了令人鼓舞的趋势。同时，基于对象的智能存储技术也成为研究热点。例如，新一代智能存储架构 ISTORE 是美国伯克利大学计算工程系 David Patterson 教授领导的课题组所研究的一个项目，该研究旨在从可用性、可维护性和自进化性方面改进海量存储系统的性能，达到智能存储和智能管理目的。其可用性是指当系统的硬件或软件出现故障时，系统仍能在满足 QoS 要求的情况下继续工作；可维护性是指无论系统怎样扩展和多么复杂，都要求最少的人工参与管理；自进化性是指系统的性能、可维护性和可用性应随它们的改进或扩展而自动提高。

ISTORE 使用专门的智能硬件和软件来构造海量的存储系统。其硬件主要由智能存储设备砖和智能底盘组成。智能存储设备砖由磁盘、快速嵌入式 CPU、内存和网络接口构成，智能存储底盘是可扩展的和可冗余的，由快速网络和 UPS 组成。ISTORE 的硬件结构具有：分布式处理、自我监控、即插即用、自动检测环境问题、自动诊断、内置的容错能力等优点。而软件结构则具备全分布的和不共享代码、冗余的数据存储、灵活的存储接口、重新激活自省功能等特点。

本章小结

多媒体操作系统是由于多媒体应用的引入而产生的，可以根据多媒体应用的环境、方式和工作重点分为多种类型。在网络环境下，多媒体通信是关键技术。在这个大前提下，主要有两种应用，一种分布式应用，操作系统更多地要考虑多媒体资源的远程共享、任务的分配问题；另一种是实时应用，这种应用更多地围绕连续媒体的多任务、同步和时限问题，更复杂的情况就是实时分布式环境。

适合多媒体应用的操作系统体系主要有扩展的传统操作系统和微内核两种，微内核中保留最基本的操作系统功能，而把其他大部分功能建立微内核之上，这样既能使微内核不至于越来越笨重，也有利于功能的扩建。

在数字视频、音频等连续媒体的网络应用中，对实时 QoS 的要求不断提高。因而在创建任务调度的算法时，必须充分考虑实时任务的多种特征，包括时限性、抢占性、周期性、优先性、重要性、组合性等。

思考题

1. 分时操作系统的工作重点围绕着什么而展开的？它具有哪些特点？
2. 实时系统具有哪些主要特征？举例说明它们的重要作用。
3. 在实时任务与时限的关系中，涉及哪些时限概念？
4. 分布式操作系统有哪些特征？它与实时操作系统的主要区别是什么？
5. 在采用微内核结构的操作系统中，微内核中包含哪些核心功能？在微内核外主要可完成哪些功能？用户怎样才能获得微内核的功能支持？
6. 微内核体系结构具有哪些优点？如何建立微内核上的操作系统？
7. 实时操作系统分为可抢占型和不可抢占型。它们的实时性分别取决于什么？
8. 可抢占型实时操作系统根据什么去抢占 CPU？它的抢占机制是怎样的？
9. 操作系统的任务调度算法可分为哪三类？它们分别适合什么环境的调度？
10. 多媒体操作系统可以用什么方式满足用户的 QoS 要求？
11. 实时 I/O 子系统的主要包括哪些功能？如何提高 I/O 的实时功能？
12. 实时线程具有哪些特性？一个应用程序是否可以设置线程的优先级大小？
13. 时限管理要解决什么问题？通常，计时错误程序将怎样处理计时错误？
14. 实时同步是连续媒体的关键特征，操作系统如何支持实时同步？
15. 任务间的同步和进程间协调的有哪几种方式？实时系统的进程通信中增加了哪些必要的信息？
16. 在单流固定回放中，什么时间播放最合适？为什么？这个时间又是如何得到的？
17. 对于多流固定回放，Gemmell 的模型应怎样避免数据短缺问题？
18. EDF 和 RMS 调度算法的特点分别是什么？它们有怎样的调度机制？

第 12 章　多媒体网络和通信技术

　　由于网络性能的不断提高以及各种业务的需要，多媒体的网络应用已经逐渐展开。同时，对网络的支持也提出了更高的要求，特别是在各种分布式系统中，多媒体应用系统对通信技术的要求越来越高。从这个角度看，人们在开发多媒体技术的同时也进一步推动了网络与通信技术的发展。

　　分布式多媒体网络应用最大的特征是具有实时性、交互性和多点通信，同时必须具有良好的服务质量，为了满足这种需求，不仅需要基础网络以及网络通信协议的支持，还必须注入 Qos 控制成分。本章主要介绍多媒体网络的要求、现有网络和实时支持协议。

12.1　多媒体计算机网络概述

　　多媒体数据的数据量大、格式类型复杂，因此基于网络通信的多媒体应用对网络性能提出了很高的要求。在这一节中，我们将对运行多媒体数据的网络应具备的基本性能和要求、网络多路复用技术、多媒体 QoS 控制等知识予以介绍。

12.1.1　多媒体网络的性能要求

　　对于实时性较强的多媒体网络应用，一旦多媒体数据流开始传输，就必须以稳定的速率传送到目标设备，以保证其平滑地回放。多媒体数据流不能有任何停滞和间断，网络拥堵、CPU争用或 I/O 瓶颈都可能导致传送的延迟，引起数据流传输阻塞。这就要求多媒体网络具有高带宽、高质量、同步服务、高可靠性和组播能力。

　　1. 高带宽

　　多媒体通信网络必须有足够高的带宽。因为因特网对多媒体应用的需求量大，且要求实时性、交互性、共享性和高质量，只有高带宽才能确保多媒体网络应用的实现。

　　一般来说，通过多媒体网络传输压缩的数字图像信号要求有 2~15Mbps 以上的速率（MPEG 1/2），而传输 CD 音质的声音信号要求有 1Mbps 以上的传输速率。

　　2. 高质量

　　网络必须满足多媒体通信的实时性和可靠性要求以保证服务质量。在许多具有实时性和交互性要求的应用中，为了获得真实感，必须保证音频、视频数据流平滑、无停顿和抖动，交互时具有快速响应速度。

　　这就要求降低延迟时间。所谓延迟时间是指从发送方发送到接收方收到所经过的时间，语音和图像的延时都要求小于 0.25 秒，静止的图像要求少于 1 秒，共享数据要求没有误码。

　　在通信子网上引起时间延迟的原因主要有接口延迟、传播延迟、输运延迟。延迟抖动值越小，对多媒体质量的影响就越小。在理想情况下，延迟抖动为零，但实际上因为网络拥阻、传输故障等诸多原因，延迟抖动的发生是不可避免的。

　　3. 同步服务

　　多媒体的同步要求包括媒体流间同步和媒体流内同步。因为传输的多媒体信息在时空上都是相互约束、相互关联的。

　　媒体流内同步指某种媒体流必须连续、流畅。例如，音频不能断断续续，图像各部分必须同时显示。媒体流间同步是指整体感觉，例如，声音与图像的同步。

多媒体通信系统必须正确反映它们之间的这种约束关系，并考虑延迟和抖动等诸多因素，分组传输媒体流，向接收方提供必需的数据流，以满足同步回放。

4. 高可靠性

要保证高质量的多媒体应用，网络传输必须可靠，这就意味着要实现无差错传递。衡量网络可靠的重要指标就是误码率，误码率表示误码出现的频率。

在传输中，信号衰变将改变信号的电压，导致信号在传输中遭到破坏，产生误码。在不同的网络协议层，可以分别计算位差错率、帧差错率和分组差错率。实际测量技术常使用循环冗余检查方式（CRC）来确定一段时间内发生的误码情况。CRC采用帧校验序列，由发送端开始传送，接收端查验结果是否正确。

在实际应用中，只要将误码率控制在较低的数量级上即可，不需要特别高的精度，因为人的感知度是有限的，细小的误码不会影响人们对质量的要求。

5. 组播能力

在网络应用中，除了点对点的通信外，常常需要多点通信。过去，消息类的业务不能满足人们的需要，许多应用业务要求多个用户能同时接收相同数据。

随着各种宽带网络应用（如 IP TV、视频会议、网络音频、网络视频、远程教育等）的推出，以及公众对信息的消费急剧增长，大量的带宽消耗对网络的服务提出了挑战。为了利用现有资源向用户提供高效、稳定的服务，需要用到组播技术。组播与广播的不同之处在于，它把相同的数据传送至相关的地址，这种技术能够缓解带宽的压力。

12.1.2 多路复用技术

在同一条通信线路上传送多路信号的技术叫做多路复用技术。多路复用技术可以提高信号传输能力、扩大容量、挖掘潜力，同时降低成本。常用的多路复用技术有频分多路复用（FDMA）、时分多路复用（TDMA）、码分多路复用（CDMA）和光码分多路复用（OCDMA），更有潜力的技术是波分复用（WDM）技术。

多路复用技术的基本原理是：采用调制技术将各路信号调制成互不混淆的已调制信号，然后进入同一个有线的或无线的传输介质，在接收方通过解调技术区分这些信号，并使它们恢复成原来的信号，从而达到多路复用的目的。

1. 频分多路复用

当介质的有效带宽超过被传输信号的带宽时，可以把多个信号调制在不同的载波频率上，从而实现在同一介质上同时传送多路信号。频分多路复用首先将传输频带分成 N 个互不交叠的频段，从而形成多个子信道。这样便可在一对传输线路上同时传送 N 路信号，每路信号占据其中一个频段，在接收端用适当的滤波器将多路信号分开，分别进行解调和终端处理。频分制通信又称载波通信，它是模拟通信的主要手段。

2. 时分多路复用

时分多路复用是对一个传输通道进行时间上互不重叠的等量分割，将一系列不连续的时间间隔组成一个子信道，每个子信道都占用相同的带宽并有一个固定的序号。每个时分复用帧所占的时间也相同，即在同步时分多路复用中，各路时间片的时间是预先确定的，而且各信号源的传输定时是同步的。

在时分多路复用系统中，N 个设备连接到同一条公共的通道上，按一定的次序轮流使用通道的时间。当轮到某个设备时，这个设备与通道接通，执行操作。与此同时，其他设备与通道的联系均被切断。时间间隔长度越短，则每个时分复用帧中所包含的时间片数就越多，所容纳的用户数也就越多。因此，这种利用时间上离散的脉冲组成相互不重叠的多路信号的时分多路复用技术广泛应用于数字通信。

3. 光复用技术

基于电子技术的网络的复杂性和成本的不断上升,光组网技术将日趋重要。目前,光传送网中可采用的技术主要有光密集波分复用(DWDM)、光时分复用(OTDM)和光码分复用(OCDMA)等。

波分复用(WDM)技术可使一段光波频率范围内不同波长的光波按一定时间间隔排列在一根光纤中传送,然后在收端通过光滤仪器进行解复用,以此来大幅度提高传输的带宽。光密集波分复用是波分复用技术的一种方式,DWDM 使用温度特性稳定的激光作为中心波长的定位以及窄带过滤,这样就能提供高密度的间隔信道,比较适合在单一的光纤上传输大量的数字视频信号。

目前,光码分复用已经成为一项热点技术,它可大大提高光纤的利用率,降低网络成本,简化网络管理,具有较高的网络安全性。OCDMA 技术在原理上与电码分复用(CDMA)技术相似,CDMA 是一种多址方案,它利用各路信号的代码相互正交来实现互不干扰。虽然已经成功地应用于卫星通信和蜂窝电话领域,但是受到卫星通信和移动通信中带宽的限制。OCDMA 通信系统给每个用户分配一个唯一的光正交码的码字作为该用户的地址码。在发送端,对要传输的数据的地址码进行光正交编码,从而实现信道复用。在接收端,用与发端相同的地址码进行光正交解码。其主要缺点是技术实现较困难,相位移光信号的利用率较低,许多关键问题还有待解决。

12.1.3 QoS 控制

QoS(Quality of Service,服务质量)是多媒体应用中的相当重要的概念。与它有关的技术就是 QoS 控制,这是用来解决网络延迟和阻塞等问题的一种技术。如果没有这种技术,许多多媒体实时应用系统就不能可靠地工作。

1. QoS 的参数

就网络性能来讲,QoS 主要与传输带宽、差错率、端到端的延迟、延迟抖动等参数有关。如果要定量描述各个参数值,就必须基于特定的环境、特定的应用和特定的期望。在中国的网络通信中,有许多符合国际标准的 QoS 指标。例如:

1)数字数据业务(DDN)的端到端数据传输比特差错率有国际和国内两种连接。

- 国际电路连接:是指用户/网络接口和 DDN 国际节点/国际电路接口之间的用户数据传输通路。传输比特差错率 $\leqslant 1 \times 10^{-6}$。
- 国内电路连接:是指在用户/网络接口之间的用户数据传输通路。传输比特差错率 $\leqslant 1 \times 10^{-6}$。

2)端到端数据传输时间。

端到端 DDN 数据传输时间是指端到端单方向的数据传输时间。对 64Kbps 的专用电路来说,这个值应小于等于 40ms。

要指出的是,对于连续媒体而言,虽然端到端的延迟和延迟抖动是两个非常关键的因素,但影响 QoS 的因素还来自网络通信、编解码方式、同步控制、成本核算以及人的主观和客观的感觉等。而且,在不同的应用系统中,QoS 参数集的定义也不同。例如,在话音频带租用电路业务中,对用于非电话业务,QoS 的参数包括:标称总衰减、衰减失真、群时延失真、总衰减随时间变化、随机噪声、脉冲噪声、相位抖动、总失真、单音干扰、频率偏差和谐波和交调失真等。

2. QoS 的体系结构

对于分布式多媒体系统,因为它涉及网络的各个层面,所以通常根据网络的体系结构来实施 QoS 控制。在 Internet 协议体系中,可将 QoS 分为 4 层,即应用层 QoS、传输层 QoS、网络层 QoS 和数据链路层 QoS。

(1)应用层 QoS

应用层 QoS 是指应用层能为用户提供的具体业务的服务质量,需要通过应用层的机制来实现 QoS 的控制。其涉及的内容主要包括:业务类型的划分、不同业务类型的 QoS 需求分析、业务相关的 QoS 参数的确定、QoS 参数的测量方法、QoS 参数对应的评测指标的确定等。

（2）传输层 QoS

传输层协议是面向连接的，提供端到端的数据传输服务。传输层 QoS 主要包括不同业务吞吐量控制、端到端延迟控制、端到端延迟抖动控制、传输优先级分配和控制、分组差错率控制。

（3）网络层 QoS

在网络层上工作的 QoS 协议（程序）主要支持路由选择和数据包的转发，通过中间节点的存储-转发机制。由于网络中存在很多的节点，如路由器、网关等，这些节点采用排队机制决定数据发放的顺序，也会产生各种延迟、时延抖动、丢包或差错，所以网络 QoS 同样要进行吞吐量、延迟、延迟抖动、分组丢失率和差错率控制。所涉及的内容包括网络 QoS 性能指标分配方法、网络 QoS 等级的划分、网络 QoS 性能参数的定义、网络 QoS 性能参数的测量、网络 QoS 性能参数所对应指标的确定。

（4）数据链路层 QoS

数据链路层协议实现对物理介质的访问控制。IP 网络的链路层可以采用多种技术（如以太网、ATM、帧中继等）来实现，网络性能上可能存在较大的差异，因此，链路层 QoS 也与所采用的具体技术有关。链路层 QoS 的主要研究内容包括数据链路层相关的 QoS 参数的定义、链路层 QoS 参数测量方法的研究、链路层 QoS 参数所对应评测指标的确定。

目前，对于采用 ATM、帧中继的链路层 QoS 问题，可以参照相关的 ITU 建议，但采用以太网的链路层 QoS 的问题仍没有解决。

3. QoS 的关键技术

QoS 控制技术中最关键的是拥塞控制技术和差错控制技术。这两种技术分别解决对网络带宽的变化的反应能力和处理分组丢失的问题。

（1）拥塞控制技术

为了避免网络阻塞，降低时延和丢包率，网络必须及时做出反应。常用的拥塞控制机制有速率控制和速率整形。视频流的拥塞控制主要使用速率控制，其思想是使一个视频连接的需求与整个链路的可用带宽相匹配，以使网络拥塞和包丢失率达到最小。

速率控制机制可以基于源端、基于目的或者同时基于两者。在基于源端的控制中，视频源端收集反馈信息，进行控制计算并采取相应的控制。在基于目的端的控制中，主要根据所接收的视频流的状况向上层提供相应的统计信息，实时调整缓冲及播放内容。

（2）差错控制技术

网络中不可避免地会存在数据包丢失现象，有时，时延过大的分组也会被丢弃，从而降低了视频质量。差错控制技术包括：

1）前向纠错：在传输的码流中加入纠错用的冗余信息，当发生包丢失时，利用冗余信息恢复丢失的信息。但这样会增加编码时延和传输带宽。

2）延迟约束的重传：通常流的播放有时间限制，当重传的时间小于正常的播放时间时，可以进行重传。

3）错误弹性编码：在编码中通过适当的控制尽量降低发生数据的丢失后的质量影响。最典型的方法是多描述编码，它把原始的视频序列压缩成多位流，每个流对应一种描述，提供可接受的视觉质量，利用多个描述来提供更好的质量。

4）错误的取消：当发生错误后，接收端主要通过时间和空间的插值法来进行数据补偿，以尽量削弱对人的视觉影响。

12.2 局域网

局域网（Local Area Network，LAN）是范围较小的计算机网络，它通过特定类型的传输媒体和网络适配器将计算机互连在一起，并受网络操作系统监控。局域网可以在网内获得很高的通信速率，实现多媒体数据传输等应用。但是，组网方式不同，局域网的性能也存在着很大的差异，因而在不同程度上影响着多媒体的运行效果。下面首先来了解局域网的组网类型，然后介绍适合运行多媒体的快速以太网、千兆以太网和 FDDI 网络。

12.2.1 局域网组网类型

根据所采用的组网部件，局域网可分为共享式局域网和交换式局域网。

1. 共享式局域网

所谓共享式局域网就是网络建立在共享介质的基础上，网络上所有的站点共享一条公共的传输通道，每个站点以抢占方式使用该通道。任何时刻，最多只允许一对站点占用通道。传统的以太网、快速以太网、FDDI 和令牌环网等都是共享介质和带宽的。

在共享式局域网中，对公共信道的访问由 MAC（CSMA/CD、Token Ring）协议控制，但 MAC 的处理会增加网络延时，影响网络效率，降低带宽利用率。

CSMA/CD 是一种载波监听多路访问/冲突检测方法，它让设备采用试发数据帧的形式，检测是否可以使用信道，若不成功则再试发。在网络负载较重时，会大量发生冲突和重发，这时网络效率将急剧下降。

共享式局域网共享带宽，对于一个带宽为 10Mbps 的以太网来说，当网上连接了 n 个站点时，每个站点所能获得的平均带宽仅为 $(10/n)$ Mbps。

2. 交换式局域网

交换式局域网技术能够解决共享式局域网的低效率、低带宽及扩展性差等问题，从根本上改变局域网的共享式结构和性能。目前已有交换以太网、交换令牌环、交换 FDDI 和 ATM 等交换局域网。

交换式局域网以数据链路层的帧或更小的信元为数据交换单位，以交换设备为核心设备。各个站点通过专用链路连接到交换机的一个端口上，交换机使每个端口上的站点都独享通道和带宽。网络的总带宽通常为各个交换端口带宽之和，这样，网络的性能就不会因为网络负载加重而下降。

交换机可以提供多个站点的接入，同时建立多条通信链路，可让多对站点同时通信，从而大大地提高网络的利用率。

交换机局域网的优点是交换延迟低、易扩展、无差错检查。

LAN 中常见的网络类型主要有以太网（Ethernet）、令牌环网（Token Ring）、令牌总线（Token Bus）以及作为这三种网的骨干网光纤分布数据接口（FDDI）。它们遵循 802 系列标准，目前共有 11 个与局域网有关的标准，它们分别是：

- IEEE 802.1——通用网络概念及网桥等。
- IEEE 802.2——逻辑链路控制等。
- IEEE 802.3——CSMA/CD 访问方法及物理层规定。
- IEEE 802.4——ARCnet 总线结构及访问方法，物理层规定。
- IEEE 802.5——令牌环访问方法及物理层规定等。
- IEEE 802.6——城域网的访问方法及物理层规定。
- IEEE 802.7——宽带局域网。
- IEEE 802.8——光纤局域网（FDDI）。
- IEEE 802.9——ISDN 局域网。
- IEEE 802.10——网络的安全。
- IEEE 802.11——无线局域网。

12.2.2 快速以太网

快速以太网（Fast Ethernet）保留传统以太网的所有特征，如帧格式、介质访问控制方法、拓扑结构、技术规范和组网方法，但将传统以太网的数据传输速率提高到 100Mbps。

1. 快速以太网标准

1995 年制定了快速以太网采用新标准，编号为 IEEE 802.3u。它包括物理层规范 100Base-Tx、100Base-T4、100Base-Fx，同时支持结构化布线方式，包括 3 类、4 类、5 类非屏蔽双绞线（UTP）、150Ω 屏蔽双绞线（STP）以及光纤。

- 100Base-Tx：支持 2 对 5 类非屏蔽双绞线或 2 对 5 类屏蔽双绞线，是一个全双工系统，每个节点可以同时以 100Mbps 的速率发送与接收数据。
- 100Base-T4：支持 4 对 3 类、4 类、5 类非屏蔽双绞线。
- 100Base-Fx：支持 2 对多膜或单膜光纤，它主要用作高速主干网，从节点到集线器的距离可以达到 450m。

2. 快速以太网交换技术

快速以太网从实质上提高了网络性能，并解决了服务器、客户、网络交换中心的多端连接和快速的数据交换，因此实现了局域网的多媒体通信应用。如果在快速以太网交换器之间采用千兆位的全双工链路，就可以增加主干网的带宽。

快速以太网采用交换技术，主要有两种应用形式：

（1）折叠式主干网结构

所有连接通过 10（或 100）Base-T 本地中继器连接到中央交换器。服务器通过一条 100Mbps 的链路接到交换器，同时能够为多个 10Mbps 的客户提供数据。

（2）高速服务器连接

有两种连接方式，可以选择 100Mbps 的中继器连接所有客户机，也可以选择 10Mbps 的交换器，然后通过 100Mbps 的链路连接至中央交换器。

12.2.3 千兆以太网

千兆以太网的速度已可达到 1000Mbps，主要用于网络核心与服务器连接、聚合高速工作站的骨干连接。

1. 千兆以太网的标准

千兆以太网的标准为 IEEE 802.3z 和 IEEE 802.3ab，MAC 层仍然采用 CSMA/CD 方法。新标准定义了接口 GMII、管理、中继器操作、拓扑规则及四种物理层信令系统。

2. 介质访问方式

介质访问可采用全双工和半双工方式。

IEEE 802.3z 制定的方案是光纤和屏蔽跨接电缆集合（"短距离铜线"），链路操作模式为全双工，即在两点之间可以同时发送和接收帧。

IEEE 802.3ab 制定的方案是基于 4 对 5 类缆线的"长距铜线"，其标准为 4 对 5 类 UTP、最大长度为 100 米的千兆以太网连接。链路操作模式为半双工，两点之间轮流方式发送和接收帧，由 CSMA/CD 协议解决介质争用问题。

3. 物理层信令系统

物理层信令系统中定义了数据链路的物理、电气特性以及数据链路的接入方式。可以是双绞线、卫星链路、光纤等传输媒介的一种。例如，1000Base-SX（短波长光纤）、1000Base-LX（长波长光纤）、1000Base-CX（短距离铜线）和 1000Base-T（100 米 4 对 5 类 UTP）。

4. 千兆位介质独立接口

在千兆位以太网结构中，MAC 子层和物理层之间增加了一个千兆位介质独立接口（Gigabit Media Independent Interface，GMII），目的是使 MAC 子层从底层的协议中分离出来，便于实现与不同类型的介质相连接，从而提高千兆位以太网的可扩展性和适应性。

12.2.4 FDDI 网络

FDDI（光纤分布数据接口）是一个以光纤为介质的高性能高速标记环网。FDDI 常常作为主干网，以光缆为传输介质，运行速度可以达到 100Mbps。使用多模光纤时的站间距离可达 2km，如果使用单模光纤可使站间距离超过 20km。

1. FDDI 标准

FDDI 的标准为 IEEE 802.8，它沿用了 IEEE 802 系列局域网的设计规范，采用令牌环访问控制技术。访问控制基于 IEEE 802.5 的单标记的环网介质访问控制协议，但又能采用多标记数据帧的传输协议。

2. FDDI 的组成

FDDI 网由光纤电缆、FDDI 适配器、FDDI 适配器与光纤相连的连接器连接而成。

网络适配器有双连接和单连接两种。双连接网络适配器可使工作站直接连接到双环网络上；而使用单连接网络适配器，则必须先集中到工作站以后与双环网络连接。

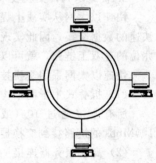

如图 12-1 所示，FDDI 采用逆向双环结构，其中一个环为主环，另一个环为备用环。主环作为数据传输的正常信道，次环仅在主环发生故障时启用，因而 FDDI 网具有较强的容错能力。

FDDI 的数据帧内含有前导码，前导码用于高数据率下的时钟同步，允许网内使用 16 位和 48 位地址，没有有限位和预约位。

图 12-1　FDDI 光纤网拓扑

12.3　广域网

广域网（Wide Area Network，WAN）是地理位置分布广泛的互联网。为了适应多媒体应用的需要，支持流媒体和 QoS 管理，目前已经有许多基于光纤传输的广域网。例如同步光纤网（SONET）、同步数据系列（SDH）、密集波分复用（DWDM）、数字数据网（DDN）以及帧中继网（FR）、ISDN 网等。

12.3.1 X.25 网络

X.25 是一种分组交换网，是 CCITT（ITU）建议的一种协议，它定义了在公用数据网上，以分组方式进行操作的 DTE 和 DCE 之间的接口。其中包括三级通信协议：物理级、链路级和分组级，它们的功能对应于 ISO/OSI 参考模型的低三层。X.25 的物理级定义如何利用物理的、电器的、功能的和规程的特性在 DTE 和 DCE 之间建立、保持和拆除物理链路的一整套功能。

1. 分组交换方式

分组交换是一种存储转发的交换方式，它将要传递的数据源按定长分组，以分组为单位进行存储转发。分组交换利用统计时分复用技术，通过虚电路（V.C）实现数据的分组传送。虚电路是分组交换散列网络上的两个或多个端点间的链路。它为两个端点间提供面向连接的会话。提前定义好一条临时或专用的路径，可以改进性能，并且消除帧和分组对头的需求，从而增加吞吐率。从技术上看，可以通过改变分组交换网络的物理路径，避免拥挤和失效线路，但是两个端系统要保持一条连接，并根据需要改变路径描述。

分组交换中有 SVC 和 PVC 两种交换方式。SVC 是交换虚电路，是端点站点之间的一种临时性连接。发送端需要传递数据时，首先通过呼叫程序建立电路，这种基于呼叫建立的电路称为虚电路。数据在虚电路进行传递，数据传输结束后将通过拆线程序拆除虚电路。

PVC 是永久虚电路，是一种提前定义好的连接。永久虚电路在分组网内两个终端之间申请合同期间提供永久逻辑连接，无需呼叫建立与拆线程序。

一个遵守 X.121 的数据网在 DTE 与 DCE 之间的链路最多有 $2^{12}-1=4095$ 条虚拟线路，每个报文分组都包括 12 位的虚拟线路号码，其中 4 位是逻辑组号，8 位是逻辑通道号。

2. 分组交换网结构

分组交换数据网由分组交换机、网管中心、远程集中器、分组装拆设备、传输设备和介质、用户接入设备组成。

分组交换机是核心设备，交换机有中转交换机和交换机。交换机的主要功能是实行分组的存储转发，提供分组网服务的支持，与网路管理中心协同完成路由选择、监测、计费、控制等。

网管中心主要实施网路管理、用户管理、测量管理、计费管理、运行及维护管理、路由管理、搜集网路统计信息以及必要的控制功能等。

远程集中器的功能类似于分组交换机，它只与一个分组交换机相连，无路由功能，一般装在电信部门。

分组装拆设备在发送端是把需传递的数据流分拆、插入标记和序号、打包成分组，在接收方将收到的分组包合成还原。

3. 分组交换网特点

分组交换网具有易于安装和维护、网管能力强、中继线的电路利用率高、数据适应性强、多逻辑信道连接、误码率小等优点。但由于分组交换网包含分组和检错等过程，传输有一定的延迟，因而会影响多媒体实时的应用。

12.3.2 帧中继网

帧中继（Frame Relay，FR）是从 X.25 分组通信技术演变而来的，是广域网通信的一种方式，主要用于传递数据业务，它简化了 X.25 分组网中分组交换机之间的恢复差错、防止拥塞的处理过程，帧中继将分层通信层协议简化为两层，由于缩短了处理时间，因而提高了效率。

帧中继业务是一种实现用户信息的双向透明传送，并保持其顺序不变的一种承载业务，通过用户设备和帧中继网络之间的标准接口面向用户。帧中继上可承载流行的 IP 业务，并不断发展话音传输技术。

1. 帧中继网络结构

帧中继网络结构包括 FR 网络、交换机和传输介质。帧中继网络是由许多帧中继交换机通过中继电路连接组成，帧中继的主要接口包括 FR-UNI 和 FR-NNI。

FR-UNI（User-Network Interface）接口主要连接 FR 路由器/FRAD 与 FR 网络，用于将本地用户设备接入帧中继网。FR-NNI（Network-Network Interface）主要用于 FR 网络内部交换机与交换机之间或 FR 网络和另一个 FR 网络之间的连接。

帧中继接入设备可以是标准的帧中继终端、帧中继装/拆设备以及路由器，如图 12-2 所示。用户设备接入帧中继网时，应采用帧中继网络设备支持的兼容标准。标准协议可以是 ITU-T 的 Q.922/Q.933、ANSI 的 T1.617/T1.618 和帧中继 FRF.1/FRF.4 中任意一个。

图 12-2　帧中继网络连接

要通过帧中继实现两个局域网的互连,必须使用路由器或 FRAD(帧中继拆装设备)。通过它们首先将发送方局域网的帧打包成 FR 的帧,然后送入 FR 网络进行传送。由接收方的路由器或 FRAD 将来自 FR 网络的中继帧进行解包,并转换为以太网帧格式,并送入接收方局域网。

用户接入方式主要有 LAN 接入、终端和专用帧中继网三种形式。

2. 帧中继传输模式

帧中继使用一组规程以帧的形式有效地传送数据信息。实际传送是基于逻辑连接的,它采用复用技术在一个物理连接上建立多条逻辑信道,从而实现带宽的复用和动态分配。

帧中继类似于分组交换,它沿用分组交换把数据组成不可分割的帧的方法,以帧为单位进行发送、接收和处理。帧的长度可大可小,最大帧长度可达 1600 字节/帧,这比 X.25 分组的长度要长得多,非常适合封装局域网的数据单元,适合传送突发业务,如压缩视频、WWW 通信等。

帧中继的帧格式中没有控制字段。在传输过程中,帧中继节点对每个要转发的帧不进行管理、流控和错误检查,只根据帧头部的目的地址信息立即转发该帧。有些情况下,帧中继节点可以不等帧完整地到达之前就开始转发。把帧检查的任务留给终端节点,当发现丢失了帧时,即请求重发。

3. 帧中继的特点

帧中继遵从 ISDN 用户数据与信令分离的原则,简化了工作过程。使用快速分组交换,可以在节点接收一个帧时就转发此帧,处理效率高,网络吞吐量高,通信时延低,所以传输速率较高,可达 64Kbps～2Mbps,甚至更高。同时,通过终端节点的检查降低了误码率,从而为用户提供质量更高的快速分组交换服务。

12.3.3 ATM 网

ATM(Asynchronous Transfer Mode,异步传输模式)是 ITU-T 制定的标准,实际是一种快速分组交换(Fast Packet Switching,FPS)技术。

1. ATM 传输模式

(1) ATM 信元

ATM 是一种异步传输模式,它以 ATM 信元(Cell)为基本传递单位。信元是固定长度的数据分组,数据分组包总共有 53 个字节,分为信元头和信元域 2 个部分。如图 12-3 所示,信元头主要完成寻址的功能,信元域可描述用户需传送的信息。所以,ATM 的这种以信元为特征的交换也称为信元交换技术。所有被传送的数字声音、图像等多媒体数据都被分割成一个个小块,作为小信元在 ATM 网络中传输。

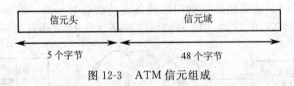

图 12-3   ATM 信元组成

(2) ATM 工作原理

在 ATM 网中,同一个信源被分为具有同一标志的有序信元包,ATM 系统将来自不同信息源的信元送入缓冲器,并按信元到达的先后顺序以及优先级别排列,然后排队输出到传输线路上,形成首尾相接的信元流。

ATM 采用异步时分复用技术。如图 12-4 所示,在传输线上,具有同样标志的信元不按周期出现,也不对应相同的时割,所以是异步传输模式。按照实际业务信息量来占用网络资源,使网络资源得到最大限度的利用。

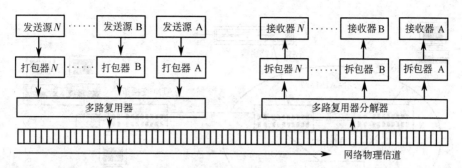

图 12-4　ATM 信源的发送和接收

通信开始时，首先建立虚电路，并将虚电路标志写入信元头，各网络节点利用虚电路完成信元交换。信元到达目标地后，释放虚电路。在一条物理链路上，可同时建立多条承载不同业务（如语音、图像、文件传输等）的虚电路。

ATM 信元将根据信元的地址选择合适的路由，沿途可能经过若干交换节点，到达目标接收地，接收器将按序号组合还原为原来的信息。

ATM 的网络环境由 ATM 终端系统和 ATM 网络组成，而 ATM 网络由 ATM 交换机和传输介质组成。ATM 交换机具备多种接口，所用的传输介质主要是双绞线和光纤。

（3）ATM 主要接口

ATM 主要有以下三种接口：

- UNI（User-Network Interface）：用户网络接口，它是用户设备与网络之间的接口，直接面向用户。UNI 接口定义物理传输线路的接口标准、ATM 层标准、UNI 信令、OAM 功能和管理功能等。

- NNI（Network to Network/Network Node Interface）：网络节点接口的接口，常用于两个交换机之间，它定义了物理层、ATM 层等各层的规范，以及信令等功能。NNI 可以分为公用 NNI 和专用 NNI 两种类型。公用 NNI 用于公用网络交换节点之间的接口，专用 NNI 是用于专用网络交换节点之间的接口。

- B-ICI（BISDN Inter-Carrier Interface）：两个公用 ATM 网之间的接口，它在 NNI 接口的基础上，定义了支持不同网络间的多种业务传送的方法。

（4）ATM 网的应用

根据 ATM 网的应用，ATM 网可分为三种类型：公用 ATM 网、专用 ATM 网和 ATM 接入网。ATM 的网络连接方式如图 12-5 所示，通过公用交换机可以连接支持 ATM 协议的路由器、装有 ATM 卡的主机或专用 ATM 子网。

公用 ATM 网可作为骨干网构成广域网，骨干网可由许多 ATM 交换机通过网络节点间的接口（NNI）连接而成。公用 ATM 网通过用户网络接口（UNI）连接各专用 ATM 网和 ATM 终端。公用 ATM 网的主要功能是保障各种网络的互通、支持多种多媒体业务的使用，应具备一系列维护、管理和计费措施。

专用 ATM 网主要用于企业内部的局域网互连或直接构成 ATM LAN，便于在局域网上实现高质量的多媒体应用和高速数据传送。

接入 ATM 网主要指在各种接入网中使用 ATM 技术，传送 ATM 信元，提供基于 ATM 的业务，包括普通话音、DSL 话音、高速数据和视频。如基于 ATM 的无源光纤网络（APON）、混合光纤同轴（HFC）、非对称数字环路（ADSL）以及利用 ATM 的无线接入技术等。

2．ATM 技术的特点

ATM 技术交换过程简单，不设数据校验，采用易于处理的固定信元格式。对网上用户数据进行实时监控，由终端进行差错控制和流量控制，尽量减低网络的拥挤度。因此 ATM 传输时延

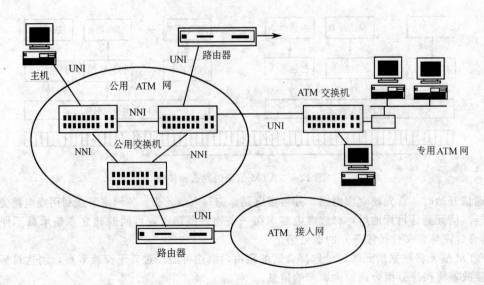

图 12-5　ATM 网连接

小、实时性好。利用 ATM 技术，不同业务享受不同的"特权"，如实时性特权、正确性特权。
它以面向连接的方式工作，提高了处理速度、保证质量、降低时延和信元丢失率。

　　ATM 技术从协议机制上支持多媒体应用。它具有独立的组播支持能力，并可以为多媒体应
用预留资源以提供有 QoS 保证的服务。同时，可采用不同的传输媒体，提供不同的传输速率物
理接口。

12.3.4　IP 宽带网

　　近年来光缆技术的渐趋成熟，为架构宽带 IP 网提供了良好的物理基础，使网络设计朝着更
适合于多媒体应用的方向发展。

　　1. 宽带 IP 网的特点

　　宽带 IP 网具有传输距离远、速度快、延迟低、实时性好、误码率低、接入方便灵活、可靠
性等许多优点。由于 IP 数据格式和以太网的帧格式相同，基于单模光纤的千兆以太网的信号不
易衰减，不需要信号的中继就可实现 100 公里以上的长距离传输。所以，利用以太网互连可以构
成各种范围的网络，而且互联网冗余的连接形式提供了多通道、可选择路由的传输方式。

　　宽带 IP 具有可管理性和可扩充性，它支持高速上网、带宽租用、虚拟专用网（VPN）、窄带
拨号接入、视频、话音各种多媒体业务。

　　2. 宽带 IP 网技术

　　宽带 IP 网的网络结构主要由核心层、汇聚层和接入层构成。其中核心层和汇聚层的设计是
至关重要的，因为核心层网络要负责实施数据的高速转发，而汇聚层的主要任务是扩大核心层
节点的业务覆盖范围，它要为核心层组织资源、管理资源，以利于实现 IP 多媒体业务的应用。

　　宽带 IP 网络的接入层的主要功能是通过其网络节点将不同地理分布的用户快速有效地接入
骨干网。支持高速接入的技术主要有 LAN、xDSL、Cable Modem 与 HFC、LMDS 等。通过这些
高速接入技术，使宽带 IP 多媒体通信网能成功地服务于分布式多媒体的应用。

　　宽带 IP 网骨干网络的设计必须保证在安全、可靠、高质量和具有良好的流量控制的基础上
实现核心层网络的高速交换和转发。利用现有的许多高速传输技术可建设网络连接和数据交换
的平台，如 GE（千兆以太网）技术、ATM 技术、POS（Packet Over SDH）技术、DPT（动态
包交换）等。距离较远的骨干网以 IP over SDH（POS）为主。POS 基于互联网工程任务组
（IETF）定义的 IP/PPP/HDLC/SDH 结构（RFC 2615、RFC 1662）。要建设基于光缆的宽带 IP

城域网，则采用 GE 路由交换和 DWDM 技术更为经济和高效。

12.3.5 数字数据网

数字数据网（Digital Data Network，DDN）是用数字信道传输数据信号的数字数据网，它利用光纤、数字微波、卫星信道、普通电缆和双绞线连接数字交叉复用设备组成数字传输通道，目前广泛应用于售票联网、银行联网、智能管理、多媒体业务联网通信。

1. DDN 的特点

DDN 的主干基于光纤的传输，因而具有传输质量高、网络时延小、通信速率可变、高速、安全、可靠等优点。DDN 可支持网络层以上的任何协议，可实现点对点通信、点对多点通信、广播通信、轮询通信，适用于各种会话式、查询式的远程终端与中心主机互连。可支持多种多媒体业务，能够满足业务量大、实时性强的多媒体需求。

2. DDN 技术

DDN 使用数字时分复用技术建立数据传输通道，以光纤为中继干线网络，DDN 节点和节点之间通过光纤连接，形成网状形的拓扑结构，用户的终端设备通过数据终端单元（DTU）与就近的节点机相连。DDN 是同步数据传输网，不具备交换功能，采用同步转移模式的时分复用技术，根据与数据通信相关的协议和规程，在固定的时隙预先设定通道带宽和速率，然后按时隙识别通道来完成数据的传输。这样，可满足客户对不同通信速率的要求。

DDN 网有准同步、主从同步和相互同步三种同步方式。准同步按 ITU-T G.811 标准，保证全网各节点的定时信号一致性，是国际间采用的推荐方式。主从同步是通过把从时钟相位锁定在主时钟的参考定时上达到同步。在不能采用与数字同步网所在局统一时钟的情况下，DDN 网上各节点采用主从等级同步方式。

由于我国的 DDN 同步网分为以下四级：

长途网	第一级：基准时钟
	第二级：A 类（一级和二级长途中心、国际局时钟）、B 类（三级和四级长途中心时钟）
本地网	第三级：汇接局、端局时钟
	第四级：远端模块、数字 PBX、数字终端设备时钟

因此各 DDN 节点应根据它所在的位置，优先安排从连到高等级的数字通道上提取参考基准信号。相互同步是一种没有唯一参考时钟的同步方式。局统一供给标准频率信号，DDN 节点应优先使用统一的局时钟，以保持与数字传输网同步。

DDN 通过路由器和专线接入 CHINANET，并可获得真实的因特网 IP 地址，接入速率可达 9.6Kbps～2Mbps 或更高。

如图 12-6 所示，路由器通过 RJ45 控制口并双绞线可连接本地网络或计算机。在 DDN 网络

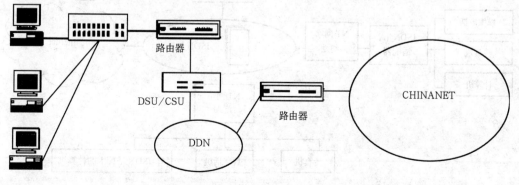

图 12-6　DDN 网络环境

和用户之间常采用 DSU/CSU 设备提供控制、检测和服务，这些 DSU/CSU 设备可以是调制解调器、基带传输设备、时分复用、语音/数据复用等设备。同时，通过网上的所有终端和工作站均可享用 Internet 的服务。

12.3.6 ISDN

ISDN（Integrated Services Digital Network，综合业务数字网）是在综合数码电话网（IDN）基础上发展而成的通信网，只需电话端口即可实现多媒体数据的同时传送。ISDN 能提供端到端的数字连接，可以统一处理各种多媒体的远程通信。

1. ISDN 的特点

ISDN 支持端到端的数码连接，将用户终端之间的传输全部数码化，被传输数码信号可直接被数字设备处理。它用一个网络为用户提供各种多媒体通信业务。

ISDN 提供标准的用户-网络接口，便于各种终端接入。不同的终端设备只要遵循这种标准并具备 ISDN 接口就可以接入 ISDN 网络。ISDN 终端具有智能性、移动性、兼容性、信息显示等特性。

2. ISDN 的技术

ISDN 在功能上是一个开放式网络结构，采用 OSI 的 7 层原则，根据宽带的不同可分为 N-ISDN 和 B-ISDN 两类。

N-ISDN 提供基本速率接口（BRI）和基群速率接口（PRI）两种接口。基本速率接口包括两个独立工作的 B 信道（64Kbps）和一个 D 信道（16Kbps），因此在一条用户线上就可以连接 3 台设备并可同时工作。B 信道一般用来传输话音、数据和图像，D 信道用来传输信令或分组信息，总带宽为 144Kbps。一次基群速率接口通常是 30B+D（2Mbps）。

B-ISDN 可以向用户提供 155Mbps 以上的通信能力。单一的综合网支持各种不同类型、不同速率的业务，不但包括连续型业务，还包括突发型宽带业务，包括低速率的窄带业务、宽带分布型业务（电视）和宽带交互型通信业务（可视电话、会议）。

B-ISDN 技术建立在 SONET、SDH、ATM 等技术之上，它同时支持面向连接和面向无连接的网络服务，可支持多媒体业务、局域网的互连、大容量数据文件传送、HDTV 视频图像传送和三维图像传送。

3. ISDN 的网络连接

ISDN 通过专线接入因特网，面向用户的连接通过 ISDN 的 NT 网络终端设备输出，NT 网络终端可以直接连接路由器、数字设备或 ISDN TA 适配器，ISDN TA 主要提供用户的数字和模拟设备的混合接入，如图 12-7 所示。

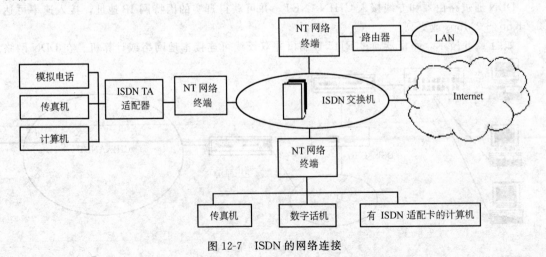

图 12-7 ISDN 的网络连接

12. 3. 7 SONET

SONET（Synchronous Optical Network，同步光纤网）是美国 Bellcore 公司于 20 世纪 80 年代提出的，1988 年被国际电信联盟标准化组织（CCITT）采纳并重新定名为同步数字系列（SDH），使之成为适合于光纤、微波和卫星传输的通用技术。它将语音、视频及数据在强大可靠的单个传输机制上进行了完美组合，通常将 SDH/SONET 称为光同步数字传输网，它是宽带综合数字网（B-ISDN）的基础之一。

1. SDH/SONET 的特点

在数字通信系统中，以往的 PDH（准同步数字系列）比较适合点到点的通信，但实现各种数据格式的互通非常困难。SDH（同步数字体系）基于时分复用技术的，能够适应现代电信业务开发管理的需要的传输体系。

SONET 是高速、大容量光纤传输技术和高度灵活且便于控制的智能网技术的有机结合。SONET 主要具有线路复用（将低数据率复用成高数据率）、提供大容量传输带宽、监测网络性能和提高网络生存力 4 种功能。

2. SONET 的技术

SONET/SDH 最关键的技术是交换系统的疏导结构的扩展，随着系统容量不断增加，系统必须满足日益增长的带宽要求。

SONET/SDH 的新型交换技术采用分层内存架构，把交换元素组整体作为单个元素，从元素架构开始进行线性扩展。如果每个线路卡与结构卡之间有四个数据链接，线路卡的每一数据字节均可在四个数据链接间进行扩展，那么很容易扩展交换结构的汇集容量。如果每个结构元素的容量为 160G，那么在分层技术中仅利用 4 个结构元素便可线性扩展到 640G。

分层架构技术使系统变得更加经济高效。通过扩展的 SONET/SDH 串行接口标准化或 ESSI 将进一步降低系统的成本及复杂性，从而将控制、定时及开销管理等多个功能子系统集中到一个物理子系统中。ESSI 是一种增强型同步串行口，与广泛的串行技术兼容，它可定义帧、传输及路径三个功能层。目前，ESSI 帧层可定义以 622.08Mbps 和 2488.32Mbps 速率运行的串行链接。

采用新的关键技术，能使多业务供应平台提供服务可扩展性、动态服务供应及更高的网络可管理性。同时，通过多种容器 C（Container）和虚容器 VC（Virtual Container）以及级联和复帧结构的定义，可以支持多种电路层业务（包括各种速率的异步数字系列，如 FDDI 和 ATM 等）。

要指出的是，SONET 并不具备应付不可预测的扩充能力。未来的全光因特网将可以提供传输容量和传输距离都不受限制的主干网络。

12. 4 IP 网络相关通信协议

在 IP 网络中，通信协议是至关重要的。首先要提到的是 IP 协议，它是网络操作系统相互之间进行通信的标准机制。在通信过程中，还需要一些协议来解决信道的传输控制、多媒体服务质量、成员协调等问题，下面将介绍一些较重要的协议。

12. 4. 1 IP 协议

IP 协议的全称为 Internet Protocol（互联网协议），主要用于 IP 寻址、路由选择和 IP 数据包的分割和组装。该协议于 1970 年由美国国防部开发研究，并成功地用于 UNIX 系统平台，它工作在因特网协议的互联层。

今天，IP 协议已经成为网络操作系统相互之间进行通信的标准机制，是整个因特网网络体系结构的核心，也是互连层和应用层等高层协议的基础。除了可以提供网络路由之外，IP 协议还具有错误控制以及网络分段等功能。

1. IPv4

目前广泛采用的 IP 协议是 IPv4。随着全球范围内计算机网络的爆炸性增长，业务量的急剧增加以及多媒体对服务质量的要求的提高，IPv4 日益显露出在地址空间不够、对现有的路由技术欠支持、无法提供多种 QoS 支持方面的不足。

（1）地址空间

IPv4 的地址位数为 32 个二进制位，所能分配的主机地址的数目相当有限。

（2）支持现有路由

传统路由器的主要功能是实现路由选择与网络互连，即通过一定的途径获得子网的拓扑信息与各物理线路的网络特性，并通过一定的路由算法获得到达各子网的最佳路径，建立相应路由表，从而完成每个 IP 包的传递。同时，它必须处理不同的链路协议。IP 包途经每个路由器时，需经过排队、协议处理和寻址选择路由等软件处理环节，造成延时加大。

路由器寻找目标地址时是按地址描写的层次逐级寻找的，同一层次的地址越多，横向同层的判别也越多，所建立的路由表就越长，延时就越长。如果增加地址描写的层次，虽然要增加纵向层的判别，但可以提高整体路由判别的速度。IPv4 支持的地址层次不够丰富，它不能适应网络数目的增长而导致的路由表的迅速增长，因而造成路由选择等待时间的增大，使路由器成为了网络传输的瓶颈。

（3）无法提供多种 QoS 支持

网络的多媒体业务要求网络互联的低层协议能按需提供不同的 QoS 服务，但是 IPv4 并没有考虑这些因素，而是靠其他各种协议来帮助解决，如 RSVP（宽带预留协议）、RTP/RTCP（支持实时业务协议）、SSL（支持加密和身份认证协议）等。

2. IPv6

IPv6 是下一版本的因特网协议。由于 IPv4 的广泛运用，新的 IPv6 的设计要考虑与 IPv4 的兼容性，以便过渡时期可以同时使用 IPv4 和 IPv6，今后逐步由 IPv4 向 IPv6 过渡。

IPv6 以旧版本为基础，它也是无连接型的，在网络层中没有差错控制和流量控制。为了扩大地址空间，IPv6 重新定义了地址空间。它采用 128 位地址长度，彻底地解决了地址短缺问题。此外，还考虑了 IPv4 中难以解决的一些问题，主要包括端到端 IP 连接、服务质量（QoS）、安全性、多播、移动性、即插即用等。

（1）IPv6 的特点

IPv6 的特点如下：

- 更多的地址：IPv6 中 IP 地址的长度为 128 位，并允许地址层上有更多的层次。
- 更小的路由表：地址分配遵循聚类的原则，可以将多站点路由限制在特定的范围内。用"标志字段"来区分永久性或临时性的多站点组的地址，用"区字段"来限制地址的正确性范围。减小了路由表的长度，提高了路由器转发数据包的速度。
- 更好的多媒体支持：增强的组播支持以及对流的支持有利于网络多媒体应用的发展，为服务质量（QoS）控制提供了良好的网络平台。IPv6 定义了单播、多播和任播 3 种组播地址，利用地址格式前缀表示各种类型。IPv6 还定义了适合多媒体的流标志。一个流就是被传送的一个组块序列，组块头中新定义的"流标志字段"用于流的鉴别。同时加入了对自动配置的支持，改进和扩展了动态主机配置协议（DHCP），使得网络的管理更加方便和快捷。
- 更高的安全性：IPv6 具有真实性、完整性和数据加密性的新机制。用户可以对网络层的数据进行加密并对 IP 报文进行校验。

（2）IPv6 的地址格式

IPv6 的 IP 地址有三种类型：单播、组播和任意点播。

单播是一个单接口的标识符。单播地址标识一个单独的 IPv6 接口。一个节点可以具有多个

IPv6 网络接口。每个接口必须具有一个与之相关的单播地址。单播地址包含一段信息，这段信息包含在 128 位字段中。基于运营者的单播地址如图 12-8 所示。

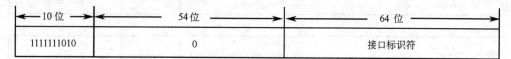

| 010 | 注册 ID | 运营者 ID | 用户 ID | 子网 ID | 接口 ID |

图 12-8　基于运营者的单播地址

单播中还有两种地址，即链路本地和站点本地地址，它们分别用于单个网络链路和站点。链路本地地址的头部为 1111111010，如图 12-9 所示，可为没有申请专用 IP 地址的特定机构。站点本地地址的头部为 1111111011，如图 12-10 所示，也用于本地寻址，但可以由上层机构自动配置而转换为基于运营者的单播地址。

| ←10位→ | ←──────54位──────→ | ←──────64位──────→ |
| 1111111010 | 0 | 接口标识符 |

图 12-9　链路本地地址

| ←10位→ | ←───38位───→ | ←16位→ | ←──────64位──────→ |
| 1111111011 | 0 | 子网标识符 | 接口标识符 |

图 12-10　站点本地地址

组播是一组接口（一般属于不同节点）的标识符。送往一个组播地址的包将被传送至有该地址标识的所有接口上。组播地址只能用作目的地址，没有数据报把组播地址用作源地址。地址格式分为 4 个部分，如图 12-11 所示。

- 组播地址段：地址格式中的第 1 个字节用全"1"表示。
- 标志字段：4 个单个位标志。目前只定义了第 4 位，该标志位如果为"0"，表示该地址为指定并熟知地址，如果标志位为"1"，表示该地址为临时地址。
- 范围字段：4 个位，用来表示组播的范围。
- 组标识符字段：共 112 位，用于标识组播组。同一个组播标识符可以表示不同的组。永久组播地址用指定的赋予特殊含义的组标识符。

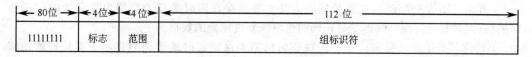

| ←80位→ | ←4位→ | ←4位→ | ←──────112 位──────→ |
| 11111111 | 标志 | 范围 | 组标识符 |

图 12-11　IPv6 组播地址

表 12-1 给出了组播的范围值。

表 12-1　组播范围值

十六进制	十进制	范围定义	十六进制	十进制	范围定义
1	1	节点本地范围	8	8	机构本地范围
2	2	链路本地范围	E	14	全球范围
5	5	站点本地范围	F	15	保留

任意点播是一组接口的标识符。送往一个任意点播地址的包将被传送至该地址标识的接口之一，它根据路由选择协议选择"最近"的一个接口。

任意点播对提供某些类型的服务特别有用，尤其是对于客户机和服务器之间不需要有特定关系的一些服务，例如域名服务器。因此当一个主机为了获取信息，发出请求到任意点播地址，响应的应该是与该任意点播地址相关联的最近的服务器。任意点播地址的格式如图 12-12 所示。

图 12-12　任意点播地址的格式

（3）嵌入 IPv4 地址的 IPv6 地址

IPv6 提供两类嵌有 IPv4 地址的特殊地址，即兼容地址和映像地址，如图 12-13 所示，它们的高阶 80 位均为 0，低价 32 位包含 IPv4 地址。当中间的 16 位被置为 FFFF 时，表示该地址为 IPv4 映像的 IPv6 地址。

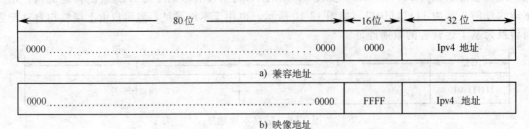

图 12-13　嵌入 IPv4 地址的 IPv6 地址

12.4.2　实时传输协议

RTP（Real-Time Transport Protocol，实时传输协议）是 1991 年 8 月由美国的一个实验室发布的，1996 年形成了标准的版本。它可以在面向连接或者无连接的下层协议上工作，通常和 UDP 协议一起用。

1. RTP 协议的定义

RTP 被定义为传输音频、视频、模拟数据等实时数据的传输协议。它主要面向多播的数据传输，也可以用于单播。RTP 不仅保证高可靠数据传输，而且更加侧重于数据传输的实时性。RTP 协议提供的服务包括：时间载量标识、数据序列、时戳、传输控制等，并与辅助控制协议一起得到数据传输的一些相关的控制信息。

2. RTP 协议的特点

为了使多媒体数据的传输在适当的时间到达，传输层上的 RTP 协议提供了用时间标签、序列号以及其他的结构来控制数据的传输的方法。发送端在即时采样的数据包里设置时间标签。接收端将收到数据包按照时间标签、正确的速率恢复成原始的数据。

RTP 协议只提供协议框架。它不提供任何机制来保证实时地传输数据，不支持资源预留，也不保证服务质量，甚至不包括 RTP 报文长度和报文边界的描述，它把这些重要的控制处理转移给了应用层。RTP 协议的数据报文和控制报文可分别使用不同的端口，允许开发者自主地对协议进行扩展。

实际上，RTP 和 UDP 协议共同完成传输层的功能。RTP 的协议的数据单元是利用 UDP 分组来承载的。利用 UDP 的多路复用，有时可以将承载的 RTP 数据帧分割成具有相同时间标签的几个包，从而支持显式的多点投递，满足多媒体会话的需求。

RTP 协议也适用于连续数据的存储，交互式分布仿真和一些控制、测量的应用。

12.4.3　实时传输控制协议

RTCP（Real-Time Transport Control Protocol，实时传输控制协议）是 RTP 的控制部分，用来进行流量控制和拥塞控制，以保证服务质量和成员协调。

RTCP 协议将控制包周期性地发送给所有连接者，应用与数据包相同的分布机制。低层协议提供数据与控制包的复用。RTCP 主要执行以下功能：

1. 远程协作技术

CSCW（Computer Support Cooperative Work）技术基于分布式超媒体环境和通信，以合作形式建立各种应用程序。其中，CS 表示计算机技术的支持环境，CW 表示一个群件协同工作完成一项共同的任务。它所要研究的是协同工作与单独工作的不同之处、如何利用信息技术实现既快捷又灵活的全面合作。群件是具体的技术或实体，CSCW 的要解决群件之间的通信、合作和协调这三大问题。

通信是基础，因为群件组的地理位置以分散为特征。合作环境中的多媒体文件传送和控制更为复杂，它不同于一般点对点的信号传输，需要结合计算机处理技术完成组之间的通信。

合作是主要形式，任何一项工作都是由多方合作完成的，以信息共享为主。与单独的设计或操作不同的是，CSCW 工作的合作是并行的，不是组之间的先后处理方式。

协调是合作的关键，共享式信息允许由多方访问或处理，好的协调模式能使组员之间避免发生冲突和重复劳动。

2. 多媒体实时控制技术

分布式超媒体系统中的同步和时间约束特别重要，需要解决定时的多媒体信息、同步和时间约束下的编程、实时交互过程的控制和协调以及多媒体的质量问题等。

对于动态离散型的多媒体和连续媒体，整个聚集、传送以及合成过程都受到规定时间和同步的严格限制。例如，在包含音频、视频的内容中，任何部分或细节的延迟、抖动和表示都会影响整体效果，因此必须进行有效的控制和管理。这种情况下，首先要提供适当的多媒体码流以保障在规定时间内数据到达，其次，对各个部分进行限时的同步拼接。

该技术围绕着应用过程的检错、避错、容错和异常处理技术，关心控制逻辑的完整性、软/硬件以及软件界面之间的协调性、人机交互的有效性、信息交换的正确性、设备控制的安全性、时序控制的合理性、数学运算中变量定义域的合法性。

3. 多媒体信息检索技术

分布式超媒体系统中实现多媒体信息检索的技术更加复杂。目前使用最为广泛和成功的应用系统就是基于文本或文献的检索的系统，即 WWW（World Wide Web，万维网），它是互联网环境应用中的信息系统，采用主从结构的管理模式，具有超文本（Hypertext）或超媒体信息结构，超越了信息所在的物理位置，从而实现了全球范围的信息共享。

4. 多媒体通信技术

支持分布式环境的通信要解决各物理点多媒体资料的传递，这涉及多媒体资料的描述、存储、提取、运输和接收等技术，并且还要实现多种通信方式，包括点对点、点对多点、多点对多点、多点对一点等。

根据不同的时间需要，可采用异步通信和同步通信方式。异步通信是一种基于存储转发的通信，忽略了被传送数据的时域特征。同步通信则强调时间的即时性，可在一种实时链路的基础上实现交互、共享，这对于交互式网络视频应用特别重要。

13.2 Web

Web 它起源于 1989 年 3 月，由欧洲量子物理实验室 CERN（The European Laboratory for Particle Physics）开发，是一种主从结构的分布式超媒体系统。

13.2.1 Web 概述

Web 技术在网上提供各种数据库系统，如文献期刊、产业信息、论文检索等等，极大地满足了人们及时、迅速和便捷地获取信息的愿望。

1. Web 的特点

1993 年以来，Web 技术有了突破性的进展。Web 服务器可以有效地组织地理位置分散的计算机群，解决了远程信息服务中的文字显示、数据连接以及图像传递的问题，便捷和界面友好的访问方式，使 Web 迅速成为 Internet 上使用最广泛的信息传播方式。

Web 系统中的信息资源主要由 Web 页构成，Web 页采用超文本格式，可以含有多种类型的超级链接，以便指向其他文档、Web 页或特定标记位置。Internet 上无数个 Web 页和超级链接组成了交叉结构的巨大信息网。

2. Web 的体系结构

Web 采用客户/服务器体系结构，其中包括 Web 服务器、服务器软件和客户机。

Web 服务器是基于 Internet 传输协议和快速信道的高性能计算机，它的任务是根据用户要求提供所需要的 HTML 文件。目前的 Web 服务器具有支持 Internet 上分布式超文本的访问、Internet 的音频和视频服务、通信和协作服务、动态地组织用户所需的信息与数据库的应用操作等许多功能。

服务器软件就是 Web 服务器的管理软件，常见的有 IIS（Microsoft Internet Information Server）、PWS（Microsoft Personal WebServer）、Apache HTTP Server、Netscape Enterprise Server 等。Windows NT 及 2000 以上的操作系统中常安装 IIS，IIS 中包含基于 Web 的管理工具。同时，IIS 本身可以作为一个 Web 服务器，或者与相关的技术一起实现数据源的访问和处理，建立利用服务器脚本和组件代码传送的 Web 应用程序。

利用 IIS 的管理功能，可以创建 Web 和 FIP 站点、改变站点设置、向服务器操作者分配任务、启动和停止站点、管理事务、查看统计资料、本地或远程地管理任务，并为 Web 服务器或其他的服务器执行其他的管理任务。

Web 客户机可以是一般的 MPC 机，通过浏览器可以在网络中搜索、定位、接收来自服务的 HTML 文件。

3. Web 的工作原理

Web 是如何运作的呢？每个 Web 服务器都具有唯一标识的 IP 地址，它们通过高速通信线路直接与 Internet 连接。而基于 TCP/IP 协议的 Internet 则通过 IP 网关或路由器组织互连关系，使得 Web 服务器能按用户的需求指向目标地址并返回信息。

如图 13-1 所示，在 Web 服务器上运行的服务器软件使用 HTTP（超文本传输协议）通过 TCP/IP 接收和发送 HTIP 的页请求，并把数据反馈给客户浏览器。用户的浏览器通过 HTML 解释器将收到的数据转换成可以理解的格式。

在服务器端，最早的 Web 应用程序中的动态 Web 页用公共网关接口（CGI）构建。CGI 定义了一个供脚本和已编译模块使用的接口，它们通过该接口访问与页请求一起传递的信息。

目前，Web 服务器增加了安全性和特殊功能，如服务器端的客户机状态管理、事务处理集成、远程管理、资源共享等。客户机向 Web 服务器请求的内容可分为脚本页、编译页或两者的混合体。其中脚本页对应 Web 服务器文件系统中的脚本文件，这个文件一般是 HTML 和其他一些脚本语言的混合。当客户发出请求后，Web 服务器通过一个可识别该页的引擎对其进行处理，最终结果以格式为 HTML 的流的形式返回给发出请求的客户机。客户机用编译页来请求传递不同的参数，从而获得不同的功能。Web 服务器加载并执行一个二进制构件。这个构件也可以访问随页一起发送的请求信息，经过编译的代码去访问服务器端的资源，然后生成 HTML 流并返回给客户机。

13.2.2　Web 的超媒体体系

Web 的超媒体体系是以 Web 系统为基础的通过超链接组织在一起的全球多媒体信息系统。超媒体系统的数据分布是离散的，它可以存在于多个文档或数据库中，也可以存在于一个或多个服务器中。那么，如何组织这些数据以便管理和使用呢？

1. 超媒体

超媒体系统采用超级链接来组织数据，使一个媒体表示通过一种链表与媒体表示连接。实

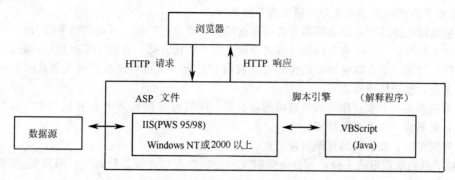

图 13-1　服务器软件的服务模式

际上，超媒体结构采用一种非线性的网状结构组织块状信息，各信息块之间可以建立关系，但又没有固定的次序，各信息块的链接是按照信息本身发展的广度或深度展开的，即建立有关性组织。如果从广度上组织，可以超越学科领域的限制；如果从深度上组织，可按技术内容的深度加以组织。

　　超媒体系统技术的组织与管理方式特别适合类似地理信息这样复杂的多维多媒体信息的组织与表达。它可以把数据库建立在全球网上，使数据库的应用面向全世界。超媒体数据的集合构成超媒体数据库，而超媒体数据库应能支持基于链的文档检索和基于结构的文档查询。

　　可见，使用超媒体数据结构可以建立多媒体数据之间有关时间、空间、位置、内容的关联，支持信息节点网的开放性，并且支持浏览器和搜索等新的操作。超媒体数据库管理系统所要解决的是如何用节点和链来组织和表示多媒体信息及其相互关系，如何实现媒体间尤其是有时序关系的媒体间的同步和协调等问题。

　　非线性的超媒体数据组织结构由节点、链、热标、锚等组成。使用链来组织信息，表达信息间的关系，可把节点连接成网状结构，如图 13-2 所示。

　　2. 节点

　　节点是超媒体体系结构中最基本的管理单元，它具有数据和表现形式。节点可以包含文本、图形、音/视频、数据库或其他文献，也可以是作定位用的某个空间，如文本的头部。每一个节点都可以生成一个页面，每一个节点都可以有父节点或子节点，系统中众多的节点构成一个节点树。

　　节点的属性包括基本属性、数据集合、公共属性和节点输出脚本。基本属性指节点 ID、标题、序号、排序方式、类型、节点角色等。数据集合包含各种类型的数据，因不同的应用而异。公共属性指组织、用法等，也因节点的实际应用而不同。节点输出脚本可分为 3 部分：独立式输出、嵌入式输出和公共部分。

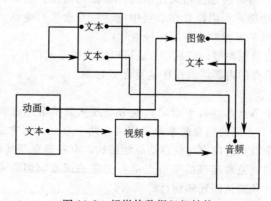

图 13-2　超媒体数据组织结构

按节点的组织结构来分，通常有 5 种类型：

- **超媒体网络**：节点以非压缩方式按节点间的关系进行链接，可提供浏览能力。
- **线性路径**：节点的集合以线性方式串联，即单链接方式，有利于了解整体信息。
- **层次结构**：节点按照知识结构的层次或内容的上下文进行链接。一个节点可链接多个子节点，便于快速检索。
- **索引表**：每个节点作为项目链接到索引表，同时可链接到多个索引表。这些索引表的集合就形成一个关系数据库。
- **规则组织**：按有关的规则链接节点。

按照节点的组织形式来分，可分为知识表示型、推理型、信息检索型、浏览型/组织结构型和动作型。

- **知识表示型**：知识表示型的主要任务是表示概念、形式、结构以及知识之间的关系。
- **推理型**：推理型节点用于进行辅助链的推理和计算。在推理型节点中，主要包含对象节点和规则节点。在一个具有丰富语义的超媒体系统中，概念之间的关系是用链表示的，而链在逻辑程序中由谓词定义，链可以通过规则来显示定义和演绎，也可以由推理系统在运行时的推理过程中创建。
- **信息检索型**：超媒体节点的层次结构表示了信息之间的连接关系，在超媒体系统中，信息检索功能要求首先对层次结构中被检索的信息项加以标识，然后通过与被检索信息相关的关键字的选择操作来实现信息检索。
- **浏览型**：浏览型节点是通过节点的相互链接关系，并使用浏览工具来实现的。
- **组织结构型**：如图 13-3 所示，组织结构型节点包含各种节点的目录节点和索引节点。目录节点包含指向索引节点的索引指针。索引节点包含指向目标节点的索引项，索引项所包含的指针可指向指定的目标节点，这种目标节点可以是目录节点、索引节点、一般页面节点或这些节点中的某一对应部分。

图 13-3 组织结构型的节点组织

- **动作型**：动作型节点的目标是可以启动的设备，例如打印机、传真机、扫描仪、电话等。在动作型节点中，常常通过按钮来控制这些设备的运行。例如，我们可以在超媒体系统中置入电话通信功能，利用设置在节点中电话拨号盘拨打电话。实际上，这些按钮连接的是一个执行链（是可控制设备的一种信号）。

以上是指节点内部的组织类型，可见，节点可以以多种形式存在，节点可以是有形的，也可以是无形的，而且一个节点的内部组织往往是复合型的。

3. 链

超媒体系统中的每个节点都有若干指向其他节点或从其他节点指向该节点的指针，这些指针称为"链"。链决定了节点间的信息联系，它连接着两个节点，通常是有方向的。链的数量不是固定的，这取决于每个节点的内容与信息的原始结构。有些节点与其他节点有许多关联，因此它就有许多链。超文本的链通常连接的是节点中有关联的词或词组而不是整个节点。当用户主动点击该词时，将激活这条链从而迁移到目的节点。

链的结构包含链源、链缩和链属性三个部分。链源是导致节点迁移的原因，它可以是多媒体对象或热标或节点。链缩就是链目标，它可以是节点、媒体和其他对象。链属性决定着链的类型。常见的链有基本结构链、组织链、推理链、隐形链等类型。

（1）基本结构链

基本结构链是超媒体设计者确定的一种实际链接，是构造超媒体的主要链接形式。基本结构链中包含基本链、交叉检索链和节点内注释链。

基本链建立在站点的基本层次结构上，其链源和链缩都是邻近的节点。在节点内部通常表示为"上一页"、"下一页"。

交叉检索链可用于构筑一个交叉链接的网状超媒体结构，其链源和链缩可以是节点、媒体对象、热标或其他内容上。节点内通常表示为"主页"、"回退"、"返回"或热点链接。

节点内注释链是向节点内部添加注释信息的链，其链源和链缩都在同一节点内。注释体通常是热标，注释源必须通过激活热标才能起作用。

（2）其他链

除基本结构链之外，还有许多链接类型，最典型的是组织链、类型链、自动链、推理链、隐形链等。

组织链是通过目录形式组织的索引链，其链源为目录项，链缩是索引节点。在信息检索系统中，人们得到的信息索引目录就是组织链的应用，组织链主要用于数据库的接口编织和检索具有相同信息内容的文献。

推理链是一种智能链，它在超媒体系统中引入计算和推理机制，通过对链源的语义分析，在多个目标中动态地确定链缩和表现方式。推理链可以采用定性或定量的运算方法，但必须对语义系统具有充分的了解。

用户可以通过类型链定义链的类型，以便描述两个节点之间的关系，如图 13-4 所示。利用这种节点，就可以询问类似"显示所有讨论该问题的节点"的问题。

图 13-4　注释链和类型链

自动链自动地把当前节点与满足条件的所有其他节点连接在一起。如在文本文件中搜索关键字并报告关键字所在的页和行。目前能实现的主要是文本节点间的自动链接。更有意义的是，能在超媒体中实现基于内容的检索。

执行链是对象或热标与设备动作之间的链，链缩是一个可以激发的动作。由于实际设备资源的链接应用，执行链使得超媒体系统富有更加现实的意义。

13.2.3　HTTP

Web 上的超媒体信息通常是通过超文本传输协议（Hypertext Transfer Protocol，HTTP）获取的，HTTP 是一个面向事务、无状态（对事务的处理不具有记忆性）的应用层协议，它定义超文本的通信交换机制、请求以及响应消息的格式等规则，同时它也面向对象，可用来实施名字服务、分布式对象管理、请求方式的扩展等工作。

在传输层，HTTP 协议服务于 Web 服务器和客户机之间，使用请求/响应模型。当客户机发出请求后，立即建立一条到服务器的 TCP 连接。客户发送一个 HTTP 请求到服务器，得到响应后立即释放 TCP 连接。

1. HTTP 协议的通信过程

用户浏览信息的整个过程是一个请求-应答的过程，通常这个过程遵循以下步骤：

1）在客户机上运行一个 Web 浏览器客户机程序，如 Netscape 或者 Microsoft IE。

2）通过网络与 Internet 建立连接。

3）向 Internet 上的服务器请求一个页面。

4）Web 服务器运行一个 HTTPDaemon 进程，当收到请求后，就查找与请求相关的 HTML 到组成的页面文件。

5）Web 服务器将所请求的页面传到客户机上。如果内容不确定，服务器会发出提示要求用户机提供更详细的信息。

6）浏览器接收到服务器传来的 HTML 文件后，将对它进行解释并在屏幕上显示出来。

2. HTTP 1.1 协议

HTTP 1.0 为每一次 HTTP 请求/响应建立一条新的 TCP 连接，由于建立一条 TCP 连接要经历 3 次连接，因此效率不高。此外，现在的软件要求 HTTP 不仅要传送超文本文件，还要能支持包括分布式创作、协作、打印以及更好地管理 TCP/IP 连接，还能够支持大型的系统以及新技术的开发。

为此，IETF（Internet 工程任务组）提出了 HTTP 1.1 标准。HTTP 1.1 提出了可持续性连接的概念。HTTP 1.1 只建立一次 TCP 连接，然后重复地使用它传送一条所需的请求/响应消息。Microsoft Internet Information Server 和 Microsoft Internet Explorer 的最新版本都支持 HTTP 1.1 的所有必要的元素和大多数可选的元素。

（1）HTTP 1.1 的请求

HTTP 1.1 的请求格式主要包括以下 5 个部分：

请求方法	通用头部	请求头部	实体头部	实体主体

HTTP 的请求包含方法、URI、协议版本和一个类 MIME 报文。URL（Uniform Resource Locator，统一资源定位器）可以标识 Internet 上的 Web 服务器或者任何可用的数据对象。请求的可选参数有 GET、HEAD、POST、PUT、DELETE、OPTION、TRACE、PATCH、MOVE、COPY、LINK、UNLIKE、WRAPPED。

- GET：从服务器请求一个对象，对象可以是文档、脚本、数据库的访问。
- HEAD：从服务器请求对象的元信息，元信息是与有关的属性，如对象大小、修改时间、语言等。
- POST：向服务器提交数据，例如提交表格或表单，以便服务器做出相应的处理。
- PUT：向服务器提交数据，以取代指定的文档内容。
- DELETE：请求服务器删除指定的页面。
- OPTION：查询服务器的性能。
- TRACE：请求服务器在响应的实体主体中返回内容。
- PATCH：在实体包含一张表，表中说明与该 URL 所表示的原内容之间的区别。
- MOVE：请求服务器将指定的页面移动到另一个指定的网络地址。
- COPY：请求服务器将指定的页面复制到另一个指定的网络地址。
- LINK：请求服务器建立链接关系。
- UNLIKE：请求服务器撤销链接关系。
- WRAPPED：向服务器发送经过封装的请求。

例 1 GET/index. html HTTP/1.1。

GET 是所请求的方法，GET 方法可以接受一个特定的资源。本例中的 GET 用来接受 in-dex. html 文件。它限定了请求的方式、资源名称以及所使用的 HTTP 协议版本。

例 2 Post：www. magicw3. com。

本例所请求的方法是 POST，POST 方法用于接受 HTML 的 FORM 中的内容，后面限定了资源的网络地址，指定从 www. magicw3. com 站点上请求 index. cfm 文件。

一个请求也可能包括信息体，如果使用 POST 方式来传输 FORM 中的内容，当点击 submit 按钮并且使用的是 action=post，那么在 form 中添入的内容就会通过请求的信息体发送到网站上。

在不改变协议的情况下，使用扩展的方法可增加其他方法。

例 3 GET/index. html HTTP/1. 1 Accept：text/plain/ * 纯 ASCII 码文件 * /。

该例中的 Accept：text 就是一种扩展的方法，用来接受一个纯 ASCII 码的文件。

（2）HTTP 1. 1 的响应

HTTP 1. 1 的响应格式主要包括以下 5 个部分：

状态行	通用头部	响应头部	实体头部	实体主体

服务器解析 HTTP 请求后，给出相应的响应，响应包括 HTTP 协议版本、状态码、解释状态码的简短短语和一个类 MIME 报文。网站接受的请求如果有问题，那么它响应的状态行就返回一个错误信息以及原因，并在浏览器上显示 HTTP Error 404。如果成功接受请求，则返回 200 OK。

状态行并不是浏览器底下的状态条，一般情况下是看不到状态行的，通常浏览器接收到错误信息后会在浏览器主窗口中显示出状态行内容。

在服务器端的脚本环境 ASP（Active Server Page）中，内嵌了 Request 和 Response 对象，Request 对象对应于 HTTP 请求，Response 对象对应于 HTTP 响应。

Request 和 Response 对象也包括集合、属性以及方法，利用 Request 对象的集合、属性和方法，就可以接受任何浏览器向网站发出的请求；利用 Response 对象的集合、属性以及方法，可以控制网站几乎所有的响应。

13. 2. 4 HTML

HTML（HyperText Markup Language，超文本标记语言）是 Web 的通用语言，用来建立超文本或超媒体文献。它的前身技术是 SGML。

1. SGML

SGML（Standard Generalized Markup Language，通用标记语言）于 1986 年正式确立为国际标准规范（ISO8879）。

SGML 是一种通用的文档结构描述符号化语言，主要用来定义文献模型的逻辑和物理类结构。一个 SGML 语言文件包括三个部分，即语法定义、文件类型定义（Definition Type Document，DTD）和文件实例。语法定义部分定义文件类型和文件实例的语法结构；文件类型定义部分定义文件实例的结构和组成结构的元素类型；文件实例是 SGML 语言程序的主体部分。

2. HTML 的出现

1989 年，欧洲物理量子实验室（CERN）的信息专家蒂姆·伯纳斯·李发明了超文本链接语言。1991 年，蒂姆·伯纳斯·李在 CERN 定义了 HTML 语言的第一个规范，之后成为 W3C 组织为专门在因特网上发布信息而设计的符号化语言规范。HTML 沿用了 SGML 的文件类型定义，但它的文档类型定义作为标准被固定下来。

在短短的几年里，HTML 语言已发展出多个版本，同时还建立了 DHTML（动态 HTML）、VHTML（虚拟 HTML）、SHTML 等。

3. HTML 的语法

HTML 具有特定的语法结构和语句构造，HTML 文本用一系列标记描述所要表达的内容，这些标记通常是英文词汇的全称（例如，块引用为 blockquote）或缩略语（如"p"代表 Paragragh)，HTML 可以描写多种多媒体表现形式。

HTML 文档本身是文本格式的，只要了解 HTML 的语法结构和语句构造，利用一般的文字
处理器（如 Microsoft Word 或记事本等）就能够建立 HTML 文本，也可利用基于 HTML 语言
的软件创建和编辑网页。

在 UNIX 中，HTML 文档的扩展名为 ".html"，而在 DOS/Windows 中则表示为 "htm"。

4. 文档类型定义

DTD（Document Type Definition，文档类型定义）沿用 SGML DTD 的形式，如下所示：

一组标记（编码：特定文档类型）＋内容模型＋属性表

HTML 文档标记语法有文件结构、文本段、组件、多媒体及动态方式、超级链接等。

- 文本结构语法：描述文本内容、文件头部、标题、语言字符集、文本主体、多窗口页
  面等。

<html>...</html>文件内容语法

<head>...</head>文件头部

<title>...</title>标题

<meta http-equiv="..." content="..." >语言字符集

<body>...</body>文件主体

<frameset>...</frameset>多窗口页面

- 文本段语法：描述字体、字号、颜色、对齐、换行、分段和分区显示，以及预格式化文
  本、块引用和文本域等段落格式。

例如：

```
< p align= "..."> < font color= "..."face= "..."size= "..."> 欢迎< br> 光临< /font> < /p>
```

- 组件语法：描述目录、菜单、列表、表格等。

例如：

```
< dl> < dt>...< dd>...< /dl>
```

- 多媒体及动态方式语法：描述插入的声音、图像、动画、视频等元素，以及移动字幕、
  动态效果和悬停按钮等动态表现方式。

例如，嵌入多媒体文本的语法为< embed src= # > # = URL（其中<embed>标记因不同的插件
而异。插入背景音乐的语句为< bgsound src= " sound. wav" loop= 3>，而插入视频剪辑的语句为
< img src= " url. gif" dynsrc= " url. avi" > 。

- 链接语法：描述超文本或超媒体的链接属性。

例如，链源语句的语法为< a href= " URL" >...< /a>，实例如下：

```
< a href= " http: //www. msn. com" > 用 MSN 进行搜索< /a>
```

链宿语句的语法为< aname= " name" >...< /a>，实例如下：

```
< a href= "# 书签 1"> 个人信息< /a>
< a name= "书签 1">
```

5. HTML 文件结构

HTML 页面以<HTML>和</HTML>标记作为开始和以结束，HTML 的结构包括头部
（Head）、主体（Body）两大部分，其中头部描述浏览器所需的信息，而主体则包含所要说明的
具体内容。

- 单窗口网页文件基本结构

```
< HTML>
< HEAD>
```

```
        < title> ,< base> ,< link> ,< isindex> ,< meta>
< /HEAD>
< BODY>
        HTML 文件的正文位置……
< /BODY>
< /HTML>
```

- 多窗口网页文件基本结构

```
< html>
< head >
        < title> ,< base> ,< link> ,< isindex> ,< meta>
< /head>
< frameset cols= "150,* ">
    < frame name= "contents" target= "main" src= "new_page_3. htm">
    < frame name= "main" src= "new_page_4. htm">
    < noframes>
    < body>
        HTML 文件的正文位置……
< /body>
        < /noframes>
< /frameset>
< /html>
```

但是，目前的 HTML 还不稳定，使用不同的浏览器不能获得相同的显示效果。HTML 对超级链接支持不足，并缺乏空间立体描述，处理图形、图像、音频、视频等多媒体的能力较弱，图文混排功能简单，不能表示多种媒体的同步关系，难以用于大规模应用以及用于复杂的多媒体数据处理。

13.2.5 XML

XML（Extensible Markup Language）是由 W3C（World Wide Web Consortium）联盟于 1998 年 2 月发布的一种标准。它很好地解决了 HTML 存在的许多问题。

1. XML 的特点

XML 是 SGML 的一个简化子集，它结合了 SGML 的丰富功能与 HTML 的易用性，利用开放的、自我描述的方式定义了数据结构。XML 分别对结构和数据内容进行描述，从而体现出数据之间的关系。XML 主要具有以下特点：

- XML 具有文档类型定义，因而具有独特的数据描述特点，控制信息采用标记形式来表现，可以定义其他文件系统。SGML 和 XML 都可称为元符号化语言，而 HTML 和由 XML 派生的 XHTML 都是实例符号化语言。
- 多元化的属性定义。XML 保留了 HTML 的描述形式，并扩大了可描述的范围。
- 灵活的数据利用功能。XML 文件由多个元素构成，这些元素使用标记（Tag）来描述。在进行数据交换时，能够保持原数据的意思和构造。

需要指出的是，XML 不一定适合所有的数据，例如 XML 的文本表现手法、标记的符号化会导致 XML 数据量比用二进制表现方法的数据量多，从而导致许多问题，特别是不利于存储和传递。同时，由于 XML 不是编程语言，因此需要相关技术来支持 XML 文件的显示、文件结构的变更、应用程序的操作。

2. XML 数据结构的定义

XML 数据的结构、元素的名称、元素的数据类型以及元素关系的设计要适合在企业团体之间进行数据交换的 XML 格式。这样设计的 XML 数据结构在 XML 领域称为 Schema，也就是说，

Schema 是一种描述信息结构的模型。而描述 Schema 的语言则称为 Schema 语言。

（1）Schema 语言

最常见的 XML Schema 语言是 DTD（Document Type Definition，文档类型定义）。1998 年制定 XML 语法时，沿用了原来的 DTD。为了使 XML 适应新的应用，W3C 重新制定了 XML Schema，并于 2001 年 5 月成为 W3C 的推荐规范，它对 XML 的利用产生了重要的影响。

XML Schema 和 DTD 一样，负责定义和描述 XML 文档的结构和内容模式。它可以定义 XML 文档中存在哪些元素和元素之间的关系，可以使用多个 Schema 来复合使用 XML 名字空间，可以用 XML 语法描述，并且可以详细定义元素和属性的数据类型。

XML Schema 本身也是一个 XML 文档，它符合 XML 语法结构，可以用通用的 XML 解析器解析它。XML Schema 的优点还在于支持一系列的数据类型（Int、Float、Boolean、Date 等），提供可扩充的数据模型，支持综合命名空间并支持属性组。

由于 XML Schema 中的数据结构也都是用 XML 数据来表现的，因此与 DTD 相比，数据量增大很多。

（2）Schema 的描述

Schema 中主要包括三种部件：元素（element）、属性（attribute）和注释（notation）。这三种基本的部件还能组合成其他部件，例如类型定义部件、组部件和属性组部件。

元素的语法格式为

〈标签〉文本内容〈/标签〉

例如：

< 姓名> 王平< /姓名>。

元素中可包含简单类型和复杂类型，并用关键词进行定义，如简单类型定义 quantity、列表类型定义 list、联合类型定义 union、复合类型定义 complexType、混合定义 salutation 以及任意类型 anyType。

属性提供元素的进一步说明，它必须出现在起始标记中。名称与取值之间用等号"＝"分隔。例如，< salary currency= "US$ "> 25000< /salary> 属性说明了薪水的货币单位是美元。

注释标记为"<! --"和" --> "，可以出现在 XML 元素间的任何地方，但是不能嵌套。注释是 XML 文件中用作解释的字符数据，XML 处理器不对它们进行任何处理。为了方便其他读者和应用来理解模式文档，XML Schema 提供了三个元素用来注释，即 Annotation、Documentation、Appinfo。

（3）XML 的语法

XML 文档的基本结构由序言部分和一个根元素组成。序言包括 XML 声明和 DTD（或者是 XML Schema）。

例如，在文档前面加上如下的序言部分，就构成了一个完整的 XML 文档：

```
< ? xml version= "1.0"? >
< ! DOCTYPE employees SYSTEM"employees.dtd">
```

其中，"<?"和"? >"所包含的是处理指令，为 XML 解析器提供信息，使其能够正确解释文档内容。处理指令可以用来声明版本、定义文档的编码方式或把样式文件用到 XML 文档上加以显示等。

正确编写 XML 文档应注意以下问题：

1）起始标记和结束标记应当匹配，结束标记是必不可少的。

2）大小写应一致，因为 XML 是区分字母的大小写的。

3）元素应当正确嵌套，子元素应当完全包括在父元素中。

4）属性必须包括在引号中。

5）元素中的属性是不允许重复的。

13.3 网络视频会议系统

网络视频会议系统是跨地区分布的实时性且具有多媒体功能的网络应用系统。大部分网络会议系统都是基于视频的，常称为视频会议系统，它通过网络通信技术来实现的虚拟会议，使地理上分散的用户可以共聚一处，通过图形、声音、视频等多种方式交流信息，从而使人们能远距离进行实时信息交流与共享，开展协同工作。多媒体网络会议极大地方便了协作成员之间真实、直观的交流。

13.3.1 网络视频会议系统概述

视频会议系统传送的是多媒体数据，对于实际使用效果有较高的要求，要求传送的声音、图像信号连续平滑，其他辅助功能使用简捷。因此，系统在声音/图像压缩、通信线路条件、数据/应用程序共享等方面都对技术提出了很高的要求。

用于 ISDN 的群视频会议标准协议 H. 320 一直主导着视频会议领域的技术和产品发展。1997年 3 月，ITU-T（国际电联电信委员会）发布了用于局域网和广域网的视频会议标准协议——H. 323，为与 Internet 和 Intranet 相连的视频会议系统提供了互通的途径，也成为视频会议产品所遵循的标准。

随着国内外大型网络运营商对网络环境的改建，以及 ISDN、DDN、VPN、xDSL、ATM 等技术的应用和推广，视频会议系统的使用环境也得越来越好。

目前，视频会议涉及以下几个领域：

1）产品提供商：是视频会议领域中的核心组成部分。他们主要研制和开发视频会议的产品及系统，可直接面对最终用户。主要产品及系统包括 MCU（多点控制器）、Gateway（网关）、Gatekeeper（网闸）、Video Client（视频终端）、Video Set Top（机顶盒式视频终端）、电话会议终端产品等多种产品，并提供网络平台通信系统、管理工具和配件。

2）通信网络运营商：是视频会议系统赖以生存的基础平台，如国内的电信、网通、联通、铁通、卫通等，基本上由 IT 业界的骨干网络运营商和部分 ISP 商组成。他们通过上层的服务提供商和产品提供商来为自己的网络创造增值服务。产品提供商依托他们所提供的网络环境，确立产品的研发方案。

3）行业应用系统提供商：具备丰富的行业应用经验，拥有良好的客户资源。他们能够根据企业的实际功能需求和使用模式进行一定的改变，根据实际的案例，综合各方面的条件和资源，提供完全符合特定行业需求的行业应用系统。

4）服务平台提供商：在通信网络的基础上，为客户提供远程视频会议系统租用和其他 ASP服务。

5）内容提供商：在行业应用平台服务上层的专业服务机构，他们面对特定的专业客户，例如远程教学的内容服务、实时股评服务等。内容提供商通过收集、整理、编辑和发布特定的资讯内容和课程，并组织、协调客户之间的关系来获得服务利润。

1. 网络视频会议的类型

按照网络视频会议功能的实现方式来分类，可以分为基于硬件、基于软件和基于网络的三种视频会议系统。

基于硬件的视频会议系统使用专用的设备来实现视频会议，系统造价较高，使用简单，维护方便，视频的质量非常好，对网络要求高，但需要专线来保证。

基于软件的视频会议系统在通信网络的支持下，完全使用软件来完成视频会议的硬件功能，主要借助于高性能的计算机来实现硬件解码功能。由于充分利用已有的计算机设备，所以总体造价较低。

网络视频会议系统是完全基于互联网而实现的。其特点是可以实现非常强大的数据共享和协同办公，对网络要求极低，完全基于电信公共网络的运营，客户使用非常方便，不需要购买软件和硬件设备，只需交费即可，视频效果一般。利用模拟的闭路有线电视系统可实现单向视频会议。

按照视频会议的网络范围来分，主要分为基于局域网、广域网、Internet 和卫星网的网络视频会议系统。

局域网视频会议在现有的局域网中，令所有呼叫共享传输介质，因此局域网的带宽很难满足多个同时的对话。

广域网视频会议利用窄带 ISDN，只能基本满足会议的运动图像。窄带 ISDN 采用的是 ATM 交换技术，其带宽可以满足广播级视频图像的质量。

Internet 网会议采用多点方式实现，主要利用 Internet 的多播骨干网（MBone）实现多播数据，通过网上的反射站点将来自发送方的数据反射到其他会议站点，每个发言站点需要向所有会议站点发出广播。

卫星网的视频会议利用卫星网，支持 H.331 单向广播和 H.221 双向通信。

2. 网络视频会议系统的功能

综合起来，网络视频会议主要提供以下功能：

- T.120 协议下的信息交流功能。所有支持 T.120 标准的视频会议产品均能够提供白板、文字交谈、应用程序共享、文件传输等数据功能。
- 高清晰度静止图像传送。基于 ITU-T H.261 AnnexD 标准，在视频会议中可通过遥控器或遥控键盘控制向会议中发送静止图像。
- 双流功能。指双重信息的传递，可采用双路视频传送方式。
- 流媒体广播。它建立在 IP 组播技术基础上，可将视频会议的视/音频码流广播到局域网，也可通过 PC 机的 IP/TV Client 或 Real Player 等软件参加会议。
- 专用交互协作平台功能。专用的交互协作产品通过网络为用户提供虚拟的协作办公环境，这类产品可以单独使用，也可以和视频会议系统联合使用。

13.3.2　基于硬件的视频会议系统

基于硬件的视频会议系统主要由视频会议终端、MCU（多点控制器）、信道（网络平台通信系统）、控制管理软件和配件等组成。

1. 视频会议终端

视频会议系统终端的主要功能是完成视频信号的采集、编辑处理及显示输出、音频信号的采集、编辑处理及输出、视频音频数字信号的压缩编码和解码，最后将符合国际标准的压缩码流经线路接口送到信道，或从信道上将标准压缩码经线路接口送到终端。此外，终端还要形成通信的各种控制信息，包括同步控制和指示信号、远端摄像机的控制协议、定义帧结构、呼叫规程及多个终端的呼叫规程、加密标准、传送密钥及密钥的管理标准等。

视频会议终端主要有三种类型：桌面型、机顶盒型和会议室型。

桌面型终端通常配给有特殊需要的个人或者流动性较大的人。利用桌面型终端，可以直接在电脑上进行视频会议，它是强大的桌面型或者膝上型电脑与高质量的摄像机（内置或外置）、ISDN 卡或网卡和视频会议软件的精巧组合。虽然桌面型视频会议终端支持多点会议，但通常情况下只能供 1~3 人使用，它是实现会议、数据传输等综合应用的平台。

机顶盒型终端通常是各部门之间的共享资源，适合从跨国公司到小企业等各种规模的机构。这种仪器类的设备内包含所有的硬件和软件，安装在电视机上。与普通的电视机和 ISDN BRI 线或局域网连接就可开通视频会议，还可以加载（如投影仪和白板设备等）外围设备。

会议室型终端主要为中、大型企业设计，经过专门设计、功能完善，提供了任何视频会议所需的解决方案，一般集成在一个会议室。会议室型终端通常组合大量的附件，例如音频系统、附加摄像机、文档投影仪和 PC 协同文件通信。

2. 多点控制器

多点控制单元（Mulitpoint Control Unit，MCU）是视频会议系统的关键设备，它为用户提供群组会议、多组会议的连接服务。其主要功能是对视频、语音及数据信号进行切换，通过MCU 把某会场发言者的图像信号切换到所有会场，可以混合处理多个同时发出的语音信号，并选出最高的音频信号，切换到其他会场。

MCU 的主要由网络接口单元、呼叫控制单元、多路复用和解复用单元、音频处理器、视频处理器、数据处理器、控制处理器、密钥处理分发器及呼叫控制处理器组成。如果会议点在 4 个左右，可以考虑采用与终端一体的设备，当会议点超过 4 个，则必须考虑使用专门的 MCU 设备以保证会议质量。

3. 信道（网络）

网络平台通信系统就是信道，是会议系统用来通信的线路，如 PSTN、ISDN、DDN、LAN、WAN、IP 和卫星网。建设高速的网络接口和宽带网络是视频会议的关键技术之一。信道必须满足视频会议系统的需求，因为其性能直接影响视频会议系统的服务质量。

视频会议系统要把用户的服务请求映射成预先规定的 QoS 参数，对应于系统和网络资源，然后通过资源的静态管理和动态管理来分配和调度资源，以满足用户的应用需要。资源的静态管理包括 QoS 的协商和解释、资源许可、资源的保留和分配及资源的释放。资源的动态管理包括进程管理、缓冲区管理、传输率和流量控制及差错控制。

4. 安全保密系统

在视频会议系统中，安全保密系统是相当重要的，它的主要部分是加密模块和解密模块。

加密模块负责将会议终端用户数据进行加密，在网络上传输的是加密后的数据。而解密模块负责接收加密数据并进行解密，以便得到还原后的用户数据。加密和解密模块的核心是密钥的生成和管理，密钥生成的核心是加密算法，加密算法由视频会议系统设计者研制或选用。

13.3.3　基于软件的视频会议系统

基于软件的视频会议系统与硬件视频会议系统的主要区别是，其 MCU 和终端都利用高性能的 PC 机与服务器结合的软件来实现，视频编码多数采用 MPEG-4 标准。

基于软件的视频会议系统具有以下优势：

- 纯软件视频会议系统的硬件设备投入较少。
- 投资灵活，可以根据视频会议要求的效果选择投资额度。软件视频会议可以达到会议室级效果或桌面级效果。
- 对网络的适应能力非常好，可以穿透防火墙，在数据共享和应用方面比硬件视频会议灵活方便。而硬件的视频会议网络要求较高，要求网络中不能存在任何防火墙。
- 软件视频会议便于移动，而硬件视频会议相对固定为好。
- 系统安装部署方便，维护量小，易于扩容和产品升级。

在基于软件的视频会议系统中，通常应包括会议室的麦克风和音响，此外要配置会议用的摄像头。选择数字摄像头可以独立与微机配合使用。

计算机 CPU 的处理能力直接影响并制约了软件视频会议，因为音视频的编/解码需要很强的运算处理能力。

高质量的视频信号传输需要一定的带宽，随着中国电信运营商大规模部署 ADSL，宽带得以普及，极大地拓宽了软件视频会议的应用领域。

硬件视频会议操作简单，维护和管理比较方便。软件视频会议需要用户进行简单的计算机操作，同时还要求有专业的 IT 维护人员。

13.3.4　网络视频会议的国际标准

与视频会议有关的重要标准是 H 系列和 T 系列标准。H 系列标准是专门针对交互式电视会议业务的，而 T 标准则针对其他媒体的管理功能。1994 年，以 Intel 联合其他 90 多家计算机和通信公司联合制定了用于个人会议的标准 PCS。

1. H 系列

(1) H.320 协议（用于 ISDN 上的群视会议）

H.320 协议于 1990 年提出并通过，是第一套国际标准协议。它支持 ISDN、E1 和 T1，带宽从 64Kbps～2Mbps，是最为成熟的协议，并成为广泛接受的关于 ISDN 会议电视的标准。

H.320 是一个"系统"标准，它包含视频、音频的压缩和解压缩、静止图像、多点会议、加密等特性，可分为通用系统、音频、多点会议、加密、数据传送 5 个部分。H.320 主要包括 H.221、H.230、H.242、H.261、H.263、G.711、G.721、G.722、G.728、H.231、H.243、H.244、H.281、H.233、H.234 等标准。

为了保证互操作性，H.320 要求所有终端都支持通用的基本方式 H.261 视频和 G.711 音频，其他方式都是可选的。

(2) H.323 协议（实现于 IP 网络的视频会议）

H.323 是一种基于 IP 网络的多媒体通信标准。它能够支持实时性的语音、图像和数据通信。"IP 网络"主要指以太网、快速以太网、令牌环网等。

H.323 描述了将实时的语音、图像数据传输到 PC 机和视频电话中所需要的设备和服务。它采用先进的 TCP/IP 技术，提供多层次的多媒体通信，可以建立点播型、交互式多媒体会议。在共享数据的同时，用户之间具有视听功能。H.323 参考了其他 ITU-T 标准，提供系统和组件描述、呼叫模型描述以及呼叫信号处理。

H.323 系列是一个高速率多媒体通信终端标准，视频采用 H.261 和 H.263 为编/解码标准。H.261 为 P×64Kbps 下的音/视频业务的视频编码解码器，H.263 为低速率通信的视频编码解码器。音频方面除了采用 G.711、G.722、G.728 外，还包括 G.723（5.3Kbps 和 6.3Kbps 多媒体通信的双速率语音编码，将改名为 G.723.1）。信道使用 H.225 帧格式，通信呼叫由 H.245 进行控制。

(3) H.320 和 H.323 技术标准的比较

表 13-1 对基于 H.320 和 H.323 两种技术标准的视频会议从组网结构、业务发展、性能价格比、信道带宽、多点广播以及发展方向等方面进行了比较，从表中可见，遵循 H.323 标准的系统性能更好，更加符合人们对分布式多媒体应用的各种实际要求。

表 13-1　两种视频会议的性能比较

比　较	H.320	H.323
组网结构	缺乏容错备份机制	不受终端临时故障的影响
业务发展	不能扩展为多媒体、多应用	可扩展为多媒体、多应用
性能价格比	性能价格比低	性能价格比很高
信道带宽	信道带宽不可调	信道带宽从几 Kbps 到 10Mbps 可调
多点广播	可建立广播频道	基于 IP 协议，具备多点广播功能
发展方向	作为传统的技术标准	代表未来发展方向

(4) H.324 标准

H.324 是一个可视电话标准，现已被国际电信联盟（ITU）采纳并作为世界可视电话标准。它定义了一种方法，使得用高速调制解调器连接的设备之间能共享电视图像、声音和数据。

H. 324 是第一个指定在公众交换电话网络上实现协同工作的标准。

　　H. 324 系列是一个低位速率多媒体通信终端标准，其中包括 H. 263 视像编码、G. 723.1 声音编码、H. 223 低位速率多媒体通信的多路复合协议、H. 245 多媒体通信终端之间的控制协议、T120 实时数据会议等 5 个标准。

　　H. 324 使用 28.8 Kbps 调制解调器来实现可视电话呼叫者之间的连接，这与 PC 用户使用调制解调器和电话线连接因特网或者其他在线服务的通信方式类似。调制解调器的连接一旦建立，H. 324 终端就使用内置的压缩编码技术把声音和电视图像转换成数字信号，并且把这些信号压缩成适合模拟电话线的数据速率和调制解调器连接速率的数据。在调制解调器的最大数据速率为 28.8 kbps 的情况下，声音被压缩之后的数据率大约为 6 kbps，其余的带宽用于传输被压缩的电视图像。

　　2. T. 120 系列标准

ITU-T T. 120 是用于数据和图形会议的国际标准。它支持点到点及多点数据和图形会议，具有一系列非常复杂、灵活和有效的功能，包括支持非标准的应用协议。

　　T. 120 与网络无关，无论是在 ISDN 上使用 H. 320、在 LAN 上使用 H. 323、在 POTS 话音/数据调制解调器上使用 H. 324 的终端都可参加同一个 T. 120 会议。

　　T. 120 本身不包括音频和视频，但能与 H 系列多媒体标准协调工作。在基础设施上，定义了 T. 120 应用协议，例如，T. 126 是用于静止图像传输和注释，T. 127 用于多点二进制的文件传送。

13. 4　视频点播和交互式电视

　　目前，电信部门和广播部门都在致力于开发交互视频服务。一般来说，电信部门拥有双向高带宽的光纤信道，而广播部门经营视频业务，并且有大量的单向高带宽的有线视频线路。

　　电信部门的优势是现有的光纤信道，但用户接入线路仍为双绞线，带宽不够，解决的方案是用非对称的数字用户线路 ADSL。广播电视部门作为传统视频的提供者，优势是同轴线路已铺设到用户家中，可以提供高带宽用户接入，但单向通路需要改造。

　　这样，交互视频服务产生了两种系统名称。从电信角度，可以把交互视频服务看成是一种业务，称为视频点播（VOD），用户终端既可以是电视机加机顶盒，也可以是一台个人计算机。从广播电视的角度看，把交互视频服务看成是一种电视系统，称为交互电视（ITV），用户的终端是电视机，并需要一种称为机顶盒的交互设备。

13. 4. 1　VOD 和 ITV 概述

　　1. 什么是 VOD

VOD（Video On Demand，交互式多媒体视频点播）是综合了计算机技术、通信技术、电视技术而迅速新兴的一门综合性技术。它利用了网络和视频技术的优势，将多媒体信息集成起来，为用户提供具有实时性、交互性、自主性功能的多媒体点播服务系统。在实际运作过程中，把用户选择的节目，通过通信网的传输，分发到用户终端设备上。

　　VOD 系统可以增加用户与节目之间的交流。交互视频服务功能主要包括：视频按需点播、交互电视新闻，目录浏览、远程学习、交互广告和交互视频游戏。

　　由于视频点播对网络系统、节目系统和技术实现上的要求都相当高，因此，数字电视业务普遍采取准视频点播（NVOD）的方式来实现数字电视的部分点播功能。

　　2. 什么是交互电视

ITV（Interactive TV，交互电视）成功地将传统电视和因特网结合在一起。它既拥有传统电视的群众基础，又具有因特网的强大交互能力。ITV 主要基于先进电视增强技术论坛（Advanced Television Enhancement Forum，简称 ATVEF）规范。

交互电视保留了传统的观看习惯，又可自主地按需获取各种网络服务，包括视频服务、数字图书馆服务、多媒体信息服务等，实现了语音、数据、图像等多媒体信息的实时、交互地传送和播放。同时，ITV 的操作如同使用本地录像机、VCD 机一样方便。

由于网站已经被集成到观看的过程之中，所以通过交互手段可以传递更多的产品以及服务细节。用户在观看电视节目的同时可以得到更多的信息，例如随时访问动态更新的新闻、交通路况信息、天气预报、股票行情等。

交互电视提供了聊天、购物、公众游戏等参与方式，还提供了灵活的控制方式，使用户可以定制节目组、聊天室等。

13.4.2　VOD 和 ITV 的系统结构

VOD/ITV 都是具有媒体服务器和网络交换机的多层次结构，主要包括视频源、视频存储和分配设备、节目交换和路由设备、系统管理软件、通信设备和用户端设备。

如图 13-5 所示的是 VOD 系统的一般结构。VOD 系统主要由视频服务端、传输网络和用户终端设备组成。在这种系统中，多媒体数据要经过压缩、存储、检索，并通过网络传送到目的地，然后解压缩，并在接收设备上同步演播。

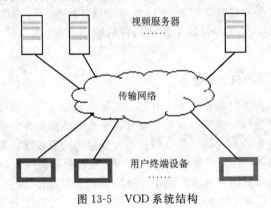

图 13-5　VOD 系统结构

1. 视频服务端系统

视频服务端系统用于管理视频资料源及其视频服务系统，主要由视频服务器、档案管理服务器、内部通信子系统和网络接口组成，如图 13-6 所示。

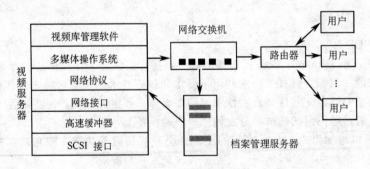

图 13-6　VOD 的服务系统

视频服务器主要由存储设备、高速缓存、控制管理单元、网络接口以及视频库管理软件等组成，其目标是实现对媒体数据的压缩和存储，以及按请求进行媒体信息的检索和传输。视频服务器需要增加许多专用的软硬件功能设备，以支持媒体数据检索、信息流的实时传输以及信息的加密和解密等特殊功能。对于交互式的 VOD 系统，服务端系统还需要实现对用户实时请求的处理、访问许可控制、VCR（Video Cassette Recorder）功能（如快进、暂停、重绕等）的模拟。

档案管理服务器主要承担用户信息管理、计费、影视材料的整理和安全保密等任务，它们承担视频服务器与用户之间的会话管理和 VOD/ITV 系统的服务管理。内部通信子系统主要完成服务器间信息的传递、后台影视材料和数据的交换。网络接口主要实现与外部网络的数据交换并提供用户访问的接口。

2. 网络系统

网络系统包括两个部分：主干网络和本地网络。由于视频信息流对实时性要求较高，所以网络系统的性能高低将直接影响连续媒体的网络服务质量。

用于建立这种服务系统的网络物理介质主要是 CATV 的同轴电缆、光纤、双绞线和无线网。用户可以利用双绞线连接 ADSL 的用户线，使用同轴电缆连接 MODEM 设备，也可以使用光纤同轴电缆混合 HFC 接入方式或光纤用户环路 FTTC（FTTB）接入方式来连接网络系统。

广电部门一般采用 HFC 技术，在 CATV 系统中播出节目。采用的网络技术主要是快速以太网、FDDI 和 ATM 技术。

3. 客户端系统

根据不同的需求和应用场合，VOD 提供 NVOD、TVOD、IVOD 三种点播方式。

NVOD（Near-Video-On-Demand）称为就近式点播电视。这种电视点播方式是多个视频流依次间隔一定的时间启动发送同样的内容，一个视频流可能被许多用户共享。

TVOD（True Video-On-Demand）为真实点播电视，它真正支持即点即放。视频服务器为每个点播即时传送用户所要的视频内容，无论点播内容是否相同。一旦视频流开始播放，就要连续不断地播放下去，直到结束为止。

IVOD（Interactive Video-On-Demand）是交互式点播电视。它不仅可以支持即点即放，还支持用户对视频流进行交互式的控制。这种点播操作如同使用传统的录像机。

电视点播的客户端设备由多媒体计算机、Cable、Modem，或电视机、机顶盒、视频点播遥控器组成。客户端系统还需要配备有关的软件，解决连续媒体演播时的媒体流缓冲管理、声频与视频数据的同步、网络中断与演播中断的协调等问题。

4. 机顶盒

数字电视机顶盒（Set Top Box，STB）主要用来扩展电视机的功能。它可以把地面数字电视信号、卫星直播电视信号、有线电视网数字信号以及互联网的数字信号转换成模拟电视机可以接收的信号。

按安装部位分类，机顶盒可分为上置式、内置式和后置式。按接收的信号分类，机顶盒可分为普通 STB（模拟电视信号）和数字 STB（数字电视信号）。按信号的传输路径分类，机顶盒可分为单向 STB 和双向型 STB。按机顶盒的功能分类，可分为数字电视机机顶盒、网络机顶盒和多媒体交互式机顶盒。其中，交互式机顶盒综合了前两种机顶盒的所有功能，可以支持几乎所有的广播和交互式多媒体应用。

在双向控制通道、模拟视频通道、数字视频通道的支持下，数字机顶盒应具备视频点播和娱乐、数字调谐器、QPSK/QAM 解调、微处理器、MPEG-2 传输器、视音频解调、交互控制功能、接入 Internet 网、IP 地址和 E-mail 收发、红外遥控、信息和授权的电子商务、打印、智能卡等功能。新型的机顶盒提供了新的接口，包括类似 Internet 中浏览器形式的接口和基于内容检索的点播接口。

根据接收数字电视广播和互联网信息的要求，机顶盒的硬件结构由信号处理（信道解码和信源解码）、控制和接口几大部分组成。

机顶盒的结构如图 13-7 所示，从信号处理和应用操作上看，机顶盒包含以下部分：

1）物理层和连接层：包括高频调谐器、QPSK、QAM、OFDM 和 VSB 解调。

2）传输层：包括解复用，它把传输流分成视频、音频和数据包。

3）节目层：包括 MPEG-2 视频解码、MPEG/AC-3 音频解码。

4）用户层：包括服务信息、节目表、图形用户界面、浏览器、遥控、条件接收、数据解码。

5）输出接口：包括模拟视音频接口、数字视音频接口、数据接口、键盘及鼠标等。

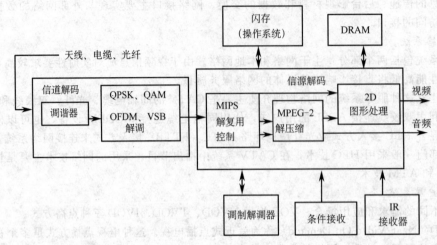

图 13-7 机顶盒的结构

13.4.3 用户接入网技术

骨干网技术和接入网技术是宽带网络建设中的两个关键技术。骨干网是所有用户共享的核心网络，通常是基于光纤的，主要负责传输骨干数据流。宽带接入网技术是用户和骨干网络之间的连接，它指交换局到用户终端之间的所有机线设备。配线系统可以采用电缆和光缆，一般连接的距离较短，长度仅为几米到几十米。

接入技术可以分为有线接入技术和无线接入技术两大类，常见的宽带接入网技术有 xDSL 铜线接入、光纤接入、光纤同轴电缆混合接入（HFC）、无线接入和以太网接入等。

1. xDSL 接入

DSL（Digital Subscriber Line，数字用户环路）是基于普通电话线的宽带接入技术，它实现了在同一铜线上分别传送数据和语音信号的目的。语音信号通过电话交换机，而数据信号则无需通过电话交换机设备。DSL 属于专线上网方式，不需要拨号，可以一直保持在线状态。DSL 技术采用上行速率与下行速率不同的非对称性方式，上行指从用户终端向交换机的发送方向，下行指从交换机向用户终端的发送方向。DSL 仅能提供的单向下行高速传输数据，而且提供的服务覆盖面有限。

xDSL 中的"x"代表各种数字用户环路技术，这种铜线接入技术主要包括高速数字用户线（HDSL）技术、不对称数字用户线（ADSL）技术、甚高比特率数字用户环线（VDSL）技术和RADSL 技术等。

xDSL 技术支持多种格式的数据、话音和视频信号的传输，它充分利用现有的铜线资源，以最方便和经济的形式面向一般用户，可以支持高速 Internet 访问、在线业务、视频点播、电视信号传送、交互式娱乐等。

（1）ADSL/RADSL 接入

ADSL（非对称数字用户线环路）采用离散多频音（DMT）线路码的数字用户线（DSL）系统，具有下行速率高、频带宽、安全可靠、上网打电话互不干扰、安装快捷方便和价格实惠等优点，成为继 Modem、ISDN 之后的一种更快捷、高效的接入方式。

ADSL 的有效传输距离在 3～5km 以内，一般下行单工信道速率可为 2.048Mbps、4.096Mbps、6.144Mbps、8.192Mbps，双工信道速率可为 0Kbps、160Kbps、384Kbps、544Kbps、576Kbps。

较成熟的 ADSL 国际标准是 ITU-T 的 G.992.1（G.DMT 全速 ADSL）和 G.992.2（G.Lite），它们的技术特点是采用 DMT 线路编码，将传送频带划分为多个子载波。采用频分复用或回波消除技术，为上行通道和下行通道分配不同传送频带和子载波。在链路层采用 ATM 信元方式对业务数据进行封装。

G.DMT 支持 8Mbps/1.5Mbps 的高速下行/上行速率，但要求用户端安装价格昂贵的 POTS 分离器。G.Lite 仅支持 1.5Mbps/512Kbps 下行/上行速率，无须安装 POTS 分离器，成本低且便于安装。

现有 ADSL 系统的组网形式一般可以分为宽带接入服务器（BRAS）、ATM 网和 ADSL 传送系统三部分。其中 ADSL 传送子系统包括局端设备（DSLAM）和用户端设备，负责铜线段的 ADSL 线路编/解码和传送，ATM 网负责将来自 DSLAM 设备的用户数据以 ATM 的永久虚电路（PVC）方式汇集到宽带接入服务器，宽带接入服务器负责处理 ATM 信元和用户的 PPP 呼叫，完成接入 IP 网的工作。

ADSL 可提供虚拟拨号和准专线两种用户接入模式。虚拟拨号的用户需要安装 PPPOE（宽带通）客户端软件，这类似一个拨号程序，输入用户名称和用户密码即可连接到宽带接入门户站点。而准专线方式的用户可以使用电信部门分配的固定 IP 地址接入 Internet。

ADSL 技术的应用也比较成功，但也存在不少局限，它无法完全满足商用环境下的各种服务对带宽和应用的要求。

RADSL（速率自适应非对称数字用户环路）也称为自适应速率的 ADSL 技术，根据双绞线质量和传输距离的不同，可以动态地提供 640Kbps～22Mbps 的下行速率，以及从 272Kbps～1.088Mbps 的上行速率。RADSL 能够提供的速度范围与 ADSL 基本相同，但动态地调整用户的访问速度是 RADSL 所特有的，因而更适用于网上高速冲浪、交互式视频点播、远程局域网络的访问。

（2）HDSL 接入

HDSL（高速数字用户环路）是一种对称的 DSL 技术，其上下行速率一样，主要用于企事业单位，包括会议电视线路、LAN 互连、PBX 程控交换机互连等。

HDSL 的线路编码主要采用 2B1Q 码。利用回波抑制、自适应滤波和高速数字处理技术，可在一对普通用户线上实现双向传输 1.168Mbps 信息，用两对或三对双绞线来提供全双工的 1.544Mbps（T1）或 2.048Mbps（E1）数字传输，传输距离限于 6～10km 以内。

2B1Q 码是 4 电平脉冲幅度调制码，每个符号位表示 2 比特，4 个电平＋3、＋1、－1、－3 分别表示 10、11、01、00，从而提高了传输的比特速率。另一种可行的编码是 CAP，它是无载波幅度相位调制，数据经两路正交信号分别调制后叠加，并且将不携带有用信息的载波抑制掉，也有利于提高传输效率。

HDSL 系统由收发器、复用与映射部分以及 E1 接口电路组成。收发器是系统的核心，收发部分负责发送与接收。发送过程将输入的 HDSL 单路码流通过线路编码转换，再经过 D/A 交换、波形形成与处理、信号放大后输出。接收部分采用回波抵消器，使泄漏的部分发送信号与阻抗失配的反射信号进行回波抵消，并经均衡处理后恢复为原始数据信号，再解码为 HDSL 码流，然后送到复用与映射部分经过处理加以还原。

SHDSL 是在双绞线上传输双向对称宽带数据的一种技术。它符合 G.991.2 标准，其功能也覆盖了先前各种 DSL 以及其他多种传输技术。

HDSL/SDSL 的优点是双向对称，速率比较高，能够充分利用现有电缆实现扩容。由于采用回波抑制自适应均衡技术，增强了抗干扰能力，克服了码间干扰，可实现较长距离的无中继传输。它的另一个突出优点是数据的安全，每个用户通过点对点连接接入网络，用户之间并不透明。

（3）VDSL 接入

VDSL（甚高速数字用户环路）是 xDSL 技术中速度最快的。VDSL 采用频分复用方式，将电话和 VDSL 的上、下行信号放在不同频带内传输。发送端将各类业务信号调制到不同频段，经过双绞线传输到接收端，接收信号经解调及滤波后分离出各类信号。

VDSL 的传输系统分为对称的和不对称的，对称系统适用于企事业单位，能够以 26Mbps 速率在双绞线上进行双向传输，传输距离在 500m 以内。不对称的系统适用于一般用户，一般的下行传输速率分为 13Mbps、26Mbps 和 52Mbps，对应的上行传输速率分为 2Mbps、2Mbps 和 6.4Mbps，其传输距离则分别为 1500m、1000m 和 300m。

VDSL 可以满足高等级流媒体应用和 HDTV 等业务，HDTV 数字图像或多路 MPEG 压缩编码后的图像利用 VDSL 下行信道送至用户端。当需要视频应用时，用户数和传输距离将迅速减少。

2. 光纤接入

光纤用户网是指终端与用户之间完全以光纤作为传输媒体的接入网。光纤通信具有容量大、速率快、传输距离远、质量高、性能稳定、衰减小、防电磁干扰、保密性强等优点，适用于多种综合数据业务的传输。目前由于光纤接入存在技术复杂、成本高昂等因素，短期内仅仅以骨干网的形态出现，但它仍然是未来宽带网络的发展方向。

目前常用的光纤传输的复用技术有时分复用（TDM）、波分复用（WDM）、频分复用（FDM）、码分复用（CDM）等。

3. 光纤同轴电缆混合接入

光纤同轴电缆混合接入（HFC）即 Cable 接入，是高度分布式智能宽带用户接入网络，网络的覆盖范围可达 100km。它基于模拟频分复用技术，综合应用了模拟和数字传输技术、光纤和同轴电缆技术以及射频技术，可以提供 CATV 业务以及话音、数据和其他交互型业务。

HFC 是从有线电视（CATV）发展起来的，是一种理想的 CATV 网络传输技术。一般采用光缆作为 CATV 的干线传输网络，以有线电视台前端为中心，呈星型或环型分布，一直延伸到各个区、县或村，形成许多的光节点。然后在光节点上切换信号，转换成电信号，再经同轴电缆将有线电视信号送到用户终端。

在一个 500 户左右的光节点区域，HFC 可以提供 60 路模拟广播电视和每户至少 2 路电话、速率高达 10Mbps 的数据业务。目前，在传输途径中包含着光传输、光电转换和电传输三种过程，因而传输速率还不是特别理想，但未来全光系统的出现将会消除接入网的瓶颈以及其他问题。

4. 无线接入

无线接入技术利用无线媒介向用户提供宽带接入服务。卫星宽带技术的迅速发展，可通过调制解调器和卫星配合接入因特网。

目前，应用最为广泛的是无线用户环路（WLL），WLL 由控制中心、基站和用户终端设备组成，其主要特点是以无线技术为传输媒介向用户提供固定终端的数字电话业务。WLL 网络端有标准的有线接入 2 线模拟接口或 2Mbps 数字接口，可直接与本地交换机相连，而在用户端可直接与普通电话相连接。

无线用户环路有很多接入方式，如频分多址（FDMA）、时分多址（TDMA）或码分多址（CDMA）等。

5. 以太网接入

以太网接入建立在五类线基础上，主要将通过交换机或集线器等网络设备组成的局域网与外界光纤主干网相连。

目前，一种以太环系统可以在现有电话网基础设施上实现 10Mbps 高速数据传送，传输距离可望达到 1km 左右。以太环系统结合以太网和 DSL 的包传输技术，也称为 EDSL。这种技术具有高度的线路自适应特性，可以根据速率、调制方式和发送功率三个方面的传输参数变化来自动适应双绞线特性。其载波频率可以按线路质量调整，每种频率可以支持三种调制密度，即 QPSK、16QAM 和 64QAM，支持的最高码率范围为 375Kbps～10 Mbps。同时其发送功率也可以按线路条件而改变。因此，EDSL 抗干扰能力很强，而有包传输将减少功率和功耗。

本章小结

分布式超媒体系统具有资源分散性、集中管理性、资源透明性的特点，主要通过远程协作、多媒体实时控制、多媒体信息检索以及多媒体通信等技术来实现分布式应用。多媒体通信技术能实现点和点之间的多种通信方式，满足了多媒体传输的各种需求。

WWW 是主从结构的分布式超媒体系统，数据组织结构由节点、链、热标、锚组成在 Web 服务器运行服务器软件，并使用 HTTP 协议为用户提供信息服务。WWW 主要使用 HTML 语言。XML 具有开放的、自我描述方式定义的数据结构。

视频会议系统是通过网络通信技术来实现的虚拟会议，是支持人们远距离进行实时信息交流与共享、开展协同工作的应用系统。视频会议系统遵循 ITU-T 确定的标准，最重要的标准是 H 系列和 T 系列建议。

交互式多媒体视频点播（VOD）利用了网络和视频技术的优势，为用户提供具有实时性、交互性、自主性功能的多媒体点播服务系统。交互电视（ITV）成功地将传统电视和因特网结合在一起。它既拥有传统电视的群众基础，又带有因特网的强大交互能力。

常见的宽带接入网技术有 xDSL 铜线接入、光纤接入、光纤同轴电缆混合接入（HFC）、无线接入和以太网接入等。

思考题

1. 分布式超媒体系统具有哪些特征？
2. 什么是 CSCW 技术？CSCW 的三大要素是什么？
3. 多媒体实时控制技术是围绕着什么进行研究的？
4. 支持分布环境的通信要解决各物理点多媒体资料的传递，这涉及哪些技术？
5. 什么是异步通信和同步通信？它们分别适合什么应用？
6. WWW 采用什么体系结构？目前的 Web 服务器能提供哪些功能？
7. 超媒体系统的数据分布是离散的，如何组织这些数据以便管理和使用？
8. 按节点的组织结构来分，通常有哪几种组织结构？
9. 链的结构包含哪几个部分？常见链有哪些种类？
10. XML 具有哪些主要特点？
11. 什么是 XML Schema？它有哪些特点？Schema 中主要包括三种部件？
12. 按照网络视频会议功能的实现方式，网络视频会议主要分为哪些类型？各有什么特点？
13. 基于硬件的视频会议系统结构主要由哪些部分组成？各有什么功能？
14. 视频服务端系统提供视频资料源及视频服务系统的管理，它主要由哪些部分组成？
15. 在 xDSL 数字用户环路技术中，主要包括哪些技术？它们分别哪些特点？
16. 光纤同轴电缆混合接入的网络覆盖范围有多大？具有哪些特性？

华章高等院校计算机教材系列

书　名	书号（ISBN）	作　者	出版年	定价
多媒体技术教程(第2版)	7-111-34077-5	朱洁 等	2011	33.00
软件测试技术:基于案例的测试	7-111-33697-6	赵翀 孙宁	2011	36.00
数据库原理与应用 第2版	7-111-32501-7	何玉洁 梁琦 等	2011	35.00
16/32位微机原理、汇编语言及接口技术（第3版）	7-111-32632-8	钱晓捷	2011	36.00
数据结构及应用：C语言描述	7-111-32155-2	沈华 等	2011	30.00
C++程序设计教程：基于案例与实验驱动	7-111-30794-5	邬延辉 王小权 等	2010	29.00
计算机网络	7-111-31137-9	张杰 甘勇 等	2010	29.00
大学计算机网络基础 第2版	7-111-31383-0	陈庆章 王子仁	2010	28.00
ASP.NET基础及应用教程	7-111-31057-0	明安龙 宋桂岭 等	2010	29.00
计算机网络技术与应用	7-111-30519-4	张建忠 徐敬东	2010	29.00
离散数学 张清华	7-111-30238-4	张清华 蒲兴成 等	2010	25.00
ARM嵌入式Linux系统设计与开发	7-111-30004-5	俞辉 李永 等	2010	30.00
计算机网络技术教程例题解析与同步练习	7-111-27675-3	吴英	2010	25.00
计算机网络考研习题解析	7-111-28309-6	朱晓玲	2010	26.00
多媒体技术实验与习题指导	7-111-27676-0	赵淑芬 康宇光	2010	25.00
多媒体技术教程	7-111-27678-4	赵淑芬 周斌 等	2010	28.00
软件工程-基于项目的面向对象研究方法	7-111-26683-9	贲可荣、何智勇	2009	32.00
操作系统原理与设计	7-111-25795-0	张红光 李福才	2009	35.00
C语言程序设计习题解析与上机指导	7-111-12132-9	罗晓芳 李慧 等	2009	17.00
汇编语言程序设计	7-111-25841-4	程学先 林姗 等	2009	36.00
计算机网络安全原理与实现	7-111-24531-5	刘海燕	2009	34.00
并行计算应用及实战	7-111-24022-8	王鹏 吕爽 等	2009	32.00
计算机科学与技术导论	7-111-24893-4	陈庆章 叶蕾	2008	30.00
多媒体技术基础与实验教程	7-111-24724-1	陈永强 张聪	2008	36.00
大学计算机网络基础	7-111-24476-9	陈庆章 王子仁	2008	22.00
算法与数据结构（C语言版）第2版	7-111-14620-9	陈守孔 孟佳娜 等	2008	28.00
面向对象程序设计C++语言编程	7-111-22664-2	张冰	2008	32.00
JSP 2.0大学教程	7-111-22887-5	覃华 韦兆文 等	2008	32.00
C++面向对象编程基础	7-111-22474-7	刁成嘉 刁奕	2008	30.00
编译原理	7-111-22278-1	苏运霖	2008	33.00
微型计算机原理及其接口技术	7-111-22277-4	原菊梅	2007	36.00
计算机网络	7-111-22191-3	肖明	2007	30.00
微机系统与汇编语言	7-111-22279-8	颜志英	2007	30.00
C#程序设计大学教程	7-111-21721-3	罗兵 刘艺 等	2007	30.00
算法与数据结构考研试题精析 第2版	7-111-15159-3	陈守孔 胡满琨 等	2007	42.00
面向对象程序设计C++版	7-111-21296-6	钱丽萍 郝莹 等	2007	25.00
C++语言程序设计	7-111-21211-9	管建和	2007	29.00
面向对象技术与UML	7-111-20912-6	刘振安 董兰芳 等	2007	22.00
C/C++ 程序设计实验教程	7-111-20610-1	秦维佳 侯春光 等	2007	18.00
C/C++ 程序设计教程	7-111-20609-5	秦维佳 伞宏力 等	2007	29.00
C语言程序设计	7-111-20078-0	刘振安	2007	29.00
面向对象程序设计 C++版	7-111-19714-3	刘振安	2007	28.00
Windows 可视化程序设计	7-111-19715-1	刘振安	2007	26.00
Java 程序设计教程 第2版	7-111-19971-5	施霞萍 张欢欢 等	2006	30.00
计算机文化基础	7-111-19745-3	刘景春 刁树民	2006	29.00
计算机网络技术与应用	7-111-19427-6	李向丽 李磊 等	2006	33.00

教师服务登记表

尊敬的老师：

您好！感谢您购买我们出版的 _____ 教材。

机械工业出版社华章公司为了进一步加强与高校教师的联系与沟通，更好地为高校教师服务，特制此表，请您填妥后发回给我们，我们将定期向您寄送华章公司最新的图书出版信息！感谢合作！

个人资料（请用正楷完整填写）

教师姓名		□先生 □女士	出生年月		职务		职称： □教授 □副教授 □讲师 □助教 □其他	
学校			学院				系别	
联系电话	办公：			联系地址及邮编				
	宅电：							
	移动：			E-mail				
学历		毕业院校		国外进修及讲学经历				
研究领域								

主讲课程	现用教材名	作者及出版社	共同授课教师	教材满意度
课程： □专 □本 □研 人数：　学期：□春□秋				□满意　□一般 □不满意 □希望更换
课程： □专 □本 □研 人数：　学期：□春□秋				□满意　□一般 □不满意 □希望更换

样书申请			
已出版著作		已出版译作	
是否愿意从事翻译/著作工作　□是　□否		方向	
意见和建议			

填妥后请选择以下任何一种方式将此表返回：（如方便请赐名片）

地　址：北京市西城区百万庄南街1号　华章公司营销中心　　邮编：100037

电　话：(010) 68353079 88378995　传真：(010)68995260

E-mail:hzedu@hzbook.com　markerting@hzbook.com　　图书详情可登录http://www.hzbook.com网站查询